气象标准汇编

2013

中国气象局政策法规司 编

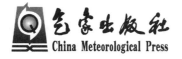

气象出版社
China Meteorological Press

图书在版编目(CIP)数据

气象标准汇编. 2013/中国气象局政策法规司编.
—北京：气象出版社，2014.12
ISBN 978-7-5029-5796-4

Ⅰ.①气…　Ⅱ.①中…　Ⅲ.①气象-标准-汇编-中国-2013
Ⅳ.①P4-65

中国版本图书馆 CIP 数据核字(2014)第 308359 号

气象标准汇编 2013

中国气象局政策法规司　编

出版发行：气象出版社			
地　　址：北京市海淀区中关村南大街 46 号		**邮政编码：**100081	
总 编 室：010-68407112		**发 行 部：**010-68409198	
网　　址：http://www.qxcbs.com		**E-mail：** qxcbs@cma.gov.cn	
责任编辑：王萃萃		**终　　审：**阳世勇	
封面设计：王　伟		**责任技编：**吴庭芳	
印　　刷：北京京科印刷有限公司			
开　　本：880mm×1230mm　1/16		**印　　张：**46	
字　　数：1388 千字			
版　　次：2015 年 1 月第 1 版		**印　　次：**2015 年 1 月第 1 次印刷	
定　　价：160.00 元			

前　　言

气象事业是科技型、基础性社会公益事业，对国家安全、社会进步具有重要的基础性作用，对经济发展具有很强的现实性作用，对可持续发展具有深远的前瞻性作用。气象标准化工作是气象事业发展的基础性工作，涉及到气象事业发展的各个方面，渗透于公共气象、安全气象、资源气象的各个领域。《国务院关于加快气象事业发展的若干意见》中要求："建立健全以综合探测、气象仪器设备和气象服务技术为重点的气象标准体系，加强气象业务工作的标准化、规范化管理。"因此，加强气象标准化建设，对于强化气象工作的社会管理、统一气象工作的技术和规范、加强气象信息的共享与合作，促进气象事业又好又快发展，更好地为全面建设小康社会提供优质的气象服务具有十分重要的意义。

为了进一步加大对气象标准的学习、宣传和贯彻实施工作力度，使各级政府、广大社会公众和气象行业的广大气象工作者做到了解标准、熟悉标准、掌握标准、正确运用标准，充分发挥气象标准在现代气象业务体系建设、气象防灾减灾、应对气候变化等方面中的技术支撑和保障作用，中国气象局政策法规司对已颁布实施的气象国家标准、气象行业标准和气象地方标准按年度进行编辑，已出版了 9 册。本册是第 10 册，汇编了 2013 年颁布实施的气象行业标准共 52 项，供广大气象人员和有关单位学习使用。

中国气象局政策法规司

2014 年 4 月

目　　录

ICS 07.060
A 47
备案号：39833—2013

QX

中华人民共和国气象行业标准

QX/T 6—2013
代替 QX/T 6—2001

气象仪器型号与命名方法

Model and nomenclature methods for meteorological instruments

2013-01-04 发布　　2013-05-01 实施

中　国　气　象　局　发　布

前　　言

本标准按照 GB/T 1.1—2009 给出的规则起草。

本标准代替 QX/T 6—2001《气象仪器型号与命名方法》，与 QX/T 6—2001 相比，在标准的结构与产品分类方法上基本一致，除编辑性修改外，主要技术变化如下：

——增加了"术语和定义"(见 3)；

——删除了"命名的程序"的规定(见 2001 版 4.3)；

——修改了气象仪器类别、组别和列别的部分内容(见附录 A)。

本标准由全国气象仪器与观测方法标准化技术委员会(SAC/TC 507)归口。

本标准起草单位：长春气象仪器研究所、中国白城兵器试验中心、中国气象局气象探测中心。

本标准主要起草人：吴展、刘文芝、李伟、沙奕卓、丁海芳、王明蕊、陈曦。

本标准代替了 QX/T 6—2001。该标准只在 2001 年发布过一次。

气象仪器型号与命名方法

1 范围

本标准规定了气象仪器(以下简称“仪器”)型号与命名的编写原则和方法。

本标准适用于气象仪器型号与命名的编制。

2 规范性引用文件

下列文件对于本文件的应用是必不可少的。凡是注日期的引用文件,仅所注日期的版本适用于本文件。凡是不注日期的引用文件,其最新版本(包括所有的修改单)适用于本文件。

QX/T 8 气象仪器术语

3 术语和定义

QX/T 8 界定的术语和定义适用于本文件。

4 仪器命名

4.1 命名原则

命名时应遵循的原则:

a) 简单、准确、合理、统一,并适当兼顾沿用习惯;

b) 反映仪器的功能及主要特征,必要时也可以加应用范围;

c) 仪器有两种或两种以上功能,不适宜用型号命名时,可在名称中表达出来;

d) 仪器名称与仪器型号应互相补充,构成一个完整的仪器全称,反映仪器的主要用途和特征;

e) 仪器名称的选用与确定应符合 QX/T 8 和本标准的规定。

4.2 名称组成

4.2.1 仪器的名称一般由三部分组成:

a) 引导要素:表示仪器的所属领域、特征、结构特点等;

b) 主体要素:表示仪器的类(组)别测量要素;

c) 补充要素:表示仪器的不同性能和复杂程度等。

示例:地面气象综合观测仪。

地面气象——引导要素;

综合观测——主体要素;

仪 ——补充要素。

4.2.2 仪器的名称在不需要引导要素时,可以省略。

示例:温度计。

温度——主体要素;

计 ——补充要素。

5 型号组成

5.1 型号结构

仪器型号结构框图见图1。

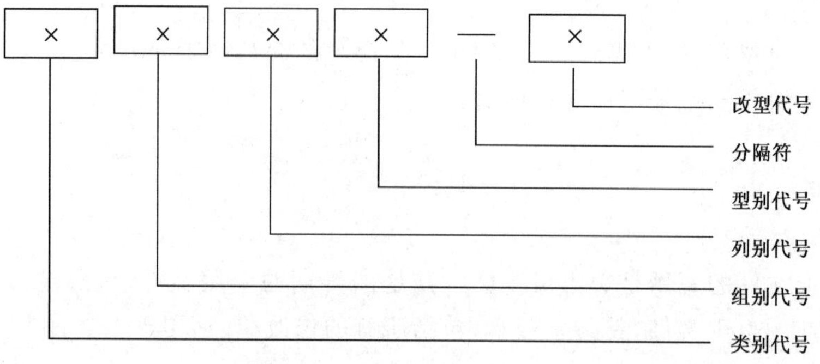

图1 仪器型号结构框图

5.2 型号内容

仪器的型号由类别代号、组别代号、列别代号、型别代号、分隔符和改型代号组成：

a) 类别：按仪器的应用领域及测量方式划分；

b) 组别：按仪器对气象要素测量的对象划分；

c) 列别：按仪器的原理、结构等特征划分；

d) 型别：按仪器定型的先后顺序划分；

e) 分隔符："—"；

f) 改型：仪器在基型不变的情况下，对局部改变设计的次数。

5.3 代号

5.3.1 仪器的类别、组别和列别的代号应符合附录A的规定。

5.3.2 本标准未给出类别、组别和列别代号的，可按下列方法选取代号：

a) 在其名称中选择一个汉字作为关键字，将该关键字的第一个汉语拼音大写字母作为代号；

b) 当选取的字母与其他类别代号(或同类别的其他组别代号或同组别的其他列别代号)重复时，则选用该关键字的第二个汉语拼音字母作为代号，如再有重复则选用第三个汉语拼音字母作为代号，依次类推。如选用的关键字的汉语拼音字母全部重复时，应另外选取关键字。

5.3.3 型别代号和改型代号均由阿拉伯数字及其顺序：1、2、3、4、5……组成；仪器没有改型时，改型代号应省略。

5.4 分隔符

5.4.1 型别代号和改型代号之间加分隔符："—"。

5.4.2 没有改型号时，省略分隔符。

5.5 应用示例

仪器型号示例参见附录B。

附 录 A
（规范性附录）
气象仪器类别、组别、列别代号

A.1 类别代号

表A.1给出了气象仪器类别代号。

表A.1 气象仪器类别代号

序号	类别名称	关键字	代号	对应章条号	对应组别表号
1	地面气象观测仪器	地	D	A.2	表A.2
2	高空气象观测仪器	高	G	A.3	表A.17
3	遥感、遥测气象观测仪器	遥	Y	A.4	表A.24
4	特种观测仪器	特	T	A.5	表A.28
5	气象仪器专用检测设备	检	J	A.6	表A.37

A.2 地面气象观测仪器代号

A.2.1 表A.2给出了地面气象观测仪器组别代号。

表A.2 地面气象观测仪器(D)组别代号

序号	组别名称	关键字	代号	对应列别章条号	对应列别表号
1	气压测量仪器	压	Y	A.2.2	表A.3
2	温度测量仪器	温	W	A.2.2	表A.4
3	湿度测量仪器	湿	H	A.2.2	表A.5
4	风测量仪器	风	E	A.2.2	表A.6
5	降水测量仪器	水	S	A.2.2	表A.7
6	辐射、日照测量仪器	辐	F	A.2.2	表A.8
7	能见度测量仪器	能	N	A.2.2	表A.9
8	云测量仪器	云	U	A.2.2	表A.10
9	大气电场和雷电探测仪器	电	D	A.2.2	表A.11
10	蒸发测量仪器	发	A	A.2.2	表A.12
11	土壤状况观测仪器	土	T	A.2.2	表A.13
12	天气现象测量仪器	现	X	A.2.2	表A.14
13	综合测量仪器	综	Z	A.2.2	表A.15
14	地面观测配套设备	配	P	A.2.2	表A.16

A.2.2 表 A.3～表 A.16 给出了地面气象观测仪器列别代号。

表 A.3 气压测量仪器(Y)列别代号

序号	列别名称	关键字	代号
1	水银气压测量仪	银	Y
2	振筒气压测量仪	筒	T
3	单晶硅气压测量仪	硅	G
4	陶瓷电容气压测量仪	陶	A
5	数字气压仪	数	S
6	空盒气压表(计)	盒	H
7	机械式气压表(计)	机	J
8	气压传感器	传	C

表 A.4 温度测量仪器(W)列别代号

序号	列别名称	关键字	代号
1	玻璃液体温度表	液	Y
2	机械式温度计(表)	机	J
3	双金属温度测量仪	双	S
4	电测温度计(表)	电	D
5	电阻温度测量仪	阻	Z
6	热电偶温度测量仪	热	R
7	遥感温度测量仪	感	G
8	温度传感器	传	C

表 A.5 湿度测量仪器(H)列别代号

序号	列别名称	关键字	代号
1	干湿表	干	G
2	温湿度计	温	W
3	毛发湿度表(计)	毛	M
4	露点湿度测量仪	露	L
5	吸附式湿度测量仪	吸	X
6	电阻湿度表	电	D
7	电容湿度表	容	R
8	湿度传感器	传	C

表 A.6 风测量仪器(E)列别代号

序号	列别名称	关键字	代号
1	风杯、风向标式测风仪	杯	B
2	螺旋桨式测风仪	桨	J
3	电热式测风仪	电	D
4	热球(线)式风速仪(表)	热	R
5	超声波式风速仪(计)	声	S
6	压力管式测风仪	压	Y
7	正交压力式测风仪	正	Z
8	涡街式测风仪	涡	W
9	风速报警器	报	A
10	热场式测风仪	热	E
11	测风传感器	传	C

表 A.7 降水测量仪器(S)列别代号

序号	列别名称	关键字	代号
1	雨(雪)量器	量	L
2	虹吸式雨量计	吸	X
3	翻斗式雨量计	斗	D
4	水导式雨量计	导	A
5	称重式降水量计	重	Z
6	浮子式雨量计	浮	F
7	容栅式雨量计	栅	S
8	光学雨量计	光	G
9	雨量传感器	传	C
10	雨强计	雨	Y
11	超声雨量计	超	H
12	积雪深度传感器	积	J

表 A.8 辐射、日照测量仪器(F)列别代号

序号	列别名称	关键字	代号
1	直接辐射表	直	Z
2	地球辐射表	地	D
3	总辐射表	总	N
4	净全辐射表	净	J

表 A.8 辐射、日照测量仪器(F)列别代号(续)

序号	列别名称	关键字	代号
5	净总辐射表	净	I
6	遮光器	遮	H
7	紫外辐射测量仪	外	W
8	暗筒式日照计	暗	A
9	聚焦式日照计	聚	U
10	太阳跟踪器	太	T
11	红外辐射表	红	O
12	日照传感器	传	C

表 A.9 能见度测量仪器(N)列别代号

序号	列别名称	关键字	代号
1	透射式能见度仪	透	T
2	散射式能见度仪	散	S
3	成像式能见度仪	成	C
4	闪光式能见度灯	灯	D

表 A.10 云测量仪器(U)列别代号

序号	列别名称	关键字	代号
1	云幕灯	幕	M
2	红外测云仪	红	H
3	激光测云仪	激	J
4	激光云幕仪	云	Y
5	成像式测云仪	像	X

表 A.11 大气电场和雷电探测仪器(D)列别代号

序号	列别名称	关键字	代号
1	雷电定位仪	位	W
2	电场仪	电	D
3	电场探空仪	探	T

表 A.12　蒸发测量仪器(A)列别代号

序号	列别名称	关键字	代号
1	蒸发皿	皿	M
2	蒸发器	器	Q
3	声波式蒸发器	声	S
4	电子式蒸发器	电	D
5	蒸发传感器	传	C

表 A.13　土壤状况观测仪器(T)列别代号

序号	列别名称	关键字	代号
1	冻土器	冻	D
2	土壤水分仪	水	S
3	蒸渗仪	蒸	Z
4	地面状况测量仪	面	M
5	土壤地面状况传感器	传	C
6	取土钻	取	Q
7	土壤水分传感器	土	T

表 A.14　天气现象测量仪器(X)列别代号

序号	列别名称	关键字	代号
1	天气现象传感器	传	C
2	天气现象测量仪	天	T
3	光学粒子计数器	粒	L
4	冻雨传感器	雨	Y

表 A.15　综合测量仪器(Z)列别代号

序号	列别名称	关键字	代号
1	自动气象站	自	Z
2	便携综合观测仪	便	B
3	辐射综合遥测仪	辐	F
4	船舶气象仪	船	C
5	小气候综合观测仪	小	X
6	梯度观测仪	梯	T
7	温湿遥测气象仪	遥	Y
8	多要素观测仪	多	D

表 A.16 地面观测配套设备(P)列别代号

序号	列别名称	关键字	代号
1	百叶箱	箱	X
2	风杆	杆	G
3	支架	架	J
4	地温表套管	管	U
5	辐射电流表	表	B
6	横支臂	臂	I
7	温湿防辐射罩	罩	Z

A.3 高空气象观测仪器代号

A.3.1 表 A.17 给出了高空气象观测仪器组别代号。

表 A.17 高空气象观测仪器(G)组别代号

序号	组别名称	关键字	代号	对应列别章条号	对应列别表号
1	探空仪及地面记录设备	探	T	A.3.2	表 A.18
2	测风经纬仪	仪	Y	A.3.2	表 A.19
3	高空观测地面配套设备	配	P	A.3.2	表 A.20
4	导航测风设备	航	H	A.3.2	表 A.21
5	制氢设备	氢	Q	A.3.2	表 A.22
6	探空气球及其他探空载体	气	I	A.3.2	表 A.23

A.3.2 表 A.18～表 A.23 给出了高空气象观测仪器列别代号。

表 A.18 探空仪及地面记录设备(T)列别代号

序号	列别名称	关键字	代号
1	电码式探空仪	码	M
2	电子式探空仪	子	Z
3	数字式探空仪	数	S
4	导航探空仪	航	H
5	测风回答器	答	D
6	探空数据记录仪	记	J
7	探空数据处理设备	处	C

表 A.19 测风经纬仪(Y)列别代号

序号	列别名称	关键字	代号
1	光学经纬仪	光	G
2	无线电经纬仪	无	W

表 A.20 高空观测地面配套设备(P)列别代号

序号	列别名称	关键字	代号
1	探空仪检测箱	箱	X
2	氢气瓶	瓶	P
3	气球充气设备	充	C

表 A.21 导航测风设备(H)列别代号

序号	列别名称	关键字	代号
1	多普勒频移测风设备	移	Y
2	定位测风设备	定	D

表 A.22 制氢设备(Q)列别代号

序号	列别名称	关键字	代号
1	化学制氢筒	化	H
2	水电解制氢设备	电	D

表 A.23 探空气球及其他探空载体(I)列别代号

序号	列别名称	关键字	代号
1	测风气球	风	F
2	探空气球	空	K
3	系留气球(艇)	系	X
4	定高气球	定	D
5	气象探测无人飞机	无	W
6	气象火箭	箭	J

A.4 遥感、遥测气象观测仪器代号

A.4.1 表 A.24 给出了遥感、遥测气象观测仪器组别代号。

表 A.24 遥感、遥测气象观测仪器(Y)组别代号

序号	列别名称	关键字	代号	对应列别章条号	对应列别表号
1	气象雷达	雷	L	A.4.2	表 A.25
2	廓线设备	廓	K	A.4.2	表 A.26
3	气象卫星探测地面接收处理设备	气	Q	A.4.2	表 A.27

A.4.2 表 A.25～表 A.27 给出了遥感、遥测气象观测仪器列别代号。

表 A.25 气象雷达(L)列别代号

序号	列别名称	关键字	代号
1	常规天气雷达	常	C
2	多普勒天气雷达	多	D
3	双线偏振天气雷达	双	S
4	激光气象雷达	激	J
5	地波雷达	地	I
6	相控阵天气雷达	相	X
7	声雷达	声	H
8	一次测风雷达	一	Y
9	二次测风雷达	二	E
10	测云雷达	云	U

表 A.26 廓线设备(K)列别代号

序号	列别名称	关键字	代号
1	边界层风廓线仪	边	B
2	对流层风廓线仪	对	D
3	平流层风廓线仪	平	P
4	微波辐射仪	微	W
5	红外辐射仪	红	H

表 A.27 气象卫星探测地面接收处理设备(Q)列别代号

序号	列别名称	关键字	代号
1	极轨气象卫星资料接收处理系统	轨	G
2	静止气象卫星资料接收处理系统	静	J
3	数据收集平台	数	S
4	中分辨成像光谱仪接收设备	中	Z

A.5 特种观测仪器代号

A.5.1 表 A.28 给出了特种观测仪器组别代号。

表 A.28 特种观测仪器(T)组别代号

序号	组别名称	关键字	代号	对应列别章条号	对应列别表号
1	温室气体测量仪器	气	Q	A.5.2	表 A.29
2	臭氧测量仪器	氧	Y	A.5.2	表 A.30
3	气溶胶采样测量仪器	胶	J	A.5.2	表 A.31
4	有机物测量仪器	物	W	A.5.2	表 A.32
5	大气沉降物测量仪器	沉	C	A.5.2	表 A.33
6	反应性气体测量仪器	反	A	A.5.2	表 A.34
7	(同位素)放射性物质测量仪器	(同)放	(T)F	A.5.2	表 A.35
8	实验室分析仪器	分	E	A.5.2	表 A.36

A.5.2 表 A.29～表 A.36 给出了特种观测仪器列别代号。

表 A.29 温室气体测量仪器(Q)列别代号

序号	列别名称	关键字	代号
1	水汽探测仪(器)	水	S
2	水汽通量仪	汽	Q
3	水汽分析仪	分	F
4	二氧化碳探测器	测	C
5	二氧化碳通量仪	通	T
6	LOFLOW 二氧化碳分析仪(系统)	二	E
7	非色散红外分析仪	红	H
8	气相色谱分析仪(系统)	相	X
9	光腔衰荡分析仪(系统)	光	G
10	碳循环温室气体采样仪(系统)	循	U
11	卤代烃类气体采样器(系统)	卤	L
12	程控式温室气体采样系统	控	K
13	色一质谱仪(系统)	质	Z
14	大气采样器	大	D

表 A.30 臭氧测量仪器(Y)列别代号

序号	列别名称	关键字	代号
1	地面臭氧测量仪	氧	Y
2	臭氧总量测量仪	总	Z
3	臭氧探空仪	探	T
4	臭氧总量光谱仪	光	G
5	化学发光臭氧分析仪	分	F
6	臭氧激光雷达	激	J
7	臭氧紫外吸收光度仪	吸	X

表 A.31 气溶胶采样测量仪器(J)列别代号

序号	列别名称	关键字	代号
1	气溶胶测量仪	气	Q
2	气溶胶总量采样器	采	C
3	气溶胶采样器	溶	R
4	黑碳测量仪	黑	H
5	凝结核计数器	凝	N
6	云凝结核计数器	云	Y
7	浊度计	浊	Z
8	天空辐射计	天	T
9	粒径分析仪	径	J
10	粒子计数器	粒	L
11	太阳光度计	光	G
12	气溶胶质谱仪	质	I
13	气溶胶粒度谱仪	度	U
14	质量浓度监测仪	浓	O
15	总悬浮颗粒物采样器	悬	X
16	气溶胶吸收特性测量仪	收	S
17	气溶胶激光雷达	雷	E
18	气溶胶光学厚度仪	光	A

表 A.32 有机物测量仪器(W)列别代号

序号	列别名称	关键字	代号
1	火焰离子化检测器气相色谱仪	气	Q
2	电子捕获检测器气相色谱仪	色	S
3	多环芳烃分析仪	多	D
4	聚丙烯腈分析仪	聚	J

表 A.33　大气沉降物测量仪器(C)列别代号

序号	列别名称	关键字	代号
1	湿沉降物采样器(测量仪)	湿	S
2	干沉降物采样器(测量仪)	干	G
3	pH 计	p	P
4	电导仪	电	D
5	酸雨自动观测仪	雨	Y

表 A.34　反应性气体测量仪器(A)列别代号

序号	列别名称	关键字	代号
1	一氧化碳测量仪	碳	T
2	二氧化硫测量仪	硫	L
3	氮氧化物测量仪	氮	D
4	稀释校准仪	校	J

表 A.35　(同位素)放射性物质测量仪器((T)F)列别代号

序号	列别名称	关键字	代号
1	氡-222 检测器	氡	D
2	氪-85 检测器	氪	K
3	铅-210 检测器	铅	Q
4	铍-7 检测器	铍	P
5	碳-14 检测器	碳	T

表 A.36　实验室分析仪器(E)列别代号

序号	列别名称	关键字	代号
1	原子吸收分光光度仪	原	Y
2	等离子发射光谱仪	等	D
3	离子色谱仪	离	L

A.6　气象仪器专用检测设备组别代号

A.6.1　表 A.37 给出了气象仪器专用检测设备组别代号。

表 A.37 气象仪器专用检测设备(J)组别代号

序号	列别名称	关键字	代号	对应列别章条号	对应列别表号
1	标准器	标	B	A.6.2	表 A.38
2	检验、测试、校准设备	检	J	A.6.2	表 A.39

A.6.2 表 A.38～表 A.39 给出了气象仪器专用检测设备列别代号。

表 A.38 标准器(B)列别代号

序号	列别名称	关键字	代号
1	标准温度表	温	W
2	数字式标准温度仪	度	D
3	标准通风干湿表	标	B
4	数字式干湿表(仪)	干	G
5	标准水银气压表	气	Q
6	数字式标准压力仪	压	Y
7	单管水银气压表	单	A
8	双管水银气压表	双	S
9	标准皮托静压管	皮	P

表 A.39 检验、测试、校准设备(J)列别代号

序号	列别名称	关键字	代号
1	气压检验、校准设备	压	Y
2	温度检验、校准设备	温	W
3	湿度检验、校准设备	湿	H
4	风检验、校准设备	风	E
5	降水检验、校准设备	水	S
6	多气象要素综合测试、检验设备	检	J
7	多气象要素综合校准设备	校	I
8	环境测试设备	环	U
9	辐射、日照测量仪器检验、校准设备	辐	F

附　录　B
（资料性附录）
气象仪器型号示例

示例 1:振筒式气压表,见图 B.1。

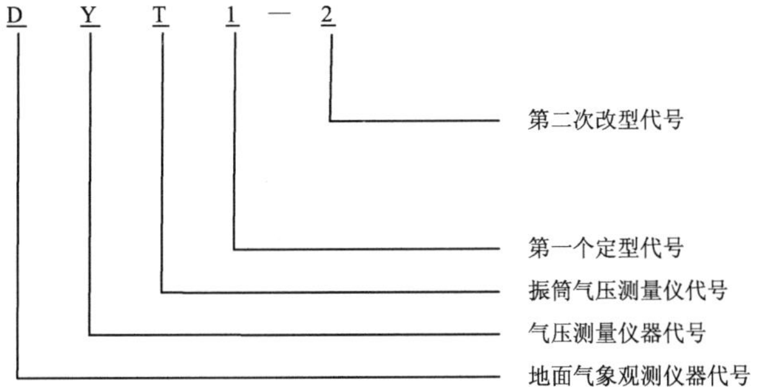

图 B.1　DYT1-2 振筒式气压表

示例 2:温湿压一体综合仪,见图 B.2。

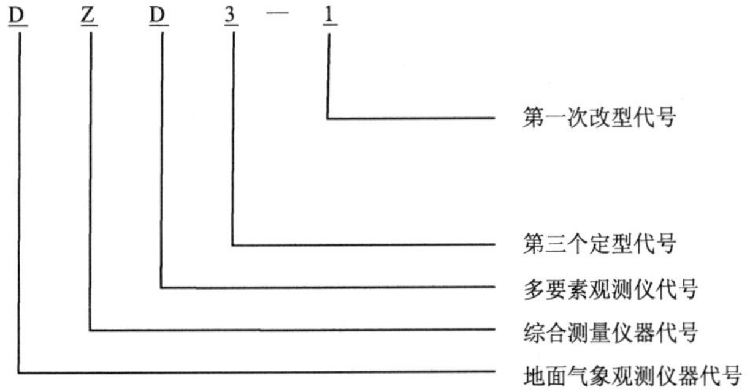

图 B.2　DZD3-1 温湿压一体综合仪

ICS 07.060
A 47
备案号：41383—2013

QX

中华人民共和国气象行业标准

QX/T 79.2—2013

闪电监测定位系统　第2部分：观测方法

Lightning detection and location system—Part 2: Observation methods

2013-07-11 发布　　　　2013-10-01 实施

中国气象局　发布

前　言

QX/T 79《闪电监测定位系统》分为五个部分：

——第 1 部分：技术条件；

——第 2 部分：观测方法；

——第 3 部分：验收规定；

——第 4 部分：数据格式；

——第 5 部分：信息采集、分发、传输和存储。

本部分为 QX/T 79 的第 2 部分。

本部分对地基地闪闪电监测定位系统的观测方法做出了规定。

本部分按照 GB/T 1.1—2009 给出的规则起草。

本部分由全国雷电灾害防御行业标准化技术委员会提出并归口。

本部分起草单位：中国气象科学研究院。

本部分主要起草人：孟青、赵均壮、张义军、熊毅、张文娟。

闪电监测定位系统　第2部分:观测方法

1　范围

本部分规定了地基地闪闪电监测定位系统的观测方法所涉及的系统组成、性能要求、站址环境要求、设备安装、自检和维护等内容。

本部分适用于地基地闪闪电监测定位系统的建设、运行和维护。

2　规范性引用文件

下列文件对于本文件的应用是必不可少的。凡是注日期的引用文件,仅注日期的版本适用于本文件。凡是不注日期的引用文件,其最新版本(包括所有的修改单)适用于本文件。

GB 50057—2010　建筑物防雷设计规范

GB 50174—2008　电子信息系统机房设计规范

QX/T 45—2007　地面气象观测规范　第1部分:总则

QX/T 79—2007　闪电监测定位系统　第1部分:技术条件

3　术语和定义

下列术语和定义适用于本文件。

3.1

闪电　lightning flash

积雨云中正负不同极性电荷中心之间的放电过程,或云中电荷中心与大地和地物之间的放电过程,或云中电荷中心与云外相反极性的电荷中心之间的放电过程。

[QX/T 79—2007,定义 3.1]

3.2

闪电事件　flash event

一次完整的闪电放电过程称为一次闪电事件,一般包含有多次脉冲大电流过程。

[QX/T 79—2007,定义 3.2]

3.3

云闪　intra-cloud flash;IC

放电通道不与大地和地物发生接触的闪电放电过程,包括云内(intra-cloud)闪电、云际(inter-cloud)闪电和云一空(cloud-air)闪电三种过程。

[QX/T 79—2007,定义 3.3]

3.4

地闪　cloud-to-ground flash;CG

发生在雷暴云体与大地和地物之间的闪电放电过程。

注:改写 QX/T 79—2007,定义 3.4。

3.5

回击　return stroke

起始于云内的下行先导与从地面产生的上行连接先导会合后产生的强脉冲放电过程。

[QX/T 79—2007,定义 3.4.1]

3.6

地闪事件 CG event

单次回击或共用部分放电通道的多次回击的地闪放电过程。

[QX/T 79—2007,定义 3.4.2]

3.7

地闪波形鉴别率 ratio of CG waveform discrimination

用波形鉴别装置鉴别得到的地闪数与实际发生地闪数的比例。

[QX/T 79—2007,定义 3.4.3]

3.8

磁定向 magnetic direction finding;MDF

利用两个垂直水平面且相互正交的线圈,通过测量来自地闪的磁脉冲信号,确定地闪回击发生的方向,从而进行闪电定位的技术方法。

[QX/T 79—2007,定义 3.5.1]

3.9

闪电监测定位系统 lightning detection and location system

利用多种闪电定位技术和方法,通过探测闪电放电过程中一些特定放电事件产生的电磁辐射信号来确定该事件发生的时间和位置,用来监测闪电时空演变和特征的设备系统。

注:改写 QX/T 79—2007,定义 3.6。

3.10

探测效率 detection efficiency

在给定区域观测到的闪电事件数与实际发生闪电数的比例,通常以百分数表示。

[QX/T 79—2007,定义 3.7.1]

3.11

探测半径 effective detection radius

在给定探测效率下,闪电监测定位系统中探测子站所能够探测到的闪电活动的最远距离。

[QX/T 79—2007,定义 3.7.2]

3.12

有效探测范围 effective detection range

在探测精度和效率达到观测规范指标要求的条件下,闪电监测定位系统可以探测的闪电活动分布的最大范围,它由探测子站的探测半径、探测子站数及其地理位置和布局确定。

[QX/T 79—2007,定义 3.7.3]

3.13

定位误差 location error

在有效探测范围内,闪电监测定位系统所确定的闪电事件位置与其发生的真实位置之间的差异。

[QX/T 79—2007,定义 3.7.4]

3.14

闪电探测数据 lightning detection data

闪电监测定位系统探测到的闪电活动特征参量和设备自身工作状态参量。

注:改写 QX/T 79—2007,定义 3.8。

3.15

探测子站状态数据 status data

探测子站的工作状态数据。

注:改写 QX/T 79—2007,定义 3.8.1。

4 闪电监测定位系统的组成和性能要求

4.1 系统组成

闪电监测定位系统的组成应按照 QX/T 79—2007 中 4.3.1 的要求进行配备。

4.2 探测子站性能要求

4.2.1 技术指标

探测子站主要技术指标见表 1。

表 1 闪电监测定位系统探测子站主要技术指标

项目	要求
监测内容	地闪回击电磁场信号的到达时间、方位、强度、极性和上升时间等
探测半径	≥300 km
探测效率	≥80%
地闪波形鉴别率	≥95%
测向精度	优于±1°
闪电回击分辨率	≤2 ms
GPS 授时精度	优于 1×10^{-7} s
本振日稳定度	优于 1×10^{-8} s
过电压保护水平	1.5 kV
工作方式	自动、连续、实时测量,无人值守
可靠性	平均无故障工作时间≥8000 h
可维修性	平均修复时间≤0.5 h
接收机频率带宽	1 kHz ~ 350 kHz
接收机触发阈值	10 mV ~ 1000 mV
接收机动态范围	≥60 dB
场强测量相对误差	≤10%
电压范围	AC220 V(+10%,−15%),50 Hz±1 Hz
功耗	≤25 W
注:表中前五项指标为对磁定向法探测子站的指标。	

4.2.2 信号接收

利用正交环磁场天线、电场天线和 GPS 天线组成的集成天线,进行闪电电磁场信号接收。

4.2.3 信号波形鉴别处理

信号波形鉴别处理应包括对集成天线上各通道信号的放大滤波、波形分析和鉴别、时间基准和测量、数据传输以及工作状态监控等。探测子站系统中应包括数据终端设备，以完成数据处理、状态监控和产品查询等工作。探测子站还应具备 48 h 的数据备份存储能力，在通信手段和供电条件达不到数据传输实时性要求时，定位数据可复传或由监控中心调用。

4.2.4 测控与数据处理

测控与数据处理应包括对整个探测子站的自检、测量、数据处理和控制等，应按照编程方式运行，并将测量的回击数据送往通讯接口。探测子站阈值、通讯波特率等参数可用软件命令和波段开关进行设置。

4.2.5 GPS 时间基准和测量

GPS 天线接收到的 GPS 卫星导航信号，直接进入授时型 GPS 接收机，经过处理和分析给出标准的 1 s 脉冲同步信号和星历，时钟同步精度为 1×10^{-7} s。探测子站以 10 MHz 的高稳定恒温晶振为频源，建立精度达 1×10^{-7} s 的精密时钟，在 1 s 脉冲同步信号的作用下，对回击磁场信号进行波形时间测量。

4.2.6 自检和自校

当时钟运行到整点且探头没有处理数据时，系统自动进行自行测试和周期标定；当时钟运行到整点但探头正在处理数据时，系统等待到无闪电数据要处理时开始运行自检程序。自检结果作为二进制状态信息的一部分每 30 s 发送一次，用“通过/失效”表示。

4.2.7 通信

探测子站与中心站间的通信采用双向异步串行方式，在信道上能以 300 bps ～ 38400 bps 的任一标准波特速率传送数据。探测子站电源线和通信接口的数据线上均应接有抑制浪涌的器件。

4.3 中心站性能要求

闪电监测定位系统中心站应能够实时接收各探测子站的闪电回击数据并进行实时定位处理，能够实时控制和检测探测子站的工作状态和参数，并及时保存闪电探测数据和定位结果。中心站应能够提供闪电回击发生的时间、位置(距离和方位)，强度、极性、定位精度等有关信息，且闪电事件的探测误差小于 1 km，探测效率不小于 80 %。

4.4 产品输出和显示性能要求

产品输出和显示性能通过数据查询软件实现。闪电数据查询软件能够实时显示和查询闪电数据的时空分布，并进行闪电参量的统计特征分析。

数据查询软件应至少包括以下功能：

a) 具备闪电定位结果和数据的自动存储和备份，并形成闪电观测区域的灾害资料数据库；
b) 形成闪电数据的实时空间分布图、闪电密度图、闪电特征统计直方图以及闪电特征参量统计年报表和月报表；
c) 实现闪电信息在地理信息背景下的显示，以及特殊地形和指定线路的叠加；
d) 实现多种数据、图形和图像产品的网络查询，实现各种闪电信息产品的远程传送和输出打印。

4.5 数据通信性能要求

4.5.1 中心站和各探测子站之间的数据通信应采用实时的通信方式。闪电定位系统数据通信的主要性能要求见表 2。

表 2　闪电定位系统数据通信性能要求

性能名称	指标要求
通信方式	有线、无线
通信速率	≥1200 bps
通信误码率	$\leqslant 1\times 10^{-6}$

4.5.2　中心站还应通过网络等其他通信手段与其他应用系统连接，定时向其他应用系统传送闪电监测数据和图形产品，并根据用户要求传送所需数据和图形产品。

4.6　数据格式

探测子站状态信息数据格式参见附录 A，探测子站回击数据格式参见附录 B，中心站定位数据格式参见附录 C。

5　站址环境要求

5.1　探测子站

闪电监测定位系统探测子站环境要求如表 3 所示。

表 3　闪电监测定位系统探测子站环境要求

名称		要求
室外部分	工作环境	野外较为宽阔的地方，距其较近处无高山、铁塔、高压设备以及较高建筑物。在 30 m 范围内地平度小于±1°，在 300 m 范围内地平度小于±2°，在 300 m 范围内应没有高于探头 10 m以上的任何物体。探头应远离各类建筑物 4 倍建筑物高度距离。电磁场干扰要小于闪电接收机的阈值范围。接地电阻小于 4 Ω
	供电电源	AC220 V(＋10 %，－15 %)，50 Hz±1 Hz
	环境温度	－40℃～50℃
	贮存温度	－40℃～55℃
	相对湿度	≤100%
	抗风能力	八级风时设备工作正常，十级风时设备不损坏
	雨强	≤80 mm/h
	其他防御能力	防盐雾、防霉、防沙尘和防雷电电磁脉冲
室内部分	工作环境	普通机房
	供电电源	AC220 V(＋10 %，－15 %)，50 Hz±1 Hz，必要的环境条件需有稳压电源设备
	不间断电源	在线式 UPS 电源
	温度	0℃～30℃，对于环境恶劣的安装条件，应用户的要求可以扩展到－20℃～50℃
	相对湿度	≤80%

5.2 中心站

闪电监测定位系统中心站的机房应满足以下要求：

a） 机房内应配备空调设施，环境温度应保持在 20 ℃～30 ℃，相对湿度不超过 80 %；

b） 机房地面应铺设防静电地板，各类连接电缆和导线应按 GB 50174—2008 标准铺设；

c） 机房内应安装防火警报系统和消防设施，应有防水、防风、防尘、防腐蚀等措施以及防止鼠类和各种昆虫侵入的措施；

d） 机房内设备接地电阻应不大于 4 Ω；

e） 机房内低压配电系统应符合 GB 50174—2008 规定；

f） 雷电防护设施符合 GB50057—2010 要求。

6 设备安装

6.1 选址要求

选址应符合 QX/T 45—2007 和 5.1 的要求。闪电监测定位系统站址论证的技术材料应包括：

a） GPS 或大比例尺地图获得的站址经度和纬度，精确到秒；

b） 站址的海拔高度，精确到米；

c） 闪电接收机工作频率内的电磁环境测试报告，保障电磁场干扰小于闪电接收机的阈值。

6.2 设备安装

6.2.1 闪电探测子站通过底盘上的安装孔固定在水泥基座上，底盘固定后装上探测仪器舱，用水平仪在平板电场天线上调整水平度，调好后紧固安装螺丝。

6.2.2 按照下列方法调节正交环磁场天线，使其指向正北向±1°之内：

a） 将日晷准确放置在天线装置顶部平面的中心位置；

b） 利用计算好的当地太阳正午时调整天线方位，使天线装置顶部平面上的南、北刻线与日晷钢杆形成的太阳阴影线重合；

c） 固定好天线装置，完成天线装置方位调整。

7 自检和自校

闪电监测定位系统应建立完整统一的调试流程以保护设备和定位数据的安全，并具有完成自身检测和标校的硬件部分，以及设置和检验、管理和控制的测试软件。

8 维护和检修

8.1 日常维护

探测子站和中心站技术人员应负责设备的日常检查维护工作，做好设备的清洁维护，检查供电电源、各连接线缆、接地地线、通信网络连接状态，监视设备工作状况和日志文件的保存情况。

8.2 故障检修

8.2.1 当中心站管理人员发现探测子站设备状态信息未能正常上传时，应对通信线路和设备状态进行相应检查，并及时将检测情况通知维修保障人员。

8.2.2　维修保障人员应及时指导探测子站技术人员进行故障处理，必要时应在24小时内赴现场维修，探测子站的技术人员应做好配合工作。

8.2.3　若故障在48小时内未能排除，应向省级业务主管部门报告。

8.2.4　所有故障处理过程和结果都应记录归档，闪电定位监测系统故障处理登记表参见附录D。

8.3　定期检测标定

每年的强对流天气频发季节到来之前，技术保障部门应对闪电监测定位系统进行一次全面的检测标定。检查标定探测仪平板电场天线水平度和正交环磁场天线指向是否符合6.2节设备安装要求，检测供电电源、设备接地电阻、雷电防护设施等。检测标定情况应记录归档，闪电监测定位系统年检维护情况登记表参见附录E。

附 录 A
（资料性附录）
探测子站状态信息数据格式说明

二进制探测子站状态数据每 30 s 发送一次，此时不发送回击数据。当二进制回击数据发送时，状态报告应被抑制。每组状态的二进制数据包括：探测子站信息、自检标志、发送状态信息时的时间、读出的当前阈值、当前的阈值通过率、GPS 接收的卫星数目、GPS 接收机工作状态、10 MHz 恒温槽石英晶振频率值的偏差值、AD 转换斜率和误差等。

二进制探测子站状态数据的帧格式码中除了终端回车和可选择的换行字符外，不包含任何控制字符。状态数据和回击数据帧的长度由一个帧长度表示位，表示从起始位以后，不包括帧长度位和帧结束位的字节数，帧头用两个字节：01H、FEH，帧尾用 1 个字节：0DH（回车符）。二进制状态信息帧格式见表 A.1。

表 A.1 二进制状态信息帧格式

序号	数据名称	数据内容	数据类型	字节数
1	FrameStart ID1	帧起始标志第一字节（01H）	Byte	1
2	FrameStart ID2	帧起始标志第二字节（FEH）	Byte	1
3	FrameTag	帧种类（为 0 表示状态信息帧）	Byte	1
4	Frame Size ID	状态信息帧的长度	Word	1
5	Detector ID	探测子站编码，4 个字节	Word	4
6	Year	发送状态信息时的年，先高字节后低字节（UTC）	Byte	2
7	Month	发送状态信息时的月（UTC）	Byte	1
8	Day	发送状态信息时的日（UTC）	Byte	1
9	Hour	发送状态信息时的小时值（UTC）	Byte	1
10	Minute	发送状态信息时的分钟值（UTC）	Byte	1
11	Second	发送状态信息时的秒值（UTC）	Byte	1
12	Result Of Self Test	最近一次自检的通过标志	Word	2
13	Threshold	当前的阈值	Word	2
14	GPS Status	GPS 接收机工作状态：搜星状态、定位状态、授时状态	Byte	1
15	Frequency Error	10MHz 恒温槽石英晶振频率值的偏差，单位 Hz	Integer	2
16	AD slope	AD 转换斜率	Word	2
17	AD error	AD 转换误差	Word	2
18	预留	将来备用	Byte	6
19	CheckSum	帧校验和	Byte	1
20	Frame End ID1	帧结束标志第一字节（0DH）	Byte	1

附　录　B
(资料性附录)
探测子站回击数据格式说明

回击的二进制数据由中心站用来计算回击的位置。每组回击探测数据包括：回击到达时间、回击南北峰值磁场、回击东西峰值磁场、回击峰值电场、回击波形等闪电特征参数。

回击的二进制数据帧格式码中除了终端回车和可选择的换行字符外，不包含任何控制字符。探测子站状态数据和回击数据长度由一个帧长度表示位，表示从起始位以后，不包括帧长度位和帧结束位的字节数，帧头用两个字节：01H、FEH，帧尾用 1 个字节：0DH（回车符）。二进制回击数据帧格式见表 B.1。

表 B.1　二进制回击数据帧格式

序号	数据名称	数据内容	数据类型	字节数
1	FrameStart D1	帧起始标志第一字节(01H)	Byte	1
2	FrameStart D2	帧起始标志第二字节(FEH)	Byte	1
3	FrameTag	帧种类(非 0 表示闪数据帧)	Byte	1
4	Frame Size ID	状态信息帧的长度	Word	1
5	Detector ID	探测子站编码，4 个字节	Word	4
6	Year	发送状态信息时的年，先高字节后低字节(UTC)	Byte	2
7	Month	发送状态信息时的月(UTC)	Byte	1
8	Day	发送状态信息时的日(UTC)	Byte	1
9	Hour	发送状态信息时的小时值(UTC)	Byte	1
10	Minute	发送状态信息时的分钟值(UTC)	Byte	1
11	Second	发送状态信息时的秒值(UTC)	Byte	1
12	us-01	闪电到达时间的 0.1 微秒值(UTC)	DWord	4
13	Bns	南北峰值磁场	Integer	2
14	Bew	东西峰值磁场	Integer	2
15	E	峰值电场	Integer	2
16	MSP-01us	最陡点时间(0.1 μs)	Word	2
17	PP-01us	峰点时间(0.1 μs)	Word	2
18	HWP-01us	后过零点时间(0.1 μs)	Word	2
19	Date Type	数据类型 1 为地闪、0 为云闪	Byte	1
20	预留	将来备用	Byte	4
21	CheckSum	帧校验和	Byte	1
22	FrameEnd ID1	帧结束标志第一字节(0DH)	Byte	1

附　录　C
（资料性附录）
中心站定位数据格式说明

低频闪电定位数据以数据库方式存储，数据库必须满足开放数据库互连（ODBC）协议。实时接收软件自动地将一天的闪电活动形成一个数据库文件，文件名为标志字符和当天日期。

每一个闪电数据包括：闪电发生的日期、放电时间、闪电的种类、地理位置（纬度、经度和高度）、归一化电磁场强度、电流幅度、电流陡度、电荷、能量、定位结果采用的探测子站信息、定位误差、定位方式等。数据库中定位数据的数据字典见表 C.1。

表 C.1　定位数据的数据字典

序号	特征参数名称	内容描述
1	闪电个数的序号	闪电个数的序号，整型数
2	日期时间	以年、月、日、时、分、秒、百分秒的形式，共 7 个数据，字符串型数
3	闪电的种类	云、地闪电标志：1 为地闪、0 为云闪，字符串型数
4	闪电位置的经度	单位：度(°)，双精度浮点型数
5	闪电位置的纬度	单位：度(°)，双精度浮点型数
6	闪电位置的高度	单位：km，仅对云闪有效，浮点型数
7	闪电回击数	地闪，整型数
8	上升时间	单位：ms，地闪，浮点型数
9	衰减时间	单位：ms，地闪，浮点型数
10	闪电归一化磁场强度值	单位：T 或 Wb/m^2，地闪，浮点型数
11	闪电归一化电场强度值	单位：0.01 mV/s，正值为正闪，负值为负闪，地闪，浮点型数
12	闪电电流值	单位：10 kA，地闪，浮点型数
13	闪电电流精度	单位：A，地闪，浮点型数
14	闪电电荷	单位：C，地闪，浮点型数
15	闪电能量	单位：J，地闪，浮点型数
16	定位结果参加定位的探测子站总数	定位结果采用的探测子站总数序号，整型数
17	前 5 个参加定位之一的探测子站编码	定位结果采用的探测子站编码序号，整型数
18	前 5 个参加定位之二的探测子站编码	定位结果采用的探测子站编码序号，整型数
19	前 5 个参加定位之三的探测子站编码	定位结果采用的探测子站编码序号，整型数
20	前 5 个参加定位之四的探测子站编码	定位结果采用的探测子站编码序号，整型数
21	前 5 个参加定位之五的探测子站编码	定位结果采用的探测子站编码序号，整型数
22	定位方式	定位结果采用的定位方式

附　录　D
（资料性附录）
闪电监测定位系统故障处理登记表

闪电监测定位系统故障处理登记表样式见表 D.1。

表 D.1　闪电监测定位系统故障处理登记表

台站：__________　　　　记录人：__________　　　　上报日期：__________

故障发生时间：	故障恢复时间：
故障情况	
影响情况	
故障处理	
设备更换	
备　注	

附 录 E
(资料性附录)
闪电监测定位系统年检维护情况登记表

闪电监测定位系统年检维护情况登记表样式见表 E.1。

表 E.1 闪电监测定位系统年检维护情况登记表

台站：________　　　　上报日期：________

检查日期：	检查人员：
检查维护项目	检 查 维 护 情 况
平板电场天线水平度	
正交环磁场天线指向	
自检、指示灯状态	
MOV 压敏电阻	
供电电源	
接地线、接地电阻	
通信、电源电缆	
网络传输情况	
探测仪外观、环境、场地状况	
雷电防护设施	
备 注	

参 考 文 献

[1] QX 4—2000 气象台(站)防雷技术规范

ICS 07.060
A 47
备案号：41384—2013

QX

中华人民共和国气象行业标准

QX/T 79.3—2013

闪电监测定位系统　第3部分：验收规定

Lightning detection and location system—Part 3：Test specification

2013-07-11 发布　　2013-10-01 实施

中国气象局　发布

前　　言

QX/T 79《闪电监测定位系统》分为五个部分：

——第1部分：技术条件；

——第2部分：观测方法；

——第3部分：验收规定；

——第4部分：数据格式；

——第5部分：信息采集、分发、传输和存储。

本部分为QX/T 79的第3部分。

本部分对地基地闪闪电监测定位系统的验收要求做出了规定。

本部分按照GB/T 1.1—2009给出的规则起草。

本部分由全国雷电灾害防御行业标准化技术委员会提出并归口。

本部分起草单位：中国气象科学研究院。

本部分主要起草人：孟青、赵均壮、张义军、熊毅、张文娟。

闪电监测定位系统　第3部分:验收规定

1　范围

本部分规定了地基地闪闪电监测定位系统业务验收的基本要求、材料审查、业务运行测试等内容。

本部分适用于地基地闪闪电监测定位系统的业务验收。

2　术语和定义

下列术语和定义适用于本文件。

2.1

闪电　lightning flash

积雨云中正负不同极性电荷中心之间的放电过程,或云中电荷中心与大地和地物之间的放电过程,或云中电荷中心与云外相反极性的电荷中心之间的放电过程。

[QX/T 79—2007,定义 3.1]

2.2

闪电事件　flash event

一次完整的闪电放电过程称为一次闪电事件,一般包含有多次脉冲大电流过程。

[QX/T 79—2007,定义 3.2]

2.3

地闪　cloud-to-ground flash;CG

发生在雷暴云体与大地和地物之间的闪电放电过程。

[QX/T 79—2007,定义 3.4]

2.4

闪电监测定位系统　lightning detection and location system

利用多种闪电定位技术和方法,通过探测闪电放电过程中一些特定放电事件产生的电磁辐射信号来确定该事件发生的时间和位置,用来监测闪电时空演变和特征的设备系统。

注:改写 QX/T 79—2007,定义 3.6。

3　基本要求

3.1　通则

闪电监测定位系统应具有气象技术装备使用许可证,在通过业务验收并经批准后方可正式投入业务运行。

闪电监测定位系统安装试运行一个雷雨季节以上后,可申请验收。

3.2　组织和程序

3.2.1　申请

闪电监测定位系统的业务验收由建设单位提出申请,经批准后开展。

3.2.2 组织

闪电监测定位系统的业务验收由负责建设的省(自治区、直辖市)气象局经与中国气象局业务主管部门协商后组成业务验收组负责实施。

3.2.3 验收材料

申请业务验收的机构应完成《项目建设工作报告》和《项目建设技术报告》,报告内容见附录A和附录B。

4 材料审查

4.1 验收组应审查项目建设单位提供的项目立项、闪电监测定位系统探测子站选址、项目可行性研究报告审批材料。

4.2 验收组应审查《项目建设工作报告》和《项目建设技术报告》。

4.3 验收组应审查设备技术文件,含出厂合格证、技术说明书、操作使用指南等。

5 业务运行测试

5.1 建设单位应将闪电观测资料与其他验收合格的闪电监测定位系统、天气雷达回波图、卫星云图等观测资料进行比较分析,对闪电监测定位网的资料合理性进行评价。

5.2 根据一个雷雨季节以上业务运行的实测数据,计算闪电监测定位系统中心站平均无故障工作时间($MTBF_{sum}$)以及探测仪平均无故障工作时间($MTBF_{ave}$)。中心站平均无故障工作时间不应小于8000 h,探测仪平均无故障工作时间不应小于8000 h。计算方法如下:

a) 中心站平均无故障工作时间应按式(1)计算。

$$MTBF_{sum} = \frac{T_{sum}}{F_{sum}} \qquad \cdots\cdots(1)$$

式中:

T_{sum} 为中心站工作时间,单位为小时(h);

F_{sum} 为总故障次数。

b) 探测仪平均无故障工作时间应按式(2)计算。

$$MTBF_{ave} = \frac{MTBF_{sum}}{NUM_{sensor}} \qquad \cdots\cdots(2)$$

式中:

$MTBF_{sum}$ 为中心站平均无故障工作时间,单位为小时(h);

NUM_{sensor} 为组成系统的探测仪个数。

附　录　A
（规范性附录）
项目建设工作报告

《项目建设工作报告》应包含以下内容：

a） 项目概述；

b） 项目的建设内容；

c） 项目的建设过程；

d） 项目建设管理情况；

e） 业务运行情况；

f） 经费执行情况；

g） 固定资产；

h） 总结；

i） 附件：档案材料。

附 录 B
（规范性附录）
项目建设技术报告

《项目建设技术报告》应包含以下内容：

a） 项目技术工作概述；

b） 运行稳定性分析；

c） 观测资料准确性评估；

d） 资料业务应用情况；

e） 附件：闪电定位数据准确性分析。

参 考 文 献

[1] GB 50057—2010 建筑物防雷设计规范
[2] GB 50174—2008 电子信息系统机房设计规范
[3] QX 4—2000 气象台(站)防雷技术规范
[4] QX/T 79—2007 闪电监测定位系统 第1部分:技术条件

ICS 07.060
A 47
备案号：39822—2013

QX

中华人民共和国气象行业标准

QX/T 178—2013

城市雪灾气象等级

Meteorological grades of urban snow hazards

2013-01-04 发布 2013-05-01 实施

中国气象局 发布

前　　言

本标准按照 GB/T 1.1—2009 给出的规则起草。

本标准由全国气象防灾减灾标准化技术委员会(SAC/TC 345)提出并归口。

本标准起草单位:黑龙江省气象局。

本标准主要起草人：马国忠、赵广娜、孙永罡、高玉中、那济海、钟幼军、张桂华、张志秀。

引　言

雪灾是因降雪造成的自然灾害，严重影响人们的生产、生活，并造成较大经济损失，在城市因雪灾造成的影响更加明显。

制定城市雪灾气象等级，为预防雪灾对城市交通、生产等人类活动所造成的危害，采取有利措施避免雪灾带来的损失提供科学依据，同时为政府部门启动灾害应急预案提供指导。

城市雪灾气象等级

1 范围

本标准规定了城市雪灾气象等级。

本标准适用于对城市雪灾气象等级的划分。

2 术语和定义

下列术语和定义适用于本文件。

2.1

降雪量 snowfall amount

某一时段内的未蒸发、渗透、流失的降雪,经融化后在平面上累计的深度。

注:以毫米(mm)为单位,取1位小数。

2.2

日降雪量 daily snowfall amount

一日内的累计降雪量。

注:以毫米(mm)为单位,取1位小数。

2.3

连续降雪日数 number of consecutive days with snowfall

自上一个降雪日(日降雪量≥0.1 mm)后发生降雪的连续日数。

2.4

最大日降雪量 daily maximum snowfall amount

连续降雪日数中,日降雪量最大值。

注:以毫米(mm)为单位,取1位小数。

2.5

累积降雪量 accumulated snowfall amount

连续降雪日数中,逐日日降雪量累加值。

注:以毫米(mm)为单位,取1位小数。

2.6

积雪深度 depth of snow cover

在雪尚未融化时,一定时间内积雪面到地面的垂直深度。

注:以厘米(cm)为单位。

2.7

风速 wind speed

单位时间内空气移动的水平距离。

注:单位为米每秒(m/s),取1位小数。

2.8

日最大风速 daily maximum wind speed

一日内任意10分钟内平均风速的最大值。

注:单位为米每秒(m/s),取1位小数。

2.9

日最低气温　daily minimum air temperature

一日内气温的最低值。

注:以摄氏度(℃)为单位,零度以下为负值。

2.10

日最小相对湿度　daily minimum relative humidity

一日内空气相对湿度的最低值。

注:以百分数(%)表示。

2.11

城市雪灾气象指数　urban snow hazard meteorological index

在城市中发生雪灾严重程度的气象评价指标。

3　符号

下列符号适用于本文件。

G ——城市雪灾气象等级;

I ——城市雪灾气象指数;

I_{R} ——累积降雪量对应的城市雪灾气象指数的分量;

I_{RM}——最大日降雪量对应的城市雪灾气象指数的分量;

I_{D} ——积雪深度对应的城市雪灾气象指数的分量;

I_{N} ——连续降雪日数对应的城市雪灾气象指数的分量;

I_{T} ——日最低气温对应的城市雪灾气象指数的分量;

I_{W} ——日最大风速对应的城市雪灾气象指数的分量;

I_{RH}——日最小相对湿度对应的城市雪灾气象指数的分量。

4　城市雪灾气象等级

依据城市雪灾气象指数(计算见第5章)来确定城市雪灾气象分级标准,将城市雪灾气象等级划分为不易、轻度、中度、重度、特重五个级别,见表1。

表1　城市雪灾气象等级的划分

雪灾气象等级	等级描述	城市雪灾气象指数范围	可能影响
0	不易	32	交通运输基本正常,人们活动能够正常进行。
Ⅰ	轻度	[34,44]	可能造成交通阻塞;交通事故频发;影响人们正常活动。
Ⅱ	中度	[45,70]	交通运输可能受阻;影响电力和通信线路的正常运行;严重影响人们正常活动。
Ⅲ	重度	[71,99]	交通、铁路、民航运输中断;严重影响电力和通信线路的正常运行;易引起人员失踪或伤亡;易引起房屋倒塌;易引起树木折枝。
Ⅳ	特重	[100,192]	交通、铁路、民航运输中断;易引起电力和通信线路中断;极易引起人员失踪或伤亡;极易引起房屋倒塌;极易引起树木折枝或倒地。

5　城市雪灾气象指数计算

5.1　城市雪灾气象指数的计算方法

选取累积降雪量、最大日降雪量、积雪深度、连续降雪日数、日最低气温、日最大风速、日最小相对湿度7个气象因子为城市雪灾气象指数的影响因子，计算公式如式(1)所示：

$$I = I_R + I_{RM} + I_D + I_N + I_T + I_W + I_{RH} \qquad \cdots\cdots(1)$$

式中各影响因子的符号含义见3，取值要求见5.2～5.8。

5.2　累积降雪量对应的城市雪灾气象指数的分量(I_R)

根据附录A的区域划分确定所在城市的地区类型，按照累积降雪量从表2或表3中选取I_R值。

表2　累积降雪量对应的城市雪灾气象指数的分量 I_R(适用于Ⅰ类地区)

累积降雪量/mm	≤4.9	5.0～9.9	10.0～19.9	20.0～29.9	30.0～39.9	≥40.0
I_R	8	16	24	32	40	48

表3　累积降雪量对应的城市雪灾气象指数的分量 I_R(适用于Ⅱ类地区)

累积降雪量/mm	≤0.9	1.0～4.9	5.0～9.9	10.0～19.9	20.0～29.9	≥30.0
I_R	8	16	24	32	40	48

5.3　最大日降雪量对应的城市雪灾气象指数的分量(I_{RM})

根据附录A的区域划分确定所在城市的地区类型，按照最大日降雪量从表4或表5中选取I_{RM}值。

表4　最大日降雪量对应的城市雪灾气象指数的分量 I_{RM}(适用于Ⅰ类地区)

最大日降雪量/mm	≤2.4	2.5～4.9	5.0～9.9	10.0～19.9	20.0～29.9	≥30.0
I_{RM}	8	16	24	32	40	48

表5　最大日降雪量对应的城市雪灾气象指数的分量 I_{RM}(适用于Ⅱ类地区)

最大日降雪量/mm	≤0.9	1.0～2.4	2.5～4.9	5.0～9.9	10.0～19.9	≥20.0
I_{RM}	8	16	24	32	40	48

5.4　积雪深度对应的城市雪灾气象指数的分量(I_D)

根据附录A的区域划分确定所在城市的地区类型，按照积雪深度从表6或表7中选取I_D值。

表6　积雪深度对应的城市雪灾气象指数的分量 I_D(适用于Ⅰ类地区)

积雪深度/cm	≤9.9	10.0～19.9	20.0～29.9	30.0～39.9	40.0～49.9	≥50.0
I_D	4	8	12	16	20	24

表 7　积雪深度对应的城市雪灾气象指数的分量 I_D(适用于Ⅱ类地区)

积雪深度/cm	≤4.9	5.0～9.9	10.0～19.9	20.0～29.9	30.0～39.9	≥40.0
I_D	4	8	12	16	20	24

5.5　连续降雪日数对应的城市雪灾气象指数的分量(I_N)

按照所在城市连续降雪日数从表 8 中选取 I_N 值。

表 8　连续降雪日数对应的城市雪灾气象指数的分量 I_N

连续降雪日数/d	1	2	3～4	5～6	7～8	≥9
I_N	3	6	9	12	15	18

5.6　日最低气温对应的城市雪灾气象指数的分量(I_T)

根据附录 A 的区域划分确定所在城市的地区类型，按照日最低气温从表 9 到表 10 中选取 I_T 值。

表 9　日最低气温对应的城市雪灾气象指数的分量 I_T(适用于Ⅰ类地区)

日最低气温/℃	≤−15.0	−14.9～−10.0	−9.9～−7.0	−6.9～−5.0	−4.9～−3.0	−2.9～−1.0
I_T	3	6	9	12	15	18

表 10　日最低气温对应的城市雪灾气象指数的分量 I_T(适用于Ⅱ类地区)

日最低气温/℃	≤−15.0	−14.9～−10.0	−9.9～−5.0	−4.9～−3.0	−2.9～−1.0	≥−0.9
I_T	3	6	9	12	15	18

5.7　日最大风速对应的城市雪灾气象指数的分量(I_W)

按照所在城市日最大风速从表 11 中选取 I_W 值。

表 11　日最大风速对应的城市雪灾气象指数的分量 I_W

相应风速范围/(m/s)	≤1.5	1.6～3.3	3.4～5.4	5.5～7.9	8.0～10.7	≥10.8
I_W	2	4	6	8	10	12

5.8　日最小相对湿度对应的城市雪灾气象指数的分量(I_{RH})

根据附录 A 的区域划分确定所在城市的地区类型，按照日最小相对温度从表 12 或表 13 中选取 I_{RH}值。

表 12　最小相对湿度对应的城市雪灾气象指数的分量 I_{RH}(适用于Ⅰ类地区)

最小相对湿度/%	≤49.9	≥50
I_{RH}	4	8

表 13 最小相对湿度对应的城市雪灾气象指数的分量 I_{RH}(适用于Ⅱ类地区)

最小相对湿度/%	≤19.9	20.0～39.9	40.0～49.9	50.0～59.9	60.0～69.9	≥70
I_{RH}	4	8	12	16	20	24

附 录 A
（规范性附录）
区域划分

根据我国多年平均降雪日数的地理分布及我国小雪、中雪、大雪和暴雪的地理分布将全国分为两类地区。

Ⅰ类地区：

黑龙江省、吉林省、辽宁省、内蒙古自治区、新疆维吾尔自治区、西藏自治区、青海省。

Ⅱ类地区：

甘肃省、宁夏回族自治区、陕西省、山西省、河北省、北京市、天津市、上海市、江苏省、浙江省、安徽省、江西省、山东省、河南省、湖南省、湖北省、重庆市、四川省、贵州省、云南省、广西壮族自治区、广东省、福建省、海南省、香港特别行政区、澳门特别行政区、台湾省。

参 考 文 献

[1] 大气科学辞典编委会.大气科学辞典.北京:气象出版社,1994.
[3] 中国气象局.地面气象观测规范.北京:气象出版社,2003.
[2] 朱炳海,王鹏飞,束家鑫.气象学词典.上海:上海辞书出版社,1985.

ICS 07.060
A 47
备案号：39823—2013

QX

中华人民共和国气象行业标准

QX/T 179—2013

船舶气象导航服务

Meteorological service for ship routing

2013-01-04 发布　　2013-05-01 实施

中国气象局　发布

前　　言

本标准按照 GB/T 1.1—2009 给出的规则起草。

本标准由全国气象防灾减灾标准化技术委员会(SAC/TC 345)提出并归口。

本标准起草单位:国家气象中心。

本标准主要起草人:尹尽勇、刘涛。

船舶气象导航服务

1 范围

本标准规定了船舶气象导航服务的产品及其内容。

本标准适用于海上船舶气象导航服务。

2 术语和定义

下列术语和定义适用于本文件

2.1

船舶气象导航 ship weather routing

根据中短期天气与海况预报，结合船舶性能、技术条件与航行任务来选择最佳航线，确定航向，调整航速，指导航行方法。

2.2

推荐航线报告 recommended route report

船舶起航前，气象导航服务机构根据船舶特性结合天气及气候特点，为船舶提供的起始港到目的港的航行建议，以及沿航线的气象、海况及可能对航行造成影响的原因分析报告。

2.3

跟踪导航报告 route report

船舶航行途中，气象导航服务机构根据最新船舶报告船位，预计航行前方出现可能构成航行安全的恶劣天气，为船舶提供最新航行建议，以及沿航线的气象、海况及可能对航行造成影响的原因分析报告。

2.4

航次分析报告 post voyage analysis report

航行结束后，为船舶及其船舶所属公司提供本航次航行的综合性总结分析报告。

2.5

船舶报告 ship report

船舶向气象导航服务机构发送的报告。

2.6

午时船位报告 ship noon report

船舶向气象导航服务机构发送的当地正午时刻的船位报告。

2.7

抵港报告 arriving report

船舶抵港后向气象导航服务机构发送的抵港信息。

2.8

合同航速 charter party speed

船东与租船人签订的航行速度。

2.9

静水航速 calm sea speed

船舶在无风、无浪、无流条件下所能够达到的航行速度。

2.10

平均航速　average speed

船舶在两点之间实际航行距离与航行所用时间的比值。

2.11

实际航速　actual sailing speed

船舶实际航行在两点间的平均航速。

2.12

执行航速　performance speed

扣除天气、海况条件对船舶航速的影响，船舶在海上实际航行中所能达到的平均航速。

2.13

船舶失速　ship speed loss

实际航速与静水航速的差，或实际航速与合同航速的差。

2.14

允许的合同航速　allowable charter party speed

依据合同航速，消除天气、海况条件对船舶航行的影响，船舶沿推荐航线航行所应达到的航速。

2.15

允许的合同航时　allowable charter party time on sea

依据合同航速，消除天气、海况条件对船舶航行的影响，船舶沿推荐航线航行所用时间。

2.16

实际航行距离　actually distance

起始点至终点之间船舶实际航行的距离。

2.17

实际航行时间　actually time

船舶完成实际航行距离所用的时间。

2.18

天气影响因素　weather factor

天气条件对船舶航行速度的影响（增加或减少）。

2.19

洋流影响因素　ocean current factor

洋流条件对船舶航行速度的影响（增加或减少）。

2.20

航行时间的损失与节约　lost and save time

实际航行时间与准许海上航行时间的时间差。

2.21

实际耗油量　actually bunker consumed

起始港到目的港，船舶航行实际消耗的燃油量。

2.22

允许耗油量　bunker allowed

起始港到目的港，按允许海上航行时间计算的船舶航行燃油消耗量。

2.23

耗油超出量　bunker over consumed

船舶航行实际耗油量与允许耗油量的燃油消耗差。

3 产品和内容

3.1 推荐航线报告

推荐航线报告内容包括：

a) 起始港和目的港；
b) 起航的时间；
c) 合同航速或静水航速；
d) 影响航线所经海域的天气形势预报；
e) 10天以上影响航线所经海域的天气趋势展望；
f) 航线建议及理由；
g) 沿航线天气要素和海况预报(风、浪、涌等)。

3.2 跟踪导航报告

跟踪导航报告内容形式主要有以下三种：

a) 一般性跟踪导航报告：
   1) 影响航线所经海域的天气形势预报；
   2) 航线建议及理由；
   3) 沿航线天气要素和海况预报(风、浪、涌等)。
b) 中途特殊情况停航：
   1) 影响船舶停航附近海域的天气形势预报；
   2) 停船期间,停航附近海域的天气要素和海况预报(风、浪、涌等)；
   3) 收集停船的时间、地点和存油量；
   4) 收集预计(或实际)恢复航行的时间、地点和存油量；
   5) 根据最新天气海况预报,结合恢复航行的时间和地点,提供恢复航行后的建议航线；
   6) 航线建议及理由；
   7) 沿航线天气要素和海况预报(风、浪、涌等)。
c) 中途挂靠港：
   1) 收集到达挂靠港的时间、地点和存油量；
   2) 如船舶在挂靠港加油,收集加油量；
   3) 收集预计(或实际)离港的时间、地点和存油量；
   4) 挂靠港附近天气要素和海况预报(风、浪、涌等)。

3.3 航次分析报告

航次分析报告内容主要分为两部分：

a) 航行速度与航行时间损失与节约分析报告：
   1) 实际航行距离；
   2) 实际航行时间；
   3) 平均航速；
   4) 天气影响因素；
   5) 洋流影响因素；
   6) 执行航速；

7） 静水航速或合同航速；
8） 允许的航行合同航速；
9） 允许的海上航行时间；
10） 船舶失速。

e） 航行油料消耗分析报告：
1） 离港时船舶的存油量；
2） 航行途中加油量；
3） 船舶到港时的存油量；
4） 船舶航行实际耗油量；
5） 船舶航行允许耗油量；
6） 船舶挂靠港时的耗油量；
7） 耗油超出量。

3.4 船舶报告

船舶向气象导航服务机构发送的报告内容主要分为三种：

a） 船舶离港前（或中途）向气象导航服务机构发出的船舶气象导航服务申请报告，内容应包括：
1） 船舶的船名/呼号/卫星通信号码/E-MAIL 地址；
2） 静水航速或合同航速；
3） 船东/租船公司；
4） 起始港/挂靠港/目的港；
5） 预计离港时间/位置（或当前的位置）；
6） 船舶的主机转速；
7） 船舶的船龄；
8） 船舶的存油量；
9） 合同规定海上航行中每日耗油量（重油/轻油）、在港闲置每日耗油量（重油/轻油）；
10） 船舶的抗风能力；
11） 船舶的装货重量；
12） 船舶的装载状况；
13） 船舶的干舷高度/吃水深度/稳心高度；
14） 其他特殊需求。

b） 船舶离港后向气象导航服务机构发出的午时船位报告，内容应包括：
1） 时间/船位/船舶存油量；
2） 气象与海况观测；
3） 船舶主机转速；
4） 当前航向及前次报告到当前时刻的平均航速；
5） 前次报告到当前时刻的燃油消耗；
6） 前次报告到当前时刻的实际航行的距离；
7） 预计到港时间；
8） 如有停航或减速时，报告停航或减速开始的时间/位置/存油量和恢复全速航行时的时间/位置/存油量；
9） 如需要改变航线，应报告更改航线时的时间/位置和改变航线的原因；
10） 如中途需要加油，应报告加油量。

c） 船舶到港后向气象导航服务机构发出的抵港报告，内容应包括：

1） 实际到港的时间/位置/存油量；

2） 对本航次气象导航服务作简要分析。

参 考 文 献

[1] 王长爱,姚洪秀.船舶海洋气象导航.上海:中国纺织大学出版社.1993.

[2] 王义源,曾颚.远洋运输业务.北京:人民交通出版社.2003.

[3] 杨礼伟,杨良华.船舶气象定线.北京:人民交通出版社.1986.

ICS 07.060
A 47
备案号：39824—2013

QX

中华人民共和国气象行业标准

QX/T 180—2013

气象服务图形产品色域

Colour gamut for graphics used in meteorological service

2013-01-04 发布　　　　2013-05-01 实施

中国气象局　发布

前言

本标准按 GB/T 1.1—2009 给出的规则起草。

本标准由全国气象防灾减灾标准化技术委员会(SAC/TC 345)提出并归口。

本标准起草单位:华风气象传媒集团有限责任公司、北京领先空间商用色彩研究中心、中国气象局公共气象服务中心。

本标准主要起草人:张明、吕光、李嘉宾、姬丹、毋雅蓉、毛恒青。

气象服务图形产品色域

1 范围

本标准规定了气象服务图形产品的色域。

本标准适用于各种气象监测、分析及预报服务产品的图形。

2 术语和定义

下列术语和定义适用于本文件。

2.1

色域 colour gamut

能够满足一定条件的颜色的集合在色品图或色空间内的范围。

[GB/T 5698—2001,定义 4.58]

2.2

RGB 值 RGB value

红(R)、绿(G)、蓝(B)3 种基色取值范围从 0(黑色)到 255(白色)。

2.3

色相 hue

表示红、黄、绿、蓝、紫等颜色特性。

注:改写 GB/T 5698—2001,定义 5.7。

2.4

色相环 hue circle

用以表示色相变化排成环形的色卡。

注:改写 GB/T 5698—2001,定义 5.20。

2.5

冷色 cool colour

给予凉爽感觉的颜色。

注:包括色相环中绿色、青色、蓝色、蓝紫色、紫色的色相。

[GB/T 5698—2001,定义 5.47]

2.6

暖色 warm colour

给予暖和感觉的颜色。

注:包括色相环中紫红、红色、橙色、黄色、黄绿色的色相。

[GB/T 5698—2001,定义 5.48]

3 总色域

气象服务图形产品色域的基本颜色由红、橙、黄、薇、绿、青、蓝、紫等颜色组成,见图 1,图中主要色相的 RGB 值见附录 A。使用时,根据气象服务图形产品所要表现的天气现象或气象要素的特点,从图中按照顺时针的顺序选取。

当图 1 中的颜色仍无法满足需求时，图 1 中的每种色相均可通过加白、加黑衍生得到更多的色相，红色加白、加黑衍生出的各种色相见图 2、图 3。

图 1 色相环中的各种色相与其加白、加黑衍生出的所有色相共同构成了气象服务图形产品总色域。

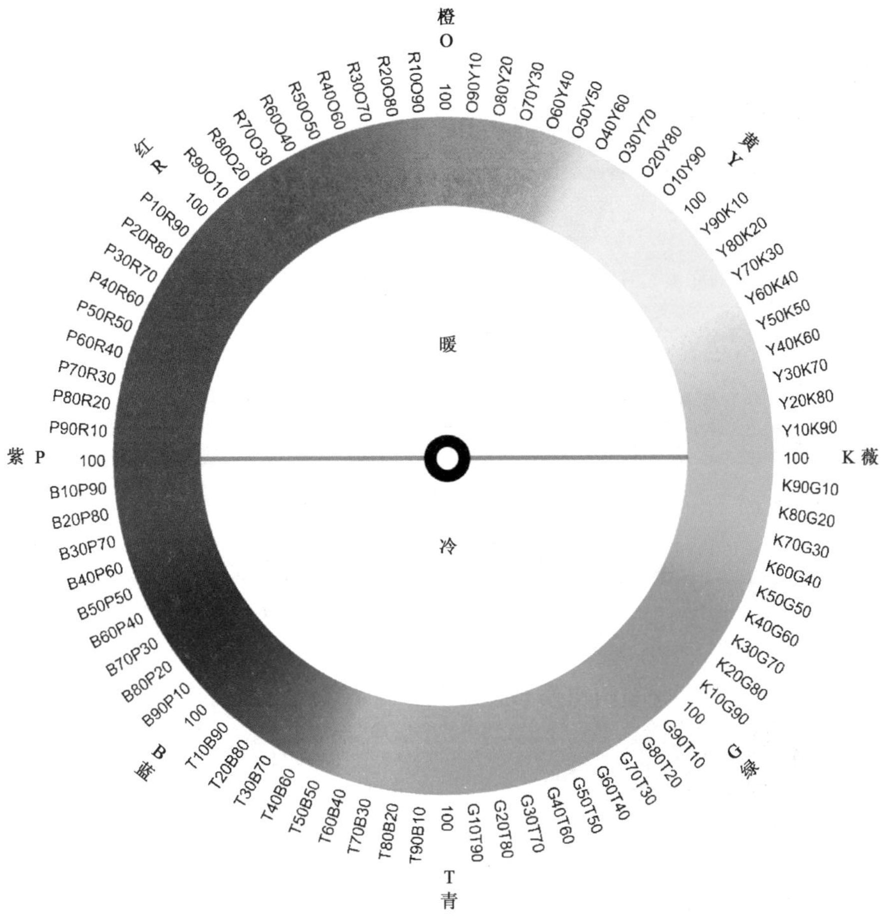

图 1　色相环

图 2　红色通过加白衍生的色相

图 3　红色通过加黑衍生的色相

4 图形产品色域

4.1 温度类图形

4.1.1 温度分布图

温度高于或等于0℃时使用暖色表示。温度值由高到低选取红到薇区间的颜色。见图4。

红 (254.19.12) 薇 (239.255.45)

图4 气温高于或等于0℃的温度分布图色域

温度低于0℃时使用冷色表示。温度值由高到低选取薇到紫区间的颜色。见图5。

薇 (239.255.45) 紫 (128.65.157)

图5 气温低于0℃的温度分布图色域

4.1.2 变温分布图

正变温使用暖色表示。变温绝对值由高到低选取红到薇区间的颜色。见图6。

红 (254.19.12) 薇 (239.255.45)

图6 正变温分布图色域

负变温使用冷色表示。变温绝对值由低到高选取薇到紫区间的颜色。见图7。

薇 (239.255.45) 紫 (128.65.157)

图7 负变温分布图色域

4.1.3 气温距平分布图

气温正距平使用暖色表示。距平绝对值由高到低选取红到薇区间的颜色。见图8。

红 (254.19.12) 薇 (239.255.45)

图8 气温正距平分布图色域

气温负距平使用冷色表示。距平绝对值由低到高选取薇到紫区间的颜色。见图9。

图9　气温负距平分布图色域

4.2　降水类图形

4.2.1　降水量分布图

降水量由小到大选取绿到红区间的颜色。见图10。

图10　降水量分布图色域

4.2.2　降水量距平百分率分布图

降水量正距平百分率使用冷色表示。距平绝对值由低到高选取薇到紫区间的颜色。见图11。

图11　降水量正距平百分率分布图色域

降水量负距平百分率使用暖色表示。距平绝对值由高到低选取红到薇区间的颜色。见图12。

图12　降水量负距平百分率分布图色域

4.3　沙尘天气等级分布图

沙尘天气使用暖色表示。沙尘强度由强到弱选取红到黄区间的颜色。见图13。

图13　沙尘天气等级分布图色域

4.4　雾等级分布图

雾使用暖色表示。雾强度由强到弱选取红到黄区间的颜色。见图14。

图 14　雾等级分布图色域

4.5　相对湿度分布图

相对湿度小于 50%时使用暖色表示。相对湿度值由低到高选取红到薇区间的颜色。见图 15。

图 15　小于 50%的相对湿度分布图色域

相对湿度大于或等于 50%时使用冷色表示。相对湿度值由低到高选取薇到紫区间的颜色。见图 16。

图 16　大于或等于 50%的相对湿度分布图色域

4.6　风力等级分布图

风力等级由大到小选取紫到薇区间的颜色。见图 17。

图 17　风力等级分布图色域

4.7　积雪深度分布图

积雪深度由浅到深选取青到紫区间的颜色。见图 18。

图 18　积雪深度分布图色域

4.8　气象干旱等级分布图

气象干旱等级由高到低选取红到黄区间的颜色。见图 19。

图 19　气象干旱等级分布图色域

4.9　强对流分布图

强对流天气选取红到黄区间的颜色。见图 20。

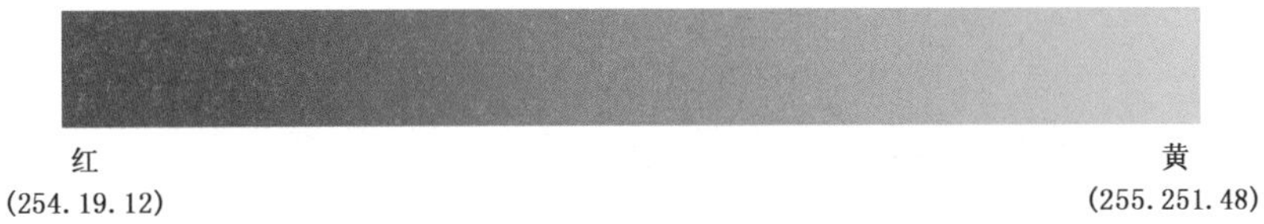

图 20　强对流分布图色域

4.10　冻雨分布图

冻雨选取红到黄区间的颜色。见图 21。

图 21　冻雨分布图色域

4.11　电线覆冰厚度分布图

电线覆冰厚度由薄到厚选取绿到蓝区间的颜色。见图 22。

图 22　电线覆冰厚度分布图色域

4.12　热带气旋路径图

热带气旋路径按热带气旋的强度由强到弱选取红到黄区间的颜色。见图 23。

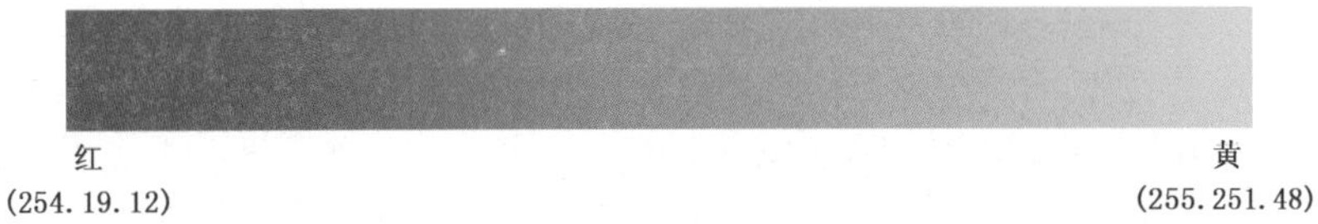

图 23　热带气旋路径图色域

4.13　霜冻分布图

霜冻选取青到蓝区间的颜色。见图 24。

图24　霜冻区域分布图色域

4.14　次生气象灾害条件等级分布图

地质灾害气象等级、森林火险气象等级、草原火险气象等级、高温中暑气象等级等气象灾害等级按由高到低选取红到薇区间的颜色。见图25。

图25　地质灾害气象等级、森林火险气象等级、草原火险气象等级、高温中暑气象等级分布图色域

渍涝风险气象等级由低到高选取青到紫区间的颜色。见图26。

图26　渍涝风险气象等级分布图色域

附 录 A
(规范性附录)
主要色相 RGB 值

表 A.1 为图 1 色相环中主要色相的 RGB 值。

表 A.1 主要色相 RGB 值

色相	R	G	B
O100：	255	92	37
R10O90：	255	86	37
R20O80：	255	76	35
R30O70：	255	69	34
R40O60：	254	58	32
R50O50：	254	48	32
R60O40：	253	45	31
R70O30：	254	42	30
R80O20：	254	41	30
R90O10：	254	40	30
R100：	254	19	12
P10R90：	253	17	11
P20R80：	253	21	35
P30R70：	253	22	60
P40R60：	253	28	100
P50R50：	248	40	122
P60R40：	231	46	138
P70R30：	197	61	149
P80R20：	167	62	154
P90R10：	143	66	157
P100：	128	65	157
B10P90：	110	63	157
B20P80：	98	69	161
B30P70：	86	71	163
B40P60：	72	82	171
B50P50：	62	90	178
B60P40：	50	103	190
B70P30：	41	118	203
B80P20：	25	132	217
B90P10：	14	147	229

表 A.1 主要色相 RGB 值(续)

色相	R	G	B
B100：	6	156	238
T10B90：	0	163	228
T20B80：	0	172	223
T30B70：	2	185	226
T40B60：	18	190	212
T50B50：	33	196	199
T60B40：	46	201	185
T70B30：	59	202	174
T80B20：	72	203	161
T90B10：	81	204	149
T100：	82	204	141
G10T90：	80	203	137
G20T80：	81	203	130
G30T70：	80	203	123
G40T60：	78	202	118
G50T50：	76	202	111
G60T40：	79	202	105
G70T30：	79	202	100
G80T20：	85	202	93
G90T10：	79	201	80
G100：	80	202	75
K10G90：	101	207	81
K20G80：	108	208	84
K30G70：	113	211	81
K40G60：	139	220	75
K50G50：	156	227	68
K60G40：	183	237	54
K70G30：	214	250	54
K80G20：	231	255	46
K90G10：	239	255	44
K100：	239	255	45
Y10K90：	252	255	40
Y20K80：	255	253	40
Y30K70：	255	252	40

表 A.1　主要色相 RGB 值(续)

色相	R	G	B
Y40K60：	255	251	41
Y50K50：	255	251	40
Y60K40：	255	249	39
Y70K30：	255	247	40
Y80K20：	255	249	40
Y90K10：	255	248	37
Y100：	255	251	48
O10Y90：	255	236	26
O20Y80：	246	223	0
O30Y70：	246	217	0
O40Y60：	250	208	0
O50Y50：	255	193	35
O60Y40：	255	173	46
O70Y30：	255	153	46
O80Y20：	255	131	42
O90Y10：	255	115	41

参考文献

[1] GB/T 5698—2001 颜色术语

ICS 07.060
A 47
备案号：39825—2013

QX

中华人民共和国气象行业标准

QX/T 181—2013

行业气象服务效益专家评估法

Industry meteorological service benefit assessment using Delphi method

2013-01-04 发布　　2013-05-01 实施

中　国　气　象　局　发布

前　言

本标准按照 GB/T 1.1—2009 给出的规划起草。

本标准由全国气象防灾减灾标准化技术委员会(SAC/TC 345)提出并归口。

本标准起草单位:国家气象中心、中国气象局公共气象服务中心。

本标准主要起草人:薛建军、李佳英、吕明辉、王昕。

引　　言

随着经济、社会的发展，国民经济各行业对气象服务的要求越来越高，需求越来越大，气象服务在国民经济各行业中所产生的经济效益也越来越显著。

本标准的制定和实施，将规范行业气象服务效益评估业务，有助于各级政府对气象事业现代化建设的投入作出科学决策，有助于针对各行业特点和需求提高气象服务水平，推动气象服务工作的发展。

行业气象服务效益专家评估法

1 范围

本标准规定了行业气象服务效益专家评估法的评估步骤和方法等。

本标准适用于行业气象服务效益专家评估业务及科研工作。

2 规范性引用文件

下列文件对于本文件的应用是必不可少的。凡是注日期的引用文件，仅注日期的版本适用于本文件。凡是不注日期的引用文件，其最新版本(包括所有的修改单)适用于本文件。

GB/T 4754—2011 国民经济行业分类

3 术语和定义

下列术语和定义适用于本文件。

3.1

行业气象服务效益 benefit of industry meteorological service

相关行业使用气象服务产生的效益。

3.2

气象服务敏感行业 sensitive industry of meteorological service

对气象条件比较敏感或气象服务效益明显的行业。

3.3

专家评估法 Delphi method

一种综合多名有代表性专家经验与主观判断的分阶段、交互式的评估方法。通过两轮以上的问卷调查，专家们根据上一轮调查汇总信息调整自己的意见，最终形成比较一致、相对稳定的意见和答案作为评估的最终依据。

4 评估步骤和方法

4.1 选定气象服务效益评估行业

根据行业气象服务开展情况和评估需求，按照GB/T 4754—2011，选定开展气象服务效益评估的行业。

4.2 成立行业气象服务效益评估专家组

由管理专家、技术专家、财务专家组成行业气象服务效益评估专家组，总数不少于25人。

4.3 开展典型单位气象服务效益评估

4.3.1 确定重点评估的典型单位

与行业主管单位协商，按以下原则在所选定行业中确定重点评估的典型生产经营单位：

a) 产品和产值的主导性。被选典型单位的产品（或服务）是所属行业在本行政区域内的主导产品，并且该主导产品的产值占本行业总产值的比重较大。

b) 组织和运营方式的普遍性。被选典型单位的组织形式和运营方式在本行业同类产品生产单位中具有普遍性。

c) 单位规模和稳定度的代表性。被选典型单位是本行业同类产品生产单位中规模适当的、连续5年以上使用气象服务信息的独立核算的法人单位。

4.3.2 成立典型单位气象服务效益评估专家组

由管理专家、技术专家、财务专家组成典型单位气象服务效益评估专家组，总数不少于10人。

4.3.3 开展典型单位主要生产环节气象服务效益调查评估

与典型单位气象效益评估专家逐一进行沟通，让专家了解典型单位气象服务效益评估的目的、流程，请每位专家填写典型单位主要生产环节气象服务效益调查表(参见附录A)。

4.3.4 评估典型单位气象服务对生产总值的贡献

4.3.4.1 单个典型单位气象服务效益对生产总值的贡献率评估

根据典型单位各主要生产环节气象服务效益，估算典型单位气象服务效益对生产总值的贡献率。

计算公式见式(1)：

$$e = \sum_{i=1}^{m} (A_i - B_i) \Big/ d \qquad \cdots\cdots(1)$$

式中：

e ——典型单位气象服务效益对生产总值的贡献率；

m ——典型单位参与评估的主要生产环节数；

A_i ——典型单位第 i 个生产环节因使用气象服务而增加产值、减少损失和节省成本的总和，单位为元；

B_i ——典型单位第 i 个生产环节使用气象服务的成本，单位为元；

d ——典型单位的生产总值，单位为元。

汇总各位专家估算的初值，提供给典型单位气象服务效益评估专家。各位专家综合判断后给出修订值，算术平均后得到典型单位气象服务效益对生产总值的贡献率评估值。

4.3.4.2 典型单位气象服务效益评估

根据典型单位气象服务效益贡献率和生产总值，估算典型单位气象服务效益值。

计算公式见式(2)：

$$p = e \times d \qquad \cdots\cdots(2)$$

式中：

p ——典型单位的气象服务效益，单位为元。

4.3.4.3 多个典型单位气象服务效益对生产总值的贡献率评估

当同一行业中选取多个典型单位时，气象服务效益对生产总值的贡献率为加权平均值。

计算公式见式(3)：

$$e=\sum_{j=1}^{n}(e_j\times d_j)\Big/\sum_{j=1}^{n}d_j \qquad (3)$$

式中：

n ——选取的典型单位数；

e_j ——第 j 个典型单位气象服务效益对生产总值的贡献率；

d_j ——第 j 个典型单位的生产总值，单位为元。

4.4 评估行业气象服务效益

4.4.1 开展行业气象服务效益调查评估

基于某行业典型单位效益评估结果，将典型单位气象服务效益对生产总值的贡献率 e 扩大 2 倍，将 0～2 e 等分为 10 档，形成行业气象服务效益调查评估表(参见附录 B)，请每位专家填写。

4.4.2 估算行业气象服务效益对生产总值的贡献率

将行业气象服务效益评估专家的意见进行汇总，经过信度和效度检查后，估算得出行业气象服务效益对生产总值的贡献率。

计算公式见式(4)：

$$F=\sum_{k=1}^{10}\overline{e_k}\times W_k \qquad (4)$$

式中：

F ——行业气象服务效益对生产总值的贡献率；

$\overline{e_k}$ ——第 k 等级贡献率上下阈值的中值；

W_k ——专家选择第 k 等级的人数/专家总数。

将计算得出的 F 初值提供给行业气象服务效益评估专家，各位专家综合判断后给出修订值，算术平均后得到行业气象服务效益对生产总值的贡献率值。

4.4.3 估算行业气象服务效益

根据所评估行业的气象服务效益贡献率和国内生产总值，估算得出该行业气象服务效益值。

计算公式见式(5)：

$$Q=F\times G \qquad (5)$$

式中：

Q ——行业气象服务效益值，单位为元；

G ——行业国内生产总值，单位为元。

附 录 A
(资料性附录)
典型单位主要生产环节气象服务效益调查表式样

图 A.1 给出了典型单位主要生产环节气象服务效益调查表式样。

典型单位名称： 所属行业： 所在行政区域：

专家姓名： 工作岗位： 职称/职务：

主要生产环节		使用气象服务内容	A:因使用气象服务而增加产值、减少损失和节省成本的总和(元)	B:使用气象服务的成本(元)
1				
2				
3				
4				
5				
6				
7				
8				
9				
10				
11				
12				
…				
d :典型单位生产总值(元)				
e :典型单位气象服务效益贡献率				

图 A.1 典型单位主要生产环节气象服务效益调查表式样

附 录 B
(资料性附录)
行业气象服务效益调查评估表式样

图 B.1 给出了行业气象服务效益调查评估表式样。

行业名称：　　　　　　　　　行政区域：
专家姓名：　　　　　　　　　工作岗位：　　　　　　职称/职务：

气象服务效益贡献率档次	气象服务效益贡献率范围（调查时将典型单位气象服务效益贡献率评估值 e 代入）	调查结果（在所选档次后打√）
1	$0\sim0.2e$	
2	$0.2e\sim0.4e$	
3	$0.4e\sim0.6e$	
4	$0.6e\sim0.8e$	
5	$0.8e\sim e$	
6	$e\sim1.2e$	
7	$1.2e\sim1.4e$	
8	$1.4e\sim1.6e$	
9	$1.6e\sim1.8e$	
10	$1.8e\sim2e$	

图 B.1　行业气象服务效益调查评估表式样

参 考 文 献

[1] 气象服务效益评估研究课题组.气象服务效益分析方法与评估.北京:气象出版社,1998

[2] 许小峰等编著.气象服务效益评估理论方法与分析研究.北京:气象出版社,2009

[3] 中国气象局行业气象服务效益评估专题组.2008年行业气象服务效益分析评估工作方案.2008

ICS 07.060
A 47
备案号：39826—2013

QX

中华人民共和国气象行业标准

QX/T 182—2013

水稻冷害评估技术规范

Technical specifications for evaluation of rice cold damage

2013-01-04 发布　　2013-05-01 实施

中国气象局　发布

前　言

本标准按照 GB/T 1.1—2009 给出的规则起草。

本标准由全国气象防灾减灾标准化技术委员会(SAC/TC 345)提出并归口。

本标准起草单位：吉林省气象台、湖北省气候中心、吉林省气象科学研究所、黑龙江省气象科学研究所。

本标准主要起草人：马树庆、陈正洪、王琪、杜春英、万素琴。

水稻冷害评估技术规范

1 范围

本标准规定了水稻冷害主要评估内容、评估方法和业务流程。

本标准适用于东北地区水稻冷害和南方晚稻寒露风灾害的评估。

2 术语和定义

下列术语和定义适用于本文件。

2.1

活动积温 active accumulated temperature

作物生长季节的某一段时间内，大于(含等于)作物生长发育下限的日平均气温的累积。

注：活动积温以"度·日"(℃·d)为单位。

2.2

活动积温差值 different of accumulated temperature

水稻生长某阶段大于(含等于)10℃活动积温与水稻同期所需要的活动积温的差值。

2.3

冷害 cold damage

水稻生长发育期间(日最低气温在0℃以上，甚至是在日平均气温20℃左右的夏季)出现持续低温天气，使水稻生长环境温度明显低于水稻生长适宜温度，影响水稻的生长发育和结实，并引起减产的农业自然灾害。

2.4

延迟型冷害 delayed growth-type cold damage

水稻生长发育期间出现较长时间的持续性低温天气，导致水稻主要生长季活动积温短缺，生长发育进程明显推迟，秋霜前不能成熟，从而导致明显减产的农业自然灾害。

2.5

障碍型冷害 sterile-type cold damage

在水稻生殖生长的关键时期(孕穗至开花期间)出现短期的强低温天气过程，抑制水稻生殖生长活动，导致作物结实率下降，引起明显减产的农业自然灾害。水稻孕穗期和开花期发生的冷害分别称为孕穗期障碍型冷害和开花期障碍型冷害。

2.6

寒露风 autumn low temperature

双季晚稻抽穗杨花期间，因低温造成抽穗杨花受阻、空壳率增加的一种灾害性天气。

[QX/T 94—2008，定义2.1]

2.7

冷害发生概率 probability of cold damage

水稻冷害发生的可能程度。

注：水稻生长进程在不同时期内有互补作用，后一阶段的高温可以不同程度地弥补前一时段的低温影响。因此，前一阶段积温达到冷害指标并不意味着最终一定会发生冷害，只是有一定的发生概率，用%表示。

2.8

冷害发生面积比率　area rate of cold damage

冷害发生面积占评估范围内水稻总面积的百分比。

3　水稻冷害评估

3.1　水稻冷害等级划分

冷害导致减产5%以上(含5%)视为灾害。

水稻冷害按减产幅度分轻度、中度和严重三个级别:

a)　轻度冷害:导致水稻单产比趋势单产降低5%～10%的冷害;

b)　中度冷害:导致水稻单产比趋势单产降低10.1%～15%的冷害;

c)　严重冷害:导致水稻单产比趋势单产降低15.1%以上的冷害。

3.2　水稻冷害评估指标

3.2.1　东北地区水稻延迟型冷害年指标

3.2.1.1　全生育期指标

3.2.1.1.1　总积温距平指标

水稻播种至成熟期间稳定通过10℃的活动积温比历年平均值少70 ℃·d～100 ℃·d为轻度冷害年;少100 ℃·d～120 ℃·d为中度冷害年;少120 ℃·d以上为严重冷害年。

3.2.1.1.2　5—9月平均气温之和的距平指标

东北地区不同区域水稻冷害年5—9月平均气温之和的距平指标见表1。

表1　东北地区不同热量区域的水稻冷害年气象指标

单位:℃

$\overline{\sum T_{5-9}}$	≤83	83.1～88	88.1～93	93.1～98	98.1～103	>103
轻度冷害指标 ΔT_{5-9}	−1.0～−1.5	−1.1～−1.8	−1.3～−2.0	−1.7～−2.5	−2.4～−3.0	−2.8～−3.5
中度冷害指标 ΔT_{5-9}	−1.5～−2.0	−1.8～−2.2	−2.0～−2.6	−2.5～−3.2	−3.0～−3.8	−3.5～−4.2
严重冷害指标 ΔT_{5-9}	<−2.0	<−2.2	<−2.6	<−3.2	<−3.8	<−4.2
注:$\overline{\sum T_{5-9}}$为5—9月平均气温之和的多年平均值,代表相应热量条件的区域;ΔT_{5-9}为当年5—9月平均气温之和的距平值。						

3.2.1.2　不同生育期评估指标

东北地区不同水稻品种不同生长期间水稻冷害评估指标见表2。

表 2　东北地区水稻不同品种区、各主要生长阶段不同风险度下的延迟型冷害指标

指标类型	生长发育期	轻、中度冷害			发生概率 %	严重冷害			发生概率 %
		中晚和晚熟	中熟	早熟		中晚和晚熟	中熟	早熟	
积温差值指标 ($\Delta\sum T_{10}$) ℃·d	移栽一分蘖	−48～−60	−43～−55	−40～−50	55	<−60	<−55	<−50	52
	移栽一抽穗	−60～−75	−55～−70	−50～−60	85	<−75	<−70	<−60	85
	移栽一成熟	−70～−85	−65～−80	−60～−70	97	<−85	<−80	<−70	97
生育期延迟天数指标(ΔD) d	分蘖期	5～6	4～5	3～4	50	>6	>5	>4	55
	抽穗期	6～7	5～6	4～5	85	>7	>6	>5	85
	成熟期	7～8	6～7	5～6	97	>8	>7	>6	96

注：水稻发育期均为普遍出现日期。生育期延迟天数(ΔD)是实际到达某一发育期的天数与当地相应品种正常温度条件下完成发育期所用天数的差值。冷害评估时，以积温差值指标为主，生育期延迟天数指标为辅助指标。

3.2.2　水稻障碍型冷害等级指标

水稻障碍型冷害指标见表 3。

表 3　不同区域不同程度水稻障碍型冷害评估指标

冷害种类	时　段	冷害程度及其冷害指标	适用区域和品种类型
一季稻孕穗期冷害	抽穗前 20 天至抽穗	轻度冷害：日平均气温连续 2 天低于 17℃。 中度冷害：日平均气温连续 3 天低于 17℃，或连续 2 天低于 16℃。 严重冷害：日平均气温连续 4 天以上低于 17℃，或连续 3 天以上低于 16℃。	东北地区，粳稻
一季稻开花期冷害	抽穗至开花结束期间	轻度冷害：日平均气温连续 3 天低于 19℃。 中度冷害：日平均气温连续 4 天低于 19℃，或连续 3 天以上低于 18℃。 严重冷害：日平均气温连续 5 天以上低于 19℃，或连续 4 天以上低于 18℃；或连续 3 天以上低于 17℃。	东北、西北地区，粳稻
晚稻开花期冷害 (寒露风)	双季晚稻抽穗至开花结束期间	轻度灾害：日平均气温连续 3 天低于 20℃，或连续 2 天低于 18℃。 中度灾害：日平均气温连续 4 天低于 20℃，或连续 3 天低于 18℃。 严重灾害：日平均气温连续 5 天以上低于 20℃，或连续 4 天以上低于 18℃。	南方地区，粳稻
		轻度灾害：日平均气温连续 3 天低于 22℃，或连续 2 天低于 20℃。 中度灾害：日平均气温连续 4 天以上低于 22℃，或连续 3 天以上低于 20℃。 严重灾害：日平均气温连续 5 天以上低于 22℃，或连续 4 天以上低于 20℃。	南方地区，籼稻

注：表中温度指标适宜中、中晚熟品种区。早熟品种区和晚熟品种区也可参考使用。

3.2.3 水稻冷害范围评估指标

根据冷害发生面积比率将水稻冷害分为局部冷害、区域冷害和大范围冷害 3 级：

a) 局部冷害：评估区域内冷害发生面积(或县市数)百分率在 20%以下；

b) 区域性冷害：评估区域内冷害发生面积(或县市数)百分率在 20.1%～50%；

c) 大范围冷害：评估区域内冷害发生面积(或县市数)百分率在 50.1%以上。

3.3 水稻冷害损失评估

3.3.1 水稻冷害经济损失估算方法

水稻冷害产量损失按式(1)估算：

$$M = \sum (P_i \times Y_i \times S_i) \qquad \cdots\cdots(1)$$

式中：

M ——总减产量，单位为千克(kg)；

P_i ——某地水稻单产减产率(%)；

Y_i ——某地水稻趋势单产，单位为千克每公顷(kg/hm^2)；

S_i ——某地水稻冷害发生面积，单位为公顷(hm^2)。

水稻冷害经济损失按式(2)估算：

$$Z = M \times C \qquad \cdots\cdots(2)$$

式中：

Z ——减产值，单位为元；

C ——水稻当年价格，单位为元每千克。

3.3.2 水稻冷害经济损失分级

水稻冷害经济损失分一般经济损失、严重经济损失、重大经济损失和特别重大经济损失 4 级(见表 4)。

表 4 水稻冷害经济损失分级

经济损失级别	冷害经济损失占评估区域内当年水稻趋势总产(或总产值)的比率/%
一般经济损失	＜5
严重经济损失	5～10
重大经济损失	10.1～15
特别重大经济损失	＞15

4 水稻冷害评估流程

综合性的水稻冷害评估业务工作流程可分以下步骤：

a) 收集冷害监测信息：在水稻生长季节，开展水稻长势、气温、积温等要素的观测，获得相关农业气象信息。

b) 冷害类型和等级评估：根据水稻冷害致灾要素的监测和相应的冷害等级指标，评估冷害是否发生及发生的地点、类型及等级。

c) 冷害范围评估:通过多个区域水稻冷害等级的监测、评估结果,根据冷害范围评估指标,评价冷害发生的区域范围大小。

d) 经济损失估测:根据水稻冷害等级和范围评估结果,估算水稻冷害减产幅度和受灾面积,结合实地灾情调查,估算产量损失或经济损失。

e) 综合评估报告:根据上述各项评估结果,结合天气气候预测信息,对水稻低温冷害发生和损失情况进行综合评价,撰写评估报告。评估报告主要内容包括:农业气象条件和水稻生长状况、冷害评估结果及防灾减灾对策建议。大范围严重冷害发生时,综合评估报告起草前应进行相关部门间会商或气象行业内部业务单位会商。

f) 信息反馈和总结:收集实际灾情数据和应用单位实际应用效果,分析灾害评估的准确性、时效性和产生的效益。

注:如果进行某一方面的评估,而不是综合评估,可以省略无关的步骤。

参考文献

［1］ QX/T 94—2008 寒露风等级

［2］ QX/T 101—2009 水稻、玉米冷害等级

［3］ 郭建平，马树庆，等. 作物低温冷害监测理论与实践. 北京：气象出版社，2009：35-50.

［4］ 马树庆. 东北地区作物低温冷害致灾因素分析. 自然灾害学报，2003，**12**(2)：182-187.

［5］ 马树庆，王琪. 水稻低温冷害气候风险分析. 中国农业气象，2007，**28**(增)：202-204.

［6］ 马树庆，王琪，沈亨文，等. 水稻障碍型冷害损失评估及预测模型研究. 气象学报，2003，**61**(4)：507-512.

［7］ 马树庆，王琪，王连敏，等. 水稻花期低温不育评估模式试验研究. 气象学报，2000，**58**(增刊)：954-960.

［8］ 王春乙，马树庆，等. 东北地区作物低温冷害研究. 北京：气象出版社，2008：1－20，147-158.

［9］ 王绍武，马树庆，陈莉，等. 低温冷害. 北京：气象出版社，2009：23-45.

［10］ 王书裕. 作物低温冷害研究. 北京：气象出版社，1995：116-120.

ICS 07.060
A 47
备案号：39827—2013

QX

中华人民共和国气象行业标准

QX/T 183—2013

北方草原干旱评估技术规范

Technical specifications for drought assessment in northern grassland

2013-01-04 发布　　2013-05-01 实施

中国气象局　发布

前　　言

本标准按照 GB/T 1.1—2009 给出的规则起草。

本标准由全国气象防灾减灾标准化技术委员会(SAC/TC 345)提出并归口。

本标准起草单位:内蒙古自治区生态与农业气象中心、中国气象科学研究院生态环境和农业气象研究所。

本标准主要起草人:陈素华、刘玲、闫伟兄、白月明、乌兰巴特尔、高素华。

北方草原干旱评估技术规范

1 范围

本标准规定了北方草原区主要草原类型干旱评估指标及技术方法。

本标准适用于北方草原区草原干旱的评估。

2 规范性引用文件

下列文件对于本文件的应用是必不可少的。凡是注日期的引用文件，仅注日期的版本适用于本文件。凡是不注日期的引用文件，其最新版本(包括所有的修改单)适用于本文件。

QX/T 142—2011 北方草原干旱指标

3 术语和定义

下列术语和定义适用于本文件。

3.1

草原干旱评估 grassland drought assessment

通过对牧草生长状况和致灾气象要素监测，依照相关灾害发生状况及经济损失指标，对干旱发生的区域、范围和影响情况进行定性定量的分析过程。

3.2

地上生物量 aboveground biomass

单位面积地上牧草干物质总重量。

注：单位为千克每公顷(kg/hm^2)。

3.3

减产率 yeild reduction rate

牧草最高产量与实际产量之差占最高产量的百分率(%)。

3.4

植被覆盖度 vegetation coverage

植被冠层垂直投影面积占对应土地面积的百分率(%)。

4 北方草原干旱评估内容及指标

4.1 范围评估

按主要草原类型和行政范围的不同分别规定草原干旱范围评估标准，分为局部草原干旱、区域草原干旱和大范围草原干旱3级。草原干旱范围评估采用草原干旱发生面积占所在区域草原总面积的百分率，表述为干旱面积率 I_a，计算方法见式(1)。具体指标见表1。

$$I_a = \frac{A_d}{A} \times 100 \qquad \cdots\cdots(1)$$

式中：

I_a ——草原干旱面积率(%);

A_d ——评估区域干旱面积;

A ——评估区域草原总面积。

草原干旱发生面积主要采取以下两种方法获取,一种是利用卫星遥感监测方法获取的不同草原类型或不同区域草原干旱发生面积,另一种是利用各观测站的观测资料进行统计,按照QX/T 142—2011给出的方法,草原干旱等级为中旱及其以上的面积计入干旱面积。

表1 干旱范围评估等级

草原类型	评估指标 %	评估等级	行政范围	评估指标 %	评估等级
温性草甸草原区	$I_a<20$	局部	北方草原区	$I_a<20$	局部
	$20\leqslant I_a<35$	区域		$20\leqslant I_a<40$	区域
	$I_a\geqslant 35$	大范围		$I_a\geqslant 40$	大范围
典型草原区	$I_a<30$	局部	省级	$I_a<20$	局部
	$30\leqslant I_a<50$	区域		$20\leqslant I_a<50$	区域
	$I_a\geqslant 50$	大范围		$I_a\geqslant 50$	大范围
荒漠草原区	$I_a<40$	局部	地市级	$I_a<25$	局部
	$40\leqslant I_a<60$	区域		$25\leqslant I_a<50$	区域
	$I_a\geqslant 60$	大范围		$I_a\geqslant 50$	大范围

4.2 发育期评估

利用牧草多年发育期(或物候)观测资料计算牧草完成某一发育期(或物候期)所需平均时间,然后与评估时段牧草发育期(或物候期)相比较,确定干旱对牧草发育期的评估指标。

牧草发育期应采用评估区域优势种牧草的发育期,分为正常、偏晚和严重偏晚3级。用D表示,以日为单位,计算方法见式(2)。

$$D=P-\overline{D} \qquad \cdots\cdots(2)$$

式中:

D ——评估时段牧草发育期(或物候期)与牧草多年平均发育期(或物候)的差值;

P ——评估时段牧草发育期(或物候期);

$\overline{D}$ ——牧草多年发育期(或物候)平均值。

生育期评估等级具体指标见表2。如果在某一发育期因旱未能完成其发育过程,视为严重偏晚。

表2 生育期评估等级

单位:日

草原类型	生育期	正常	偏晚	严重偏晚
温性草甸草原区	返青期	$D<10$	$10\leqslant D<25$	$D\geqslant 25$
	开花期	$D<15$	$15\leqslant D<30$	$D\geqslant 30$
	成熟期	$D<15$	$15\leqslant D<30$	$D\geqslant 30$

表 2 生育期评估等级(续)

草原类型	生育期	正常	偏晚	严重偏晚
典型草原区	返青期	$D<10$	$10\leqslant D<25$	$D\geqslant 25$
	开花期	$D<15$	$15\leqslant D<30$	$D\geqslant 30$
	成熟期	$D<15$	$15\leqslant D<30$	$D\geqslant 30$
荒漠草原区	返青期	$D<10$	$10\leqslant D<25$	$D\geqslant 25$
	开花期	$D<15$	$15\leqslant D<30$	$D\geqslant 30$
	成熟期	$D<15$	$15\leqslant D<30$	$D\geqslant 30$

4.3 牧草地上生物量评估

利用历史上牧草最高产量与实际牧草地上生物量相比较，作为干旱对牧草地上生物量的评估指标，表述为减产率 I_y，分正常、轻度减产、中度减产、重度减产和严重减产 5 级。按草原类型和行政区域的不同分别规定评估等级，计算方法见式(3)。具体指标见表 3。

$$I_y=\frac{Y_h-Y}{Y_h}\times 100 \qquad \cdots\cdots(3)$$

式中：

I_y ——减产率(%)；

Y_h ——历史上最高产量；

Y ——实际产量。

表 3 牧草地上生物量评估等级

草原类型	评估指标 %	评估等级	行政范围	评估指标 %	评估等级
温性草甸草原	$I_y<10$	正常	北方草原区	$I_y<10$	正常
	$10\leqslant I_y<20$	轻度减产		$10\leqslant I_y<20$	轻度减产
	$20\leqslant I_y<30$	中度减产		$20\leqslant I_y<30$	中度减产
	$30\leqslant I_y<40$	重度减产		$30\leqslant I_y<40$	重度减产
	$I_y\geqslant 40$	严重减产		$I_y\geqslant 40$	严重减产
典型草原	$I_y<15$	正常	省级	$I_y<15$	正常
	$15\leqslant I_y<25$	轻度减产		$15\leqslant I_y<25$	轻度减产
	$25\leqslant I_y<40$	中度减产		$25\leqslant I_y<40$	中度减产
	$40\leqslant I_y<55$	重度减产		$40\leqslant I_y<55$	重度减产
	$I_y\geqslant 55$	严重减产		$I_y\geqslant 55$	严重减产
荒漠草原区	$I_y<20$	正常	地市级	$I_y<20$	正常
	$20\leqslant I_y<35$	轻度减产		$20\leqslant I_y<30$	轻度减产
	$35\leqslant I_y<50$	中度减产		$30\leqslant I_y<45$	中度减产
	$50\leqslant I_y<65$	重度减产		$45\leqslant I_y<60$	重度减产
	$I_y\geqslant 65$	严重减产		$I_y\geqslant 60$	严重减产

4.4 植被覆盖度的评估

某一生育阶段或者整个生育期的草原植被覆盖度相对值 C_m，可反映干旱导致的植被覆盖度相对于常年或特定年份的变化，分正常、偏低和严重偏低 3 级。植被覆盖度相对值 C_m 计算方法见式(4)。具体指标见表 4。

$$C_m = \frac{C - C_i}{C} \times 100 \qquad \cdots\cdots(4)$$

式中：

C_m ——植被覆盖度相对值；

C ——无旱年或基本无旱年同期植被覆盖度；

C_i ——干旱发生时段植被覆盖度。

应采用评估区域地面实测覆盖度资料进行评估；如无法获得地面实测覆盖度资料，可采用 NDVI 值作为估算结果进行评估。

表 4　植被覆盖度评估等级

草原类型	覆盖度相对值 %	评估等级	行政范围	覆盖度相对值 %	评估等级
温性草甸草原	$15 < C_m$	正常	北方草原区	$15 < C_m$	正常
	$15 \leqslant C_m < 40$	偏低		$15 \leqslant C_m < 40$	偏低
	$C_m \geqslant 40$	严重偏低		$C_m \geqslant 40$	严重偏低
典型草原	$20 < C_m$	正常	省级	$20 < C_m$	正常
	$20 \leqslant C_m < 50$	偏低		$20 \leqslant C_m < 50$	偏低
	$C_m \geqslant 50$	严重偏低		$C_m \geqslant 50$	严重偏低
荒漠草原	$25 < C_m$	正常	地市级	$25 < C_m$	正常
	$25 \leqslant C_m < 55$	偏低		$25 \leqslant C_m < 55$	偏低
	$C_m \geqslant 55$	严重偏低		$C_m \geqslant 55$	严重偏低

5　草原干旱评估流程

草原干旱评估流程如下：

a)　收集草原干旱监测信息和草原生态环境信息；

b)　按照 QX/T 142—2011 给出的方法确定评估区草原干旱发生等级；

c)　当草原干旱等级为中旱及其以上等级时，开始进行草原干旱发生状况及其影响评估，包括草原干旱发生范围评估和草原干旱对牧草发育期、牧草地上生物量、植被覆盖度的影响评估。

参 考 文 献

[1] 陈素华,闫伟兄,乌兰巴特尔.干旱对内蒙古草原牧草生物量损失的评估方法研究.草业科学,2009,**26**(5):32-37

[2] 宫德吉.内蒙古干旱等级判定方法.内蒙古气象,1994,(6):1-5

[3] 郭克贞.内蒙古草原干旱指标研究.内蒙古水利,1994,(1):14-19

[4] 侯琼,陈素华,乌兰巴特尔.基于SPACE原理建立内蒙古草原干旱指标.中国沙漠,2008,**18**(2):326-331

[5] 李博.生态学.北京:高等教育出版社,2000

[6] 刘玲,高素华,侯琼等.北方草地干旱指标.自然灾害学报,2006,**15**(6):270-275

[7] 王宏,李晓兵,李霞等.中国北方草原对气候干旱的响应.生态学报,2008,**28**(1):172-182

[8] 赵海滨,张维斌.草原干旱对天然牧草生长发育及产量形成的影响.内蒙古环境保护,2002,**14**(2):22-25

[9] 赵俊芳,郭建平.内蒙古草原生长季干旱预测统计模型研究.草业科学,2009,**26**(5):14-19

ICS 07.060
A 47
备案号：39828—2013

QX

中华人民共和国气象行业标准

QX/T 184—2013

纸质气象记录档案整理规范

Specifications for arrangement of meteorological records archives in paper form

2013-01-04 发布　　2013-05-01 实施

中　国　气　象　局　发布

前　言

本标准按照 GB/T 1.1—2009 给出的规则起草。

本标准由全国气象基本信息标准化技术委员会(SAC/TC 346)提出并归口。

本标准起草单位:山东省气象局。

本标准主要起草人:李长军、王新堂、王立延。

引　言

纸质气象记录档案是宝贵的气象资源，加强档案保护、规范档案管理具有重要的历史意义和现实作用。档案整理是档案管理工作中的重要环节，纸质气象记录档案整理的标准化可以使档案在保管、检索、利用、复制、鉴定、销毁、统计以及纸质档案信息化等方面工作更加规范，有助于提高档案管理、开发、利用的工作效率。

纸质气象记录档案整理规范

1 范围

本标准规定了纸质气象记录档案组卷、卷内编目、装订和装盒的技术要求。

本标准适用于纸质气象记录档案的整理。

2 规范性引用文件

下列文件对于本文件的应用是必不可少的。凡是注日期的引用文件，仅注日期的版本适用于本文件。凡是不注日期的引用文件，其最新版本(包括所有的修改单)适用于本文件。

GB/T 2260—2007 中华人民共和国行政区划代码

《中国档案分类法》编委会. 中国档案分类法. 第2版. 北京：中国档案出版社，1997

3 术语和定义

下列术语和定义适用于本文件。

3.1

气象记录档案 meteorological record archive

通过各种气象观测手段获得的、按照规定归档的气象观测原始记录及其加工分析产品。

3.2

案卷 files

一组有机联系的档案组合体。

注：是馆藏档案的基本单元，有卷、册、盒等保管形式。

3.3

档案实体 archive entity

记有气象观测数据的纸页。

注：不包括案卷的封面、封底、目录页、备考表页等附加页。

3.4

分类号 classification number

对气象记录档案进行主题分析，赋予某一类别档案相应分类标识的一组代码。

3.5

档号 archive number

以字符形式赋予案卷的一组对档案的排架、保管、利用等工作具有重要作用的标识符号。

3.6

标签 archive label

用来描述档案类别、时间和地域等特征，便于查找和定位档案的标识物。

3.7

气象观测自记纸 autographic recording paper of meteorological observation

气象观测记录仪自动记录某种气象要素变化曲线的专用记录纸。

3.8

气象观测记录簿　recording book of meteorological observation

人工记录原始气象观测数据的专用记录簿(表)。

3.9

气象记录月报表　monthly meteorological data report-form

各类气象台站每月的自动观测数据、人工观测记录和有关文字资料等按照统一规定的报表格式、经加工整理后形成的记录报表。

3.10

气象记录年报表　annual meteorological data report-form

各类气象台站每年的自动观测数据、人工观测记录和有关文字资料等按照统一规定的报表格式、经加工整理后形成的记录报表。

4　组卷

4.1　原则

4.1.1　密级统一

按照档案的密级等级,将相同密级的档案组成一卷。

4.1.2　期限统一

按照档案的保管期限,将相同保管期限的档案组成一卷。

4.1.3　类别统一

按照档案类别,将相同类别的档案组成一卷。

4.1.4　排列有序

按时间顺序整理、编写页码,排放、整理时建立的案卷封面、封底、目录页、备考表页等不编页码。

4.1.5　注重保护

以延长档案寿命、保护档案为原则,年代久、纸张老化或已装订的档案,如无特殊需要,宜保持原样。

4.2　方法

4.2.1　气象观(探)测自记(记录)纸

4.2.1.1　高空气象探测记录纸

每月组成一卷。

4.2.1.2　地面气象观测自记纸

4.2.1.2.1　日记自记纸每年组成一卷。

4.2.1.2.2　周记自记纸每五年组成一卷。

4.2.2 气象观(探)测记录簿(表)

4.2.2.1 高空气象探测记录表

每月组成一卷。

4.2.2.2 地面气象观测记录簿

每日定时观测次数不超过4次的,每年组成一卷;每日定时观测次数超过4次的,每季度组成一卷。

4.2.2.3 日(辐)射观测记录簿

每季度组成一卷。

4.2.2.4 农业气象观测记录簿

每十年组成一卷。

4.2.2.5 其他气象观测记录簿

按下列要求组卷:

a) 一日一张的,每年组成一卷;
b) 一日两张的,每半年组成一卷;
c) 一日多张的,每季度组成一卷;
d) 多日一张的,每十年组成一卷。

4.2.3 气象记录月报表(总簿)

4.2.3.1 高空气象记录月报表

4.2.3.1.1 高空风记录月报表每年组成一卷。
4.2.3.1.2 高空压温湿记录月报表按先规定层、后特性层顺序,每年组成一卷。

4.2.3.2 地面气象记录月报表

每年组成一卷。

4.2.3.3 农业气象旬(月)报

每年组成一卷。

4.2.3.4 辐射记录月报表

每年组成一卷。

4.2.3.5 专业和特种气象记录月报表

海洋、水文、航空、天文、林业、渔业、牧业、军事等各类专业气象记录月报表和酸雨、大气成分、沙尘暴等特种气象记录月报表,按种类每年各组成一卷。

4.2.4 气象记录年报表(总簿)

4.2.4.1 地面气象记录年报表(总簿)

每十年组成一卷。

4.2.4.2 农业气象记录年报表

每十年组成一卷。

4.2.4.3 专业和特种气象记录年报表

海洋、水文、航空、天文、林业、渔业、牧业、军事等各类专业气象记录年报表和酸雨、大气成分、沙尘暴等特种气象记录月报表,按种类,每十年各组成一卷。

4.2.5 气象分析图

4.2.5.1 高空天气图

每两月、每高度各组成一卷。

4.2.5.2 地面天气图

每月、每种地面天气图各组成一卷。

4.2.5.3 其他气象分析图

按下列要求组卷:

a) 一日一张的,每两月组成一卷;

b) 一日多张的,每月组成一卷;

c) 多日一张的,每年或多年组成一卷。

4.2.6 气象科学考察档案

同一气象科学考察项目,按气象记录档案的种类分别组卷。

4.2.7 其他气象记录档案

按4.1的原则组卷。

5 卷内编目

5.1 卷内目录

5.1.1 内容

由序号、分类号、地域号、档案名称、形成单位、年代、页码、备注等组成。

5.1.2 填写要求

5.1.2.1 序号应填写档案在该卷的编号,每卷均应从001开始编写,序号宜为3位数字,位数不足,高位补“0”,如“001”。

5.1.2.2 分类号应按《中国档案分类法》(第2版)的规定填写。

5.1.2.3 地域号应填写档案内容的地区代码、台站的区站号或档案号，单站气象记录档案的地域号宜采用本站的区站号或档案号。地区代码、区站号、档案号编码方式有下列三种：

a) 地区代码按 GB/T 2260—2007 的规定编码，取前四位，如北京市的地域号为“1100”。

b) 区站号按世界气象组织（WMO）和国务院气象主管机构规定，为各种气象台站确定的编号。用五位数字或字母组成，其中前两位为区号，后三位为站号。

c) 档案号按国家行政区划分方法编号。用五位数字组成，其中前两位为台站所在省、自治区、直辖市代码，后三位为台站代码。

5.1.2.4 档案名称应填写档案题名全称，汉字之间不应有空格。

5.1.2.5 形成单位应填写档案形成单位全称，汉字之间不应有空格。

5.1.2.6 档案年代应填写档案产生的年份和月份，年占 4 位，月占 2 位，位数不足，高位补“0”。

5.1.2.7 页码应填写该卷档案的页码，包含多页的只填写开始页码，页码宜为 3 位数字，位数不足高位补“0”，如“005”。

5.1.2.8 备注应填写需要说明的其他事项。

5.2 卷内备考表

5.2.1 内容

每卷档案应包含卷内备考表，注明该卷档案的有关情况，包括档号、该卷的实有页数和应有页数、档案完整情况、档案修改情况、整理人、整理日期及其他相关信息。

5.2.2 填写要求

5.2.2.1 档号的组成方式有下列三种：

——由分类号＋地域号＋序号组成；

——由分类号＋区站号＋序号组成；

——由分类号＋年代＋序号组成。

5.2.2.2 应有页数应填写该卷档案在不缺少情况下，档案实体应有的总页数。

5.2.2.3 实有页数应填写该卷档案实际页数，附加页不计。

5.2.2.4 档案完整情况应填写该卷档案是否完整、缺失多少及缺失原因等信息。

5.2.2.5 修改情况应填写该卷档案是否进行过修改，修改的要素、日期、时次、修改前数值、修改后数值、修改依据、修改人等。

5.2.2.6 整理人应填写该卷档案的整理人员姓名，姓名汉字之间不应有空格。

5.2.2.7 整理日期应填写该卷档案的整理时间，年占 4 位，月、日各占 2 位，位数不足高位补“0”。

5.2.2.8 备注应填写需要记录的其他事项。

5.2.3 备考表格式

备考表应与档案实体大小一致，左边留出 25 mm～30 mm 装订线，备考表内容采用表格形式填写，如图 1 所示。

<table>
<tr><td>档　　号</td><td></td><td>实有页数</td><td></td><td>应有页数</td><td></td></tr>
<tr><td>档案完整
情　　况</td><td colspan="5"></td></tr>
<tr><td>修改情况</td><td colspan="5"></td></tr>
<tr><td>其他信息</td><td colspan="5"></td></tr>
<tr><td>整理人</td><td colspan="2"></td><td>整理日期</td><td colspan="2"></td></tr>
</table>

图1　案卷备考表示例

6　案卷装订

6.1　封皮设计

6.1.1　材质

6.1.1.1　案卷封皮制作材料应选择 pH 值不小于 7.0 的无酸纸。

6.1.1.2　案卷封皮分为硬质案卷封皮和软质案卷封皮。硬质案卷封皮厚度宜为 2.5 mm～3.0 mm，承重力不小于 1 kg；软质案卷封皮厚度宜为 1 mm～2 mm。

6.1.2　规格

硬质案卷封皮宜大于档案实体 3 mm，软质案卷封皮宜与档案实体的大小相同。

6.1.3　样式

6.1.3.1　硬质案卷封皮应设计为便于拆、装的样式，整个封皮为一个整体，包含封面、封底、穿线附件、卷脊四个部分。封底和封面部分的尺寸应根据档案实体的长、宽确定；穿线附件部分的宽度为 20 mm，其长度根据档案实体的宽度确定，各有直径为 2 mm 的小孔，用于穿线，小孔应均匀分布；卷脊部分长、宽根据档案实体的宽度和厚度确定。硬质案卷封皮展开后如图 2 所示。

6.1.3.2　软质案卷封皮应设计为一个整体，整个封皮包含封面、封底、卷脊三个部分。封底和封面部分的尺寸应根据档案实体的长、宽确定；卷脊部分长、宽根据档案实体的宽度和厚度确定。软质案卷封皮展开后如图 3 所示。

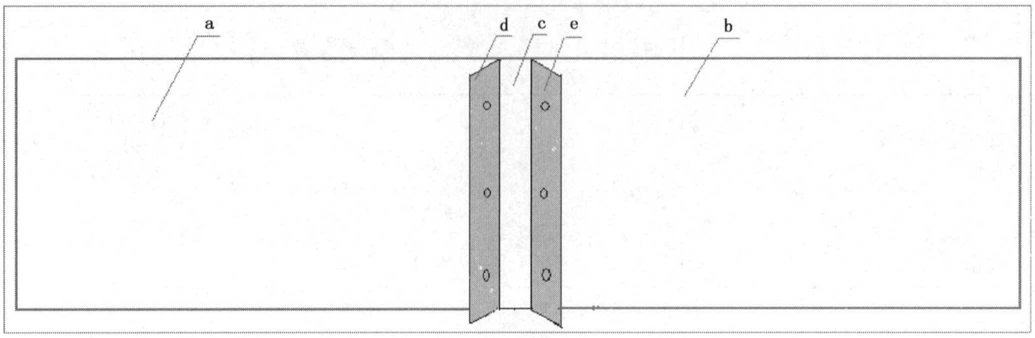

图 2 展开后硬质案卷封皮示意图

说明：

a ——封面；

b ——封底；

c ——卷脊；

d、e——穿线附件。

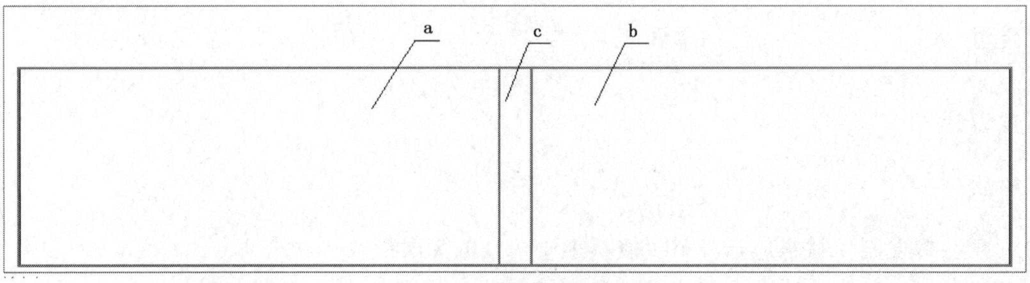

图 3 软质案卷封皮设计示意图

说明：

a ——封面；

b ——封底；

c ——卷脊。

6.1.4 内容

6.1.4.1 案卷封面内容应包含档案名称、年代、形成单位、密级和保管期限等信息。各项内容应根据案卷封面的尺寸选择合适的字体和字号，并留出粘贴标签的位置；标签距卷脊和封面上边缘各 10 mm 为宜。如图 4 所示。

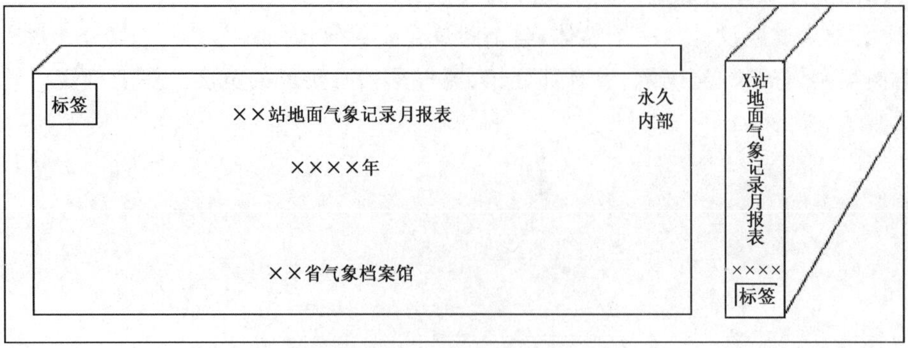

图 4 案卷封面和脊背内容示例

6.1.4.2　案卷卷脊内容应包含档案名称、年代等信息。各项内容应根据案卷卷脊的尺寸选择合适的字体和字号，并留出粘贴标签的位置；标签距卷脊下边缘 10 mm 为宜。如无法填写全称，可使用简称。如图 4 所示。

6.1.4.3　标签内容应包括分类号[地域号]、年代、序号，档案正本应使用红色标签，副本应使用绿色标签，加复分号 F，若两个以上副本，加 F1、F2……。标签字体颜色应为黑字，大小宜 35 mm×30 mm，制作材料宜采用 60 g/m^2～80 g/m^2 纸张。样式如图 5 所示。

分类号[地域号]F
年　代
序　号

图 5　标签样式示例

6.2　装订要求

6.2.1　案卷装订应按下列程序和要求操作：

a)　先剔除档案实体原有装订的金属物；

b)　将档案实体对齐；

c)　档案实体的字迹在装订线以外；

d)　将卷内备考表附在档案实体的最后。

6.2.2　案卷装订几种特殊情况的处理方法：

a)　装订边距小、装订后出现压字现象的，应贴纸加长；

b)　少数几页档案实体尺寸超出本卷其他档案实体的，应将其折叠成与本卷其他档案实体大小相同，避免露在外面被磨损；

c)　档案实体数量少、又需单独组成一卷的，应在档案实体的前、后附加硬纸衬垫；

d)　案卷实体尺寸不一致时，应按下列要求处理：

——当不影响档案实体内容时，将四边裁齐；

——当无法将四边裁齐时，保持档案左、下两边对齐。

6.3　装订方法

6.3.1　线装

6.3.1.1　硬质案卷封皮线装应按以下程序操作：

a)　在装订线以内打孔，打孔的位置对准硬质案卷封皮中穿线附件的穿线孔；

b)　取长度适宜的棉线，将其对折，用钩针将棉线在穿线附件的中间小孔引出，棉线的粗细在2 mm～4 mm；

c)　将棉线两端分别从穿线附件的两边小孔引出；

d)　将棉线两端从中间孔引出的棉线中间穿过后拉紧打活结，以不损坏纸张为宜(图 6)。

6.3.1.2　软质案卷封皮线装应按以下程序操作：

a)　将档案实体和案卷封皮对齐后，在装订线内均匀打穿线小孔；

b)　按 6.3.1.1 a)的规定操作；

c)　按 6.3.1.1 b)的规定操作；

d)　按 6.3.1.1 c)的规定操作。

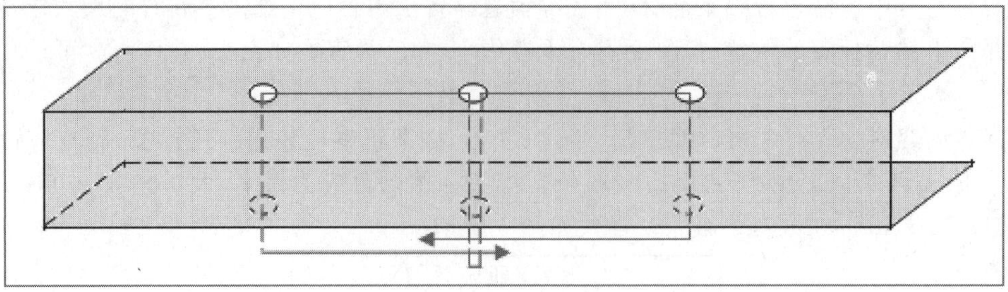

图6　线装示意图

6.3.2　胶装

6.3.2.1　硬质案卷封皮胶装应按以下程序操作：

a）先在装订一边打孔穿线固定，再在案卷卷脊涂上黏合剂；

b）在档案实体外加韧性较好的牛皮纸或漆布，使用胶装机加热挤压成型，使牛皮纸或漆布与档案实体成为一体；

c）在案卷封皮内侧涂上黏合剂，将牛皮纸或漆布与案卷封皮黏合在一起；

d）取宽度与案卷封皮宽度一致、长度为案卷封皮长度二倍的两张白纸，将其对折，分别在封面、封底一端粘贴在牛皮纸或漆布外面，另一端与档案实体粘贴；

e）压平晾干。

6.3.2.2　软质案卷封皮胶装应按以下程序操作：

a）按6.3.2.1 a)的规定操作；

b）在档案实体外加软质案卷封皮，使用胶装机加热挤压成型；

c）按6.3.2.1 e)的规定操作。

7　装盒

7.1　档案盒设计

7.1.1　材质

档案盒制作材料应选择pH值不小于7.0的无酸材质，材质厚度宜为2.5 mm～3.0 mm。

7.1.2　样式

7.1.2.1　档案盒应便于打开或闭合；盒身承重力不应小于1.0 kg。

7.1.2.2　档案盒以长度大于档案实体15 mm、宽度大于档案实体10 mm、厚度大于档案实体5 mm为宜。档案盒折好后的正面、侧面如图7所示，档案盒展开、半展开如图8所示。

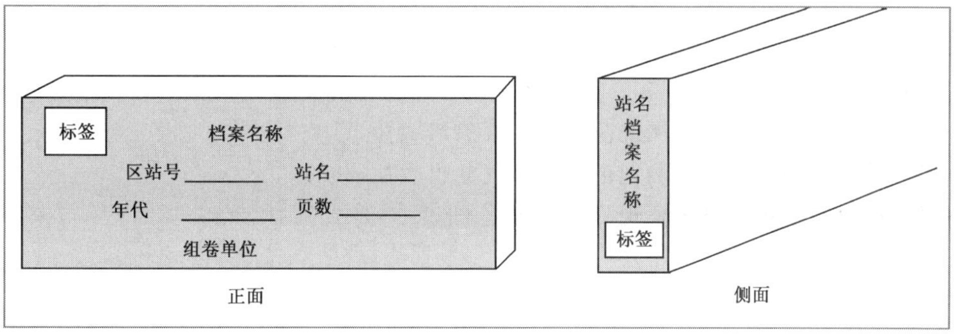

图7　折合后档案盒正面、侧面示例

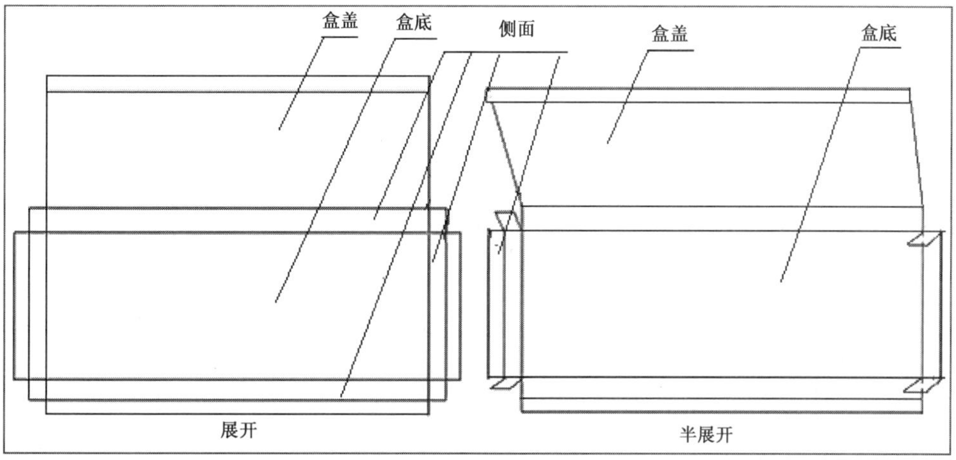

图8　展开、半展开档案盒示意图

7.1.3　内容

7.1.3.1　档案盒正面内容按6.1.4.1的规定填写。

7.1.3.2　档案盒卷脊内容按6.1.4.2的规定填写。

7.2　装盒要求

7.2.1　采用软质案卷封皮装订的档案应装盒。装盒应遵守以下规则：

a）档案盒正面填写档案名称、年代、形成单位、密级和保管期限等内容；

b）相同密级的档案装入同一档案盒；

c）相同保管期限的档案装入同一档案盒；

d）相同类别的档案装入同一档案盒；

e）同一类别的多卷档案装入同一档案盒时，按照序号的先后装盒，与编目中条目的排列顺序一致；

f）某类档案数量少，使用厚度较小的档案盒，以竖立放置时档案实体不致弯曲受损为宜。

7.2.2　采用硬质案卷封皮装订的档案可不装盒。如装盒，应按照7.2.1的规定装盒。

参 考 文 献

[1] 中国气象局.农业气象观测规范.北京:气象出版社,1993
[2] 中国气象局.地面气象观测规范.北京:气象出版社,2003
[3] 中国气象局.常规高空气象观测业务规范.北京:气象出版社,2003

ICS 07.060
A 47
备案号：39829-2013

QX

ཀྲུང་ཧྭ་མི་དམངས་སྤྱི་མཐུན་རྒྱལ་ཁབ་ཀྱི་གནམ་གཤིས་ལས་རིགས་ཚད་གཞི།

中华人民共和国气象行业标准

QX/T 185—2013

མི་ཐབས་ཀྱིས་གནམ་གཤིས་སྒྱུར་བའི་བོད་སྐད་བརྡ་ཆད།

人工影响天气藏语术语

Technical terms for weather modification operation

2013-01-04 འགྲེམས་སྤེལ་བྱས། 2013-05-01 ལག་ལེན་བསྟར་རྒྱུ།
2013-01-04 发布 2013-05-01 实施

ཀྲུང་གོ་གནམ་གཤིས་ཅུས་ཀྱིས་འགྲེམས་སྤེལ་བྱས།

中 国 气 象 局 发 布

འགོ་བརྗོད།

ཚད་གཞི་ནི་GB/T1.1-2009 དང་GB/T20001.1 སྒྲིག་སྲོལ་གཞིར་བཟུང་མ་ཟིན་བྲིས་པ་ཡིན།

ཚད་གཞི་འདི་རྒྱལ་ཡོངས་གནམ་གཤིས་ཀྱི་གནོད་འཚེ་སྔོན་འགོག་དང་ཆུང་དུ་གཏོང་རྒྱུའི་ཚད་གཞི་ལག་རྩལ་ཨུ་ཡོན་ལྷན་ཁང་（SAC/TC 345）གིས་བཏོན་ཞིང་དེའི་ཁོངས་སུ་གཏོགས་པ་ཡིན་

ཚད་གཞི་འདིའི་འཆར་ཟིན་འགོད་མཁན་ཚན་པ་ནི་བོད་རང་སྐྱོང་ལྗོངས་གནམ་གཤིས་ཅུ་ཡིན།

ཚད་གཞི་འདིའི་མ་ཟིན་འབྲི་མཁན་གཙོ་བོ།སྐལ་བཟང་ཕུན་ཚོགས་拜爸།ཞུས་ཤུའུ་ལིང་། བློ་བཟང་བཀྲ་ཤིས། བསམ་གཏན། ཐུབ་བསྟན་དགེ་ལེགས། ལུའུ་ཤིན་ཅང་། དབྱངས་ཅན་སྒྲོལ་མ། ཐང་ཧུང་། པད་མ་གཡང་འཛོམས། ཡང་གང་། ཀྲའུ་ཧྲའོ་ཁེ་བཅས་ཡིན།

前　言

本标准按照GB/T 1.1-2009和GB/T 20001.1给出的规则起草。

本标准由全国气象防灾减灾标准化技术委员会（SAC/TC 345）提出并归口。

本标准起草单位：西藏自治区气象局。

本标准主要起草人：格桑平措、徐秀玲、洛桑扎西、桑登、土登格列、卢新江、央金卓玛、唐洪、白玛央宗、杨刚、周少科。

འགོ་བརྗོད་

རང་རྒྱལ་གྱི་བོད་ལྗོངས་དང་ཞིང་ཆེན་བཞིའི་བོད་རིགས་ས་ཁུལ་གྱི་ཡུལ་སྐད་མི་འདྲ་བ་དང་བརྡ་ཆད་སྒྱུར་ཕྱོགས་ཐད་མི་འདྲ་བ་ཡོད་པས་གཅིག་གྱུར་ཡོང་ཆེད་ཚད་གཞི་འདི་གཏན་ལ་ཕབ་ཡོད།ཚད་གཞི་འདིའི་བོད་ཡིག་བརྡ་ཆད་དང་འགྲེལ་པ་ནི་བོད་རང་སྐྱོང་ལྗོངས་བོད་ཡིག་ཐ་སྙད་ཕབ་སྒྱུར་བཀས་བཅད་ཨུ་ཡོན་ལྷན་ཁང་ནས་ཞུས་བཤེར་བྱས།།

引　言

我国在西藏和四省藏区方言和术语的译法有着不同的释义，为了便于统一，制定在标准。本标准藏文术语及释义由西藏自治区藏文术语翻译规范委员会审定。

མི་ཐབས་ཀྱིས་གནམ་གཤིས་འགྱུར་བ་གཏོང་བའི་བོད་སྐད་བརྡ་ཆད།

人工影响天气藏语术语

1 ཁྱབ་ཁོངས། 范围

ཚད་གཞི་འདིའི་ནང་མི་ཐབས་ཀྱིས་གནམ་གཤིས་འགྱུར་བ་གཏོང་བའི་ལས་ཀའི་ནང་གི་བོད་ཡིག་བརྡ་ཆད་གཏན་འཁེལ་བྱས་ཡོད།

ཚད་གཞི་འདི་རང་རྒྱལ་བོད་རིགས་ས་ཁུལ་ཁག་ནང་མི་ཐབས་ཀྱིས་གནམ་གཤིས་ལ་འགྱུར་བ་གཏོང་བའི་ལས་ཀར་སྤྱོད་ཆོག།

本标准规定了人工影响天气业务中的藏文术语。

本标准适用于我国藏区的人工影响天气业务。

2 གཞི་རྩའི་ཐ་སྙད། 基本术语

2.1

མི་ཐབས་ཀྱིས་གནམ་གཤིས་འགྱུར་བ་གཏོང་བ།

zh 人工影响天气

en **weather modification**

གནམ་གཤིས་ཀྱི་གནོད་འཚེ་མི་ཡོང་བ་བྱེད་པའམ་ཡང་ན་ཆུང་དུ་གཏོང་རྒྱུ་དང་ལུགས་མཐུན་གྱི་སྒོ་ནས་གནམ་གཤིས་ཐོན་ཁུངས་བེད་སྤྱོད་བྱེད་ཆེད། གནམ་གཤིས་ཆ་རྐྱེན་འཛོམས་དུས་ཚན་རིག་གི་བྱ་ཐབས་སྤྱད་དེ་རླུང་ཁམས་ཆེན་པོའི་ཆ་ཤས་ཀྱི་དངོས་ལུགས་ཀྱི་བརྒྱུད་རིམ་ལ་འགྱུར་བ་བཏང་སྟེ་ཆར་པ་དང་གངས་འབེབས་རྒྱུ་དང་། སེར་བ་འགོག་རྒྱུ། ཆར་པ་གཏོར་རྒྱུ། སྨུག་པ་གཏོར་རྒྱུ། སད་འགོག་རྒྱུ་སོགས་དམིགས་ཡུལ་དུ་བྱས་པའི་བྱ་བ་ལ་ཟེར།

为避免或者减轻气象灾害，合理利用气候资源，在适当条件下通过科技手段对局部大气的物理过程进行人为影响，实现增雨（雪）、防雹、消雨、消雾、防霜等目的的活动。

2.2

མི་ཐབས་ཀྱིས་གནམ་གཤིས་འགྱུར་བ་གཏོང་བའི་ལས་ཀ།

zh 人工影响天气作业

en **weather modification operation**

གནམ་སྒྲོགས་དང་མེ་ཤུགས་འཕུར་མདའ། གནམ་གྲུ། ས་ངོས་འཕེན་གཏོང་འཕྲུལ་ཆས་སོགས་འདྲེན་སྐྱེལ་པོ་ཆས་ལ་བརྟེན་ནས་འགྱུར་རྫས་འཚམ་ངེས་ཤིག་སྤྲིན་གསེབ་ཏུ་སྐྱེལ་བའམ། ཡང་ན་ལག་རྩལ་གྱི་བྱ་ཐབས་གཞན་སྤྱད་དེ་མིའི་བྱེད་ལས་ཀྱིས་གནམ་གཤིས་འགྱུར་བ་གཏོང་བའི་བྱ་བ།

用高炮、火箭、飞机、地面发生器等，将适量催化剂引入云雾中，或用其他技术手段进行人工影响天气的行为。

2.3

མི་ཐབས་ཆར་(གངས་)འབེབས།

zh 人工增雨（雪）

en **artificial precipitation enhancement**

ཆར་འབེབས་བྱེད་རྒྱུའི་ཆ་རྐྱེན་འཛོམས་པའི་སྤྲིན་པར་ཚན་རིག་གི་བྱ་ཐབས་སྤྱད་ནས་དུས་སྐབས་འཚམ་ངེས་ལ་སྦྱུར་རྫི་འཚམ་ངེས་ཞིག་ནུས་པ་ཐོན་ངེས་ཀྱི་སྤྲིན་གསེབ་ཏུ་གཏོར་ཏེ་ཆར་པའམ་གངས་མང་དུ་འབེབས་རྒྱུའི་དམིགས་ཡུལ་འགྲུབ་ཐབས་བྱེད་པའི་ཚན་རིག་ལག་རྩལ་གྱི་བྱ་ཐབས་ཞིག།

对具有人工增雨（雪）催化条件的云，采用科学的方法，在适当的时机，将适量的催化剂引入云的有效部位，达到人工增加雨（雪）目的的科学技术措施。

2.4

མི་ཐབས་ཀྱིས་ཆར་བཅད་(ཉུང་དུ་གཏོང་བ།)

zh 人工消（减）雨

en **artificial precipitation suppression**

ཆ་རྐྱེན་འཛོམས་དུས་སྤྲིན་གསེབ་འཚམ་ངེས་ཤིག་ལ་སྦྱུར་རྫི་འཚམ་ངེས་ཤིག་གཏོར་བའམ་ཡང་ན་དེ་མིན་གྱི་ལག་རྩལ་བེད་སྤྱོད་བྱས་ནས། ས་ཆ་ཆ་ཤས་ཀྱི་རྒྱུད་དུ་ཆར་པ་འབབ་ཚད་ཉུང་དུ་གཏོང་བའི་ཚན་རིག་ལག་རྩལ་གྱི་བྱ་ཐབས་ཞིག།

在适当的条件下，对云中适当的部位播撒适量的催化剂或采用其他的技术手段，使局部地区内降水消减的科学技术措施。

2.5

མི་ཐབས་སེར་འགོག།

zh 人工防雹

en **artificial hail suppression**

གནམ་སྒྲོགས་དང་འཕུར་མདའ། ས་ངོས་འཕེན་གཏོང་འཕྲུལ་ཆས་སོགས་ཀྱིས་སྤྲིན་གསེབ་འཚམ་ངེས་ཤིག་ལ་སྤྲུར་རྫིམང་ཉུང་འཚམ་ངེས་ཤིག་གཏོར་ནས་སེར་བ་འགོག་པའམ་ཡང་ན་སེར་བའི་གནོད་འཚེ་ཆུང་དུ་གཏོང་བའི་ཚན་རིག་ལག་རྩལ་གྱི་བྱ་ཐབས་ཞིག།

用高炮、火箭、地面发生器等向云中适当部位播撒适量的催化剂，抑制或削弱冰雹危害的科学技术措施。

2.6

མི་ཐབས་སད་འགོག།

zh 人工防霜

en **artificial frost protection**

ཚན་རིག་ལག་རྩལ་ལམ་ཡང་ན་དེ་མིན་གྱི་བྱ་ཐབས་སྤྱད་ནས་ས་ངོས་དང་བར་ཐག་ཉེ་བའི་མཁའ་རླུང་དང་། ས་ངོས་ཀྱི་དྲོད་ཚད་མཐོ་རུ་བཏང་སྟེ་སད་སྡོན་འགོག་བྱེད་པའམ་ཡང་ན་སད་སྐྱོན་ཆུང་དུ་གཏོང་བའི་ཚན་རིག་ལག་རྩལ་གྱི་བྱ་ཐབས་ཞིག།

用提高近地层空气和土壤表面温度的科学技术或其他方法，达到防止或减轻霜冻危害目的的科学技术措施。

2.7

མི་ཐབས་སྤྲིན་གཏོར།

zh 人工消云

en **artificial cloud dispersal**

མིའི་བྱེད་ལས་ལ་བརྟེན་ནས་ས་ཁུལ་ཆ་ཤས་ཀྱི་སྤྲིན་པ་གཏོར་བའི་ཚན་རིག་ལག་རྩལ་གྱི་བྱ་ཐབས་ཞིག།

人为使局部区域的云层消散的科学技术措施。

2.8

མི་ཐབས་སྨུག་གཏོར།

zh 人工消雾

en **artificial fog dispersal**

མིའི་བྱེད་ལས་ལ་བརྟེན་ནས་ས་ཁུལ་ཆ་ཤས་ཀྱི་སྨུག་པ་ཆ་ཤས་སམ་ཡོངས་རྫོགས་གཏོར་བའི་ཚན་རིག་ལག་རྩལ་གྱི་བྱ་ཐབས་ཞིག།

人为使局部区域的雾部分或全部消除的科学技术措施。

2.9

གནམ་ཆུའི་ཐོན་ཁུངས་གསར་སྤེལ།

zh 空中水资源开发

en **exploitation of atmosphere water resource**

མི་ཐབས་ཀྱིས་གནམ་གཤིས་འགྱུར་བ་བཏང་ནས་མཁའ་དབྱིངས་ཀྱི་ཆུའི་ཐོན་སྐོ་ཕྱེ་བ་དང་བེད་སྤྱོད་བྱེད་པའི་ཚན་རིག་ལག་རྩལ་གྱི་བྱ་ཐབས་ཤིག།

通过人工影响天气作业，对空中水资源加以开发、利用的科学技术措施。

2.10

སྤྲིན་པ་སྐྱུར་རྫི།

zh 播云催化剂

en **seeding agent**

སྤྲིན་པའི་གསེབ་ཏུ་གཏོར་ནས་སྤྲིན་པའི་དངོས་ལུགས་ཀྱི་འཕེལ་རིམ་ལ་འགྱུར་བ་བཏང་སྟེ། མི་ཐབས་ཀྱིས་གནམ་གཤིས་འགྱུར་བ་གཏོང་བའི་སྐྱུར་རྫི་ཞིག།

播撒到云雾中，以改变其云物理发展过程，达到人工影响天气目的的催化物质。

2.11

བཞའ་ལེན་སྐྱུར་རྫི།

zh 吸湿催化剂

en **hygroscopic seeding material**

རྣམ་ཀུན་དྲོད་སྤྲིན་ཐོན་རྒྱུར་སྤྱོད་པའི་ཆེ་ཆུང་འཚམས་པའི་བཞའ་ལེན་རྫས་ཆ།

常用于暖云催化的、具有适当大小的吸湿性颗粒物。

2.12

གྲང་རྫི།

zh 致冷催化剂

en **cooling seeding material**

ཐད་ཀར་སྤྲིན་གསེབ་ཏུ་གཏོར་ནས་སྤྲིན་པའི་ཆ་ཤས་ཀྱི་དྲོད་ཚད་ཤུགས་ཆེ་ཆག་ནས་གྲང་སྤྲིན་ནང་འཁྱགས་ཟི་ལ་ཐོན་བྱེད་ཀྱི་སྐྱུར་རྫས་ཤིག།

直接撒播在云中，可造成局部深度降温，使过冷云中产生大量冰晶的催化物质。

2.13

སྡེངས་ཚིག།

zh 凝结核

en **condensation nucleus**

རླུང་ཁམས་ཆེན་པོའི་ནང་ཆུ་རླངས་སྡེངས་ནས་ཆུ་ཐིག་ཆགས་པའི་རླུང་བཞུས་རྡུལ་ཚིག།	大气中水汽可以在其上凝结成水滴的气溶胶粒子。

2.14

མི་བཟོས་འཁྱགས་ཚིག།

zh 人工冰核

en **artificial ice nucleus**

རླུང་ཁམས་ཆེན་པོ་དང་སྨུག་སྤྲིན་ནང་འཁྱགས་ཟིལ་ཆགས་ཐུབ་པའི་མི་བཟོས་རྡུས་སྣ།	人工制造的能够在大气和云雾中产生冰晶的颗粒物。

2.15

སྤྲིན་པ་སྒྱུར་བ།

zh 播云催化

en **cloud seeding**

སྤྲིན་གསེབ་ཏུ་སྒྱུར་རྫི་གཏོར་ནས་སྤྲིན་པའི་གྲུབ་ཆ་ཕྲ་མོར་འགྱུར་ལྡོག་བཏང་སྟེ་སྤྲིན་པའི་འཕེལ་རིམ་ལ་འགྱུར་ལྡོག་གཏོང་བའི་ཚན་རིག་ལག་རྩལ་གྱི་བྱ་ཐབས་ཤིག།	在云中加入催化剂，改变云的微结构，影响云发展的科学技术措施。

2.16

གྲང་སྤྲིན།

zh 冷云

en **cold cloud**

དྲོད་ཚད 0℃མན་གྱི་ཆུ་གྲང་མོ་དང་ཡང་ན་འཁྱགས་ཟིལ་ལས་གྲུབ་པའི་སྤྲིན་པ།	由温度低于 0℃的过冷水和（或）冰晶组成的云。

2.17

གྲང་སྤྲིན་(སྨུག་)འགྱུར་སྐུལ།

zh 冷云（雾）催化

en **cold cloud（fog）seeding**

གྲང་སྤྲིན་(སྨུག་)གྱི་གསེབ་ཏུ་སྐྱུར་རྫི་གཏོར་ཏེ། འཁྱགས་ཟིལ་འབོར་ཆེན་ཐོན་པར་བྱེད་པའི་ཚན་རིག་ལག་རྩལ་གྱི་བྱ་ཐབས་ཞིག།

向过冷云（雾）中播撒催化剂，产生大量冰晶的科学技术措施。

2.18

དྲོད་སྤྲིན།

zh 暖云

en **warm cloud**

དྲོད་ཚད་0℃ཡན་ལ་སླེབས་ཤིང་གཤེར་གཟུགས་ཆུ་ཐིགས་ཁོ་ན་ལས་གྲུབ་པའི་སྤྲིན་པ།

完全由液态水滴组成的温度高于0℃的云。

2.19

དྲོད་སྤྲིན་སྐྱུར་བ།

zh 暖云催化

en **warm cloud seeding**

སྤྲིན་པའི་ནང་དུ་བཞའ་ལེན་རང་བཞིན་གྱི་སྐྱུར་རྫི་ཆ་གཏོར་ནས་སྤྲིན་པའི་འཕེལ་རིམ་འགྱུར་ལྡོག་གཏོང་བའི་ཚན་རིག་ལག་རྩལ་གྱི་བྱ་ཐབས་ཞིག།

向暖云中播撒吸湿催化剂，改变其发展过程的科学技术措施。

2.20

འཁྱགས་སྤྲིན།

zh 冰云

en **ice cloud**

འཁྱགས་ཟིལ་དང་། གངས་ཟིལ་ལས་གྲུབ་པའི་སྤྲིན་པ།

由冰晶、雪晶所组成的云。

2.21

དམིགས་ས།

zh 目标区

en **target area**

མི་ཐབས་ཀྱིས་གནམ་གཤིས་འགྱུར་བ་གཏོང་བའི་ལས་ཀར་འབྲས་བུ་ཐོན་ས།

通过人工影响天气作业产生效果的区域。

2.22

ལས་སྒྲུབ་བྱེད་ཁུལ།

zh 作业区

en **seeding area**

མི་ཐབས་ཀྱིས་གནམ་གཤིས་འགྱུར་བ་གཏོང་བའི་ལས་ཀ་བྱ་ཁུལ།

实施人工影响天气作业的区域。

2.23

ཚད་བསྡུར་ས་ཁུལ།

zh 对比区

en **control area**

ལས་ཀའི་ནུས་འབྲས་ཞིབ་བཤེར་བྱེད་ཆེད་བསྡུར་བ་བྱེད་ཡུལ་དུ་བདམས་པའི་འགྱུར་སྐུལ་གྱི་ཤུགས་རྐྱེན་མི་ཐེབས་པའི་ཁུལ་ཞིག།

为了检验作业效果而选作对比的且不受催化影响的区域。

2.24

ལས་སྒྲུབ་བྱེད་གནས།

zh 作业部位

en **cloud seeding position**

འགྱུར་རྫས་སྤྲིན་གསེབ་ཏུ་གཏོར་སའི་གནས།

催化剂在云中的播撒位置。

2.25

གཏོར་ཚད།

zh 播撒率

en **seeding rate**

རྩིས་གཞིའི་དུས་ཚོད་དམ་ཡང་ན་རྩིས་གཞིའི་བར་ཐག་ནང་སྐུར་རྫས་གཏོར་གྲངས།

单位时间或单位距离播撒的催化剂的数量。

2.26

སྤྲིན་སྦྱར་དྲོད་ཚད་ཁྱབ་ཁུལ།

zh 播云温度窗

en **temperature interval for seeding**

འགྱུར་སྐྱོལ་བྱས་ནས་ས་ཐོག་ཏུ་ཆར་པ་འབབ་ཐུབ་པའི་ཆུ་སྤྲིན་གྱི་རྩེ་མོའི་དྲོད་ཚད་མཐོ་རུ་ནུས་ལྡན་གཏོང་ཐུབ་པའི་ཁུལ།

通过催化，能够有效增加地面降水的云顶温度的区间。

2.27

སྤྲིན་སྦྱར་དཔྱད་གཞི།

zh 播云判据

en **cloud seeding criteria**

མི་ཐབས་ཀྱི་འགྱུར་སྐྱོལ་ལས་དོན་སྤེལ་རྒྱུའི་ཆ་རྐྱེན་འཛོམས་མིན་དབྱེད་པའི་སྤྲིན་པའི་དངོས་ལུགས་ཚད་གཞི།

用于判别人工催化作业条件的云物理指标。

2.28

སྤྲིན་སྦྱར་ལེ་ཌའི་གྲངས་ཚད།

zh 播云雷达指标

en **radar index for cloud seeding**

མི་ཐབས་ཀྱིས་འགྱུར་སྐྱོལ་ལས་དོན་སྤེལ་རྒྱུའི་ཆ་རྐྱེན་འཛོམས་མིན་དང་ནུས་འབྲས་ཇི་ཡོད་དབྱེད་པའི་ལེ་ཌའི་གསལ་གྲངས་ཀྱི་དངོས་ལུགས་ཚན་གཞི་ལ་ཟེར།

用于判别人工催化作业条件和效果的雷达回波参数的物理指标。

3 རྒྱུན་སྤྱོད་སྤྲིན་པ་སྦྱར་རྫས། 常用播云催化剂

3.1

སྐམ་འཁྱགས།

zh 干冰

en **dry ice**

རྡོག་འདྲིལ་དབྱངས་གཉིས་ཐན་འགྱུར་དེ་རྒྱུན་གནོན་སྐབས་སུ་གྲངས་ཚད་-78.5℃ ལ་འགྲོ་ཐུབ་པ་དང་། རླངས་པར་གྱུར་ན་དྲོད་ལེན་ཐུབ་ནས་མཐའ་འཁོར་གྱི་མཁའ་རླུང་རྣམས་གྲང་མོ་ཆགས་ཏེ་འཁྱགས་ཟིལ་འབོར་ཆེན་ཐོན་པ།

固态二氧化碳（CO_2），常压下升华温度为-78.5℃，汽化时吸热，可使周围空气迅速冷却而产生大量冰晶。

3.2

གཤེར་ཏན།

zh 液氮

en **liquid nitrogen**

གཤེར་གཟུགས་ཏན་དེ་རྒྱུན་གནོན་སྐབས་སུ་གཤེར་གཟུགས་ཀྱི་གྲང་ཚད་-195.85 ℃ཟིན་པ་དང་། རླངས་པ་ར་གྱུར་ན་དྲོན་ལེན་ཐུབ་ནས་མཐའ་འཁོར་གྱི་མཁའ་རླུང་རྣམས་དེ་མྱུར་གྲང་མོ་ཆགས་ནས་འཁྱགས་ཟིལ་འཁོར་ཆེན་ཐོན་པ་ཞིག།

液态氮（N_2），常压下液化温度为-195.85℃，汽化时吸热，可使周围空气迅速冷却而产生大量冰晶。

3.3

ཏན་དངུལ་རྫས།

zh 碘化银

en **silver iodide**

ཏན་དང་དངུལ་གཉིས་འདྲེས་པའི་དངོས་པོ་ཞིག་དེ་ནི་སྤྱིར་ན་འཁྱགས་ཤེལ་སེར་པོ་ཟུར་དྲུག་མ་ཞིག་ཡིན་ཞིང་། རང་བྱུང་འཁྱགས་ཟིལ་གྱི་གྲུབ་ཆ་དང་འདྲ་པོ་ཡོད། དེ་རྒྱུན་དུ་མི་བཟོས་འཁྱགས་ཚིག་ཏུ་སྤྱོད་པ་ཡིན།

碘和银的化合物(AgI),一般为黄色六角形结晶，与自然冰晶的晶格结构相似，常用作人工冰核。

3.4

ཏན་དངུལ་མེ་རྫས།

zh 碘化银焰火剂

en **silver iodide pyrotechnics**

ཏན་འགྱུར་དངུལ་དང་མེ་རྫས། འབྱར་རྫས་གསུམ་བསྲེས་པའི་རྫས་ཤིག དེ་བསྲེགས་ནས་ཐལ་རྗེས་གྲང་སྤྲིན་འགུག་པའི་འགྱུར་སྐུལ་རྫས་ཆ་བྱེད།

将碘化银与燃烧剂、黏结剂等混合制成的药剂，燃烧分散后作为冷云催化剂。

3.5

ཏན་དངུལ་རྫས་ག་པའི་གཤེར་ཁུ།

zh 碘化银丙酮溶液

en **silver iodide acetone solution**

ཏན་དངུལ་ག་པའི་གཤེར་ཁུ། དེ་མེ་ལ་བསྲེགས་ནས་ཐལ་རྗེས་གྲང་སྤྲིན་སྐྱུར་རྩེ་བྱེད།

碘化银的丙酮溶液，燃烧分散后作为冷云催化剂。

3.6

ཚྭ་ཞིབ།

zh 盐粉

en **salt powder**

ཆེ་ཆུང་འཚམ་པའི་ཚྭ་ཞིབ་སྣེ་བཞའ་ལེན་སྐྱུར་རྫས་བྱེད།

适当大小的盐类粉末，作为吸湿催化剂。

4 ལས་ཀའི་སྒྲིག་ཆས། 作业装备

4.1

གནམ་སྒྲོགས།

zh 高炮

en **anti-aircraft gun**

ཆར་པ་མང་དུ་གཏོང་རྒྱུ་དང་སེར་བ་འགོག་བྱེད་དུ་འཕེན་པའི་གནམ་སྒྲོགས།

用于发射增雨防雹炮弹的高射炮。

4.2

སྒྲོགས་མདེལ།

zh 炮弹

en **gun shell**

མི་ཐབས་ཀྱིས་སེར་བ་འགོག་པ་དང་ཆར་པ་འབེབས་པའི་མེ་སྒྲོགས་ཀྱི་མདེའུ། དེའི་ནང་AgI འགྱུར་སྐུལ་རྫས་ཆ་ཡོད་པས་དུས་རྒྱུན་མི་ཐབས་ཀྱིས་གནམ་གཤིས་འགྱུར་ལྡོག་གཏོང་བར་བེད་སྤྱོད་ཀྱི་ཡོད།

人工增雨防雹弹，内含 AgI 催化剂，用于人工影响天气作业。

4.3

མེ་ཤུགས་འཕུར་མདའ།

zh 火箭弹

en **rocket shell**

འགྱུར་རྫིཀླུགས་ནས་སྤྲིན་གསེབ་ཀྱི་གཏན་འཁེལ་བའི་གནས་ལ་འཕངས་ཏེ་མི་ཐབས་ཀྱིས་ཆར་འབེབས་སེར་འགོག་གི་འགྱུར་སྐུལ་བྱ་བ་བྱེད་པའི་སྒྲོགས་མདེལ།

携带催化剂，发射到云体内指定部位，对云体进行增雨防雹播撒催化作业的壳体装置。

4.4

འཕེན་བྱེད་མ་ལག།

zh 发射系统

en **launch system**

འཕེན་སྟེགས་དང་འཕེན་བྱེད་འཕྲུལ་ཆས་གཉིས་ལས་གྲུབ་པའི་མ་ལག།

由发射架和发射控制器组成的系统。

4.5

འཕེན་སྒྲོམ།

zh 发射架

en **rocket launcher**

མེ་ཤུགས་འཕུར་མདའ་ལ་ཁ་ཕྱོགས་གཏན་འཁེལ་གྱི་གནས་དེ་རང་ལ་གཏོང་བྱེད་ཀྱི་སྒྲིག་ཆས་ཞིག།

赋予火箭弹使定向稳定飞行的装置。

4.6

འཕེན་གཏོང་ཚོད་འཛིན་འཕྲུལ་ཆས།

zh 发射控制器

en **launch controller**

མེ་ཤུགས་འཕུར་མདའ་འཕེན་བྱེད་ཀྱི་ཚོད་འཛིན་སྒྲིག་ཆས་ཞིག།

控制火箭弹发射的装置。

4.7

མེ་ཤུགས་འཕུར་མདའི་ལས་སྒྲུབ་མ་ལག།

zh 火箭作业系统

en **rocket operation system**

དེ་ནི་མེ་ཤུགས་འཕུར་མདའི་མདེའུ་དང་། འཕེན་སྒྲོམ། འཕེན་གཏོང་འཕྲུལ་ཆས་བཅས་ལས་གྲུབ་པའི་མི་ཐབས་ཀྱིས་གནམ་གཤིས་འགྱུར་བ་གཏོང་བའི་ལས་ཀར་མཁོ་བའི་མེ་ཤུགས་འཕུར་མདའི་མ་ལག།

由火箭弹、发射架和发射控制器等组成的增雨防雹作业系统。

4.8

ས་ཐོག་གི་གཏོར་འགྲེམས་འཕྲུལ་ཆས།

zh 地面发生器

en **ground generator**

ས་ཐོག་ནས་སྤུར་རྫི་གཏོར་བྱེད་ཀྱི་འཕྲུལ་ཆས།

在地面释放催化剂的装置。

4.9

ཏན་དངུལ་རྫས་མེ་ཆས།

zh 碘化银焰火器

en **pyrotechnic generator of silver iodide**

ཏན་དངུལ་ཡང་ན་ཏན་དང་དངུལ་འདྲེས་པའི་དངོས་པོ་དང་དེ་མིན་མེ་རྫས་བསྲེགས་ནས་ཏན་དངུལ་ཕྱེ་མ་འབོར་ཆེན་ཐོན་ཐུབ་པའི་སྒྲིག་ཆས།	装有碘化银（或碘、银化合物）和其他焰火剂、能燃烧产生大量碘化银微粒的装置。

4.10

ཏན་དངུལ་རྫས་མེ་ཐབ།

zh 碘化银发生炉

en **silver iodide generator**

མེ་ལ་བསྲེགས་ནས་ཚ་པོ་བཟོས་ཏེ་ཏན་དངུལ་ཕྱེ་མ་འདོན་པའི་སྒྲིག་ཆས།	燃烧加热以产生碘化银微粒的装置。

4.11

ལས་སྒྲུབ་གནམ་གྲུ།

zh 作业飞机

en **seeding aircraft**

མི་ཐབས་ཀྱིས་གནམ་གཤིས་འགྱུར་བ་གཏོང་བའི་ལས་ཀར་བེད་སྤྱོད་བྱེད་པའི་གནམ་གྲུ།	用于实施人工影响天气作业的飞机。

4.12

གནམ་གྲུས་བརྟག་དཔྱད་བྱེད་པ།

zh 飞机探测

en **aircraft sounding**

གནམ་གྲུས་དཔྱད་ཆས་འཁྱེར་ཏེ་གནམ་གཤིས་བརྟག་པའི་བྱ་བ་ཞིག།	用飞机携载仪器进行气象观测的活动。

4.13

རླུང་ཁམས་ཆེན་པོའི་ལྟ་དཔྱད་གནམ་གྲུ།

zh 大气探测飞机

en **sounding aircraft**

རླུང་ཁམས་ཆེན་པོར་དཔྱད་ཞིབ་བྱེད་པའི་སྒྲིག་ཆས་བླུགས་ནས་རླུང་ཁམས་ཆེན་པོའི་དངོས་ལུགས་དང་། རྫས་འགྱུར། དེ་བཞིན་སྤྲིན་པའི་གྲུབ་ཆ་བཅས་ལ་དཔྱད་ཞིབ་ཚད་ལེན་བྱེད་པའི་གནམ་གྲུ་	装有大气探测设备，用于大气物理、化学和云雾结构等探测的飞机。

4.14

ཆར་འབེབས་སེར་འགོག་ཡོ་བྱད།

zh 增雨防雹工具

en **apparatus for rain enhancement and hail suppression**

མི་ཐབས་ཀྱིས་ཆར་པ་འབེབས་པ་དང་སེར་བ་འགོག་པར་མཁོ་བའི་ལས་ཀའི་ཡོ་བྱད།

用于人工增雨防雹作业的装备。

5 ས་སྟེང་གི་ལས་ཀ། 地面作业

5.1

འཕེན་གཏོང་གྱེན་ཟུར།

zh 发射仰角

en **launch elevation**

གནམ་སྒྲོགས་དང་། མེ་ཤུགས་འཕུར་མདའ་ས་ངོས་ནས་ནམ་མཁའི་སྤྲིན་པར་འཕེན་དུས་ས་ངོས་དང་ནམ་མཁའི་བར་ཐོན་པའི་གྱེན་ཟུར།

高炮、火箭从地面向空中目标云体发射时与水平面构成的角度。

5.2

འཕེན་སའི་ཁ་ཕྱོགས།

zh 发射方位

en **launch direction**

གནམ་སྒྲོགས་དང་མེ་ཤུགས་འཕུར་མདའ་ས་ཐོག་ནས་མཁའ་དབྱིངས་ཀྱི་དམིགས་འབེན་སྤྲིན་པར་འཕེན་དུས་བྱང་ཕྱོགས་དབར་ཐོན་པའི་གྲུ་ཟུར།

高炮、火箭从地面向空中目标云体发射时与正北方向构成的角度。

5.3

འཕེན་གཏོང་མཐོ་ཚད།

zh 射高

en **launch altitude**

གནམ་སྒྲོགས་དང་། མེ་ཤུགས་འཕུར་མདའ་སྤྲིན་པར་འཕེན་དུས་ས་ངོས་ནས་བར་སྣང་དབར་གྱི་བར་ཐག།

高炮、火箭从地面向空中目标云体发射时与地面的最大垂直距离。

5.4

འཕེན་རྒྱང་།

zh 射程

en **range**

གནམ་སྒྲོགས་དང་། མེ་ཤུགས་འཕུར་མདས་ནམ་མཁར་སྤྲུར་རྫས་གཏོར་འགྲེམས་བྱེད་དུས་མདེའུ་བབས་སའི་ཐད་དྲང་གི་བར་ཐག་རིང་ཤོས།

高炮、火箭在空中播撒催化剂的最大水平距离。

5.5

གཏོར་འགྲེམས་འགོ་འཛུགས་ས།

zh 播撒起点

en **start point of cloud seeding**

སྤྲུར་རྫསགཏོར་འགོ་འཛུགས་སའི་བར་སྣང་གི་ཡུལ།

开始播撒（或释放）作业催化剂的空间位置。

5.6

གཏོར་མཇུག་སྒྲིལ་ས།

zh 播撒终点

en **end point of cloud seeding**

འགྱུར་རྫས་ཚ་གཏོར་མཚམས་འཇོག་སའི་བར་སྣང་གི་ཡུལ།

终止播撒（或释放）作业催化剂的空间位置。

5.7

འཕེན་འགོག་ས་ཁུལ།

zh 禁射区

en **forbidden area of fire**

འབྲེལ་ཡོད་བདེ་འཇགས་ཀྱི་གཏན་འབེབས་ལྟར་མེ་སྒྲོགས་དང་མེ་ཤུགས་འཕུར་མདའ་བརྒྱབ་ནས་མི་ཐབས་ཀྱིས་གནམ་གཤིས་འགྱུར་བ་གཏོང་བའི་ལས་ཀ་བྱེད་མི་ཆོག་པའི་ས་ཁོངས།

依据有关安全规定,确定禁止高炮、火箭发射实施人工影响天气作业的区域。

5.8

ཉེན་མེད་འཕེན་ཁོངས་ས་བཀྲ།

zh 安全射界图

en **safe firing area map**

མི་ཐབས་ཀྱིས་གནམ་གཤིས་འགྱུར་བ་གཏོང་བའི་བདེ་འཛུགས་ལས་ཀའི་བླང་བྱ་ལྟར་མེ་སྒྲོགས་དང་། མེ་ཤུགས་འཕུར་མདའ་རྒྱག་ཡུལ་གྱི་ཉེན་མེད་ཆུ་སྙོམས་བར་ཐག་དེ་ས་བཀྲ་བརྙན་སྟོན་གྱི་ཐབས་ལ་བརྟེན་ནས་ལས་ཀ་བྱེད་ས་དེ་སྙིང་ཐིག་ལ་བཟུང་སྟེ་བྲིས་པའི་ཉེན་མེད་མེ་སྒྲོགས་རྒྱག་ཡུལ་ཁྱབ་ཚུལ་ས་བཀྲ།

根据人工影响天气安全作业的有关要求，以炮弹、火箭弹发射的最大安全水平距离，用地图投影方式，以作业点为圆心，绘制的安全射击分布图。

6 གནམ་གྲུའི་ལས་སྒྲུབ། 飞机作业

6.1

གནམ་གྲུས་ཆར་(གངས་)འབེབས།

zh 飞机增雨（雪）

en **aircraft precipitation enhancement**

གནམ་གྲུ་བཏང་ནས་སྤྲིན་གསེབ་ཀྱི་གནས་འོས་འཚམ་ཞིག་ལ་སྦྱར་རྫིག་གཏོར་ཏེ་ཆར་པ་འབེབས་པའི་ཚན་རིག་ལག་རྩལ་གྱི་བྱ་ཐབས་ཞིག།

利用飞机在云体的适当部位，选择适当的时机，播撒适量的催化剂，以增加地面降水量的科学技术措施。

6.2

ལས་སྒྲུབ་འཕུར་སྐྱོད།

zh 作业飞行

en **weather modification flight**

མི་ཐབས་ཀྱིས་གནམ་གཤིས་འགྱུར་བ་གཏོང་བའི་འཕུར་སྐྱོད་ཀྱི་ལས་ཀ་བྱེད་པ།

实施人工影响天气作业的飞行。

6.3

ལས་སྒྲུབ་འཕུར་སྐྱོད་འཆར་གཞི།

zh 作业飞行计划

en **weather modification flight plan**

འཕུར་སྐྱོད་ལས་ཀར་དམིགས་ནས་བཟོས་པའི་འཕུར་སྐྱོད་འཆར་གཞི་དང་ཇུས་གཞི།

针对作业飞行目的制定的飞行计划和方案。

6.4

ལས་སྒྲུབ་མཁའ་ལམ།

zh 作业航线

en **weather modification flight route**

ལས་སྒྲུབ་གནམ་གྲུ་དེ་ལས་འགོ་འཛུགས་ས་ནས་ལས་མཇུག་སྒྲིལ་སའི་བར་གྱི་འཕུར་བསྐྱོད་མཁའ་ལམ།

作业飞机从作业起始点到作业结束点的飞行航线。

7 ལས་ཀའི་ནུས་འབྲས་ཚོད་སྐོར། 作业效果评估

7.1

ནུས་འབྲས་ཚོད་སྐོར།

zh 效果评估

en **assessment of effect**

མི་ཐབས་ཀྱིས་གནམ་གཤིས་འགྱུར་བ་གཏོང་བའི་ལས་ཀར་ནུས་འབྲས་ཐོན་མིན་ཞིབ་བཤེར་དང་། ནུས་འབྲས་ཆེ་ཆུང་ཇི་ཐོན་ཚོད་སྐོར་བྱེད་པའི་ལས་ཀ།

检验人工影响天气作业后是否有效果，并评价其效果大小的工作。

7.2

ཕན་འབྲས་ཚོད་སྐོར།

zh 效益评估

en **evaluation of benefit**

མི་ཐབས་ཀྱིས་གནམ་གཤིས་འགྱུར་བ་གཏོང་བའི་ལས་ཀ་བྱས་པར་ནུས་འབྲས་ཇི་ཐོན་པ་དང་དཔལ་འབྱོར་དང་སྤྱི་ཚོགས་ཀྱི་ཕན་འབྲས་ཇི་ཐོན་ཚོད་སྐོར་བྱེད་པའི་ལས་ཀ་ཞིག།

对人工影响天气作业产生的效果和经济、社会效益进行的评估工作。

7.3

བསྡོམས་རྩིས་ཞིབ་བཤེར།

zh 统计检验

en **statistical test**

མི་ཐབས་ཀྱིས་གནམ་གཤིས་འགྱུར་བ་གཏོང་བའི་ལས་ཀ་བྱས་རྗེས་ཀྱི་ཕན་འབྲས་ལ་བསྡོམས་རྩིས་རིག་པ་སྤྱད་ནས་ཚོད་སྐོར་བྱེད་པའི་བྱ་ཐབས་ཤིག།

用统计学原理，对人工影响天气作业后的效果加以评估的方法。

7.4

དངོས་ལུགས་ཞིབ་བཤེར།

zh 物理检验

en **physical test**

སྤྲུར་རྫི་གཏོར་བའི་སྔ་རྗེས་ཀྱི་སྤྲིན་པ་དང་ཆར་ཆུའི་གཙོ་རྒྱུ་སྤྱི་བྱེའི་འགྱུར་ལྡོག་ལ་གཞིགས་ནས་ལས་ཀ་བྱས་པའི་ནུས་འབྲས་དབྱེ་ཞིབ་བྱེད་པའི་བྱ་ཐབས་ཤིག།

通过观测人工催化前后云和降水宏微观要素的变化，分析判断作业效果的方法。

7.5

གྲངས་ཐང་འདྲ་བཟོའི་ཞིབ་བཤེར།

zh 数值模拟检验

en **numerical simulation test**

གྲངས་ཐང་དཔེ་དབྱིབས་སྤྱད་ནས་འགྱུར་སྐྱལ་རྫས་ཆ་གཏོར་བའི་སྔ་རྗེས་ཀྱི་སྤྲིན་པ་དང་ཆར་ཆུའི་གཙོ་རྒྱུ་སྤྱི་བྱེའི་ལ་འགྱུར་ལྡོག་བྱུང་ཡོད་འདྲ་སྒྲུབ་བྱས་ཏེ་ལས་ཀའི་ནུས་འབྲས་ཚོད་སྔར་བྱེད་རྒྱུར་གཞོགས་འདེགས་བྱེད་པའི་བྱ་ཐབས་ཤིག།

利用数值模式，模拟人工催化前后云和降水宏微观要素的变化，协助评估作业效果的方法。

8 ལས་སྒྲུབ་དོ་དམ། 作业管理

8.1

ལས་ཀ་སྒྲིག་སྲོལ།

zh 作业规程

en **operating procedure**

མི་ཐབས་ཀྱིས་གནམ་གཤིས་འགྱུར་བ་གཏོང་བའི་ལས་ཀའི་བཀོལ་སྤྱོད་སྒྲིག་སྲོལ་དང་ལས་རིམ།

人工影响天气作业的操作规则和流程。

8.2

ལས་སྒྲུབ་དུས་མཚམས།

zh 作业时段

en **operating mission period**

མི་ཐབས་ཀྱིས་གནམ་གཤིས་འགྱུར་བ་གཏོང་བའི་ལས་ཀ་འགོ་འཛུགས་པ་ནས་མཇུག་འགྲིལ་བའི་བར་གྱི་དུས་ཚོད།

开展人工影响天气作业的起止时间间隔。

8.3

ལས་སྒྲུབ་གོ་སྐབས།

zh 作业时机

en **operating opportunity**

སྤྲིན་པའི་འགྲོ་ཕྱོགས་དང་སྤྲིན་པའི་ནང་གི་གཙོ་རྒྱུར་ཞིབ་དཔྱད་བྱས་འབྲས་ལ་གཞིགས་ནས་མི་ཐབས་ཀྱིས་གནམ་གཤིས་འགྱུར་བ་གཏོང་རྒྱུའི་ལས་དོན་སྤེལ་ན་ཉུས་པ་ཐོན་ཐུབ་པའི་དུས་ཚོད།

根据云系移动特点和对云内要素观测值的分析，确定有利于实施人工影响天气作业的时间。

8.4

ལས་སྒྲུབ་ཆ་འཕྲིན།

zh 作业信息

en **operation information**

མི་ཐབས་ཀྱིས་གནམ་གཤིས་འགྱུར་བ་གཏོང་བའི་དུས་ཚོད་དང་། སྤྱོད་མདའ་(ཡང་ན་སྨྱུར་རྫི།) འབོར་གྲངས། ལས་ཀའི་ཉུས་འབྲས་སོགས་ཀྱི་ཆ་འཕྲིན་རིགས།

反映人工影响天气作业时间、用弹（或催化剂）数量、作业效果等各种信息。

8.5

ལས་སྒྲུབ་ཟིན་ཐོ།

zh 作业记录

en **operation record**

ལས་སྒྲུབ་ཞུ་རེ་དང་། ལས་ཀའི་དུས་ཚོད། ལས་སྒྲུབ་ལན་འདེབས། སྤྱོད་མདའ་(ཡང་ན་གཏོར་རྫས) གྲངས་འབོར། ལས་ཀའི་ཉུས་འབྲས་བཅས་ཞིབ་ཕྲ་བཀོད་པའི་ཟིན་ཐོ།

对作业申请、作业时间、作业回复、用弹（或催化剂）数量、作业效果等的详细记录。

8.6

ལས་སྒྲུབ་བཀོད་འདོམས་པ།

zh 作业指挥人员

en **weather modification operation commander**

མི་ཐབས་ཀྱིས་གནམ་གཤིས་འགྱུར་བ་གཏོང་བའི་ལས་ཀར་བཀོད་འདོམས་བྱེད་རྒྱུའི་ཐོབ་ཐང་ཡོད་པའི་མི།

有资格从事人工影响天气作业指挥的人员。

8.7

ལས་སྒྲུབ་པ།

zh 作业人员

en **weather modification operator**

མི་ཐབས་ཀྱིས་གནམ་གཤིས་འགྱུར་བ་གཏོང་བའི་ལས་ཀའི་སྒྲིག་ཆས་བཀོལ་སྤྱོད་བྱེད་རྒྱུའི་ཐོབ་ཐང་ཡོད་པའི་མི།

有资格从事人工影响天气作业装备操作的人员。

8.8

ལས་སྒྲུབ་མཁའ་ཁོངས།

zh 作业空域

en **airspace for weather modification operation**

འཕུར་སྐྱོད་དོ་དམ་སྡེ་ཚན་དང་མཁའ་འགྲུལ་དོ་དམ་སྡེ་ཚན་གྱིས་ཆོག་མཆན་སྤྲད་པའི་གནམ་གྲུ་དང་། གནམ་སྒྲོགས། མེ་ཤུགས་འཕུར་མདའ་བཅས་དུས་ཚོད་ངེས་གཏན་ནང་འཕེན་གཏོང་བྱེད་སའི་མཁའ་དབྱིངས་ཀྱི་ཁྱབ་ཁོངས།

经飞行管制部门和航空管理部门批准，飞机、高炮、火箭在规定时限内实施作业的空间范围。

8.9

མཁའ་དབྱིངས་རེ་ཞུ།

zh 空域申请

en **application for airspace**

མི་ཐབས་ཀྱིས་གནམ་གཤིས་འགྱུར་བ་གཏོང་བའི་ལས་ཀ་བྱེད་རྒྱུའི་སྔོན་ལ་ལས་སྒྲུབ་རྩ་འཛུགས་ཀྱིས་སྔོན་ཚུད་ནས་འབྲེལ་ཡོད་སྡེ་ཚན་ལ་མཁའ་དབྱིངས་སུ་ལས་ཀ་བྱེད་ཆོག་པའི་རེ་ཞུ་ཕུལ་བའི་བྱ་བ།

实施人工影响天气作业前，主持作业组织部门提前向有关管理部门申请作业空域的行为。

8.10

ལས་སྒྲུབ་དུས་བཅད།

zh 作业时限

en **approved time period**

འཕུར་སྐྱོད་དོ་དམ་སྡེ་ཚན་དང་མཁའ་འགྲུལ་དོ་དམ་སྡེ་ཚན་གྱི་ཆོག་མཆན་འོག་དུས་བཅད་ལྟར་གྱི་གནམ་གྲུ་དང་། གནམ་སྒྲོགས། མེ་ཤུགས་འཕུར་མདའ་སོགས་ཀྱི་ལས་སྒྲུབ་དུས་མཚམས།

经飞行管制部门和航空管理部门批准，限定飞机、高炮、火箭等的作业时段。

8.11

ལས་སྒྲུབ་ལན་འདེབས།

zh 作业回复

en **reply of operating task**

ཆོག་མཆན་སྤྲོད་པའི་ལས་སྒྲུབ་དུས་བཅད་ནང་ལས་སྒྲུབ་ཚ་འཛུགས་ཀྱིས་འབྲེལ་ཡོད་དོ་དམ་སྡེ་ཚན་ལ་ལས་སྒྲུབ་ཟིན་པའི་བཟ་ལན་སྤྲོད་པའི་བྱ་བ།

作业组织在批准的作业时限内向有关管理部门回复作业完毕的行为。

8.12

མཁའ་དབྱིངས་ཟིན་ཐོ།

zh 空域记录

en **airspace record**

མི་ཐབས་ཀྱིས་གནམ་གཤིས་འགྱུར་བ་གཏོང་བའི་ལས་ཀ་བྱེད་སྐབས་བར་སྣང་ཁྱབ་ཁོངས་ཞུ་རེ་དང་། མཆན་བཀོད་ལན་འདེབས། བར་སྣང་ཁྱབ་ཁོངས་ཀྱི་གནས་ཚུལ་སོགས་བཀོད་པའི་འབྲེལ་ཡོད་ལས་ཀའི་ཟིན་ཐོ།

开展人工影响天气作业时，对空域申请、批复、回复和空域动态等有关事项的详细记录。

8.13

ལས་ས།

zh 作业点

en **operating spot**

ས་ངོས་ནས་མི་ཐབས་ཀྱིས་གནམ་གཤིས་འགྱུར་བ་གཏོང་བའི་ལས་ཀ་བྱེད་པའི་ས་གནས།

用于地面实施人工影响天气作业的地点。

8.14

གཏན་འཇགས་ལས་ས།

zh 固定作业点

en **fixed operating spot**

གཏན་འཇགས་འཛུགས་སྐྲུན་དངོས་པོ་དང་སྒྲིག་ཆས། ལྟ་ཞིབ་དཔྱད་ཆས། ལས་ཀའི་སྒྲིག་ཆས། ལས་སྟེགས་སོགས་ཡོད་པའི་ལས་ས།

有固定建（构）筑物、设备、观测仪器、作业装备、作业平台等的作业点。

8.15

སྐོར་སྐྱོད་ལས་ས།

zh 流动作业点

en **mobile operating spot**

ལས་ས་དང་། ལས་ཀའི་སྒྲིག་ཆས་ཡོད་པའི་སྤོ་བསྐྱོད་བྱེད་ཐུབ་པའི་ལས་ཚུགས།

具有作业平台，作业装备可移动的作业点。

8.16

གནས་སྐབས་ལས་ས།

zh 临时作业点

en **temporary operating spot**

གནས་སྐབས་འབྲེལ་ཡོད་དོ་དམ་སྡེ་ཚན་ལ་རེ་ཞུ་ཕུལ་ནས་ཆོག་མཆན་ཐོབ་པའི་ལས་ས།

临时向相关管理部门申请并获得批准的作业点。

8.17

དུས་ཡོལ་སྒྲོགས་མདེལ།

zh 过期弹

en **expired ammunition**

གོ་ཆོད་དུས་ཚོད་ཡོལ་བའི་མེ་སྒྲོགས་མདེའུ་དང་། མེ་ཤུགས་འཕུར་མདའི་མདེའུ།

超过有效期的炮弹、火箭弹。

8.18

སྐྱོན་ཅན་སྒྲོགས་མདེལ།

zh 故障弹

en **fault ammunition**

རྒྱུན་ལྡན་ལྟར་བེད་སྤྱོད་བྱེད་མི་ཐུབ་པའི་སྒྲོགས་མདེལ་དང་། མེ་ཤུགས་འཕུར་མདའི་མདེའུ།

不能正常工作的炮弹、火箭弹。

8.19

ནང་འབར།

zh 膛炸

en **bore explosion**

མེ་སྒྲོགས་སྒྲོགས་མདེལ་ནང་ལུས་ཏེ་ནང་འབར་གས་བྱུང་ནས་མེ་སྒྲོགས་གཏོར་སྐྱོན་སོང་བའི་སྣང་ཚུལ།

炮弹滞留膛内将管身损坏的现象。

8.20

སྒྲོམ་ཐོག་འབར་གས།

zh 炸架

en **explosion on the launcher**

མེ་ཤུགས་འཕུར་མདའི་མདེལ་འཕེན་སྒྲོམ་ཐོག་ལུས་ཏེ་འབར་གས་བྱུང་བའི་སྣང་ཚུལ།

火箭弹滞留在发射架上产生爆炸的现象。

8.21

ལས་སྐྱབ་ཉེན་སྐྱོན།

zh 作业安全事故

en **security accident of operation**

མི་ཐབས་ཀྱིས་གནམ་གཤིས་འགྱུར་བ་གཏོང་བའི་ལས་ཀའི་ནང་ཐོན་པའི་རྒྱུ་དངོས་ཀྱི་གྱོང་གུན་དང་། མི་ཕྱུགས་ཤི་རྨས་བྱུང་བ་སོགས་བདེ་འཇགས་ཐད་ཀྱི་ཉེན་སྐྱོན།

人工影响天气作业造成财物损失和人畜伤亡的安全事故。

8.22

ལོ་ཞིབ།

zh 年检

en **annual verification**

ལག་རྩལ་བཅའ་ཚད་གཞིར་བཟུང་ལོ་ལྟར་ལས་མཁོའི་སྒྲིག་ཆས་ལ་ཕྱོགས་ཡོངས་ནས་ཞིབ་བཤེར་དང་ཉམས་གསོ་ཐེངས་གཅིག་བྱེད་པའི་བྱེད་སྒོ།

按照技术规范，每年对作业装备进行一次全面的检查维修的活动。

དཔྱད་གཞིའི་ཡིག་རིགས་གཙོ་བོ།

[1] གཙོ་སྒྲིག་པ་།, ཚོའོ་ཁང་ཐའེ།. ཤུས་ཤོའོ་ཧྥུང་། མི་ཐབས་ཀྱིས་གནམ་གཤིས་འགྱུར་བ་གཏོང་བའི་ཇོ་དམ་སྲོལ་ཡིག་གི་འགྲེལ་པ།. པེ་ཅིང་གནམ་གཤིས་དཔེ་སྐྲུན་ཁང་,༢༠༠༢

[2] བོད་རང་སྐྱོང་ལྗོངས་མི་དམངས་སྲིད་གཞུང་གི་ཁྲིམས་ལུགས་གཞུང་ལས་ཁང་དང་།བོད་རང་སྐྱོང་ལྗོངས་གནམ་གཤིས་ཅུད. མི་ཐབས་ཀྱིས་གནམ་གཤིས་འགྱུར་བ་གཏོང་རྒྱུར་དོ་དམ་བྱེད་ཕྱོགས་ཀྱི་བོད་རང་སྐྱོང་ལྗོངས་ཀྱི་བྱ་ཐབས

[3] ཀྲུང་གོ་གནམ་གཤིས་ཅུས་ཚན་རྩལ་སློབ་གསོ་སིས་བཏོན།.གནམ་སྒྲོགས་ཀྱིས་སེར་བ་འགོག་པ་དང་ཆར་འབེབས་བྱེད་པའི་ལས་ཀའི་བཅའ་ཚད་（ཚོད་ལྟ་）. ༢༠༠༠

[4] ཀྲུང་གོ་གནམ་གཤིས་ཅུད་ཚན་རྩལ་སློབ་གསོ་སིས་བཏོན།གནམ་གྲུས་ཆར་འབེབས་བྱེད་པའི་ལས་ཀའི་བཅའ་ཚད་（ཚོད་ལྟ་）. ༢༠༠༠

[5] རྩོམ་སྒྲིག་པ།, ཝང་ཡུས་ཙེང་།, ལི་ཧྥུང་ཧྲེན།. ཧྥུ་ཁྲོན་ལིན།. མི་ཐབས་ཀྱིས་སེར་བ་འགོག་པའི་བེད་སྤྱོད་ལག་རྩལ།. པེ་ཅིང་གནམ་གཤིས་དཔེ་སྐྲུན་ཁང་,༡༩༩༤

[6] ཀྲང་ཁྲིན་ཁྲང་།, ཤུས་ཧྭན་ཡིང་།, ཏོན་དབྱིང་།, ཀྲུའུ་གཡོས་ཚོན།, རྨིང་ཤོས།. མི་ཐབས་ཀྱིས་གནམ་གཤིས་འགྱུར་བ་གཏོང་བའི་ལས་གནས་སློབ་ཁྲིད་སློབ་དེབ.།པེ་ཅིང་གནམ་གཤིས་དཔེ་སྐྲུན་ཁང་,༢༠༠༢

[7] མཱ་ཀོན་ཆིས། .མི་ཐབས་ཀྱིས་གནམ་གཤིས་འགྱུར་བ་གཏོང་བའི་གསུམ་བདུན་གནམ་སྒྲོགས་བེད་སྤྱོད་བྱེད་སྟངས་སློབ་དེབ་།. པེ་ཅིངགནམ་གཤིས་དཔེ་སྐྲུན་ཁང་།, ༢༠༠༥

参 考 文 献

[1] 曹康泰,许小峰.人工影响天气管理条例释义.北京:气象出版社,2002

[2] 西藏自治区人民政府法制办、西藏自治区气象局.西藏自治区人工影响天气管理办法

[3] 中国气象局科技教育司.高炮人工防雹增雨作业业务规范（试行）.2000

[4] 中国气象局科技教育司.飞机人工增雨作业业务规范（试行）.2000

[5] 王雨增,李凤声,伏传林.编著.人工防雹实用技术.北京:气象出版社,1994

[6] 章澄昌,许焕斌,段英,周毓荃,孟旭.人工影响天气岗位培训教材.北京:气象出版社,2003

[7] 马官起.人工影响天气三七高炮实用教材.北京:气象出版社,2005

[8] (ཨ་མེ་རི་ཁ་) རྒྱལ་ཁབ་ཚན་རིག་གི་རྒྱལ་ཁབ་ཞིབ་འཇུག་ལས་འཛིན་ལྷན་ཚོགས་དང་། ཨ་རིའི་མི་ཐབས་ཀྱིས་གནམ་གཤིས་ལ་འགྱུར་བ་གཏོང་བའི་ཞིབ་འཇུག་དང་མིག་སྔའི་ལས་ཀའི་གནས་ཚུལ་དང་འབྱུང་འགྱུར་གོང་འཕེལ་ཆེད་ལས་ཨུ་ཡོན་ལྷན་ཁང་། མི་ཐབས་ཀྱིས་གནམ་གཤིས་འགྱུར་བ་གཏོང་བའི་ཞིབ་འཇུག་ཁྲོད་ཀྱི་འགག་རྩའི་གནད་དོན། གྲེང་གོ་གོང་དང་ཁྲིན་ཡོད། ཝང་ཕེང་ཧྥི་སོགས་ཀྱིས་བསྒྱུར།པེ་ཅིང་གནམ་གཤིས་དཔེ་སྐྲུན་ཁང་,༢༠༠༥

[9] རླུང་ཁམས་ཆེན་པོའི་ཚན་རིག་ཚིག་མཛོད་རྩོམ་སྒྲིག་ཨུ་ཡོན་ལྷན་ཁང་།. རླུང་ཁམས་ཆེན་པོའི་ཚན་རིག་ཚིག་མཛོད།. པེ་ཅིང་གནམ་གཤིས་དཔེ་སྐྲུན་ཁང་, ༡༩༩༤

[10] གཙོ་སྒྲིག་པ། , ཀྲུའུ་པིང་ཧའེ། ཝང་ཕེང་ཧྥི།, སུའུ་ཅ་ཤིན།. གནམ་གཤིས་རིག་པའི་ཚིག་མཛོད། ཧྲང་ཧད་ཧྲང་ཧད་ཚིག་མཛོད་དཔེ་སྐྲུན་ཁང་།,༡༩༨༥

[11] གཙོ་སྒྲིག་པ། ལི་ཏ་ཧྲན།.མི་ཐབས་ཀྱིས་གནམ་གཤིས་འགྱུར་བ་གཏོང་བའི་ད་ལྟའི་གནས་ཚུལ་དང་འབྱུང་འགྱུར་ལ་བལྟ་བ།. པེ་ཅིང་གནམ་གཤིས་དཔེ་སྐྲུན་ཁང་,༢༠༠༢

[12] 《དབྱིན་རྒྱ་རླུང་ཁམས་ཆེན་པོའི་ཚན་རིག་ཐ་སྙད་ཕྱོགས་བསྒྲིགས།》 རྩོམ་སྒྲིག་ཚོག་ཆུང་དབྱིན་རྒྱ་རླུང་ཁམས་ཆེན་པོའི་ཚན་རིག་ཐ་སྙད་ཕྱོགས་བསྒྲིགས།པེ་ཅིང་གནམ་གཤིས་དཔེ་སྐྲུན་ཁང་༡༩༨༧

[13] གཙོ་སྒྲིག་པ།པེ་ཏན་དབྱིས།ཚད་གཞིའི་རྩོམ་འབྲི་སློབ་སྟོན།. པེ་ཅིང་ཀྲུང་གོའི་ཚད་གཞི་དཔེ་སྐྲུན་ཁང་།, ༢༠༠༢

[8] （美国）国家科学院国家研究理事会、美国人工影响天气研究和作业现状与未来发展专业委员会.人工影响天气研究中的关键问题（CRITICAL ISSUES IN WEATHER MODIFICATION RESEARCH）.郑国光，陈跃,王鹏飞等译.北京:气象出版社,2005

[9] 大气科学辞典编委会.大气科学辞典.北京:气象出版社,1994

[10] 朱炳海,王鹏飞,束家鑫等.气象学词典.上海:上海辞书出版社,1985

[11] 李大山等.人工影响天气现状与展望.北京:气象出版社,2002

[12] 《英汉大气科学词汇》编写组.英汉大气科学词汇.北京:气象出版社,1987

[13] 白殿一等.标准化编写指南.北京:中国标准出版社,2002

བོད་རྒྱ་ཡིག་དཀར་ཆག

中文索引

英 文 索 引

QX/T 185—2013

P

R

S

T

W

ICS 07.060
A 47
备案号：39830—2013

QX

中华人民共和国气象行业标准

QX/T 186—2013

安全防范系统雷电防护要求及检测技术规范

Technical specifications for lightning protection and inspection of security and protection system

2013-01-04 发布　　2013-05-01 实施

中国气象局　发布

前　　言

本标准按照 GB/T 1.1—2009 给出的规则起草。

本标准由全国雷电灾害防御行业标准化技术委员会提出并归口。

本标准起草单位：福建省防雷中心、厦门市气象局。

本标准主要起草人：刘隽、黄岩彬、林挺玲、程辉、曾智聪、陈毅芬、邵霖、楚光、缪希仁、柯重荣、余恩、俞成标、王春扬、倪宁、林香民、吴灵燕。

安全防范系统雷电防护要求及检测技术规范

1 范围

本标准规定了安全防范系统的防雷等级划分、雷电防护要求和防雷装置检测要求。

本标准适用于安全防范系统的雷电防护和防雷装置检测。

2 规范性引用文件

下列文件对于本文件的应用是必不可少的。凡是注日期的引用文件，仅注日期的版本适用于本文件。凡是不注日期的引用文件，其最新版本(包括所有的修改单)适用于本文件。

GB/T 18802.12—2006 低压配电系统的电涌保护器(SPD) 第12部分：选择和使用导则(IEC 61643—12:2002)

GB/T 18802.22—2008 电信和信号网络的电涌保护器(SPD) 第22部分：选择和使用导则(IEC 61643—22:2004)

GB/T 21431—2008 建筑物防雷装置检测技术规范

GB/T 21714.2—2008 雷电防护 第2部分：风险管理(IEC 62305—2:2005)

GB 50057—2010 建筑物防雷设计规范

GB 50311—2007 综合布线系统工程设计规范

GB 50348—2004 安全防范工程技术规范

3 术语和定义

下列术语和定义适用于本文件。

3.1

安全防范系统 security and protection system;SPS

以维护社会公共安全为目的，运用安全防范产品和其他相关产品构成的入侵报警系统、视频安防监控系统、出入口控制系统、防爆安全检查系统等；或由这些系统为子系统组成或集成的电子系统或网络。

[GB 50348—2004，定义2.0.2]

3.2

风险等级 level of risk

存在于防护对象本身及其周围的、对其构成安全威胁的程度。

[GB 50348—2004，定义2.0.11]

3.3

直击雷 direct lightning flash

闪击直接击在建筑物、其他物体、大地或外部防雷装置上，产生电效应、热效应和机械力者。

3.4

防雷区 lightning protection zone;LPZ

划分雷击电磁环境的区，一个防雷区的区界面不一定要有实物界面，例如不一定要有墙壁、地板或天花板作为区界面。

3.5

雷击电磁脉冲　lightning electromagnetic impulse;LEMP

雷电流经电阻、电感、电容耦合产生的电磁效应,包含闪电电涌和辐射电磁场。

3.6

防雷装置　lightning protection system;LPS

用于减少闪击击于建筑物上或建筑物附近造成的物质性损害和人身伤亡,由外部防雷装置和内部防雷装置组成。

3.7

接地系统　earthing system

将等电位连接网络和接地装置连在一起的整个系统。

3.8

等电位连接带　bonding bar

将金属装置、外来导电物、电力线路、电信线路及其他线路连于其上以能与防雷装置做等电位连接的金属带。

3.9

等电位连接网络　bonding network

将建筑物和建筑物内系统(带电导体除外)的所有导电性物体互相连接组成的一个网。

3.10

电涌保护器　surge protective device;SPD

用于限制瞬态过电压和分泄电涌电流的器件。它至少含有一个非线性元件。

3.11

前端设备　front-end device

指摄像机以及与之配套的相关设备(如镜头、云台、解码驱动器、防护罩等)和探测器等。

[GB 50395—2007,定义 2.0.7]

3.12

监控中心　surveillance and control centre

安全防范系统的中央控制室。安全管理系统在此接收、处理各子系统发来的报警信息、状态信息等,并将处理后的报警信息、监控指令分别发往报警接收中心和相关子系统。

[GB 50348—2004,定义 2.0.32]

3.13

屏蔽线　shielding wire

用于减少雷击服务设施引起的物理损害的金属线。

[GB/T 21714.2,定义 3.1.42]

4　防雷等级划分

4.1　安全防范系统的防雷可按其重要程度、所处环境的危险性和气象条件不同而分为三个等级。安全防范系统风险等级及高风险对象根据 GB 50348—2004 确定。

4.2　符合以下条件之一者,应划为第一等级防雷安全防范系统:

a)　安装在第一类防雷建筑物中的制造、使用或贮存火药、炸药及其制品的建筑物内的安全防范系统。

b)　安装在第一类防雷建筑物具有 0 区或 20 区爆炸危险区域的安全防范系统。

c)　安装在第一类防雷建筑物具有 1 区或 21 区且因电火花会引起爆炸的危险区域的安全防范

系统。

4.3 符合以下条件之一者，应划为第二等级防雷安全防范系统：

a) 安装在第二类防雷建筑物中且风险等级为一级的安全防范系统。

b) 建于山顶或旷野的安全防范系统，当其所在地年平均雷暴日大于或等于 40 d/a 时。

4.4 符合以下条件之一者，应划为第三等级防雷安全防范系统：

a) 安装在第二类防雷建筑物中，且风险等级为二级、三级及普通风险对象的安全防护系统。

b) 安装在第三类防雷建筑物中，且属高风险对象的安全防护系统。

c) 建于山顶或旷野的安全防范系统，其所在地年平均雷暴日小于 40 d/a 且大于或等于15 d/a时。

d) 属于高风险防范对象的安全防范系统的配电线路、信号传输线在其线路架空进入监控室时。

5 雷电防护

5.1 基本要求

5.1.1 第一等级防雷安全防范系统的防雷设计应符合 GB 50057—2010 中"第一类防雷建筑物的防雷措施"中对防直击雷、防闪电感应、防闪电电涌侵入的要求；第二等级防雷安全防范系统的防雷设计应符合 GB 50057—2010 中"第二类防雷建筑物的防雷措施"中对防直击雷、防闪电感应、防闪电电涌侵入的要求；第三等级防雷安全防范系统的防雷设计应符合 GB 50057—2010 中"第三类防雷建筑物的防雷措施"中对防直击雷、防闪电电涌侵入的要求。各等级防雷安全防范系统防雷击电磁脉冲的设计应符合 GB 50057—2010 中"防雷击电磁脉冲"和 GB/T 18802.12—2006 及 GB/T 18802.22—2008 中的规定。

5.1.2 当安全防范系统不属于第 4 章规定的三个等级防雷安全防范系统时，安全防范系统是否要进行防雷设计以及设计的等级宜在认真调查系统所在地的地理、地质、气象、环境条件和雷电活动规律以及安全防范系统设备性能特点的基础上，按 GB/T 21714.2—2008 的规定进行雷击风险评估。

5.2 前端设备

5.2.1 当前端设备安装在直击雷防护区($LPZ0_B$)或后续防雷区时，不需要采取直击雷防护措施。

5.2.2 当前端设备安装在直击雷非防护区($LPZ0_A$)时，应采取直击雷防护措施，如在其附近设接闪杆保护。各等级防雷安全防范系统前端设备接闪杆保护范围应按滚球法计算，滚球半径均取 45 m。

5.2.3 当接闪杆设置在前端设备安装杆上时(见图 1)，应符合以下要求：

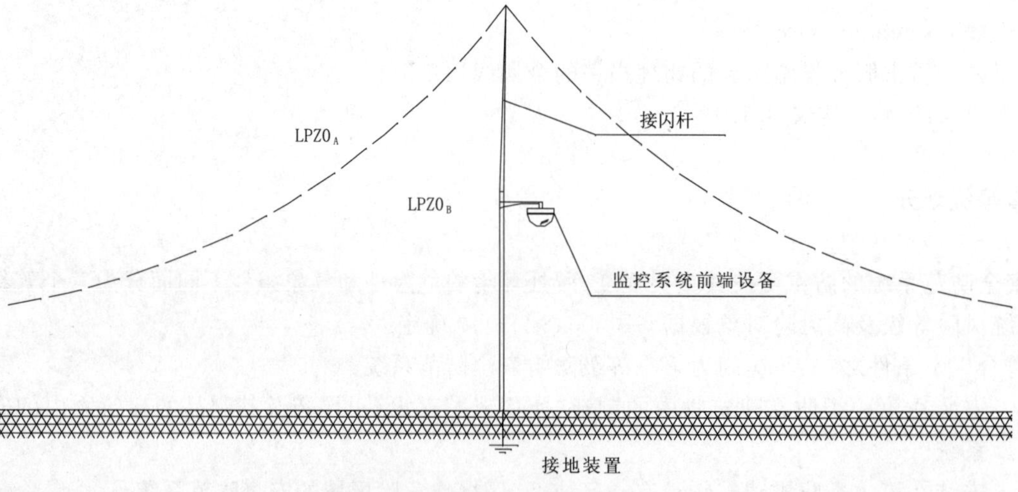

图 1 前端设备安装杆设置接闪杆的示意图

a) 安装杆应采用壁厚不小于 2.5 mm 的钢管，并利用钢管作为引下线。

b) 前端设备连接电缆应敷设于安装杆内，并应采用双层屏蔽进行保护。屏蔽层应在钢管两端与钢管连接。

c) 为防止前端设备损坏，宜在前端设备的线路接口处安装 SPD。

5.2.4 当在前端设备的安装杆旁设置接闪杆时(见图 2)，应符合以下要求：

a) 为防止雷电流经引下线至接地装置时产生的高电位对前端设备的反击，前端设备的安装杆与接闪杆安装杆(引下线)之间的距离应大于 3 m。

b) 前端设备连接电缆宜敷设于安装杆内，并按 5.2.3b)中的屏蔽措施进行保护。

c) 为防止前端设备损坏，宜在前端设备的线路接口处安装 SPD。

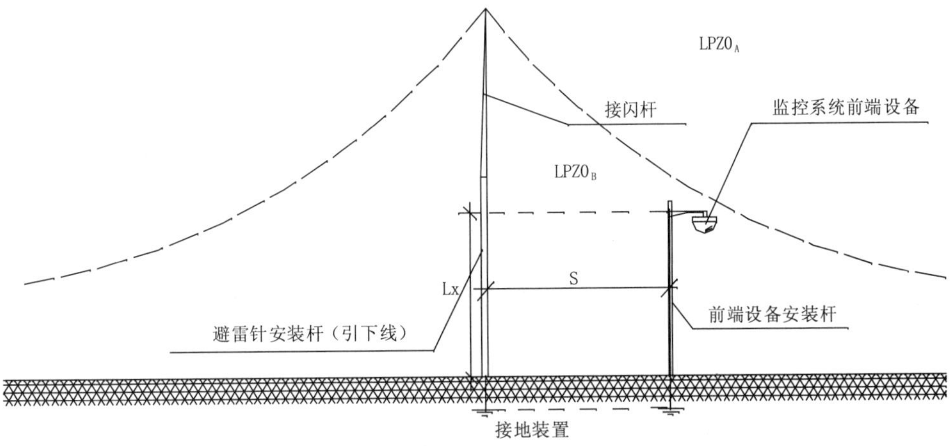

图 2 前端设备安装杆与接闪杆安装杆位置示意图

5.2.5 室外前端设备塔杆接地装置的接地电阻不宜大于 4 Ω；建造在室外的安全防范系统，其接地电阻不宜大于 10 Ω；当高山岩石的土壤电阻率大于 2000 Ω · m 时，其接地电阻不宜大于 20 Ω。当接地电阻达不到要求时，宜增加 A 型接地装置长度或 B 型接地装置面积的方法解决。A、B 型接地装置参见附录 A。

5.3 传输部分

5.3.1 金属线缆

5.3.1.1 宜采用带金属屏蔽层的电缆。金属屏蔽层应首尾电气贯通。电缆两端应分别连接至前端和终端的接地装置或等电位连接带上。

5.3.1.2 当无法使用带金属屏蔽层的电缆时，线缆宜全线穿金属管布设，金属管应首尾电气贯通。

5.3.1.3 当线缆由室外引入室内，即线缆布设可能通过 LPZ0$_A$ 区时，宜全线埋地引入。在强雷暴活动区域，宜在埋地电缆上方敷设屏蔽线。屏蔽线可采用直径为 8 mm 的镀锌钢绞线或其他横截面积不小于 48 mm^2 的金属导体。

在因条件限制无法全线埋地敷设的情况下，第一等级防雷安全防范系统的传输线可架空布设，但应采用钢筋混凝土杆和铁横担架线，并应使用金属铠装电缆或护套电缆穿钢管直接埋地引入，埋地长度不应小于 15 m。在埋地与架空线的转换处，应选用 D1 型 SPD 安装保护。第二等级、第三等级防雷安全防范系统的传输线可参照执行，但可不安装 D1 型 SPD。

5.3.2 光缆线缆

5.3.2.1 当光缆有金属外护层或金属加强芯时，其金属物应是电气贯通的(即它们应跨过所有的接头、再生器等等相连接)。在线缆的末端,金属物应直接或通过 SPD 与等电位连接带连接。

5.3.2.2 当光缆由室外引入室内,即光缆布设可能通过 $LPZ0_A$ 区时,宜全线埋地引入。在强雷暴活动区域,宜在埋地光缆上方敷设屏蔽线,对屏蔽线的要求见 5.3.1.3 的规定。

在因条件所限无法全线埋地敷设的情况下,第一等级防雷安全防范系统的光缆可架空布设,并宜在光缆上方架设接闪线,并应在距入户 15 m 处改为埋地敷设。第二等级、第三等级防雷安全防范系统的光缆可不架设接闪线,但应在距入户 15 m 处改为埋地敷设。

5.3.3 无线传输设备

5.3.3.1 架空天线应置于 $LPZ0_B$ 内,如架设在 $LPZ0_A$,应设置防直击雷装置。

5.3.3.2 室外馈线应穿金属盒或钢管并应全线电气贯通,且在始末两端与等电位连接带连接接地。

5.3.3.3 宜在收/发通信设备的射频出、入端口处安装电信、信号 SPD。SPD 的接地端应就近连接到等电位接地端子板上。

5.4 终端设备

5.4.1 各等级防雷安全防范系统的终端设备的直击雷防护应符合 5.1.1 的规定。

5.4.2 第一等级、第二等级防雷安全防范系统的终端设备应采用如下屏蔽措施:

a) 终端设备的监控中心宜选择在建筑物低层中心部位,设备与外墙结构柱之间的距离不应小于 1 m。

b) 当终端设备为非金属外壳且监控中心内磁场强度大于终端设备的耐受值时,应增加屏蔽措施。第一等级防雷安全防范系统所在空间六面体的屏蔽网格尺寸不宜大于 200 mm×200 mm。

5.4.3 各等级防雷安全防范系统的终端设备均应采用如下等电位连接和接地措施:

a) 安全防范系统终端设备的工作接地应与所在建筑物的防雷接地、保护接地等共用接地系统,共用接地系统的接地电阻值应按 50 Hz 电气系统对人身安全要求的阻值确定。

b) 进入建筑物的金属管线宜从同一位置进入,并连接在与建筑物基础钢筋相连的总等电位连接带上。如果入户管线从不同的位置进入,应分别连接到不同位置上的等电位连接带上,并且这些不同位置的等电位连接带应连接在一起。宜使用环形等电位连接带。

c) 监控中心内的电子电气设备的外露导电部分(壳体、机架、箱体)电气系统的保护线、电子系统的工作接地等均应通过连接导体连接到等电位连接网络。当电子系统为 300 kHz 以下的模拟线路时,可采用 S 型等电位连接进行连接。S 型等电位连接应仅通过唯一的一点,即接地基准点 ERP 进行连接。当电子系统为 MHz 级数字线路时,应采用 M 型等电位连接。S 型、M 型等电位连接网络及其组合做法见图 3。

d) 等电位连接导体的最小横截面积应符合表 1 要求,SPD 连接导线的最小横截面积应符合表 2 要求。

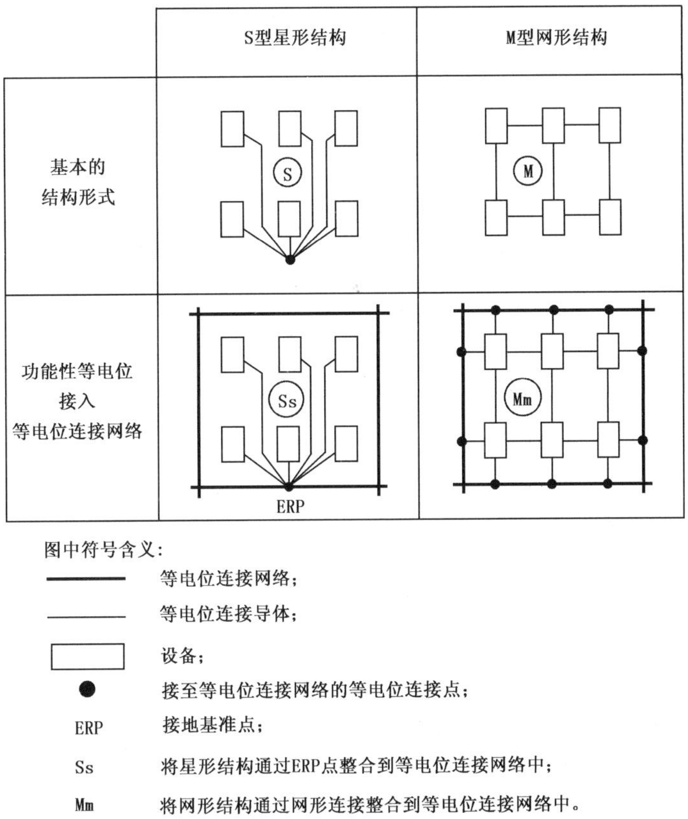

图3　安全防范系统功能性等电位连接整合到等电位连接网络中

表1　各种连接导体的最小横截面积

等电位连接部件	材料	横截面积/mm^2
等电位连接带（铜、外表面镀铜的钢或热镀锌钢）	Cu（铜）、Fe（铁）	50
从等电位连接带至接地装置或各等电位连接带之间的连接导体	Cu（铜）	16
	Al（铝）	25
	Fe（铁）	50
从屋内金属装置至等电位连接带的连接导体	Cu（铜）	6
	Al（铝）	10
	Fe（铁）	16

表 2　SPD 连接线最小横截面积

安装系统	SPD 类型	铜导线横截面积/mm^2
电气系统	Ⅰ级试验的 SPD	6
	Ⅱ级试验的 SPD	4
	Ⅲ级试验的 SPD	1.5
电子系统	D1 类 SPD	1.2
	其他类的 SPD(连接导体的横截面积可小于 1.2 mm^2)	根据具体情况确定

5.4.4　综合布线系统的设计应符合 GB 50311—2007 要求。安全防范系统综合布线与电力线缆的净距和墙上敷设的综合布线电缆、光缆及管线与其他管线的间距应符合 GB 50311—2007 中 7.0.1 的规定。

5.4.5　电涌保护器的选择和安装

5.4.5.1　第一等级、第二等级、第三等级防雷安全防范系统中电气系统的 SPD 的选择和安装应符合 GB 50057—2010 中对第一类、第二类、第三类防雷建筑物的规定要求，同时应符合 GB/T 18802.12—2006 的规定要求。

5.4.5.2　第一等级、第二等级、第三等级防雷安全防范系统中电子系统信号网络的 SPD 的选择和安装应符合 GB 50057—2010 中对第一类、第二类、第三类防雷建筑物的规定要求，同时应符合 GB/T 18802.22—2008 的规定要求。

5.4.5.3　按 5.1.2 通过雷击风险评估确定在电气和电子系统中需安装 SPD 的安全防范系统，宜按 GB/T 18802.12 和 GB/T 18802.22 中的规定选择和安装 SPD。

6　防雷装置检测要求

6.1　检测流程

安全防范系统防雷装置检测宜按图 4 的流程进行。

6.2　文件检查

安全防范系统防雷装置应具有以下文件，并对其完整性、规范性和有效性进行检查：

——设计文件检查；

——检测报告检查；

——故障记录和历年检查记录检查。

6.3　接闪器

6.3.1　首次检测应当对接闪器的设计安装是否符合其技术要求进行核查，接闪器的设计安装应符合 GB/T 21431—2008 中 5.2.1 的要求。

6.3.2　对接闪器使用的材料及横截面进行核查，检查接闪器的锈损情况，结果应符合 GB/T 21431—2008 中 5.2.2.2 和 5.2.2.5 的要求。

6.3.3　对接闪网的网格尺寸进行核查，接闪网的网格尺寸应符合 GB/T 21431—2008 中 5.2.2.3 的要求。

6.3.4　应对接闪针、接闪带和接闪网上所有焊点的焊接可靠性进行检查，结果应符合 GB/T 21431—2008 中 5.2.2.2 的要求。

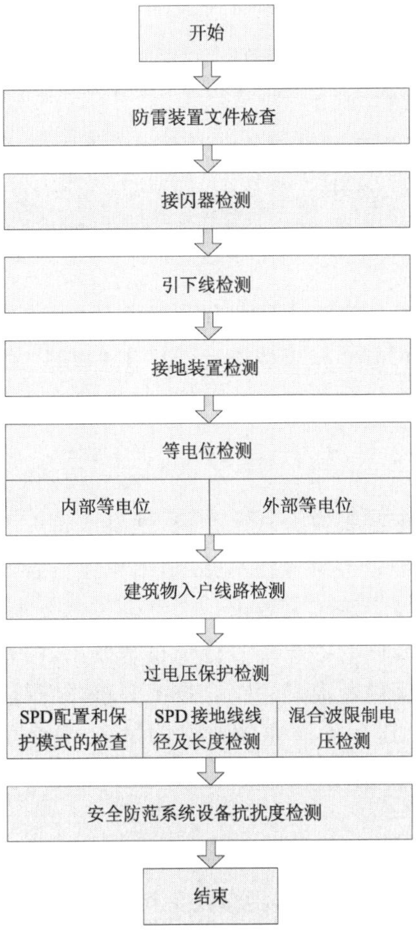

图4　安全防范系统防雷装置检测流程

6.3.5　检查接闪器与引下线的电气连接，结果应符合 GB/T 21431—2008 中 5.7.2.11 的要求。

6.3.6　检查接闪器上有无附着的其他电气线路，结果应符合 GB/T 21431—2008 中 5.2.2.6 的要求。

6.4　引下线

6.4.1　首次检测应对引下线的布设和安装位置，使用的材料和横截面是否符合技术要求进行核查，结果应符合 5.2.3a) 及 GB/T 21431—2008 中 5.3.1 的要求。

6.4.2　检查引下线、接闪器和接地装置的焊接处是否锈蚀，油漆是否有遗漏及近地面的保护设施，结果应符合 GB/T 21431—2008 中 5.3.2.2 的要求。

6.4.3　检查引下线上有无附着其他电气线路，结果应符合 GB/T 21431—2008 中 5.3.2.5 的要求。

6.4.4　检查引下线与接地装置的电气连接情况，结果应符合 GB/T 21431—2008 中 5.7.2.11 的要求。

6.5　接地装置

6.5.1　首次检测时应查看隐蔽工程记录。应了解被测地网的结构形式，地网尺寸以及周围空中、地下的环境情况，在测量时宜避开架空线、地下金属管道、地下电缆等，或采取相应措施，减小测量误差。

6.5.2　检查接地装置有无因挖土、敷设管线或种植树木而挖断接地装置。

6.5.3　接地装置接地电阻应按照 GB/T 21431—2008 的 5.4.2.3 进行测量。

6.6　等电位连接

6.6.1　检查建筑物各种金属构件、电缆金属护层等与接闪带之间的连接是否符合要求，应符合 GB/T

21431—2008 中 5.7.1 的要求。

6.6.2 检查建筑物各层金属管道(包括金属竖井)、电梯滑道、金属槽道、金属铁架等是否按照要求进行接地处理,应按照 GB/T 21431—2008 中 5.7.2.1、5.7.2.2、5.7.2.3、5.7.2.7 的要求进行检查。

6.6.3 核查接地线横截面积,检查安全防范系统均压等电位连接方式,应符合 5.4.3 的要求;均压等电位连接方式应按照 GB/T 21431—2008 中 5.7.2.10 的要求进行检查。

6.6.4 检查铁塔各构件间连接是否牢固和规范,天馈线的接地是否满足接地要求,结果应符合 5.3.3.2 的要求。

6.6.5 应对机房均压等电位的接续点进行电气可靠性检查,并检查铁件的焊接和锈蚀情况是否满足要求,机房均压等电位的接续点电气可靠性检查应符合 GB/T 21431—2008 中 5.7.2.11 的要求。

6.6.6 应检查接地线出上点是否增设防机械损伤装置,结果应符合 GB 50057—2010 中 5.3.7 的要求。

6.7 建筑物入户线路

6.7.1 核查入户线路埋地引入长度是否符合技术要求,结果应符合 5.3.1.3、5.3.2.2 的要求。

6.7.2 核查入户线路屏蔽接地处理是否符合技术要求,结果应符合 5.3.1、5.3.2、5.3.3.2 的要求。

6.7.3 核查接地线的横截面积以及安装工艺要求是否符合技术要求,结果应符合 5.4.3 的要求。

6.7.4 核查通信信号线与其他管线间的距离是否符合技术要求,结果应符合 5.4.4 的要求。

6.7.5 核查通信信号线与电源线间的距离是否符合技术要求,结果应符合 5.4.4 的要求。

6.7.6 应对电缆屏蔽层接地点及其金属构件接地点的电气连通可靠性定期进行检测,结果应符合 GB/T 21431—2008 中 5.7.2.11 的要求。

6.8 雷电过电压防护

6.8.1 核查安全防范系统电气系统 SPD 的保护模式是否与其供电方式相匹配。

6.8.2 核查安全防范系统电气系统 SPD 的选择、配置和安装要求是否符合技术要求,结果应符合 5.4.5.1 的要求。

6.8.3 核查安全防范系统信号 SPD 的选择、配置和安装要求是否符合技术要求,结果应符合 5.4.5.2 的要求。

6.8.4 核查 SPD 接地线线径及接线长度是否符合技术要求,是否做到了引线的电气连接牢固可靠、尽量短直,结果应符合 GB/T 21431—2008 中 5.8.1.1.6 的要求。

6.8.5 利用混合波对安全防范系统可插拔 SPD 进行限制电压符合性检测。

6.9 设备抗扰度

6.9.1 首次检测应当对信息机房电磁屏蔽的设计安装是否符合其技术要求进行核查,应符合 5.4.2 的要求。

6.9.2 核查安全防范系统信息设备的安装位置是否符合 GB 50057—2010 的规定。

6.9.3 检测信息机房屏蔽材料的材质和尺寸,应按照 GB/T 21431—2008 中 5.6.2.1 的要求进行检测。

6.9.4 检查屏蔽材料的电气连接情况,结果应符合 GB/T 21431—2008 中 5.7.2.11 的要求。

6.9.5 计算建筑物利用钢筋或专门设置的屏蔽网的屏蔽效率,计算方法见 GB 50057—2010 规定。

附　录　A
（资料性附录）
接地装置的分类

A.1　总则

将雷电流（高频特性）分散入地时，为使任何潜在的过电压降到最小，接地装置的形状和尺寸很重要。一般来说，宜采用较小的接地电阻（如果可能，低频测量时应小于 10 Ω）。

从防雷观点来看，接地装置最好为单一、整体结构，可适用于任意场合（例如：防雷保护、电力系统和通信系统）。

A.2　两种基本类型的接地装置

A.2.1　A 型

包括安装在受保护建筑物外，且与引下线相连的水平接地极与垂直接地极。A 型接地装置，接地极总数不应小于 2。在引下线的底部，每个接地极的最小长度为：

——水平接地极为 l_1；

——垂直接地极（或倾斜）为 0.5 l_1；

其中，l_1 为水平接地极的最小长度，见图 A.1。

对组合（垂直或水平）接地极应考虑总长度。

如果接地装置的接地电阻小于 10 Ω（为测量值。为避免干扰，测量频率应不为工频及工频的倍数），则可不考虑图 A.1 中的最小长度。

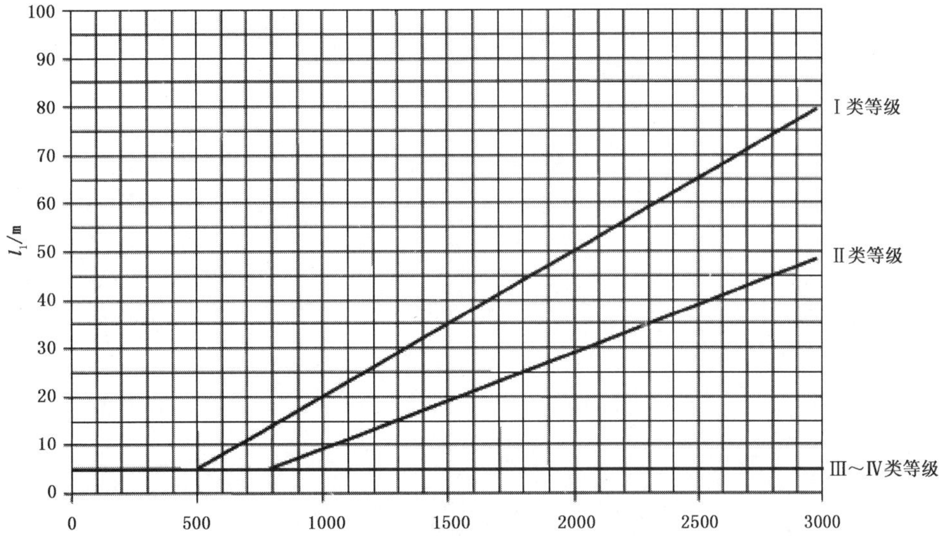

图 A.1　各类型 LPS 的接地极的最小长度 l_1

A.2.2 B型

B型接地装置可以是位于建筑物外面且总长度至少80%与土壤接触的环形导体或基础接地体。接地体可以是网状。

对环形接地体(或基础接地体),所在区域的半径 r_e 不应小于 l_1：

$$r_e \geqslant l_1 \qquad \cdots\cdots(A.1)$$

其中,l_1 按LPS类型(Ⅰ、Ⅱ、Ⅲ和Ⅳ)分别表示在图A.1中。如果 l_1 大于 r_e,则应另外附加水平接地体或垂直(或倾斜)接地体,且每个水平接地体的长度(l_r)和垂直接地极的长度(l_v)分别由下式给出：

$$l_r = l_1 - r_e \qquad \cdots\cdots(A.2)$$

和

$$l_v = (l_1 - r_e)/2 \qquad \cdots\cdots(A.3)$$

附加接地体的数量不应小于引下线的数量,最少为2个。

附加接地体应在引下线的连接点处与环形接地体相连,并尽可能进行多点等距离连接。

ICS 07.060
A 47
备案号：39831—2013

QX

中华人民共和国气象行业标准

QX/T 187—2013

射出长波辐射产品标定校准方法

Method for product calibration of outgoing longwave radiation

2013-01-04 发布 2013-05-01 实施

中国气象局 发布

前　言

本标准按照 GB/T 1.1—2009 给出的规则起草。

本标准由全国卫星气象与空间天气标准化技术委员会(SAC/TC 347)提出并归口。

本标准起草单位:国家卫星气象中心。

本标准主要起草人:吴晓、张艳。

引　言

国外利用卫星资料计算生成的射出长波辐射产品至今已有30多年的历史，我国从20世纪90年代末开始相继发射了风云一号(FY-1)、风云二号(FY-2)和风云三号(FY-3)系列气象卫星。国家卫星气象中心利用风云业务气象卫星和NOAA区域遥感数据，反演生成了各颗卫星的射出长波辐射产品。由于各个仪器通道光谱特性不同或不尽相同，射出长波辐射反演模式和精度也会有所不同，为了进一步提高射出长波辐射产品质量，且使各个仪器射出长波辐射产品之间具有可比性，需要对射出长波辐射产品进行标定和校准。为了规范这项工作，制定本标准。

射出长波辐射产品标定校准方法

1 范围

本标准规定了卫星射出长波辐射产品标定和校准的方法。

本标准适用于气象卫星射出长波辐射产品的处理。

2 术语和定义

下列术语和定义适用于本文件。

2.1

射出长波辐射 outgoing longwave radiation;OLR

地球—大气系统从大气顶部向外发射出的、能量主要在波长 4 μm～120 μm 的长波热辐射。

注:单位为瓦每平方米(W/m^2)。

2.2

产品标定 product assessment

用真实值对产品进行对比分析,得出产品的质量情况。

2.3

产品校准 product calibration

对产品进行订正处理,使之接近真实值。

3 标定和校准方法

3.1 一般要求

用同一地区观测时间最接近的两颗卫星 OLR 产品的对比来进行产品标定,用作对比的产品其精度应优于被标定产品。

用同一或近于同一观测时间的两颗卫星 OLR 产品来进行产品校准。

3.2 标定方法

3.2.1 时空匹配处理

用作对比的产品与被标定产品应在地理范围上一致,其观测时间相差应在 1.5 小时之内。

收集的产品应具有代表性,并处理成同一地理范围、同一空间分辨率的 OLR 格点场数据。

3.2.2 绘图和分析

用绘图软件将 OLR 格点场数据绘制成等值线图和灰度图像,并进行对比分析。等值线图的等值线间隔为 10 W/m^2～20 W/m^2。

3.2.3 统计分析

对 OLR 格点场数据进行误差统计,计算均方根误差和相关系数,计算公式见附录 A。系统均方根误差范围应在 0 W/m^2～25 W/m^2，相关系数应在 0.85～1.00。

3.3 校准方法

3.3.1 时空匹配处理

建立校准关系应限于同一地理范围、同一观测时间、同一空间分辨率的两颗卫星(或一颗卫星不同仪器)的 OLR 产品；对于不同步卫星，观测时间相差应不超过 20 分钟，并选用晴空区。

3.3.2 建立校准关系

对时空匹配处理后的两种 OLR 格点场做 $X-Y$ 散点图进行回归分析，建立回归关系，线性回归关系式见式(1)：

$$R_{olr} = a + b \times I_{olr} \quad \cdots\cdots(1)$$

式中：

R_{olr} ——精度较高的 OLR 产品(即认定真实值)；

a，b ——回归系数；

I_{olr} ——精度较低的 OLR 产品(即需校准值)。

示例：

对 FY-3 极轨气象卫星地球辐射测量仪(Earth radiation measurer，ERM)和可见光红外扫描辐射计(Visible and infrared radiometer，VIRR)OLR 产品建立回归关系，结果参见附录 B 的图 B.1。

3.3.3 产品校准流程

OLR 产品校准流程见图 1。

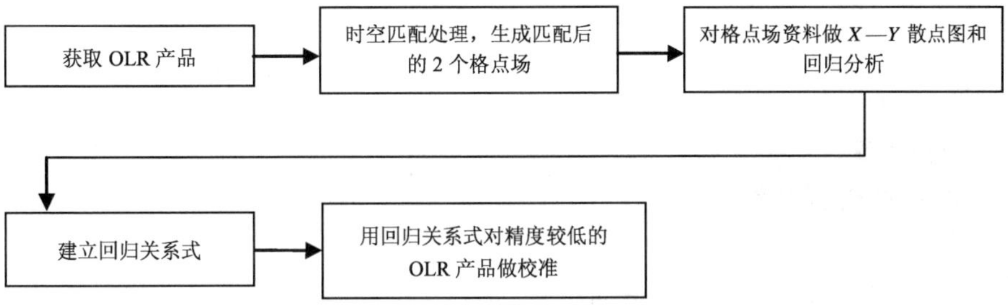

图 1 卫星 OLR 产品校准流程

附 录 A
（规范性附录）
均方根误差及相关系数计算公式

A.1 均方根误差计算公式

$$RMS=\sqrt{\frac{\sum_{i=1}^{N}(X_{1i}-X_{0i})^2}{N}} \qquad \cdots\cdots(A.1)$$

式中：

RMS ——均方根误差；

N ——OLR 格点场数据个数；

i ——第 i 个数据；

X_{1i} ——进行对比的两颗卫星中，待标定的卫星 OLR 数据值；

X_{0i} ——精度较高（或接近真实值）的卫星 OLR 数据值。

A.2 相关系数计算公式

$$CORR=\frac{\sum_{i=1}^{N}(X_{1i}-\overline{X_1})\times(X_{0i}-\overline{X_0})}{\sqrt{\sum_{i=1}^{N}(X_{1i}-\overline{X_1})^2\times\sum_{i=1}^{N}(X_{0i}-\overline{X_0})^2}} \qquad \cdots\cdots(A.2)$$

式中：

$CORR$ ——相关系数；

N ——OLR 格点场数据个数；

i ——第 i 个数据；

X_{1i} ——进行对比的两颗卫星中，待标定的卫星 OLR 数据值；

$\overline{X_1}$ ——进行对比的两颗卫星中，待标定的卫星 OLR 格点场所有数据的平均值；

X_{0i} ——精度较高（或接近真实值）的卫星 OLR 数据值；

$\overline{X_0}$ ——精度较高（或接近真实值）的卫星 OLR 格点场所有数据的平均值。

附 录 B
（资料性附录）
FY-3 卫星 ERM 与 VIRR 仪器的 OLR 产品回归关系图

FY-3A 卫星 ERM 与 VIRR 仪器的 OLR 产品回归关系见图 B.1。

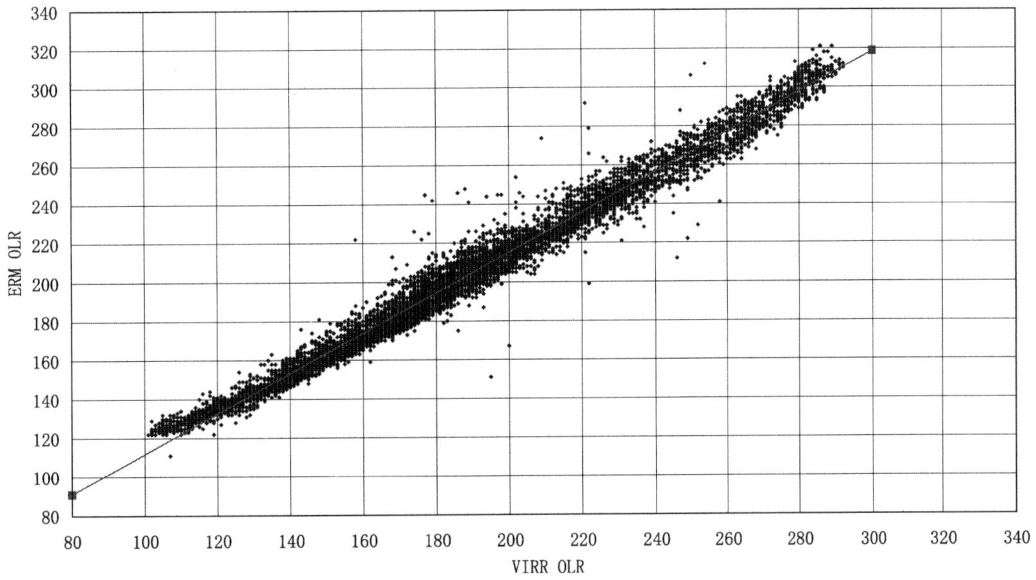

注：该数据为 2009 年 4 月 22 日一条轨道覆盖范围。

图 B.1　FY-3A 卫星 ERM 与 VIRR 仪器的 OLR 产品回归关系图

参 考 文 献

[1] 吴晓. NOAA-16 中国区域 OLR 产品技术报告. 卫星气象技术报告,2002(1)

[2] 吴晓. NOAA-18 中国区域射出长波辐射产品处理系统. 卫星气象技术报告,2006(1)

[3] 吴晓. 用 FY-2C 静止气象卫星资料计算射出长波辐射通量密度. 气象科技,2007,**35**(4):474-479

[4] 吴晓. FY-2D 静止气象卫星 OLR 反演模式. 气象科技,2008,**36**(5):634-638

[5] Gruber A, Arthur F K. The status of the NOAA outgoing longwave radiation data set. *Bulletin American Meteorological Society*,1984,**65**:958-962

[6] Ohring George, Gruber A Ellingson Robert. Satellite determination of the relationship between total longwave radiation flux and infrared window radiance. *Journal of Climate and Applied Meteorology*,1984,**123**(3):416-425

ICS 07.060
A 47
备案号：39832—2013

QX

中华人民共和国气象行业标准

QX/T 188—2013

卫星遥感植被监测技术导则

Technical guides on satellite remote sensing of vegetation monitoring

2013-01-04 发布 2013-05-01 实施

中 国 气 象 局 发 布

前　　言

本标准按照 GB/T 1.1—2009 给出的规则起草。

本标准由全国卫星气象与空间天气标准化技术委员会(SAC/TC 347)提出并归口。

本标准起草单位:国家卫星气象中心。

本标准主要起草人:张晔萍、张明伟、李亚君、刘诚。

引　言

植被监测对于生态环境变化和气候变化研究、农作物长势监测和估产以及干旱、冻害、洪涝、森林草原火灾等灾情评估具有重要的作用，卫星遥感尤其是气象卫星遥感具有观测范围广、时间频次高的优势，适于大范围的植被监测。

目前，卫星遥感植被监测的方法比较成熟，该业务在气象行业内部开展较为普及，但缺乏统一的技术标准。为满足决策部门和公众服务的需求，基于目前的卫星遥感植被监测业务，对植被监测的处理流程和方法进行总结，本标准将有助于推进卫星遥感植被监测应用水平，提高业务服务能力。

卫星遥感植被监测结果受天气气候、地理条件、耕作水平等多种因素的综合影响，目前难以给出适于全国范围的、具有客观代表性的分级指标，因此本标准仅给出了植被监测方法和结果等级划分原则。

卫星遥感植被监测技术导则

1 范围

本标准规定了卫星遥感植被监测处理流程和方法。

本标准适用于卫星遥感植被监测。

2 术语和定义

下列术语和定义适用于本文件。

2.1

可见光波段 visible band

星载仪器涵盖的 0.58 μm～0.68 μm 的波长范围。

注：传感器在可见光波段所接收到的辐射主要是太阳辐射的反射。

2.2

近红外波段 near infrared band

星载仪器涵盖的 0.76 μm～1.25 μm 的波长范围。

注：传感器在近红外波段所接收到的辐射主要是太阳辐射的反射。

2.3

植被指数 vegetation index

对卫星不同波段进行线性或非线性组合以反映植物生长状况的量化信息。

2.4

植被指数合成 vegetation composition

按照一定的时间间隔，将多天（多时次）的植被指数，根据角度信息、质量控制信息等以指定原则进行处理。

注：植被指数合成的目的是减小云以及由太阳—目标—传感器几何角度带来的影响。

2.5

双向反射率分布函数 bio-directional reflectance distribution function；BRDF

来自方向地表辐照度的微增量与其所引起的方向上反射辐射亮度增量之间的比值。

2.6

平滑处理 smoothing process

为改善遥感数据质量，减少大气、云等因素的影响进行的滤波处理。

3 符号

下列符号适用于本文件。

R_{NIR}：近红外波段反射率。

R_{NIR_TH}：R_{NIR}对应的阈值。

R_{VIS}：可见光波段反射率。

R_{VIS_TH}：R_{VIS}对应的阈值。

RD_{NV}：近红外波段与可见光波段反射率的差值。
RD_{NV_TH}：RD_{NV}对应的阈值。
RR_{NV}：近红外波段与可见光波段反射率的比值。
RR_{NV_MAX}：RR_{NV}对应的上限阈值。
RR_{NV_MIN}：RR_{NV}对应的下限阈值。
T_{TIR}：热红外波段(10.3 μm～11.3 μm)的等效黑体辐射亮温，该波段的中心波长在 11 μm 附近。
T_{TIR_TH}：T_{TIR}对应的阈值。

4 要求

4.1 监测数据源

植被监测数据应源自携载有可见光和红外波段探测仪器的卫星(包括 FY-1 C/D/MVISR、FY-3(01 批)/VIRR、FY-3(01 批)/MERSI、NOAA/AVHRR、EOS/MODIS、SPOT5/VGT 等)，以上卫星携载的探测仪器的性能参数参见附录 A、附录 B、附录 C、附录 D、附录 E、附录 F。

4.2 前期数据处理

进行植被监测前，卫星轨道数据应经过以下处理：

a) 定标和定位预处理；
b) 对预处理后的数据进行地图投影变换；
c) 检查局域投影图像的定位精度，如定位不准，应进行几何校正，且误差应在 1 个像元内。

5 数据处理流程

对卫星数据完成前期处理后，按以下处理流程进行卫星遥感植被监测：

a) 对单时次(日)投影数据计算归一化差植被指数，使用多通道阈值法判识云盖、水体，给出相应的标识，计算植被指数；
b) 以给定的时间周期(周/旬/月)进行植被指数合成；
c) 对合成后的植被指数时间序列进行平滑处理；
d) 选择合适的植被监测方法，对不同时期的植被指数进行对比，提取植被变化信息；
e) 根据植被监测结果，确定植被长势等级。

6 植被指数计算

植被指数宜采用归一化差植被指数(NDVI)。NDVI 计算公式为：

$$NDVI = \frac{R_{NIR} - R_{VIS}}{R_{NIR} + R_{VIS}} \qquad \cdots\cdots(1)$$

式中：
$NDVI$——归一化差植被指数。

7 云检测和水体判识

7.1 通则

进行植被指数合成前，应对单时次植被指数进行云检测和水体判识，标识云区和水体像元。可采用下列多通道阈值法进行判识，也可选择采用其他成熟的云检测和水体判识方法。

由于地理位置和卫星过境时间等因素的影响，云检测和水体判识的阈值在空间和季节分布上存在差异，应用中应根据实际情况进行调整。

7.2 云检测判识条件

$$R_{VIS} \geqslant R_{VIS\_TH}\text{，且 }RR_{NV\_MIN} \leqslant RR_{NV} \leqslant RR_{NV\_MAX}\text{，且 }T_{TIR} \leqslant T_{TIR\_TH}$$

式中：

R_{VIS_TH} ——参考阈值为35%；

RR_{NV_MIN} ——参考阈值为0.9；

RR_{NV_MAX} ——参考阈值为1.1；

T_{TIR_TH} ——参考阈值为273 K。

7.3 水体判识条件

$$R_{VIS} \leqslant R_{VIS\_TH}\text{，且 }R_{NIR} \leqslant R_{NIR\_TH}\text{，且 }RD_{NV} \leqslant D_{NV\_TH}$$

式中：

R_{VIS_TH} ——参考阈值为15%；

R_{NIR_TH} ——参考阈值为10%；

RD_{NV_TH} ——参考阈值为0。

8 植被指数合成方法

对于未经过大气校正的数据，宜采用最大值合成法，即在给定的观测时间间隔内（如周/旬/月），选取其中的最大值作为该像元多时次合成后的值。表达式如下：

$$NDVI_k = \max(NDVI_{k,1}, NDVI_{k,2}, \cdots, NDVI_{k,n}) \quad \cdots\cdots(2)$$

式中：

$NDVI_k$ —— 第 k 个像元合成后的归一化差植被指数；

$NDVI_{k,n}$ —— 第 k 个像元第 n 个时次的归一化差植被指数。

对于 MODIS 数据，如能获取到经过大气校正的可见光和近红外反射率，宜使用 EOS/MODIS 植被指数合成方法（参见附录 G）进行植被指数合成。

9 植被指数时间序列平滑方法

为改善植被指数合成数据中由于云干扰等引起的异常值，宜采用 Savitzky-Golay 滤波的数据平滑方法（参见附录 H）。

10 植被监测方法

10.1 距平法

将当前周/旬/月归一化差植被指数与多年同期平均值进行计算。

$$NDVI_a = (NDVI_1 - \overline{NDVI}) / \overline{NDVI} \quad \cdots\cdots(3)$$

式中：

$NDVI_a$ ——归一化差植被指数距平百分率；

$NDVI_1$ ——当前周/旬/月归一化差植被指数；

$\overline{NDVI}$ ——多年同期归一化差植被指数平均值。

10.2 条件植被指数法

将当年周/旬/月归一化差植被指数与多年同期极值进行计算。

$$VCI = (NDVI_1 - NDVI_{min})/(NDVI_{max} - NDVI_{min}) \quad \cdots\cdots(4)$$

式中：

VCI ——条件植被指数；

$NDVI_{min}$——多年同期归一化差植被指数的最小值；

$NDVI_{max}$——多年同期归一化差植被指数的最大值。

10.3 差值法

将当年周/旬/月归一化差植被指数与指定年份的周/旬/月归一化差植被指数进行差值计算。

$$\Delta NDVI = NDVI_1 - NDVI_2 \quad \cdots\cdots(5)$$

式中：

$\Delta NDVI$ ——归一化差植被指数的差值；

$NDVI_2$ ——指定年份的周/旬/月归一化差植被指数。

10.4 比值法

将当年周/旬/月归一化差植被指数与指定年份的周/旬/月归一化差植被指数进行比值计算。

$$RNDVI = NDVI_1/NDVI_2 \quad \cdots\cdots(6)$$

式中：

$RNDVI$ ——归一化差植被指数的比值。

10.5 方法选用

实际应用中，可根据历史数据获取情况选用适当的监测方法：历史数据积累较少时宜采用差值法或比值法；积累较多时宜采用距平法或条件植被指数法。

11 监测结果分析

用上述监测指标可采用5级评价植被状况，代表当前植被状况与指定时段或历史同期相比为好、较好、持平、较差、差。等级划分原则应结合监测区域的天气气候、地理条件、植被类型、生态条件等要素确定。

附 录 A
（资料性附录）
FY-1C/D 极轨气象卫星多光谱可见光红外扫描辐射计（MVISR）通道参数

表 A.1 给出了 FY-1C/D 极轨气象卫星多光谱可见光红外扫描辐射计（MVISR）通道参数。

表 A.1 FY-1C/D 极轨气象卫星多光谱可见光红外扫描辐射计（MVISR）通道参数

通道	波长 μm	波段	星下点分辨率 m
1	0.58～0.68	可见光（Visible）	1100
2	0.84～0.89	近红外（Near infrared）	1100
3	3.55～3.95	中波红外（Middle infrared）	1100
4	10.3～11.3	远红外（Far infrared）	1100
5	11.5～12.5	远红外（Far infrared）	1100
6	1.58～1.64	短波红外（Short infrared）	1100
7	0.43～0.48	可见光（Visible）	1100
8	0.48～0.53	可见光（Visible）	1100
9	0.53～0.58	可见光（Visible）	1100
10	0.9～0.985	近红外（Near infrared）	1100

附 录 B
(资料性附录)
FY-3(01批)极轨气象卫星可见光红外扫描辐射计(VIRR)通道参数

表B.1给出了FY-3(01批)极轨气象卫星可见光红外扫描辐射计(VIRR)通道参数。

表B.1 FY-3(01批)极轨气象卫星可见光红外扫描辐射计(VIRR)通道参数

通道	波长 μm	波段	星下点分辨率 m
1	0.58～0.68	可见光(Visible)	1100
2	0.84～0.89	近红外(Near infrared)	1100
3	3.55～3.95	中波红外(Middle infrared)	1100
4	10.3～11.3	远红外(Far infrared)	1100
5	11.5～12.5	远红外(Far infrared)	1100
6	1.58～1.64	短波红外(Short infrared)	1100
7	0.43～0.48	可见光(Visible)	1100
8	0.48～0.53	可见光(Visible)	1100
9	0.53～0.58	可见光(Visible)	1100
10	1.325～1.395	近红外(Near infrared)	1100

附 录 C
（资料性附录）
FY-3(01批)极轨气象卫星中分辨率光谱成像仪(MERSI)通道参数

表 C.1 给出了 FY-3(01 批)极轨气象卫星中分辨率光谱成像仪(MERSI)通道参数。

表 C.1 FY-3(01 批)极轨气象卫星中分辨率光谱成像仪(MERSI)通道参数

通道	波长 μm	波段	星下点分辨率 m
1	0.445～0.495	可见光(Visible)	250
2	0.525～0.575	可见光(Visible)	250
3	0.625～0.675	可见光(Visible)	250
4	0.835～0.885	近红外(Near infrared)	250
5	10.50～12.50	远红外(Far infrared)	250
6	0.402～0.422	可见光(Visible)	1000
7	0.433～0.453	可见光(Visible)	1000
8	0.480～0.500	可见光(Visible)	1000
9	0.510～0.530	可见光(Visible)	1000
10	0.525～0.575	可见光(Visible)	1000
11	0.640～0.660	可见光(Visible)	1000
12	0.675～0.695	可见光(Visible)	1000
13	0.755～0.775	可见光(Visible)	1000
14	0.855～0.875	近红外(Near infrared)	1000
15	0.895～0.915	近红外(Near infrared)	1000
16	0.930～0.950	近红外(Near infrared)	1000
17	0.970～0.990	近红外(Near infrared)	1000
18	1.020～1.040	近红外(Near infrared)	1000
19	2.615～1.665	短波红外(Short infrared)	1000
20	2.105～2.255	短波红外(Short infrared)	1000

附　录　D
（资料性附录）
NOAA 极轨气象卫星改进的甚高分辨率扫描辐射计（AVHRR）通道参数

表 D.1 给出了 NOAA 极轨气象卫星改进的甚高分辨率扫描辐射计（AVHRR）通道参数。

表 D.1　NOAA 极轨气象卫星改进的甚高分辨率扫描辐射计（AVHRR）通道参数

通道	波长 μm	波段	星下点分辨率 m
1	0.58～0.68	可见光（Visible）	1100
2	0.7～1.1	近红外（Near infrared）	1100
3A	1.58～1.64	短波红外（Short infrared）	1100
3B	3.55～3.95	中波红外（Middle infrared）	1100
4	10.3～11.3	远红外（Far infrared）	1100
5	11.5～12.5	远红外（Far infrared）	1100

附 录 E
（资料性附录）
EOS卫星中分辨率成像光谱仪（MODIS）通道参数

表E.1给出了EOS卫星中分辨率成像光谱仪（MODIS）通道参数。

表E.1 EOS卫星中分辨率成像光谱仪（MODIS）通道参数

通道	波长 μm	波段	星下点分辨率 m
1	0.62～0.67	可见光（Visible）	250
2	0.841～0.876	近红外（Near infrared）	250
3	0.459～0.479	可见光（Visible）	500
4	0.545～0.565	可见光（Visible）	500
5	1.230～1.250	近红外（Near infrared）	500
6	1.628～1.652	短波红外（Short infrared）	500
7	2.105～2.155	短波红外（Short infrared）	500
8	0.405～0.420	可见光（Visible）	1000
9	0.438～0.448	可见光（Visible）	1000
10	0.483～0.493	可见光（Visible）	1000
11	0.526～0.536	可见光（Visible）	1000
12	0.546～0.556	可见光（Visible）	1000
13	0.662～0.672	可见光（Visible）	1000
14	0.673～0.683	可见光（Visible）	1000
15	0.743～0.753	可见光（Visible）	1000
16	0.862～0.877	近红外（Near infrared）	1000
17	0.890～0.920	近红外（Near infrared）	1000
18	0.931～0.941	近红外（Near infrared）	1000
19	0.915～0.965	近红外（Near infrared）	1000
20	3.660～3.840	中波红外（Middle infrared）	1000
21	3.929～3.989	中波红外（Middle infrared）	1000
22	3.929～3.989	中波红外（Middle infrared）	1000
23	4.020～4.080	中波红外（Middle infrared）	1000
24	4.433～4.498	中波红外（Middle infrared）	1000
25	4.482～4.549	中波红外（Middle infrared）	1000
26	1.360～1.390	短波红外（Short infrared）	1000
27	6.535～6.895	远红外（Far infrared）	1000

表 E.1　EOS 卫星中分辨率成像光谱仪(MODIS)通道参数(续)

通道	波长 μm	波段	星下点分辨率 m
28	7.175～7.475	远红外(Far infrared)	1000
29	8.400～8.700	远红外(Far infrared)	1000
30	9.580～9.880	远红外(Far infrared)	1000
31	10.780～11.280	远红外(Far infrared)	1000
32	11.770～12.270	远红外(Far infrared)	1000
33	13.185～13.485	远红外(Far infrared)	1000
34	13.485～13.785	远红外(Far infrared)	1000
35	13.785～14.085	远红外(Far infrared)	1000
36	14.085～14.385	远红外(Far infrared)	1000

附　录　F
（资料性附录）
SPOT5/VGT 的基本参数

表 F.1 给出了 SPOT5/VGT 的基本参数。

表 F.1　SPOT5/VGT 的基本参数

通道	波长 μm	分辨率 m
B0(BLUE)	0.43～0.47	1000
B2(VIS)	0.49～0.61	1000
B2(RED)	0.61～0.68	1000
B2(SWIR)	0.78～0.89	1000

附　录　G
（资料性附录）
EOS/MODIS 植被指数合成方法

对经过大气校正的 MODIS 数据，植被指数合成（合成时段为 16 天）具体步骤如下：

a） 读入相关数据，包括投影后的可见光和近红外通道反射率、云检测、质量控制、太阳天顶角和方位角、卫星天顶角和方位角等；

b） 合成时段内，当像元无云天数大于或等于 5 时，对各通道的反射率应用 BRDF 模式校正到星下点，然后计算太阳天顶角和植被指数；

BRDF 模式校正的公式为：

$$\rho_\lambda(\theta_v,\varphi_s,\varphi_v)=a_\lambda\theta_v^2+b_\lambda\theta_v\cos(\theta_v-\varphi_s)+c_\lambda \quad\cdots\cdots(G.1)$$

式中：

ρ_λ ——大气订正的反射率；

θ_v ——卫星天顶角；

φ_s ——太阳方位角；

φ_v ——卫星方位角；

a_λ、b_λ、c_λ—— 用最小二乘法拟合得到。

如果校正后的反射率小于 0 且满足以下条件，则舍去该点：

$$0.3-NDVI_{\mathrm{MVC}}\leqslant NDVI_{\mathrm{BRDF}}\leqslant NDVI_{\mathrm{MVC}}+0.5 \quad\cdots\cdots(G.2)$$

式中：

$NDVI_{\mathrm{MVC}}$——使用最大值合成方法生成的 NDVI；

$NDVI_{\mathrm{BRDF}}$——经过 BRDF 订正后生成的 NDVI。

c） 当合成周期内像元的无云日数小于 5 大于 1 时，选择卫星天顶角最小的两个时次，计算植被指数，取二者之中的最大值；

d） 当无云日数为 1 时，该点的植被指数自动被选中；

e） 当无云日数为 0 时，即在合成时段内某像元均无晴空，逐日计算该像元的 NDVI，用最大值合成法确定合成后的植被指数。

附 录 H
(资料性附录)
基于 Savitzky-Golay 滤波的植被指数时间序列的平滑方法

Savitzky-Golay 滤波使用简化的最小二乘拟合卷积方法对曲线进行平滑处理，植被指数时序数据平滑的最小二乘卷积法可用公式表示如下：

$$Y'_j = \sum_{i=-m}^{i=m} C_i Y_{j+i} \Big/ (2m+1) \qquad \text{(H.1)}$$

式中：

Y'_j ——第 j 个 NDVI 数据的拟合值；

C_i —— 第 i 个 NDVI 数据的滤波系数；

Y_{j+i} ——第 $j+i$ 个 NDVI 数据的原始值；

i ——NDVI 时序数据中第 i 个数据；

j —— NDVI 时序数据中第 j 个数据；

m ——平滑窗口大小的一半。

主要处理步骤(见图 H.1)：

a) 云区 NDVI 数据的插值：

1) 设 NDVI 时间序列为 $P(t_i, N_i, F_i)$，$i=1,2,\cdots,n$，t_i 为时次，N_i 是初始的 NDVI 值，F_i 为云标识。

2) 利用云掩模数据，对序列中标识为云的 NDVI 进行内插。20 天内 NDVI 大于 0.5 的增长认为是误差，进行内插。如果某像元有连续两个周期均为云状态，剔除此点不参与后面的处理。插值后的 NDVI 时间序列表示为 $P^0(t_i, N_i^0)$，N_i^0 是经过插值处理后的 NDVI 值。

b) 使用 Savitzky-Golay 滤波拟合长期趋势线

低于长期变化趋势线的数据认为是噪音。拟合的长期趋势线序列表示为 $P^{tr}(t_i, N_i^{tr})$，N_i^{tr} 是长期趋势线中对应的 NDVI 值。

c) 定义时间序列中植被指数的真值，计算时间序列中逐点的权重 W_i：

$$W_i = \begin{cases} 1 & \text{当 } N_i^0 \geqslant N_i^{tr} \\ 1 - \dfrac{|N_i^0 - N_i^{tr}|}{\max|N_i^0 - N_i^{tr}|} & \text{当 } N_i^0 < N_i^{tr} \end{cases} \qquad \text{(H.2)}$$

式中：

N_i^0 ——经过插值处理的时间序列 NDVI 值；

N_i^{tr} ——拟合的长期趋势线中对应的 NDVI 值。

d) 生成新的 NDVI 时序数据：

用 NDVI 长期变化趋势线的值取代原始序列数据中的“假”值，生成新的 NDVI 时序数据 $P^1(t_i, N_i^1)$，通过新的时序数据拟合出的曲线会更接近原 NDVI 序列的上包络线。

$$N_i^1 = \begin{cases} N_i^0 & \text{当 } N_i^0 \geqslant N_i^{tr} \\ N_i^{tr} & \text{当 } N_i^0 < N_i^{tr} \end{cases} \qquad \text{(H.3)}$$

式中：

N_i^1 ——新的时间序列中对应的 NDVI 值。

e) 使用 Savitzky-Golay 滤波拟合新的时间序列

在 $P^1(t_i, N_i^{\ l})$ 基础上，应用 Savitzky-Golay 滤波拟合新的时间序列，得到新的 NDVI 时序数据 $P^{k+1}(t_i, N_i^{\ k+1})$，$k=1$ 时表示第一次拟合的结果，通过反复迭代最终得到趋于真值的植被指数时序数据。

f) 计算拟合效果系数

第 k 次拟合效果系数 F_k 计算公式如下：

$$F_k = \sum_{i=1}^{n} |N_i^{k+1} - N_i^0| \times W_i \qquad \cdots\cdots(H.4)$$

式中：

F_k ——第 k 次拟合的效果系数；

N_i^{k+1}——植被指数时间序列中第 i 个数据第 k 次拟合的 NDVI 值。

g) 退出循环的条件

退出循环的条件定义为：

$$F_k \leqslant F_{k-1} \text{ 且 } F_k \leqslant F_{k+1} \qquad \cdots\cdots(H.5)$$

式中：

F_{k-1} ——第 $k-1$ 次拟合的效果系数；

F_{k+1} ——第 $k+1$ 次拟合的效果系数。

利用该系数检验 d)～e)的拟合效果，作为退出循环条件。

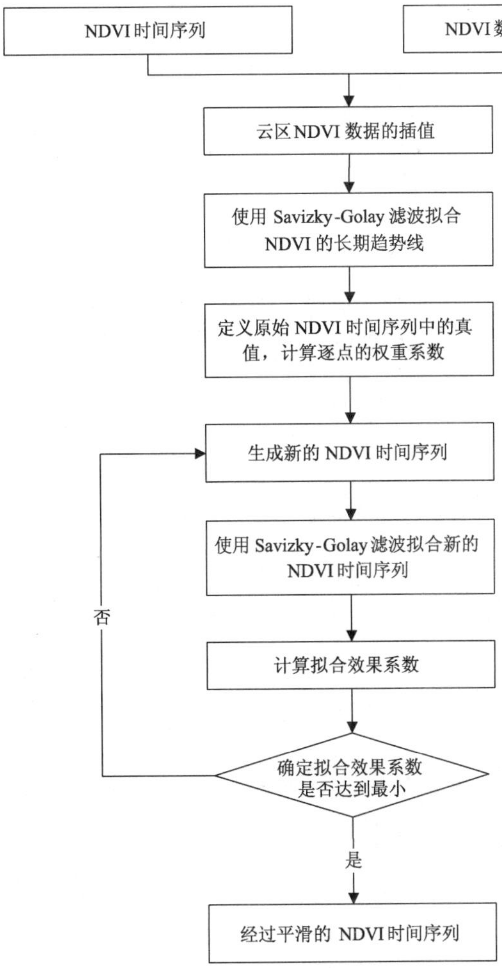

图 H.1 基于 Savitzky-Golay 滤波的植被指数时间序列的平滑方法处理流程

参 考 文 献

［1］ Jin Chen, Per. Jönsson *et al*. A simple method for reconstructing a high-quality NDVI time-series data. *Remote Sensing of Environment*, **91**(2004):332-344

ICS 07.060
A 47

QX

中华人民共和国气象行业标准

QX 189—2013

文物建筑防雷技术规范

Technical specification for lightning protection of heritage buildings

2013-05-14 发布 2013-07-01 实施

中国气象局
国家文物局 发布

前　言

本标准中 4.2、4.3、4.4、5.1、6.1.2、6.2.5、6.3.2、6.3.5、7.2.2、8.3 为强制性的，其余为推荐性的。

本标准按照 GB/T 1.1—2009 给出的规则起草。

本标准由中国气象局、国家文物局提出。

本标准由全国雷电灾害防御行业标准化技术委员会归口。

本标准起草单位：山西省气象局、河南省气象局、山西省文物建筑保护研究所、河南省文物局、太原理工大学旅游安全与应急管理研究中心。

本标准主要起草人：杨世刚、卢广建、张克贵、董养忠、高云、陶彪、郭红晨、张华明、苗连杰、李云飞、张玉桦、岳鹏宇、任毅敏、史国亮、吴玲、王峰、牛郁波、刘琳、于龙。

文物建筑防雷技术规范

1 范围

本标准规定了文物建筑的防雷分类，防雷工程勘察设计、安装施工及维护与管理的要求。

本标准适用于核定公布为文物保护单位的文物建筑的雷电防护。其他不可移动文物中的文物建筑可参照执行。

2 规范性引用文件

下列文件对于本文件的应用是必不可少的。凡是注日期的引用文件，仅注日期的版本适用于本文件。凡是不注日期的引用文件，其最新版本（包括所有的修改单）适用于本文件。

GB/T 21431 建筑物防雷装置检测技术规范

GB 50057—2010 建筑物防雷设计规范

GB 50601—2010 建筑物防雷工程施工与质量验收规范

3 术语和定义

下列术语和定义适用于本文件。

3.1

文物建筑 heritage buildings

公布为不可移动文物的建筑物和构筑物。

3.2

山墙 gable wall

建筑物两端沿进深方向砌筑的外墙。

3.3

正脊兽 ridge animal

置于屋面正脊上由琉璃件或砖、石雕制作成的神兽状饰物、构件。

3.4

防雷装置 lightning protection system；LPS

用于减少闪击击于建（构）筑物上或建（构）筑物附近造成的物质性损害和人身伤亡，由外部防雷装置和内部防雷装置组成。

［GB 50057—2010，定义 2.0.5］

3.5

接闪器 air-termination system

由拦截闪击的接闪杆、接闪带、接闪线、接闪网以及金属屋面、金属构件等组成。

［GB 50057—2010，定义 2.0.8］

3.6

引下线　down-conductor system

用于将雷电流从接闪器传导至接地装置的导体。

[GB 50057—2010,定义 2.0.9]

3.7

接地装置　earth-termination system

接地体和接地线的总合,用于传导雷电流并将其流散入大地。

[GB 50057—2010,定义 2.0.10]

3.8

接地体　earth electrode

埋入土壤中或混凝土基础中作散流用的导体。

[GB 50057—2010,定义 2.0.11]

3.9

雷击电磁脉冲　lightning electromagnetic impulse

雷电流经电阻、电感、电容耦合产生的电磁效应,包含闪电电涌和辐射电磁场。

[GB 50057—2010,定义 2.0.25]

3.10

电涌保护器　surge protective device;SPD

用于限制瞬态过电压和分泄电涌电流的器件。它至少含有一个非线性元件。

[GB 50057—2010,定义 2.0.29]

4　防雷分类

4.1　应根据文物建筑的重要性、所处环境及发生雷击可能性、雷击史等将文物建筑防雷分为三类。

4.2　在可能发生对地闪击的地区,下列建筑应划为第一类防雷文物建筑:

——全国重点文物保护单位的文物建筑;

——年预计雷击次数不小于 0.05 次/年、或有雷击史、或高度超过 26 m 的省级文物保护单位的文物建筑。

4.3　在可能发生对地闪击的地区,下列建筑应划为第二类防雷文物建筑:

——省级文物保护单位的文物建筑;

——年预计雷击次数不小于 0.05 次/年、或有雷击史、或高度超过 26 m 的市、县级文物保护单位的文物建筑。

4.4　在可能发生对地闪击的地区,其他市、县级文物保护单位中的文物建筑,应划为第三类防雷文物建筑。

4.5　年预计雷击次数应按 GB 50057—2010 附录 A 计算。

5　勘察设计

5.1　勘察

在文物建筑防雷设计前,应勘察下列内容:

——文物建筑的保护级别、结构材质说明、管理使用情况;

——文物建筑所在地的地理、地质、土壤、气象、环境等条件和雷电活动规律,以及文物建筑本身和邻近区域内雷击灾害的史料;

——文物建筑防雷装置的现状，增建、改建的必要性说明；
——文物建筑现状总平面图，单体的平面和正、侧立面图，并辅以照片记录；
——文物建筑内金属构件和较大金属物体的情况；
——文物建筑内的低压电气系统和电子系统的组成状况；
——文物建筑常驻人员和流动人员情况；
——文物建筑周边的高大树木及构筑物情况。

5.2 设计

5.2.1 防雷设计应包括下列内容：
——工程概述；
——明确设计依据；
——确定文物建筑防雷类别；
——提出文物保护要求，分析防雷方式、设备器材、施工工艺对文物本体和外观风貌的影响；
——作出设计说明，包括防雷方式的选定、设备器材的确定及技术计算书，管线敷设和器材安装的文物保护措施等；
——进行图纸设计，提供接闪带平面图和安装后形态的立面图，引下线与接地装置图，在文物建筑构件上的安装大样图，禁止使用示意图；
——列出主要设备、器材清单。

5.2.2 防雷设计应提供下列文件：
——设计任务书；
——勘察报告，附勘测图纸和现状照片；
——设计说明；
——设计图纸；
——设计概算或预算。

6 防雷装置要求

6.1 接闪器

6.1.1 根据文物建筑的勘察现状，接闪器宜采用接闪带(网)、独立接闪杆、接闪带(网)与短接闪杆组合等形式。设计时应充分结合文物建筑的类型和屋顶制式，优先采用对文物建筑影响最小的方法。

6.1.2 当屋顶面积较大，按 GB 50057 的要求需设置接闪网时，其网格尺寸应符合表 1 中要求。当敷设在正脊上的接闪器能保护到文物建筑的檐口时，可仅在正脊、垂脊和戗脊处敷设接闪器。

表 1 接闪网格尺寸

单位为米

文物建筑防雷类别	第一类防雷文物建筑	第二类防雷文物建筑	第三类防雷文物建筑
接闪网格尺寸	≤10×10 或 12×8	≤20×20 或 24×16	不设接闪网

6.1.3 接闪杆的保护范围应按滚球法计算确定，各类防雷文物建筑的滚球半径见表 2。

表2　文物建筑防雷类别及其对应的保护范围滚球半径

单位为米

文物建筑防雷类别	第一类防雷文物建筑	第二类防雷文物建筑	第三类防雷文物建筑
滚球半径	45	60	75

6.1.4　不宜在建筑体上设置接闪器时，可在文物建筑周边设置独立接闪杆。独立接闪杆应将文物建筑置于直击雷防护区内。

6.1.5　当文物建筑上有大尺寸金属物，如铁杵、铁链、金属宝顶等符合接闪器材料规格时，可作为接闪器。

6.1.6　当文物建筑为钢筋混凝土结构时，接闪器应符合 GB 50057—2010 中 4.3.1 和 4.4.1 的规定。

6.1.7　高度超过 60 m 的文物建筑其防侧击雷措施应符合 GB 50057—2010 中 4.3.9 和 4.4.8 的规定。

6.1.8　文物建筑屋面上的金属物体，如宝瓶、鳌头等可就近与接闪器连接。

6.1.9　接闪器材料、结构和最小截面应符合 GB 50057—2010 中表 5.2.1 的规定，第一类文物防雷建筑宜选用铜材。接闪器支架宜采用亚光不锈钢。

6.2　引下线

6.2.1　布置引下线时，应从文物建筑上接闪器下端焊接牢固后沿山墙、后檐墙、墙角或塔身、檐柱顺直引下。建筑物正面应避免明敷。当文物建筑通面阔长度大于引下线规定的间距时，可仅在正面墙角各敷一根引下线，同时可增加山墙、后檐墙及墙角引下线的根数，其平均间距应满足表 3 中的要求。

表3　引下线分布间距要求

单位为米

文物建筑防雷类别	第一类防雷文物建筑	第二类防雷文物建筑
分布间距	≤18	≤25

6.2.2　第三类防雷文物建筑专设引下线不应少于两根，引下线间距可不作要求。除第一类文物建筑其基底面积小于 30 m^2 时，可仅设一根引下线。

6.2.3　引下线应经最短路径与接闪器、接地装置进行电气连接。专设引下线应沿建筑物外墙表面明敷，其材料、结构和最小截面应符合 GB 50057—2010 中表 5.2.1 的规定。

6.2.4　当文物建筑为钢筋混凝土结构时，引下线应符合 GB 50057—2010 中 4.3.5 和 4.4.5 的规定。

6.2.5　外露引下线，其距地面 2.7 m 以下的导体用耐 1.2/50 μs 冲击电压 100 kV 的绝缘层隔离，或用不小于 3 mm 厚的交联聚乙烯层隔离。

6.2.6　第一类防雷文物建筑引下线宜选用铜材。

6.2.7　第一类防雷文物建筑，宜在引下线上安装可记录接闪情况的装置。

6.3　接地装置

6.3.1　文物建筑接地装置宜采用相互连接形成闭合环形的接地装置，文物建筑保护要求较高时，可采用独立接地体。

6.3.2　接地装置的冲击接地阻值应符合表 4 要求。

表 4 接地装置的冲击接地电阻值

单位为欧姆

文物建筑防雷类别	第一类防雷文物建筑	第二类防雷文物建筑	第三类防雷文物建筑
冲击接地电阻值	≤10	≤30	≤30

6.3.3 当因土壤电阻率较高，接地装置的冲击接地电阻值难以达到表 4 的要求时，可采用如下降阻方法：

——采用多支线外引接地装置，外引长度应符合 GB 50057—2010 附录 C 的规定；

——接地体埋于较深的低电阻率土壤中；

——采用降阻材料；

——置换低电阻率的土壤。

6.3.4 当环形接地所包围的面积符合 GB 50057—2010 中 4.3.6 和 4.4.6 的规定时，接地装置的冲击接地电阻值可不计及。

6.3.5 接地装置距文物建筑出入口或人行道等人员可能经过的地方，水平距离应不小于 3 m。当客观原因导致小于 3 m 时，应采取下列方法之一防止跨步电压：

——敷设 5 cm 厚沥青层或 15 cm 厚砾石层使地面电阻率大于 50 kΩ · m。防护层不应影响文物建筑地面形式；

——设置护栏、警示牌，降低人员进入此范围内的可能性。

6.3.6 接地装置材料、结构和最小截面应符合 GB 50057—2010 中表 5.4.1 的规定。

6.4 电气系统和电子系统

进入文物建筑的金属线缆的铠装层和金属管道应与建筑物的防雷装置进行等电位连接。未采取屏蔽措施的线缆与防雷装置的安全距离，应符合一类防雷文物建筑不小于 20 cm，二类、三类不小于 10 cm 的要求。

7 防雷装置的安装施工

7.1 接闪器

7.1.1 在不损害文物建筑构件的前提下，接闪带（网）应沿文物建筑屋面的正脊、垂脊、戗脊、屋面檐角等易受雷击的部位随形敷设，屋面正脊兽等装饰物应置于接闪带（网）之下。接闪带在建筑物垂脊、戗脊的端头应外延不少于 15 cm。

7.1.2 接闪带（网）的支架高度不宜小于 15 cm。固定支架应均匀，其间距应符合 GB 50601—2010 中表 5.1.2 的规定。

7.1.3 短接闪杆的安装应垂直和牢固。接闪带之间的连接应采用搭焊、热熔焊、螺丝扣连接和专用连接件等方法。

7.1.4 独立接闪杆应能承受 0.7 kN/m^2 的基本风压，在经常发生台风和大于 11 级大风的地区，宜增大接闪杆的尺寸。

7.1.5 接闪器的安装参见附录 A 中的图 A.1，焊接应符合 GB 50601—2010 中 6.1.2 的要求。

7.2 引下线

7.2.1 专设引下线应按设计要求分段固定，并应以最短路径敷设到接地体。敷设时应平正顺直、无急弯。沿墙体敷设的引下线的固定支架应符合本标准 6.1.2 的要求。固定位置应选择构件接缝处，不应直接钉入。

7.2.2 引下线沿文物建筑木结构敷设时，引下线或固定支架应采取抱箍等不损伤文物构件的方式固定，并与木结构之间做绝缘处理。

7.2.3 引下线之间的连接应采用搭焊、热熔焊、螺丝扣连接和压接等方法。

7.2.4 采用多根专设引下线时，应在各引下线上距地面 0.3 m～1.8 m 处装设断接卡。

7.2.5 引下线的安装参见附录 A 中的图 A.2，焊接应符合 GB 50601—2010 中 5.1.1 的要求。

7.2.6 引下线安装过程中，对文物建筑地面、基础等有扰动的部位，应按原状恢复。

7.3 接地装置

7.3.1 接地装置应按设计要求施工。人工接地体在土壤中的埋设深度不应小于 0.5 m，并宜敷设在当地冻土层以下，垂直接地体的长度不宜小于 2.5 m，垂直接地体的水平距离不宜小于 5 m。

7.3.2 接地装置与引下线的焊接和接地装置之间的焊接应符合 GB 50601—2010 中 4.1.2 的要求。接地装置的安装参见附录 A 中的图 A.3。

7.3.3 接地装置安装过程中，对文物建筑基础、地面等有扰动的部位，应按原状恢复。

7.4 电气系统和电子系统

7.4.1 等电位连接施工应符合 GB 50601—2010 第 7 章的要求。

7.4.2 电涌保护器的安装应符合 GB 50601—2010 第 10 章的要求。

8 维护与管理

8.1 在文物建筑修缮期间，应保证防雷装置的有效性。如将防雷装置临时拆除，施工阶段应设置临时防雷措施，且对施工设施采取防雷措施。

8.2 对防雷工程文件和检测记录等资料，应及时归档，妥善保管。

8.3 严禁在接闪器和引下线上悬挂电话线、广播线、电视接收天线及低压架空线等。

8.4 文物建筑防雷装置应由专人负责日常的检查、维护和管理。在发生雷击、台风、地震后应及时检查，发现隐患时应及时采取措施。检查内容应包括如下各项：

a) 直观检查接闪器、引下线的总体情况；

b) 新增的电气设备与防雷装置的位置和间距；

c) 接闪器和引下线上是否悬挂电话线、广播线、电视接收天线及低压架空线等；

d) SPD 的功能状况，接闪情况装置的记录值。

8.5 文物建筑的防雷装置检测应按 GB/T 21431 的要求，由当地具有检测资质的机构每年检测一次。对检测中发现的问题要及时进行整改。检查维护和检测应有详细记录，并由参加检测人员填写、整理。

附　录　A
（资料性附录）
文物建筑防雷装置安装示意图

A.1　屋面接闪带安装示意图（图 A.1）

单位为毫米

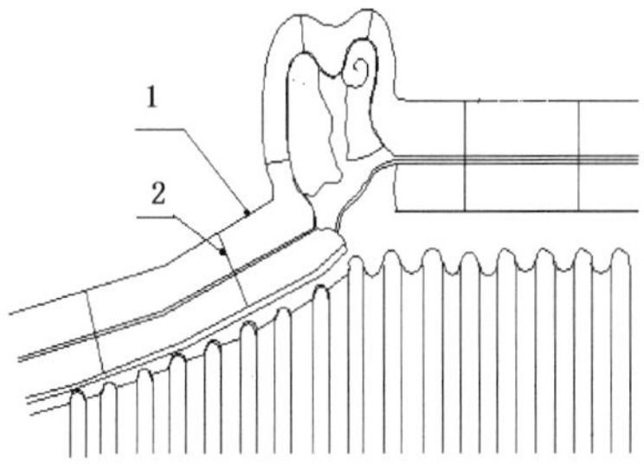

a）兽头及屋脊接闪带示意图

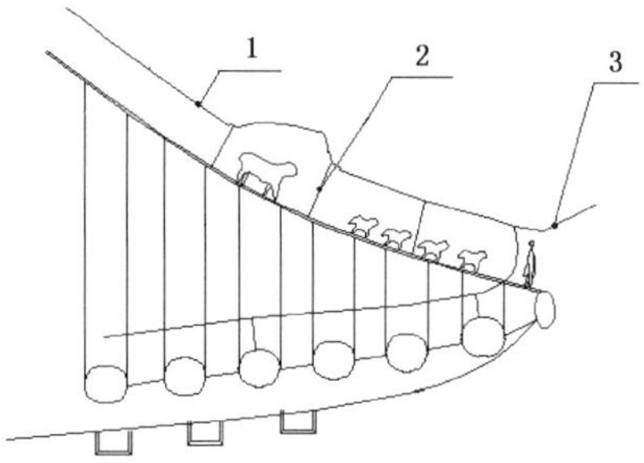

b）挑檐接闪带（杆）示意图

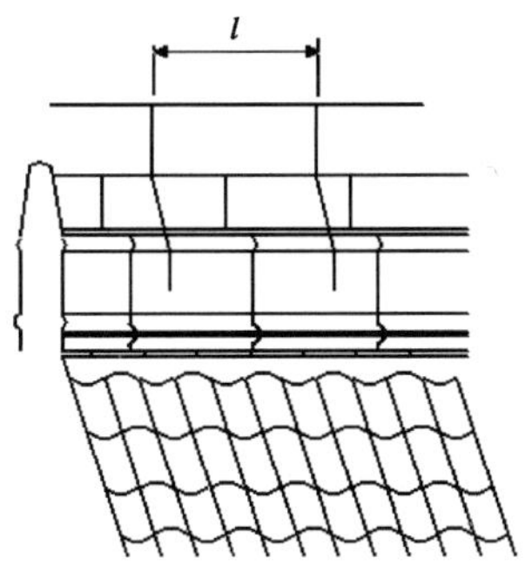

c）正脊接闪带示意图

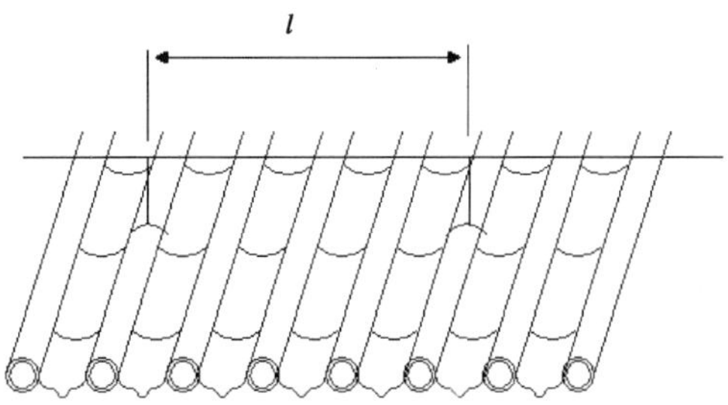

d）檐口接闪带或屋面网格示意图

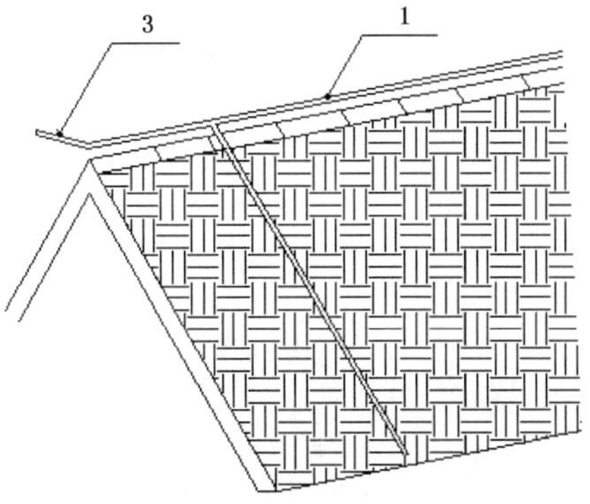

e）接闪带（网）紧贴文物建筑屋脊敷设示意图

图 A.1　屋面接闪带安装示意图

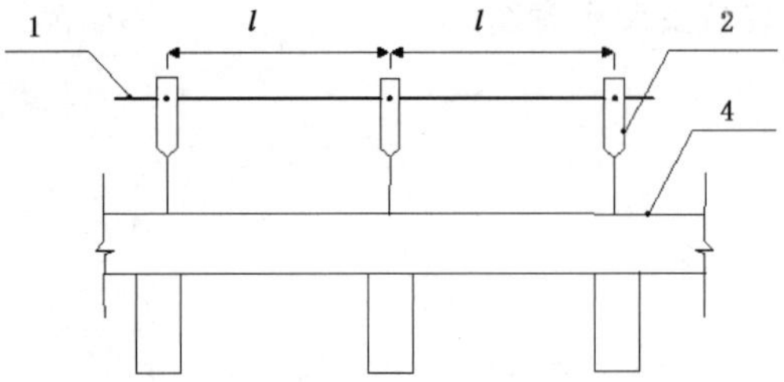

f)正脊接闪带安装图

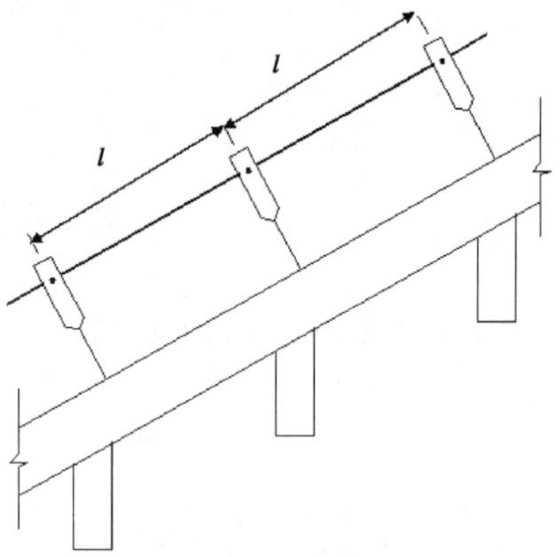

g)垂脊接闪带安装图

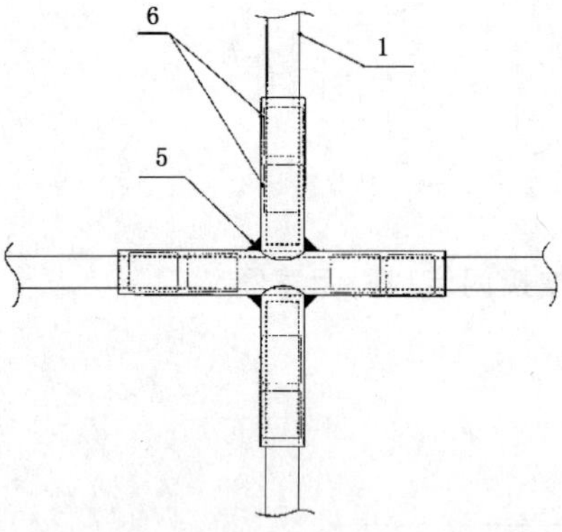

h)接闪带交叉连接安装图

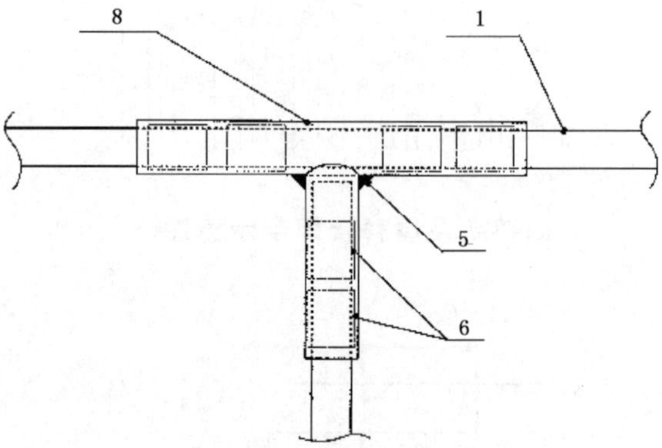

i)接闪带的三通管安装图

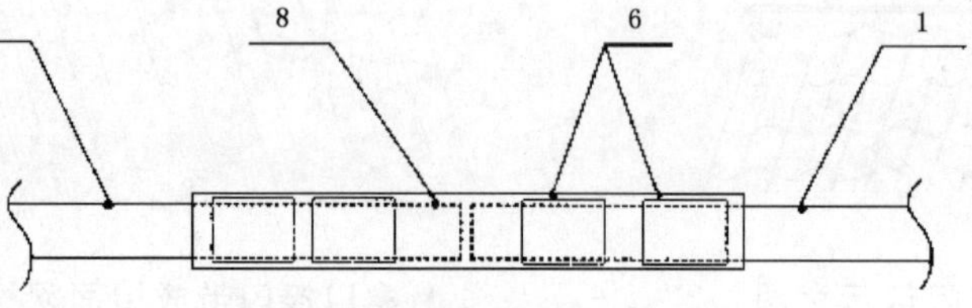

j)接闪带直通套管安装图

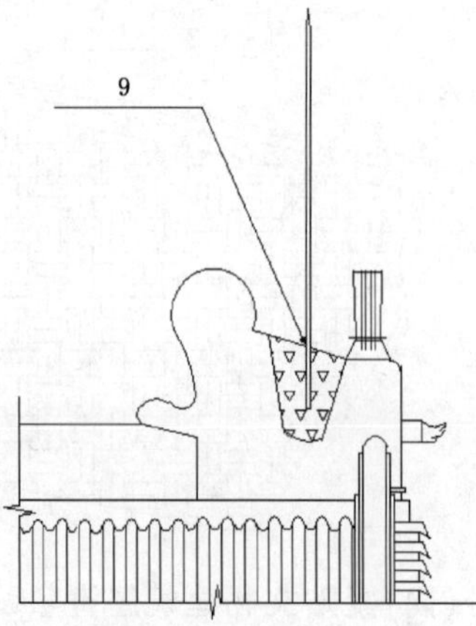

k)接闪短针密封胶固定图

图 A.1 屋面接闪带安装示意图(续)

布置方式	扁形导体和绞线的 l	单根圆形导体的 l
水平面上的水平导体	500	1000
垂直面上的水平导体	500	1000

说明：

1——接闪带；

2——固定支架；

3——短接闪杆；

4——正脊；

5——焊接；

6——压接处；

7——三通；

8——直通套管；

9——密封胶。

图 A.1 屋面接闪带安装示意图(续)

A.2 引下线安装示意图(图 A.2)

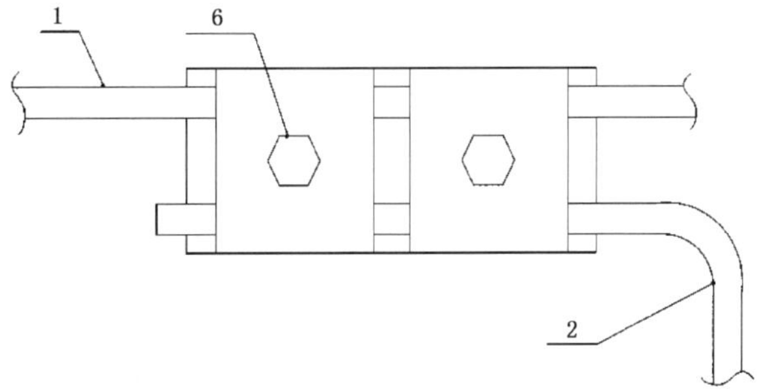

a)引下线与接闪带连接图

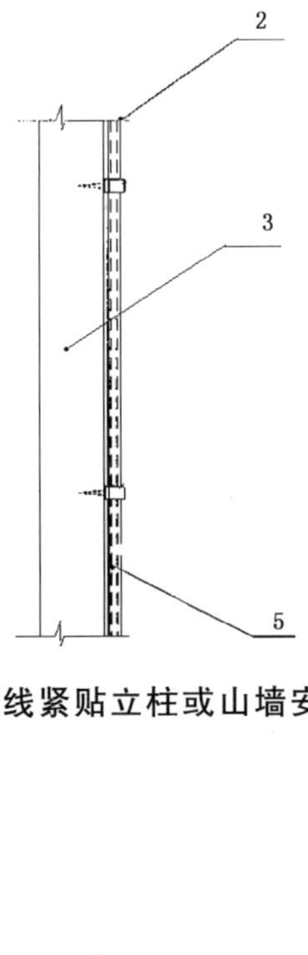

b) 引下线紧贴立柱或山墙安装图

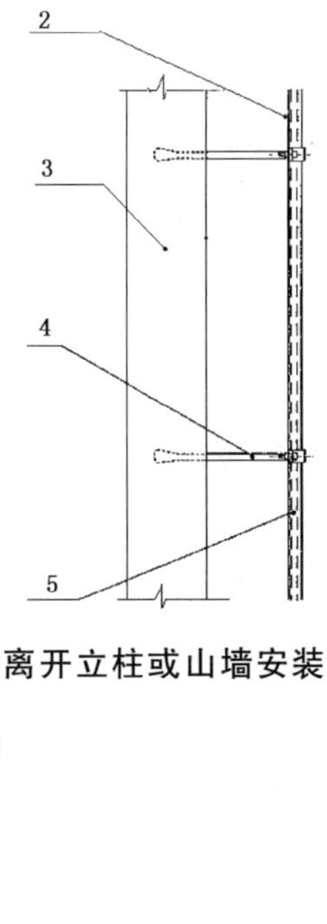

c) 引下线离开立柱或山墙安装图

图 A.2 引下线安装示意图

说明：
1——接闪带；
2——引下线；
3——文物建筑立柱或山墙；
4——固定支架；
5——交联聚乙烯隔层；
6——螺栓。

图 A.2　引下线安装示意图(续)

A.3　接地装置敷设安装示意图(图 A.3)

单位为米

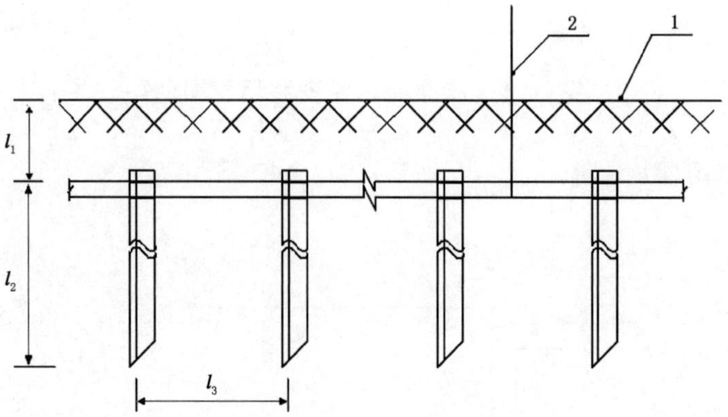

l_1	l_2	l_3
不小于 0.5	不小于 2.5	不小于 2.5

说明：
1——地面；
2——引下线。

图 A.3　接地装置敷设安装示意图

参 考 文 献

[1] 国家文物局文物保发[2010]6号.《文物建筑防雷工程勘察设计与施工技术规范(试行)》

ICS 07.060
A 47
备案号：41372—2013

QX

中华人民共和国气象行业标准

QX/T 190—2013

高速公路设施防雷设计规范

Design specification for lightning protection of expressway facility

2013-07-11 发布 2013-10-01 实施

中 国 气 象 局 发 布

前　言

本标准按照 GB/T 1.1—2009 给出的规则起草。

本标准由全国雷电灾害防御行业标准化技术委员会提出并归口。

本标准起草单位:江苏省防雷中心、湖北省防雷中心、浙江虎格电气有限公司、浙江浙北高速公路管理有限公司。

本标准主要起草人:冯民学、王学良、焦雪、刘学春、陈广嬴、曹德洪、何兵、吴赞平、王宏伟、黄克俭、赵成志、庞小琪、段振中、叶志明、吕久平、王锡中、程琳。

高速公路设施防雷设计规范

1 范围

本标准规定了高速公路设施的防雷区划分、基本要求、建筑物雷电防护、机电系统雷电防护和电涌保护器的选择和使用原则。

本标准适用于高速公路设施的防雷设计。

2 规范性引用文件

下列文件对于本文件的应用是必不可少的。凡是注日期的引用文件，仅注日期的版本适用于本文件。凡是不注日期的引用文件，其最新版本(包括所有的修改单)适用于本文件。

GB 50057—2010 建筑物防雷设计规范

GB 50156—2012 汽车加油加气站设计与施工规范

GB 50311—2007 综合布线系统工程设计规范

QX 10.1—2002 电涌保护器 第1部分：性能要求和试验方法

QX/T 10.2—2007 电涌保护器 第2部分：在低压电气系统中的选择和使用原则

QX/T 10.3—2007 电涌保护器 第3部分：在电子系统信号网络中的选择和使用原则

3 术语和定义

下列术语和定义适用于本文件。

3.1

高速公路 expressway

具有四个或四个以上车道，并设有中央分隔带，全部立体交叉并具有完善的交通安全设施与管理设施、服务设施，全部控制出入，专供汽车高速行驶的公路。

[JTJ 002—1987，第2.0.1条]

3.2

高速公路设施 expressway facility

高速公路沿线各种附属建筑物、高速公路中的桥梁、隧道等主体工程，以及相关的高速公路机电系统。

3.3

防雷装置 lightning protection system;LPS

用于减少闪击击于建(构)筑物上或建(构)筑物附近造成的物质性损伤和人身伤亡，由外部防雷装置和内部防雷装置组成。

[GB 50057—2010，定义2.0.5]

3.4

外部防雷装置 external lightning protection system

由接闪器、引下线和接地装置组成。

[GB 50057—2010，定义2.0.6]

3.5

内部防雷装置　internal lightning protection system

由防雷等电位连接和与外部防雷装置的间隔距离组成。

[GB 50057—2010,定义 2.0.7]

3.6

接地　earth;ground

一种有意或非有意的导电连接,由于这种连接,可使电路或电气设备接到大地或接到代替大地的某种较大的导电体。

注:接地的目的是:a.使连接到地的导体具有等于或近似于大地(或代替大地的导电体)的电位;b.引导入地电流流入和流出大地(或代替大地的导电体)。

[GB/T 17949.1—2000,定义 4.1]

3.7

人工接地体　made earth electrode

专门埋设的、具有接地功能的各种金属构件的统称。

注:人工接地体可分为人工垂直接地体和人工水平接地体。

3.8

共用接地系统　common earthing system

将防雷系统的接地装置、建筑物金属构件、低压配电保护线(PE)、等电位连接端子板或连接带、设备保护地、屏蔽体接地、防静电接地、功能性接地等连接在一起构成共用的接地系统。

[GB 50343—2012,定义 2.0.19]

3.9

防雷等电位连接　lightning equipotential bonding

将分开的诸金属物体直接用连接导体或经电涌保护器连接到防雷装置上以减小雷电流引发的电位差。

[GB 50057—2010,定义 2.0.19]

3.10

防雷区　lightning protection zone;LPZ

划分雷击电磁环境的区,一个防雷区的界面不一定要有实物界面,如不一定要有墙壁、地板或天花板作为区界面。

[GB 50057—2010,定义 2.0.24]

3.11

电涌保护器　surge protective device;SPD

用于限制瞬态过电压和分泄电涌电流的器件。它至少含有一个非线性元件。

[GB 50057—2010,定义 2.0.29]

3.12

电气系统　electrical system

低压配电系统

低压配电线路

由低压供电组合部件构成的系统。

注:改写 GB 50057—2010,定义 2.0.26。

3.13

电子系统　electronic system

由敏感电子组合部件构成的系统。

[GB 50057—2010,定义 2.0.27]

3.14

机电系统　mechanical & electronic system

高速公路收费、交通监控、通信、照明及低压配电等电气、电子系统的统称。

3.15

外场设备　outfield equipment

置于高速公路广场和道路两侧的路况监测设备、气象监测设备、可变情报板、通行信号灯、紧急电话、限速标志等机电(电气、电子)设备。

3.16

机房　computer room

建筑物内集中安放服务器、工作站、程控交换机、通信、数据交换等设备,或存放重要数据等电子设备的场所。

3.17

重要机房　important computer room

省域级及以上路网收费结算(拆账)中心、路网监控中心、指挥调度中心等的机房。

4　防雷区划分

4.1　原则

将需要保护和控制雷电电磁脉冲环境的建筑物,从外部到内部划分为不同的防雷区,以确定各 LPZ 空间的雷击电磁脉冲的强度,并采取相应的防护措施。

4.2　方法

不同防雷区划分的方法为:

——$LPZ0_A$ 区:本区域内的各物体都可能遭到直接雷击并导走全部雷电流;本区域内的电磁场强度没有衰减。

——$LPZ0_B$ 区:本区域内的各物体不可能遭到大于所选滚球半径对应的雷电流的直接雷击,本区域内的电磁场强度没有衰减。

——LPZ1 区:本区域内的各物体不可能遭到直接雷击,流经各导体的电流比 $LPZ0_B$ 区更小;本区域内的电磁场强度可能衰减(取决于屏蔽措施)。

——LPZn+1 后续防雷区:当需要进一步减小流入的电流和电磁场强度时,应增设后续防雷区,并按照需要保护的对象所要求的环境区选择后续防雷区的要求条件。

4.3　高速公路建筑物防雷区划分

高速公路建筑物防雷区划分示意图,如图 1。

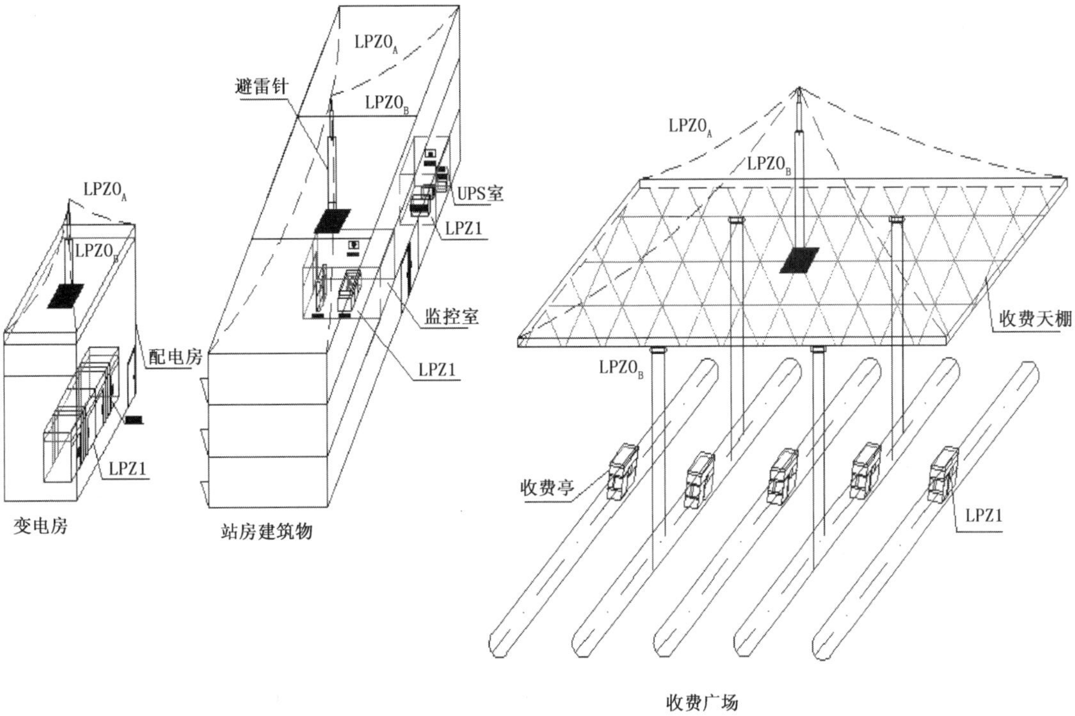

说明：

1——当收费亭采用金属屏蔽体时，亭内处于 LPZ1，否则为 $LPZ0_B$；

2——站房建筑物窗户为大开间，且未采取屏蔽措施时为 $LPZ0_B$；

3——当配电房窗户为大开间，且未采取屏蔽措施时为 $LPZ0_B$；

4——当监控室、UPS 机房等窗户采用金属屏蔽体接地时，监控室、UPS 机房处于 LPZ1 区，此时操作台、电视墙等金属机柜处于 LPZ2 区；当监控室、UPS 机房窗户采用大开间窗户时，监控室、UPS 机房处于 $LPZ0_B$ 区，此时操作台、电视墙等金属机柜处于 LPZ1 区；

5——收费亭金属机箱内设备在机箱可靠接地时，亭内电子设备处于 LPZ1 区；

6——各电子设备之间的连接线缆，包括配电线缆、信号线缆所处防雷分区由线缆通过空间的防雷区确定。

图 1　防雷区的划分示意图

5　基本要求

5.1　应根据高速公路被保护物所处的地理、地形、地质、土壤、气象、环境等条件和雷电活动规律，并结合高速公路建筑物及机电系统的特点，宜在采取雷击风险评估的基础上进行防雷设计，做到安全可靠、技术先进、经济合理。雷击风险评估方法宜参照 GB/T 21714.2 的计算方法。

5.2　应采用接闪、分流、屏蔽、隔离、等电位连接、共用接地、合理布线、安装 SPD 等措施进行高速公路雷电防护。

5.3　应按照 GB 50057—2010 中 3.0.3 和 3.0.4 的规定进行高速公路建筑物防雷分类；当建筑物内部设有机电系统时，该建筑宜按不低于 GB 50057 规定的第三类防雷建筑物进行防雷设计，机电系统宜采取雷击电磁脉冲防护措施。

5.4　应按 GB 50156—2012 进行高速公路加油(气)站的防雷设计。

6 建筑物雷电防护

6.1 直击雷防护

6.1.1 服务区、办公区的建筑物及附属建筑物

直击雷防护应按 GB 50057 要求采取直击雷防护措施。

6.1.2 收费天棚

6.1.2.1 应优先利用收费天棚的金属顶棚、金属构架、金属支柱(或混凝土柱内钢筋)、收费岛及路面基础钢筋分别作为接闪器、引下线和接地装置。

6.1.2.2 采用金属顶棚的收费天棚，当金属板厚度不小于 0.5 mm 时，宜利用其金属顶棚及顶棚上的其他金属构件作为接闪器。

6.1.2.3 当顶棚为非金属或有较厚的绝缘覆盖层时，应增设避雷针或避雷带，或由其混合组成的接闪器，保护范围按 60 m 滚球半径计算，地处年雷暴日大于 40 d/a 地区的主线收费站宜按 GB 50057 规定的第二类防雷建筑物采取相应的防护措施。避雷带应敷设在天棚的顶部和外沿，其高度不应小于 15 cm。

6.1.2.4 天棚外的限宽柱等金属构件不在接闪器的保护范围内时，应与收费天棚的防雷接地装置可靠连接。

6.1.2.5 应利用收费天棚的金属支柱或混凝土柱内钢筋作为防雷引下线，引下线应上、下电气贯通，并与收费天棚的金属构架和防雷接地装置可靠电气连接。

6.1.2.6 应利用收费天棚的钢筋混凝土基础作为接地体，并与收费岛共用接地系统可靠电气连接。接地装置应在地下连成网格，不应独立。

6.1.2.7 每个收费天棚的立柱下端应预留接地装置检测端子。

6.1.3 服务区广场

应优先利用广场高杆灯顶部安装的避雷针或设置独立避雷针进行直击雷防护，其保护范围按滚球半径 60 m 计算，避雷针的接地装置防护如下：

a) 水平接地体局部深埋不应小于 1 m；
b) 水平接地体局部应包绝缘物，可采用 50 mm～80 mm 厚的沥青层；
c) 采用沥青碎石地面或在接地体上面敷设 50 mm～80 mm 厚的沥青层，其宽度应超过接地体 2 m。

6.1.4 桥梁

6.1.4.1 宜利用桥梁连续钢护栏、斜拉或吊桥悬索等桥梁金属构架作为接闪器。

6.1.4.2 (特)大桥的钢筋混凝土主塔宜采用安装在其顶部的避雷带(网)或避雷针或由其混合组成的接闪器，避雷网的网格尺寸应不大于 10 m×10 m 或 12 m×8 m，采用避雷带时宜沿主塔顶部外沿明敷。当主塔顶部装有永久性金属物时，也可利用其作为接闪器，但其各部件之间均应连成电气通路，并符合作为接闪器的材质规定。

6.1.4.3 桥梁的长跨距金属构梁等外露面较大的金属物，应保证电气连通，并宜利用桥墩(立柱)内的钢筋和桩基钢筋网作为引下线及接地装置。

6.1.4.4 应保证桥梁伸缩缝间的电气连通，以实现桥梁整体等电位。

6.1.4.5 桥梁伸缩缝之间、桥梁与桥墩基础钢筋之间应采用金属软线跨接。

6.2 雷击电磁脉冲防护

6.2.1 业务办公楼

安装有机电系统的业务办公楼应按 GB 50057—2010 第 6 章的要求采取雷击电磁脉冲防护措施。

6.2.2 机房

6.2.2.1 机房宜设置在建筑物低层中心部位的 LPZ1 及其后续防雷区内。

6.2.2.2 机房内重要电子设备距外墙及梁柱的距离不宜小于 1 m，条件不允许时，应对设备采取电磁屏蔽措施。

6.2.2.3 机房宜采用金属门窗，金属门窗及机房内的金属隔断等大尺寸金属物应就近接地。

6.2.2.4 重要机房应使用金属板门，窗户应加装金属屏蔽网，其外墙钢筋网宜适当加密，网孔尺寸不宜大于 200 mm×200 mm。金属门窗、外墙钢筋网应与建筑物内的结构主筋可靠电气连接。

6.2.2.5 宜在机房的顶部和底部各预留不少于两处（对角线布设）等电位连接端子板，并应就近与建筑物柱、梁内主钢筋可靠电气连接。

6.2.2.6 机房内应设置截面积不小于 90 mm^2，厚度不小于 3 mm 的铜排，沿墙四周设一环型闭合接地汇流排，并与机房预留的局部等电位接地端子板至少两处做可靠连接。

6.2.2.7 机电设备的所有外露导电物应建立一等电位连接网络，其连接方式采用 S 型还是 M 型或 M 型、S 型的组合型，除考虑机电设备的分布和机房面积大小外，还应根据机电设备的抗扰度及设备内部的接地方式来进行选择。通常，S 型等电位连接网络可用于相对较小、低频率和杂散分布电容起次要影响的系统，当采用 S 型等电位连接网络时，机电系统的所有金属组件，除接地基准点外，应与共用接地系统的各组件有大于 10 kV、1.2/50 μs 的绝缘。

6.2.2.8 机房的防静电地板下应采用截面积不小于 48 mm^2 的铜排设置等电位连接网格，重要机房的网格尺寸不小于 1.2 m×1.2 m，其他机房网格尺寸不小于 2.4 m×2.4 m，并应就近与接地汇流排做多点可靠电气连接。

6.2.2.9 防静电地板金属支撑架应就近与等电位连接网、接地汇流排做多点可靠电气连接。

6.2.2.10 机房天花板、墙面宜采用耗散性材料，天花板金属龙骨应至少两处与预留的机房等电位连接接地端子板做可靠电气连接。

6.2.2.11 机房内交流工作地、安全保护地、直流地、屏蔽地、防静电接地、防雷接地等应采用共用接地方式。

6.2.2.12 出入机房的低压电源和信号线缆，宜从同一个进线端点进入，并在入口处做等电位连接，机房内的供电线缆和数据、信号线缆应分别敷设于各自的金属线槽内或金属桥架内，金属线槽和桥架均应全程电气连通，并宜在其两端及各防雷区交界处就近可靠接地。信号线缆与电力电缆的间距应符合 GB 50311—2007 中 7.0.1 的规定。

重要机房宜采用专供线路供电，机房交流配电箱处应安装适配的 SPD。出入机房的各类数据、信号线缆应分别设置适配的 SPD。

6.3 收费场站共用地网

6.3.1 收费场站共用地网宜由配电房地网、业务办公楼地网、收费天棚地网等组成。

6.3.2 配电房及业务办公楼宜利用建筑物的基础钢筋作为接地网，并符合 GB 50057 对接地装置的要求。

6.3.3 收费天棚应利用收费天棚的钢筋混凝土基础作为接地网，接地电阻值不宜大于 1 Ω，如达不到要求时，应在收费天棚一侧的空地上设置人工接地体。

6.3.4　收费岛应设置供岛上机电设备等电位连接和接地的等电位均压环，均压环宜利用收费岛内的基础钢筋或在收费岛的基础内敷设截面积不小于 90 mm^2 的热镀锌圆钢或扁钢。

6.3.5　收费岛上预计安装收费亭，收费、监控、通信等机电设备处应预留等电位接地端子板，收费亭及附近的线缆沟内应分别预留与等电位均压环可靠电气焊接的接地端子板。

6.3.6　各收费岛的等电位均压环宜进行可靠的电气连接，连接材料应采用两根以上平行敷设的、截面积不小于 90 mm^2 的镀锌圆钢或扁钢，并与收费天棚地网可靠电气连接，组成收费岛共用接地系统。收费天棚共用接地系统见图 2。

6.3.7　收费广场高杆灯、外场摄像设备接地宜与收费场站地网共地，如接地装置间距距离大于 20 m 时，亦可独立接地，其接地系统宜做成放射状。收费场站共用地网见图 3。

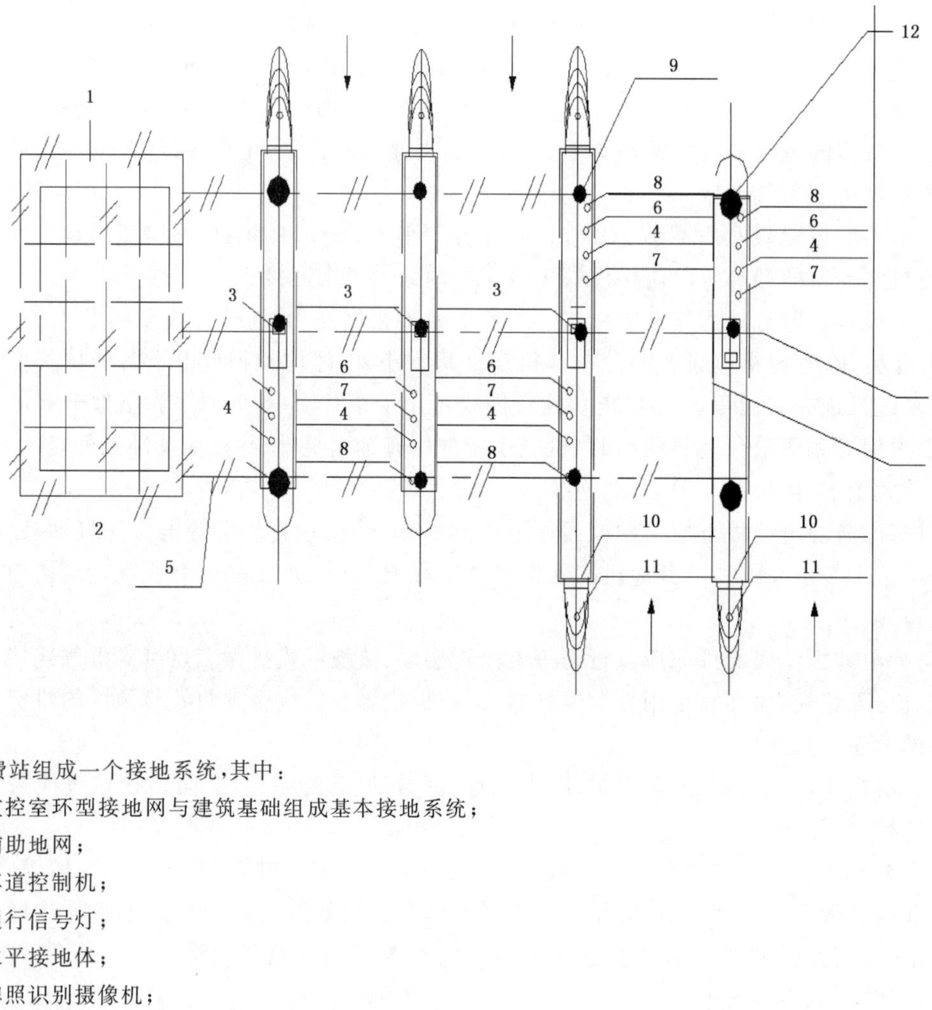

说明：

整个收费站组成一个接地系统，其中：

1 ——监控室环型接地网与建筑基础组成基本接地系统；

2 ——辅助地网；

3 ——车道控制机；

4 ——通行信号灯；

5 ——水平接地体；

6 ——牌照识别摄像机；

7 ——自动栏杆；

8 ——车道摄像机；

9 ——垂直接地体；

10——自动分类器；

11——雾灯；

12——收费广场顶棚基础；

13——收费广场等电位连接线；

14——车道等电位连接线。

图 2　收费天棚共用接地系统示意图

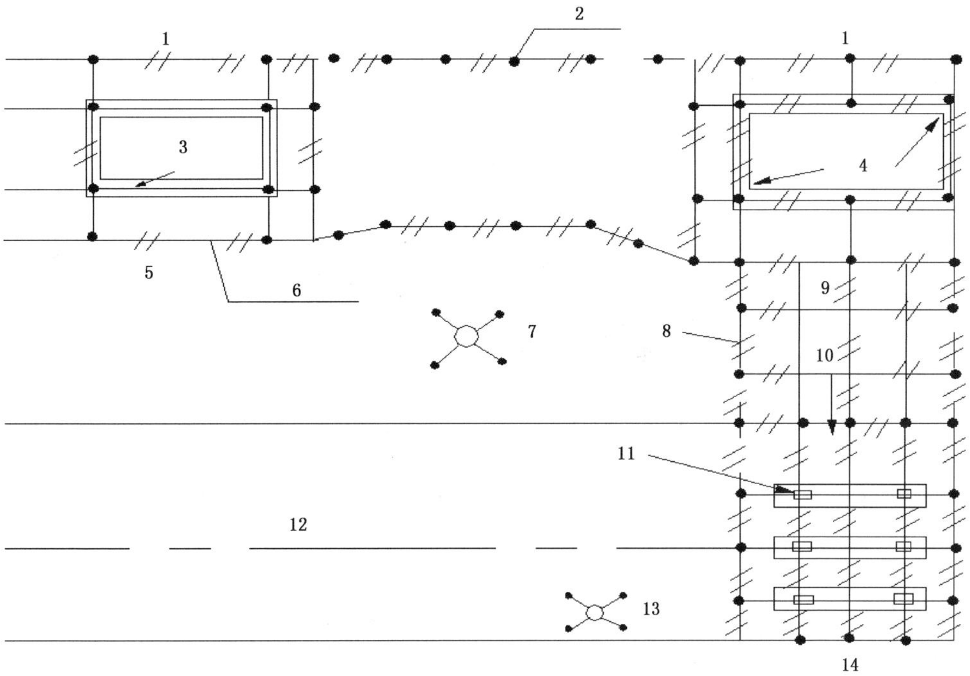

说明：

1 ——环型地网；

2 ——垂直接地体；

3 ——主体钢筋；

4 ——避雷针引下线；

5 ——配电房；

6 ——水平接地体；

7 ——高杆灯；

8 ——地网；

9 ——办公楼；

10——收费岛；

11——收费大棚基础；

12——路面；

13——广场摄像；

14——收费车道。

图 3　收费场站共用地网示意图

7　机电系统雷电防护

7.1　收费岛

7.1.1　收费亭、自动栏杆、通行信号灯、计重装置金属构件、费显装置及车道摄像机支撑架(杆)、车道护栏、立柱、限宽柱、地下通道的门、扶栏等所有的金属构件应就近与预留的等电位接地端子板可靠电气连接。收费车道的等电位连接见图 4。

车道上各电子设备基础应与布设在车道水平接地体可靠焊接，并至少有两处与车道等电位均压环做可靠焊接。防雷改造工程中，无法采用镀锌扁钢作为接地干线时，在收费亭底部宜安装等电位端子箱，各电子设备接地宜采用大于 6 mm^2 多股铜芯线直接连接到等电位端子箱内。

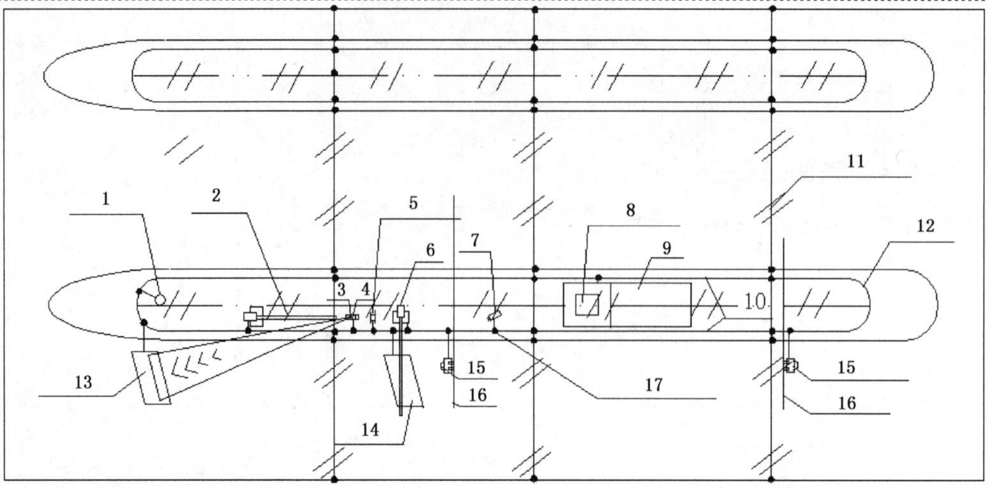

说明：

1——雾灯；

2——手动栏杆；

3——天线；

4——发生器；

5——通信信号灯；

6——自动栏杆；

7——车道摄像机；

8——车道控制机(含终端和键盘)；

9——收费亭；

10——基础配筋；

11——连接钢筋(4 mm×40 mm 扁钢)；

12——等电位均压环；

13——存在线圈；

14——车辆检测器；

15——雨棚信号灯；

16——雨棚边缘；

17——等电位连接端子。

图4 收费车道等电位连接示意图

7.1.2 收费亭宜使用金属材料，保证其电气连通，并与收费岛接地系统可靠电气连通，连接点不少于两处。

7.1.3 收费亭内应设置防静电地板，防静电地板的金属支撑架应可靠接地。

7.1.4 收费亭内的金属工作台、金属机柜、各种机电设备的金属外壳应可靠接地。进出收费亭(岛)的各种线缆的金属屏蔽层或穿线金属管(桥架)应就近与线缆沟内预留的等电位接地端子板可靠电气连接。

7.1.5 收费亭内低压配电盒(插座)处、车道工控机、电动栏杆、雨棚信号灯、车道摄像机、计重控制器、广场摄像机应设置适配的 SPD。

7.2 外场机电设备

7.2.1 高速公路沿线外场机电设备宜利用自身的金属构架或在其顶部安装接闪器进行直击雷防护。

7.2.2 宜利用外场机电设备的金属支撑构件作为引下线。

7.2.3 宜优先利用外场设备的混凝土基础钢筋作为接地装置，接地电阻值不宜大于 4 Ω，当达不到要求时，应增设人工接地体，人工接地体宜采用辐射状。

7.2.4 机电设备的接地装置间距小于 20 m 时，其接地装置应相互连接。

7.2.5 外场机电设备的供电及信号线缆宜穿金属管或采用带屏蔽层的线缆埋地敷设，电缆屏蔽层和外部屏蔽体，应两端接地。

7.2.6 外场机电设备配电箱宜安装适配的 SPD，信号、控制端口应安装适配的 SPD。

7.2.7 高杆、中杆、低杆等外场照明设备的顶端应装设避雷针，设备支撑采用钢杆或砼杆时，其杆体和结构钢筋可作为防雷引下线，但应保证砼杆的结构钢筋自上而下焊接连通，其接地装置宜直接利用灯杆的混凝土基础钢筋，接地电阻值应不大于 10 Ω，如达不到要求，应增设人工接地体，人工接地体宜采用辐射状。

7.2.8 外场照明设备的供电线缆宜采用铠装电缆或穿金属管埋地敷设，铠装电缆屏蔽层或金属管应两端接地。高杆灯应在杆体底部的接线维修盒内安装适配的 SPD。

7.3 隧道机电系统

7.3.1 隧道的结构钢筋应构成闭合的接地网，接地网的接地电阻值不宜大于 4 Ω。隧道洞口外没有接入共用接地系统的设备应设置独立的接地装置，防雷接地电阻值不宜大于 10 Ω，保护接地电阻值不宜大于 4 Ω。

7.3.2 隧道内两侧宜分别设置一组贯穿隧道的等电位连接带，并与隧道结构钢筋网可靠电气连接。

7.3.3 隧道内各区域控制器（箱、屏）及预计安装监控、消防、通风、照明等机电设备处应预留等电位接地端子板，该等电位接地端子板与隧道结构钢筋网可靠焊接连通。

7.3.4 隧道内信号、电力线缆宜分两边布设，在距隧道洞口 100 m 内的位置，宜采取封闭的金属桥架布线，并与等电位连接带至少有两处以上连接。

7.3.5 隧道洞口外的金属广告牌及指示牌、路灯及信号灯金属杆、摄像头金属支撑杆等金属物应就近与隧道共用接地系统相连，若相距较远（20 m 以上）可单独设置独立接地装置。

7.3.6 隧道洞口外的低压配电线路应采用金属外护套电力电缆埋地敷设。洞外配电箱内应安装适配的 SPD，洞内配电箱内宜安装适配的 SPD。

7.3.7 洞外监控设备（照度仪、可变限速标志等）、情报板、摄像机等的低压配电端应分别安装适配的 SPD，有关数据信号金属线入线端应分别安装适配的 SPD。

7.3.8 洞内监控设备（车辆检测器、风速仪、摄像机等）的低压配电宜安装适配的 SPD，有关的数据信号金属线缆输入端应安装适配的数据信号 SPD。

7.3.9 不间断电源（UPS）低压配电的输入端宜安装适配的 SPD。高速公路隧道机电系统雷电防护见图 5。

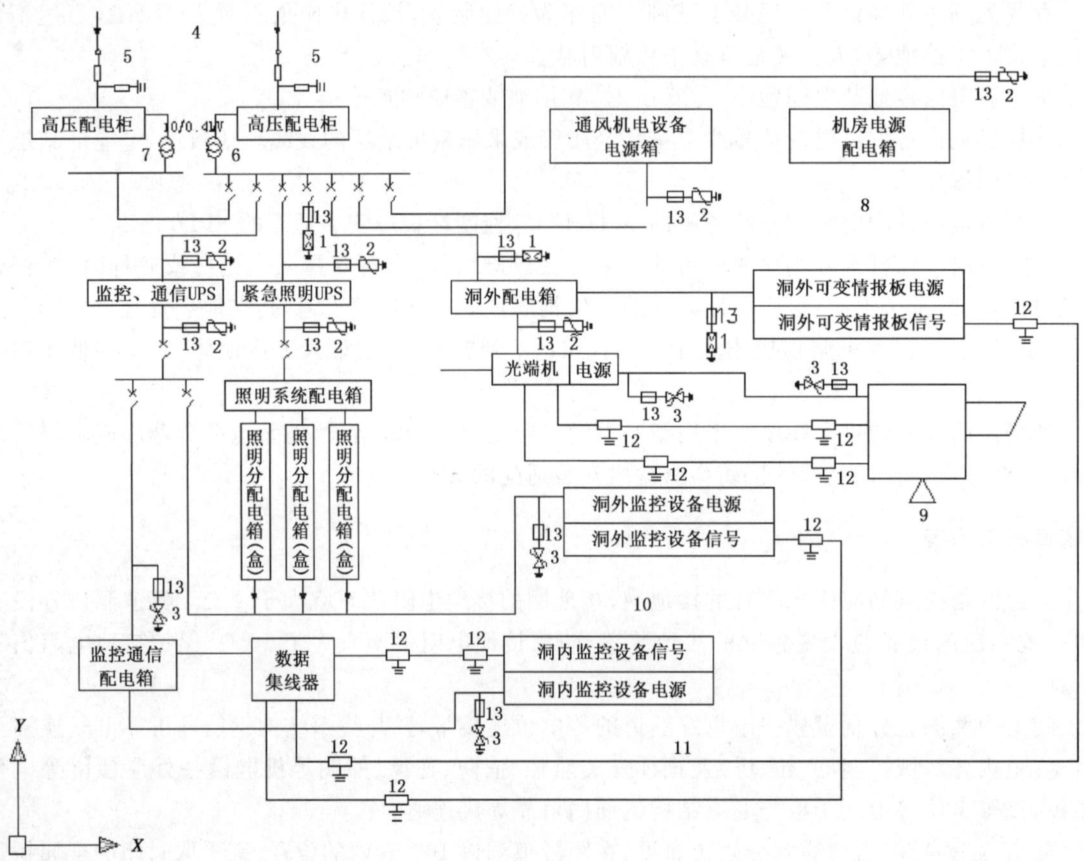

说明：

1 ——T1 型电源 SPD；

2 ——T2 型电源 SPD；

3 ——T3 型电源 SPD；

4 ——双回路供电；

5 ——高压 SPD；

6 ——1＃变电柜；

7 ——2＃变电柜；

8 ——监控、通信、火灾自动报警系等；

9 ——洞外云台摄像机；

10——洞外监控设备：照度仪、可变限速标志等；

11——洞内监控设备：车辆检测器、风速仪、摄像机等；

12——各类数据、信号 SPD；

13——过电流保护装置。

图 5 高速公路隧道机电系统雷电防护示意图

7.4 通信系统

7.4.1 通信机房的雷电防护措施，应按照 6.2.2 的规定执行。

7.4.2 进入建筑物内的各类通信线缆应埋地引入，埋地长度应符合式(1)的要求，但不应小于 15 m。具有金属护套的线缆引入时，应将金属护套接地；无金属外护套的电缆宜穿钢管埋地引入，并在入口处与接地装置可靠电气连接。

$$l \geqslant 2\sqrt{\rho} \quad \cdots\cdots(1)$$

式中：

l ——埋地长度，单位为米(m)；

ρ ——埋地电缆处土壤电阻率，单位为欧姆米(Ω·m)。

7.4.3 光缆通信线路雷电防护措施如下：

a) 通信传输光缆应采用直埋敷设方式，直埋光缆的金属护套在接头处应集中接地。在每段光缆的终端，光缆的金属护套应直接或通过 SPD 接地。

b) 进入机房光缆末端的金属屏蔽层，加强芯或铠装层(如有)应与光纤数字配线架的等电位连接带连通。

7.4.4 金属通信线缆雷电防护措施如下：

a) 用于长距离传输的通信金属线缆，应采用屏蔽线缆或穿金属管埋地敷设，埋地深度应不小于 0.7 m。

b) 在多雷区、强雷区当金属线缆采取埋地方式时，在其上方 30 cm 左右应平行敷设避雷线(排流线)的保护方式，排流线应每间隔 200 m 做一组人工接地体，其接地电阻值应不大于 10 Ω。

c) 进入机房的通信金属线缆应采用直埋或缆沟方式引入，并应采用铠装线缆或穿钢管保护，埋地长度应不小于 $2\sqrt{\rho}$，且不小于 15 m，线缆埋地深度应不小于 0.7 m，不应与低压配电线缆同管槽入室。

d) 建筑物内的金属线缆宜敷设于金属桥架(管、槽)内，桥架(管、槽)全程应电气贯通，其两端和穿越不同防雷区交界处应可靠接地。

e) 建筑物内的通信、数据、信号线缆与低压配电线缆不应同管槽平行敷设。

f) 通信系统总配线架(MDF)必须就近接地，且应在 MDF 处安装适配的 SPD。未接入 MDF 的金属信号线缆中的空线对应做接地处理。

g) 无线通信的天馈系统中的馈线金属外护层应在线缆两端分别就近接地。若长度大于 60 m 时，应在其中心部位将金属外护层再接地一次。户外馈线桥架、线槽的始末两端亦应与邻近的等电位连接端子连通。

h) 天馈线路上应安装适配的 SPD 进行保护。

i) 地处雷暴日大于 40 d/a 地区的各类网络系统的金属数据信号线，若长度大于 30 m 且小于 50 m，应在终端设备的一端输入口安装适配的 SPD；若长度大于 50 m，应在终端设备的两端输入口安装适配的 SPD。

j) 入户市话电缆的金属外护层应在进线室或 MDF 架下做接地处理。市话电缆的空线对应做接地处理。

7.5 低压配电系统

7.5.1 变电所、配电房建筑物应按 GB 50057 中第三类防雷建筑物的要求进行雷电防护。

7.5.2 从变压器至配电室的低压配电线路宜全程埋地敷设。

7.5.3 当低压配电采用 TN 系统时，配电线路应采用 TN-S 系统。

7.5.4 低压配电线路应采用适配的 SPD 进行分级保护。

7.5.5 根据当地雷电环境、供电系统的分布范围和分布特点，变压器低压侧、低压配电室(柜)、楼内(层)配电室(井)、机房交流配电屏(箱)、开关低压配电交流屏、用电设备配电柜及精细用电设备端口，应使用适配的 SPD 做分级保护。

8 SPD的选择和使用原则

8.1 低压电气系统

8.1.1 SPD的电压保护水平(U_P)应根据220 V/380 V配电系统各种设备绝缘耐冲击过电压(U_W)确定,见表1。

表1 220V/380V配电系统各种设备绝缘耐冲击过电压值U_W

设备位置	电源处的设备	配电线路和最后分支线路的设备	用电设备	特殊需要保护的设备
耐冲击过电压类别	Ⅳ类	Ⅲ类	Ⅱ类	Ⅰ类
耐冲击电压值	6 kV	4 kV	2.5 kV	1.5 kV

8.1.2 SPD1应安装在LPZ0(含$LPZ0_A$和$LPZ0_B$)与LPZ1区的交界处,即在建筑物入口的配电柜(箱)上应选择Ⅰ级分类试验的SPD,其主要技术参数应符合以下要求:

a) SPD的冲击电流值(I_{imp})应按QX/T 10.2—2007中7.1.1.2条规定选择;

b) 在220 V/380 V电气装置内SPD1的U_P不应超过2.5 kV。当使用一组SPD1达不到U_P不大于2.5 kV时,应采用配合协调的SPD2,以确保达到要求的电压保护水平。

8.1.3 当存在如下因素之一,应考虑SPD2以及SPD3的选择:

a) SPD1的U_P(2.5 kV)大于其后电气设备的U_W的0.8倍,即$U_P>0.8U_W$;

b) SPD1与受保护设备之间距离过长(一般指线缆长度大于10 m);

c) 建筑物内部存在雷击放电或内部干扰源产生的电磁场干扰。

SPD2、SPD3应安装在LPZ1区与LPZ2区交界处,或靠近被保护设备处。

8.1.4 SPD2、SPD3应选择Ⅱ级或Ⅲ级分类试验的产品,其主要技术参数标称放电电流(I_n)与U_C值应符合QX/T 10.2—2007中7.2.2的要求;U_P不应大于被保护线路和设备的U_W值,并应有20%的裕度,即:U_P小于或等于0.8 U_W。

8.1.5 SPD通流量参数值不应小于表2中的数值。

表2 低压配电线路SPD通流量参数值

单位为千安

雷暴日 d/a	防雷区	城市		郊区/山区		高山/沿海	
		10/350 μs I_{imp}	8/20 μs I_n	10/350 μs I_{imp}	8/20 μs I_n	10/350 μs I_{imp}	8/20 μs I_n
<25	LPZ0、LPZ0—LPZ1	—	20	—	20	—	30
	LPZ2	—	10	—	10	—	20
25～40	LPZ0、LPZ0—LPZ1	12.5	20	12.5	30	12.5	30
	LPZ2	—	10	—	20	—	20
	LPZ3	—	5	—	10	—	10

表 2　低压配电线路 SPD 通流量参数值(续)

单位为千安

雷暴日 d/a	防雷区	城市		郊区/山区		高山/沿海	
		10/350 μs I_{imp}	8/20 μs I_n	10/350 μs I_{imp}	8/20 μs I_n	10/350 μs I_{imp}	8/20 μs I_n
40～60	LPZ0、LPZ0—LPZ1	12.5	40	12.5	40	15	50
	LPZ2	—	20	——	20	—	30
	LPZ3	—	10	—	10	—	20
＞60	LPZ0、LPZ0—LPZ1	15	50	15	50	15	60
	LPZ2	—	20	—	20	—	30
	LPZ3	—	10	—	10	—	20
注:屏蔽效能较高时,参数可适当降低标准。							

8.1.6　各分类试验的 SPD 的连接导线最小截面积要求见表 3。

表 3　各种 SPD 的连接导线最小截面积

单位为平方毫米

SPD 试验类型	铜导线的最小截面积
Ⅰ级	6
Ⅱ级	4
Ⅲ级	1.5
如无相应规格的导线,最小截面应大于表内的尺寸。铜导线系列优选值见 QX/T 10.1。	

8.1.7　SPD 两端的连接导线应短且直,其长度之和不宜超过 0.5 m。

8.1.8　当 SPD 的失效保护模式为短路型,且 SPD 内部无热脱扣装置时,宜在 SPD 前端安装过电流保护装置(如熔丝、热熔线圈)进行过电流保护。熔丝的熔断电流值与其电路上的熔丝的熔断电流值之比不宜大于 1:1.6。

8.1.9　当在线路上多处安装 SPD 且无准确数据时,电压开关型 SPD 与限压型 SPD 之间的线路长度不宜小于 10 m,限压型 SPD 之间的线路长度不宜小于 5 m,当线路长度达不到要求时,应增加退耦装置。对已实现能量配合的自动触发型 SPD,可不加装退耦装置。

8.1.10　SPD 宜有状态指示器。

8.1.11　当机电设备采用直流供电时,宜视其具体情况选择适配的 SPD 保护。

8.1.12　收费站低压配电 SPD 安装见图 6。

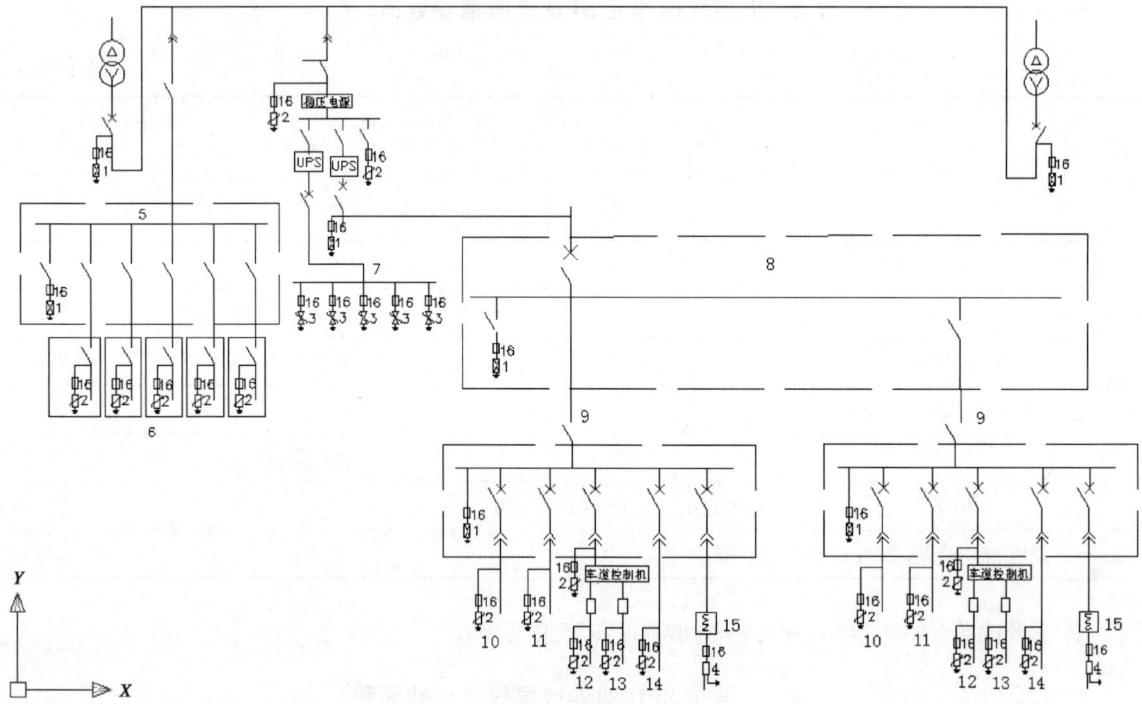

说明：

1 ——T1 型电源 SPD；

2 ——T2 型电源 SPD；

3 ——T3 型电源 SPD；

4 ——直流电源 SPD；

5 ——收费广场市电总箱；

6 ——车道市电配电箱；

7 ——监控室；

8 ——收费广场 UPS 配电总箱；

9 ——车道；UPS 配电箱；

10——电动杆配电；

11——计重控制器配电；

12——雨棚信号灯配电；

13——通信信号灯配电；

14——车道摄像机配电；

15——直流变压器；

16——过电流保护装置。

图 6　高速公路收费站低压配电 SPD 安装示意图

8.2　电子系统信号网络

8.2.1　信号线路应根据线路的工作频率、传输介质、传输速率、传输带宽、工作电压、接口形式、特性阻抗等参数，选择适配的 SPD。

8.2.2　SPD 的主要技术参数应符合 QX/T 10.3—2007 中 5.2 的要求。

8.2.3　SPD 应安装在图 1 所示的防雷区交界处。其中 SPD1 安装在 LPZ0/1 区交界处，SPD2 安装在 LPZ1/2 区交界处，SPD3 安装在 LPZ2/3 交界处(见图 7)。

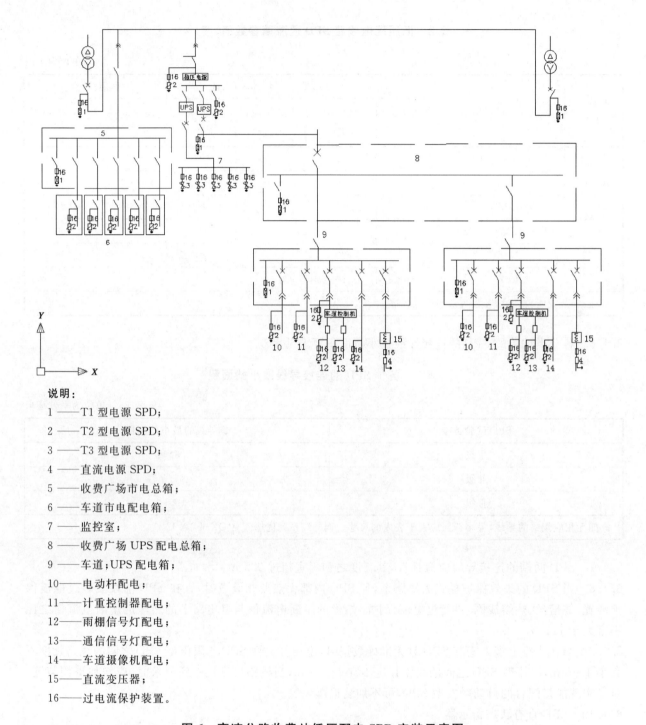

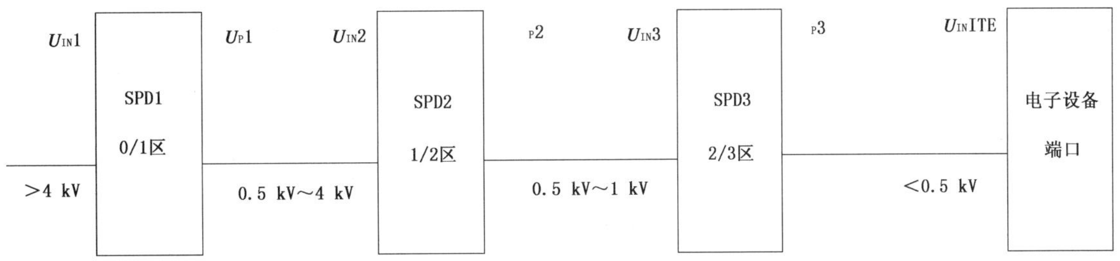

图 7　SPD 在各防雷区交界处配置示意图

8.2.4　应根据 SPD1 的 U_p 值能否满足被保护电子设备的冲击耐受性和电子设备的通信线缆布置情况确定安装多级 SPD。通常，SPD 应安装在各防雷区交界处，但由于工艺要求或其他原因，被保护设备的位置不一定恰好设在交界处，在这种情况下，当线路能承受所发生的电涌电压时，SPD 可安装在被保护设备处，线路的金属保护层或屏蔽层宜首先与防雷区界面处做一次等电位连接。

8.2.5　SPD 的选择

8.2.5.1　应在电子设备信号线的建筑物入口处安装 SPD1，其主要技术参数应符合 QX/T 10.3－2007 中 7.3 的要求。

8.2.5.2　按 QX/T 10.3－2007 中 7.3 选择 SPD1 的 U_p 在不大于电子设备 U_W 的 0.8 倍，能对信号线路下游的末端电子设备进行有效限压保护时，可仅在 LPZ0/1 或设备端口处安装一组 SPD1。如果存在如下因素之一，应考虑 SPD2 甚至 SPD3 的选择：

a)　SPD1 的 U_p 大于电子设备耐冲击过电压额定值的 0.8 倍，即 U_P 大于 $0.8U_W$；

b)　SPD1 与被保护设备之间距离过长；

c)　建筑物内部存在雷击感应或内部干扰源产生的电磁干扰。

8.2.5.3　SPD 额定值选型见表 4。

表 4　在防雷区交界处使用的 SPD 额定值选型

防雷区		LPZ0/1	LPZ1/2	LPZ2/3
SPD 值范围	10/350 μs 10/250 μs	0.5 kA～2.5 kA 1.0 kA～2.5 kA	—	
	1.2/50 μs 8/20 μs	—	0.5 kV～10 kV 0.25 kA～5 kA	0.5 kV～1 kV 0.25 kA～0.5 kA
	10/700 μs 5/300 μs	4 kA 100 A	0.5 kV～4 kV 25 A～100 A	—
SPD 的要求	SPD1	D1,D2 B2	—	与建筑物外部无电阻性连接
	SPD2	—	C2/B2	—
	SPD3	—	—	C1
D1、D2、B2、C1、C2 值应符合 QX 10.1 的要求。 **注**：LPZ2/3 栏下 SPD 值包括了典型的最低耐受能力要求并可安装于信息技术设备内部。				

8.2.7　收费站信号 SPD 安装示意图见图 8。

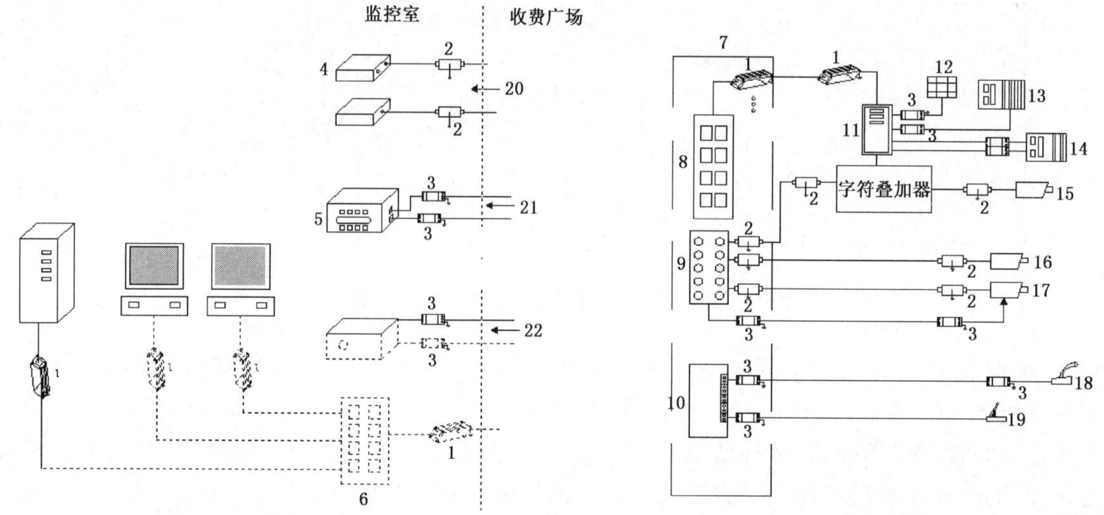

说明：

1 ——网络信号 SPD；

2 ——同轴信号 SPD；

3 ——I/O 信号、数据总线信号 SPD；

4 ——视频分配器；

5 ——对讲通信主机；

6 ——交换机；

7 ——广场弱电总箱；

8 ——广场交换机；

9 ——主端机；

10——光端机；

11——车道控制机；

12——地感线圈；

13——计重控制器；

14——电动栏杆控制器；

15——车道摄像机；

16——亭内摄像机；

17——广场摄像机；

18——对讲分机；

19——脚踏报警分机；

20——同轴线缆输入；

21——对讲通信线缆输入；

22——脚踏报警信号线缆输入。

图 8 收费站信号 SPD 安装示意图

参考文献

[1] GB/T 17949.1—2000 接地系统的土壤电阻率、接地阻抗和地面电位测量导则 第1部分：常规测量

[2] GB/T 21714.2 雷电防护 第2部分：风险管理

[3] GB 50343—2012 建筑物电子信息系统防雷技术规范

[4] JTJ 002—1987 公路工程名词术语

ICS 07.060
A 47
备案号：41373—2013

QX

中华人民共和国气象行业标准

QX/T 191—2013

雷电灾情统计规范

Specifications for statistic of lightning disaster state

2013-07-11 发布

2013-10-01 实施

中国气象局　发布

前　　言

本标准按照 GB/T 1.1—2009 给出的规则起草。

本标准由全国雷电灾害防御行业标准化技术委员会提出并归口。

本标准起草单位：中国气象科学研究院。

本标准主要起草人：孟青、周韶雄、张义军、张文娟、卫兆平、姚雯、马颖。

雷电灾情统计规范

1 范围

本标准规定了雷电灾情收集、灾害损失统计和灾情数据统计的要求。

本标准适用于雷电灾情的统计工作。

2 规范性引用文件

下列文件对于本文件的应用是必不可少的。凡是注日期的引用文件，仅注日期的版本适用于本文件。凡是不注日期的引用文件，其最新版本(包括所有的修改单)适用于本文件。

GB/T 21714.2 雷电防护 第2部分：风险管理（GB/T 21714.2—2008，IEC 62305-2:2006，IDT）

QX/T 103 雷电灾害调查技术规范

3 术语和定义

下列术语和定义适用于本文件。

3.1

对地闪击 lightning flash to earth

雷云与大地(含地上的突出物)之间的一次或多次放电。

[GB 50057—2010，定义 2.0.1]

3.2

雷击电磁脉冲 lightning electromagnetic impulse; LEMP

雷电流经电阻、电感、电容耦合产生的电磁效应，包含闪电电涌和辐射电磁场。

[GB 50057—2010，定义 2.0.25]

3.3

雷电灾害损失 lightning disaster loss

雷击事件引起的人员伤亡以及所有损害产生的直接和间接经济损失。

3.4

防雷装置 lightning protection system; LPS

用于减少对地闪击击于建(构)筑物上或附近造成的物质性损害和人身伤亡，由外部防雷装置和内部防雷装置组成。

[GB/T 50057—2010，定义 2.0.5]

3.5

闪电感应 lightning induction

闪电放电时，在附近导体上产生的雷电静电感应和雷电电磁感应，它可能使金属部件之间产生火花放电。

[GB/T 50057—2010，定义 2.0.16]

3.6

闪电电涌侵入 lightning surge on incoming services

由于雷电对架空线路、电缆线路或金属管道的作用，雷电波即闪电电涌，可能沿着这些管线侵入屋内，危及人身安全或损坏设备。

［GB/T 50057—2010，定义 2.0.18］

4 雷电灾情收集

4.1 雷电灾情的收集范围应为各级气象主管机构认定的雷电灾害事例。

4.2 收集的对象应是按照 QX/T 103 的要求开展雷电灾害调查，结论为“是”的事例，不应是结论为“不是”或“不能确定”的事例。

4.3 收集的雷电灾害事例应按附录 A 的格式填写调查表。

4.4 雷电灾害事例的灾情表述应包括如下要素：日期、时间、地点、受灾对象、受灾时从事活动、人和动物伤亡以及设备和物件损坏情况、造成的影响和后果、直接经济损失、间接经济损失、事故原因。各要素的表述要求如下：

a) 日期和时间应按“［年］、［月］、［日］、［时］、［分］”格式表述，用阿拉伯数字表示，以 24 h 计。
b) 地点应包括行政区划名称、经纬度和周围环境特征。行政区划由大至小表述，环境特征包括建筑物特征、地貌特征（山地、河流、树木等）等，经纬度格式应为×××．××××°。
c) 受灾时从事的活动无法确定时应注明原因。
d) 人员伤亡应按“［姓名］、（［性别］、［年龄］、［民族］）”格式表述。
e) 设备和物件损坏情况应按“［损坏程度］、［数量］、［受损物件或设备］”格式表述。
f) 事故原因应为：无防雷装置、防雷装置不完善（破损）、其他原因（详细表述）。
g) 计量单位应采用法定计量单位。
h) 英文简称前应写明中文全称，如“电涌保护器（SPD）”。

4.5 一次雷击有多个实体或法人单位受灾时，应分别进行表述。

5 雷电灾害损失统计

5.1 人员伤亡

按一次雷击造成的人员伤亡数量进行统计，按附录 B 填写每个伤亡人员的情况。

5.2 直接经济损失

直接经济损失统计应包含以下内容，并按附录 C 的格式填写损失情况：

a) 建筑物损失的价值：建筑物全部或局部损坏的经济损失金额，局部建筑物受损的按损毁部分的修缮费用计算；
b) 牲畜损失的价值：按当时的市价计算牲畜伤亡的经济损失金额；
c) 建筑物内部物品损失的价值：办公用品、生产设备、家用电器、商品等全部或局部损坏的经济损失金额，物品全部损坏的按其购买原值计算，局部损坏的按其修理费用计算；
d) 树木损失的价值：按当时的市价计算树木伤亡的经济损失金额；
e) 供电、供气、电信、网络等设备设施损失的价值：设备设施全部或局部损坏的经济损失金额，设备设施全部损坏的按其购买原值计算，局部损坏的按其修理费用计算。

5.3 间接经济损失

间接经济损失统计应包含以下内容，并按附录 C 的格式填写损失情况：

a） 因 5.2a)和 5.2c)带来的损失，如影响正常营业、生产造成的损失等；

b） 因 5.2b)带来的损失，如失去畜力影响农业活动的损失等；

c） 因 5.2d)带来的损失，如环境破坏造成的损失等；

d） 因 5.2e)带来的损失，如供电、供气、网络中断导致停工停产的损失等。

6 雷电灾情数据统计

6.1 统计项

雷电灾情数据的统计项包括雷灾总起数、农村雷灾起数、雷击引发火灾或爆炸起数、人身事故起数、建(构)筑物受损起数、办公电子电器设备受损起数和件数、家用电子电器设备受损起数和件数，以及各主要行业发生的雷灾起数。

6.2 月统计

按月统计当地雷电灾情数据，按附录 D 的格式填写统计表。

按 4.2、4.4、4.5 的要求整理当月该地区的雷电灾情事例汇总材料。

6.3 年统计

统计汇总当地各月的雷电灾情数据，按附录 D 填写统计表。

按 4.2、4.4、4.5 的要求整理该地区本年度雷电灾情事例汇总材料。

附　录　A
（规范性附录）
雷电灾害调查表

表 A.1 给出了雷电灾害调查表的填写内容。

表 A.1　雷电灾害调查表

编号：________________

受灾单位		联系人	
灾害发生时间		联系电话	
灾害发生地点		雷击点	
灾害等级	□特别重大雷电灾害　□重大雷电灾害　□较大雷电灾害　□一般雷电灾害		
事故经过	（包括时间、地点、灾情、背景、人员伤亡、经济损失等）		
事故分析	（包括经纬度、建筑物、防雷装置、周围环境、土壤情况、天气情况、事故原因等）		
调查单位		调查时间	
调查人		联系电话	

“雷击点”的填写应符合 GB/T 21714.2 的规定。

注 1：特大雷电灾害，是指一起雷击造成 4 人以上身亡，或 3 人身亡并有 5 人以上受伤，或没有人员身亡但有 10 人以上受伤，或直接经济损失 500 万元以上的雷电灾害事故；重大雷电灾害，是指一起雷击造成 2～3 人身亡，或 1 人身亡并有 4 人以上受伤，或没有人员身亡但有 5～9 人受伤，或直接经济损失 100 万元以上至 500 万元以下的雷电灾害事故；较大雷电灾害，是指一起雷击造成 1 人身亡，或没有人员身亡但有 2～4 人受伤，或直接经济损失 20 万元以上至 100 万元以下的雷电灾害事故；一般雷电灾害，是指一起雷击造成 1 人受伤或直接经济损失 20 万元以下的雷电灾害事故。

注 2：此表未能详尽表述雷电灾害情况时，可在表后另附其他文字或影像等资料。

附　录　B
（规范性附录）
雷电灾害人员伤亡情况表

表 B.1 给出了雷电灾害人员伤亡情况表的填写内容。

表 B.1　雷电灾害人员伤亡情况表

填报单位：________________　　填报人：____________　　填报时间：____________

受灾单位	
事故发生时间	
事故发生地点	
伤亡人员信息	姓名：　性别：　年龄：　民族： 户口：□城镇　□非城镇　文化程度：
雷击时状态	□站　□行　□卧　□坐　□其他________
携带物品	□雨伞　□高尔夫球棒　□锄头　□其他________
当场被急救	□有　□无
人员伤亡程度	□当场死亡　□当场重伤，抢救后死亡　□重伤　□轻伤 □未受伤，有电击感觉　□雷击后遗症（生理、心理） □医学描述____________
雷击类型	□直击雷　□LEMP　□球形雷　□闪电感应　□闪电电涌侵入
关联表现形式	□接触电压　□旁侧对地闪击　□跨步电压　□火灾　□爆炸　□通信电话网络线 □电线触电　□其他____________
雷击时人员环境	□有防雷措施的建筑物　□旱田 □没有防雷措施的建筑物　□水田 □厂房仓库　□开阔地（院子、屋顶等） □临时建构筑物（窝棚、亭子等）　□山地 □有线相连（电话线等）　□树下 □携无线相关（手机）　□水面上（游泳、船上） □交通工具（机械、畜力）　□矿山工地 □水域附近（钓鱼、桥上）　□屋檐下 □公路　□其他____________
每个伤亡人员对应填写一张表格。 事故发生地点应尽量详细，按“省（区、市）/市/县/乡/村/组/等”顺序表述。 选择“其他”项时，应写明具体内容。 **注：**可多选。	

附　录　C
（规范性附录）
雷电灾害经济损失情况表

表 C.1 给出了雷电灾害经济损失情况表的填写内容。

表 C.1　雷电灾害经济损失情况表

填报单位：______________　　填报人：__________　　填报时间：__________

受灾单位	
事故发生时间	
事故发生地点	
损失统计	直接经济损失______万元　间接经济损失______万元 家用设备损失______件　公用设备损失______件 损失建筑物__________　其他损失__________
损失类型	□牲畜伤亡　□公众服务损失　□文化遗产损失 □经济损失(建筑物及其内存物、服务设施以及业务活动中断的损失)
引发事故	□火灾　□爆炸　□交通延误　□供电中断　□建筑物受损 □通信中断　□市政设施损坏　□ 网络中断　□工厂设备受损 □其他__________
雷击类型	□直击雷　□LEMP　□球形雷　□闪电感应　□闪电电涌侵入
雷灾承载体	□家用和办公电器　□微电子设备　□电力设备　□工厂设备 □建筑物　□牲畜　□树木　□其他__________
天气状况	□正在降雨　□无降雨　□降冰雹　□晴天　□其他__________
防雷措施	□无防雷装置　□防雷装置不完善(损坏)　□防雷装置未经气象主管部门验收 □防雷装置未年度检测　□其他__________
受损行业	□A 农、林、牧、渔业　□B 采矿业 □C 制造业(如石油加工、化学原料和化学制品、医药、汽车等) □D 电力、热力、燃气及水生产和供应业 □E 建筑业　□F 批发和零售业 □G 交通运输、仓储和邮政业　□H 住宿和餐饮业 □I 信息传输、软件和信息技术服务业　□J 金融业 □K 房地产业　□L 租赁和商务服务业 □M 科学研究和技术服务业　□N 水利、环境和公共设施管理业 □O 居民服务、修理和其他服务业　□P 教育 □Q 卫生和社会工作　□R 文化、体育和娱乐业 □S 公共管理、社会保障和社会组织　□T 国际组织 □其他__________
事故发生地点应尽量详细，按“省(区、市)/市/县/乡/村/组/等”顺序表述。 **注 1**：直接和间接经济损失以万元为单位，保留小数后 2 位。 **注 2**：受损行业所指范围参照国家统计局行业分类规定。	

附　录　D
（资料性附录）
雷电灾情数据统计表

表 D.1 给出了雷电灾情数据统计表的填写内容。

表 D.1　雷电灾情数据统计表

填报单位：__________　　填报时间：__________　　填报人：__________　　联系电话：__________

月　份	雷电灾害事故															主要行业的雷电灾害事故					
	雷灾总起数（起）	农村雷灾起数（起）	火灾或爆炸（起）	人身伤亡					建（构）筑物受损（起）	办公电子电器设备受损		家用电子电器设备受损		直接经济损失（万元）	间接经济损失（万元）	电力行业（起）	石化行业（起）	通信行业（起）	交通行业（起）	金融行业（起）	学校（起）
				起数（起）	伤		亡														
					总数（人）	农村（人）	总数（人）	农村（人）		（起）	（件）	（起）	（件）								
一月份																					
二月份																					
三月份																					
四月份																					
五月份																					
六月份																					
七月份																					
八月份																					
九月份																					
十月份																					
十一月份																					
十二月份																					
总 计																					

注 1：雷灾起数的计算，对单位而言，以一个法人单位受灾计为一起；对社区或农村居民而言，以一户受灾计为一起；对雷击伤亡事故而言，以发生在同一地点的伤亡事件计为一起。

注 2：人身事故"伤"中的"总数"是指因雷击造成受伤的总人数，"伤"中的"农村"是指发生在农村的雷击受伤人数；"亡"中的"总数"是指因雷击造成死亡的总人数，"亡"中的"农村"是指发生在农村的雷击死亡人数。

注 3：电子电器设备受损中的"起"是指造成电子电器设备损坏的雷灾起数，"件"是指因雷击造成电子电器设备损坏的件数。

参 考 文 献

［1］ GB 6721—1986 企业职工伤亡事故经济损失统计标准
［2］ GB 50057—2010 建筑物防雷设计规范

ICS 07.060
A 47
备案号：41374—2013

QX

中华人民共和国气象行业标准

QX/T 192—2013

气象服务电视产品图形

Graphics used in TV meteorological programs

2013-07-11 发布　　2013-10-01 实施

中　国　气　象　局　发布

前　　言

本标准按照 GB/T 1.1—2009 给出的规则起草。

本标准由全国气象防灾减灾标准化技术委员会(SAC/TC 345)提出并归口。

本标准起草单位:北京华风气象传媒集团有限责任公司。

本标准主要起草人:张明、李强、范晓青、章芳、丁莉莉、毋雅蓉、毛恒青、姚智。

气象服务电视产品图形

1 范围

本标准规定了气象服务影视产品图形的基本要求、标注信息和天气区域配色等。

本标准适用于气象服务电视节目图形的制作。

2 规范性引用文件

下列文件对于本文件的应用是必不可少的。凡是注日期的引用文件，仅注日期的版本适用于本文件。凡是不注日期的引用文件，其最新版本(包括所有的修改单)适用于本文件。

GB/T 12343.2—2008 国家基本比例尺地图编绘规范 第2部分:1:250 000地形图编绘规范

GB/T 22164 公共气象服务天气图形符号

QX/T 180—2013 气象服务图形产品色域

3 术语和定义

下列术语和定义适用于本文件。

3.1

天气现象区域 weather phenomenon region

具有雨、雪、雾、霾、沙尘、大风等某一种或几种天气现象的区域。

3.2

要素等级区域 weather elements region

具有相同气象要素等级、气象要素变化范围、指数等级区域。

3.3

天气区域 weather region

具有相同天气现象或相同气象要素等级的区域。

注:天气区域分为天气现象区域和要素等级区域。

3.4

等值线 isopleth

气象要素值相等各点的连线。

3.5

时效 valid

某种天气现象出现的时间段或时间点。

4 图形的基本要求

4.1 尺寸与分辨率

尺寸与分辨率应符合下列要求:

——用于PAL制式播出标准的图形大小为720×576像素，分辨率为72 dpi;

——用于高清播出标准的图形大小为1920×1080像素。

4.2 底图

底图使用按GB/T 12343.2—2008的规定。

4.3 图形要素

图形要素应符合下列要求：

a) 图形应标注标题、时效、天气要素的单位、发布单位、发布时间、图例；
b) 图形的天气符号见GB/T 22164，根据服务需要可给符号添加适当的动画或三维效果；
c) 图形中的天气区域用具有一定透明度的颜色来标注，通过在区域颜色上叠加相应的天气符号反映其属性；
d) 图形中的要素等级区域可通过在区域边界上标示等值线值、在区域内标示具体数值或数值范围、使用图例三种方式反映其属性。

5 标注信息

5.1 标题

用简明扼要的标题说明图形内容。

5.2 时效

按“开始时间一结束时间”的规则单独标注时效信息。用“yyyy年mm月dd日hh时”的格式标注时间，在不引起歧义的情况下可适当缩减。

在意义清楚且观众更容易理解的情况下，可用“星期X”等其他标注方法。

5.3 气象要素单位

根据图形需要选择合适的气象要素单位。

5.4 图例

应标注图例，图例不应遮挡图上的有效信息。

5.5 发布单位

图形应标注发布单位，位于图形右下角。如媒体有特殊要求，可遵照其规范执行。

产品发布单位的名称应为正式批准的产品提供方名称。

5.6 发布时间

图形的发布时间，位于发布单位的下方或右侧。

6 天气区域配色

天气区域配色应符合QX/T 180—2013的要求。

同一幅图中，不宜出现具有相同填充色的不同天气区域，且天气区域填充色不宜超过5种。

ICS 07.060
A 47
备案号：41375—2013

QX

中华人民共和国气象行业标准

QX/T 193—2013

玻璃钢百叶箱

Glass fiber reinforced plastic thermometer screen

2013-07-11 发布　　2013-10-01 实施

中国气象局　发布

前　　言

本标准按照 GB/T 1.1—2009 给出的规则起草。

本标准由全国气象仪器与观测方法标准化技术委员会(SAC/TC 507)提出并归口。

本标准起草单位:江苏省气象局、南京水利水文自动化研究所。

本标准主要起草人:周向军、施正平、申珊晓、韩苏明、王尧钧、施露阳、申德裕、吴天吉。

玻璃钢百叶箱

1 范围

本标准规定了玻璃钢百叶箱的技术要求、试验方法、检验规则和标志、包装、运输与贮存。

本标准适用于露天气象观测时放置测量空气温度、湿度等仪器的百叶箱。

2 规范性引用文件

下列文件对于本文件的应用是必不可少的。凡是注日期的引用文件,仅注日期的版本适用于本文件。凡是不注日期的引用文件,其最新版本(包括所有的修改单)适用于本文件。

GB/T 1449 玻璃纤维增强塑料弯曲性能试验方法

GB/T 2829—2002 周期检查计数抽样程序及抽样表(适用于对过程稳定性的检查)

GB/T 3854 纤维增强塑料巴氏(巴柯尔)硬度试验方法

JB/T 9329—1999 仪器仪表运输、运输贮存基本环境条件及试验方法

3 术语和定义

下列术语和定义适用于本文件。

3.1

玻璃钢百叶箱 glass fiber reinfored plastic thermometer screen

主体由玻璃纤维增强塑料加工制成的百叶箱。

注:不包括支架部分。

3.2

胶衣 gel coat

用于复合材料表面改善其性能的树脂层。

[GB/T 3961—2009,定义 3.3.11]

3.3

蜂窝芯 honeycomb core

用浸渍树脂胶液的片材,如纸、玻璃布等或塑料、金属片做成的蜂窝状结构,作为夹层结构的芯材。

[GB/T 3961—2009,定义 3.2.12]

4 技术要求

4.1 性能

玻璃钢百叶箱应具备下列性能:

a) 能在露天自然环境条件下使用;

b) 具有一定的通风条件;

c) 防止太阳直接照射箱内;

d) 有较好的反射辐射能力;

e) 能保护箱内的仪器免受强风、雨、雪等的侵袭；

f) 有较低的热容量。

4.2 结构和参数

4.2.1 结构及外部尺寸见图 1、图 2、图 3 和图 4。

单位为毫米

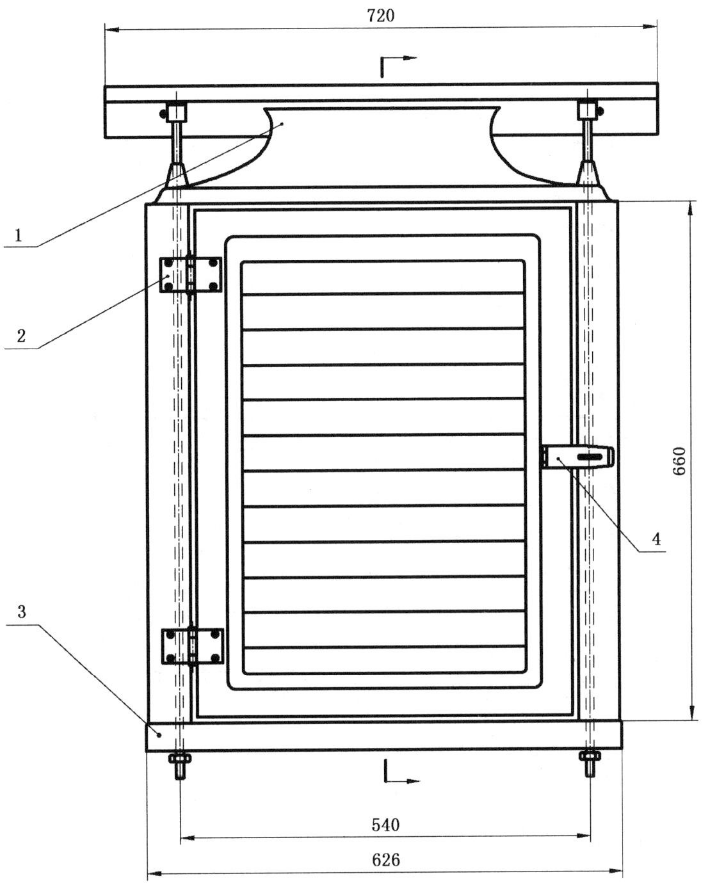

说明：

1——通风上盖；

2——铰链；

3——底座；

4——搭扣。

图 1 玻璃钢百叶箱正视图

单位为毫米

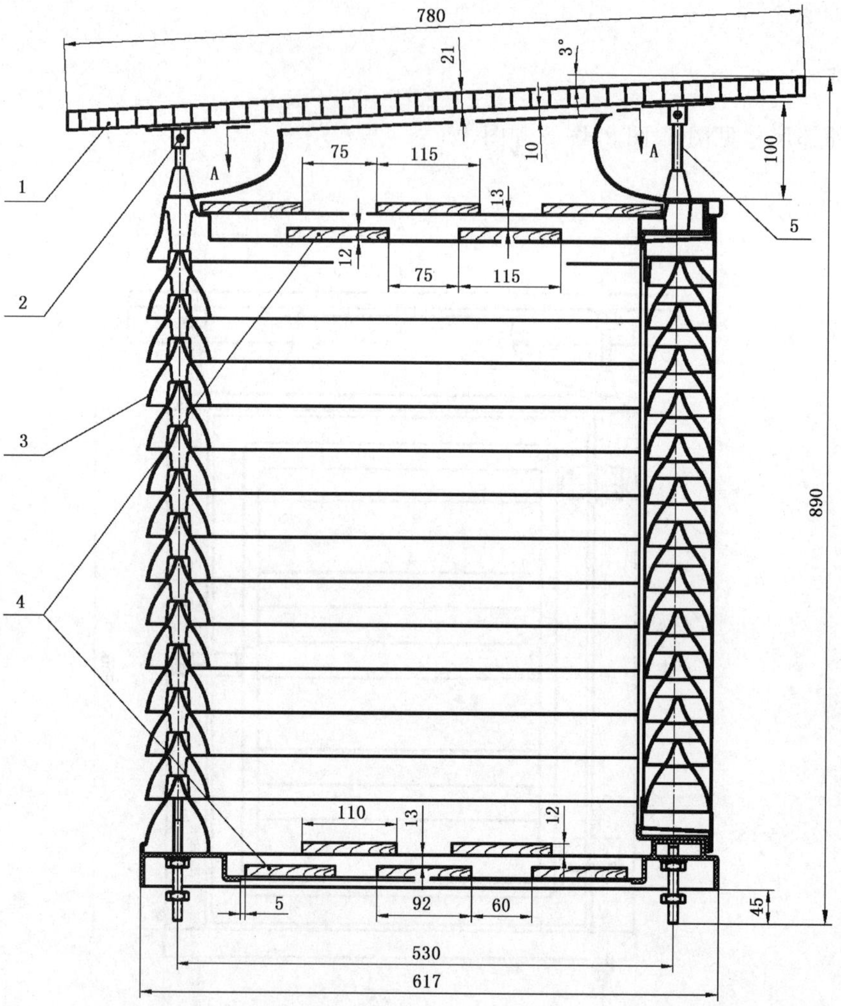

说明：

1——顶盖；

2——连接螺钉；

3——叶片；

4——木隔板；

5——连接杆。

图 2　玻璃钢百叶箱侧视图

单位为毫米

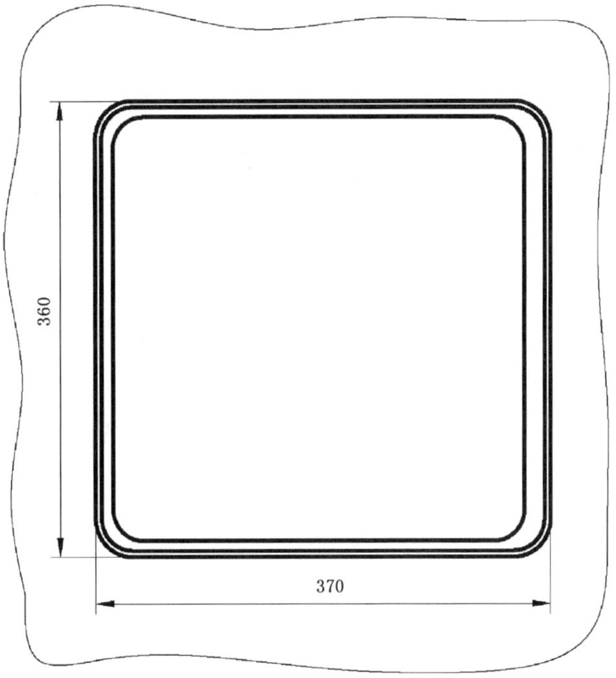

图3 玻璃钢百叶箱 A—A 向剖视图

4.2.2 内部尺寸如下：

——箱内宽为 466 mm±3 mm；

——箱内深为 462 mm±3 mm；

——箱内高为 618 mm±5 mm。

4.2.3 重量为 38 kg±5 kg。

4.2.4 顶盖尺寸如下：

——长为 780 mm±1.5 mm；

——宽为 720 mm±1.5 mm；

——厚为 21 mm±1.5 mm。

4.2.5 通风上盖有一垂直方向的通风口，其上边缘与顶盖间的平均距离为 10 mm±1 mm。

4.2.6 相邻叶片之间的垂直间距为 45 mm±1.5 mm。

4.2.7 同一侧叶片外边缘线应在同一平面上，平面度应不大于 3 mm。

4.3 材料

4.3.1 制造百叶箱的玻璃钢的主要材料为不饱和聚酯树脂和玻璃纤维布(毡)，辅料为固化剂等。玻璃钢制品的弯曲强度应不低于 147 MPa(1500 kg/cm^2)、巴氏硬度应不小于 30。玻璃钢外表面应有均匀的胶衣层。

4.3.2 铰链、搭扣应由厚度不小于 2 mm 的不锈钢材料制成，其余外露的铁金属件应做热镀锌处理。

4.3.3 箱内上、下交错安装的木隔板应使用平整无明显节疤的杉木，并应经过干燥处理，表面涂白色面漆。

4.3.4 顶盖面层为玻璃钢材料制成，内部使用纸质蜂窝芯。

单位为毫米

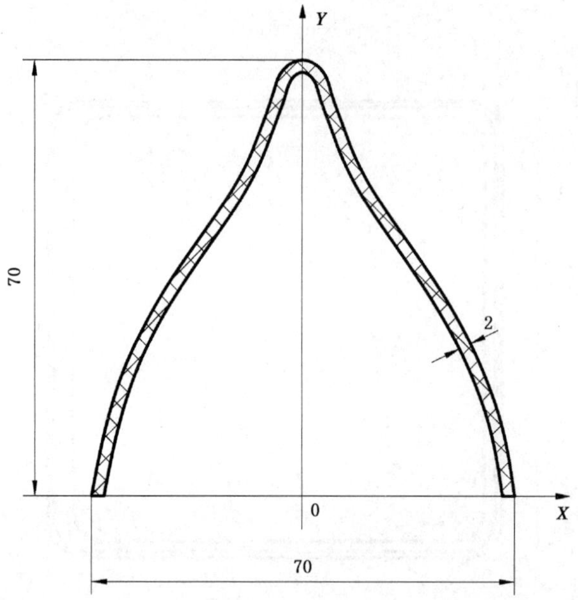

说明：

X——叶片外表面对应的横坐标；

Y——内、外叶片的对称轴。

玻璃钢百叶箱叶片剖面外表面型值由下表的16对坐标值确定。

序号	坐标	
	X	Y
1	±35.00	0
2	±35.00	5
3	±33.96	10
4	±32.50	15
5	±30.74	20
6	±28.11	25
7	±25.25	30
8	±22.00	35
9	±18.60	40
10	±15.61	45
11	±12.44	50
12	±9.75	55
13	±7.41	60
14	±5.33	65
15	±4.29	67.5
16	±0.00	70

图4　玻璃钢百叶箱叶片剖面图

4.4 外观

外观应满足如下要求：

a) 所有玻璃钢零部件外表面均为白色且色泽均匀，并应平整、光洁、无裂纹，无明显针孔、气泡、树脂浸渍不良、纤维裸露等缺陷。

b) 玻璃纤维层间无脱胶分层现象。

c) 各零部件的装配应正确、牢固，不得有松脱、变形、歪斜、开裂或其他影响使用的缺陷。

d) 叶片应厚度均匀，边缘无缺口、毛刺等缺陷。轴向平直，无明显扭曲。

e) 铰链装在箱门的左边，定位牢固；箱门转动灵活，并能由锁扣锁紧。

f) 顶盖不得开裂、漏水，与四根连接杆的连接应牢固。

4.5 抗冲击

玻璃钢百叶箱在包装状态下，应能承受 JB/T 9329—1999 规定的自由跌落试验，自由跌落高度为 250 mm。试验结束后，百叶箱应无破损、明显变形和松动等现象。

5 试验方法

5.1 对 4.1 中的性能进行野外考核试验和评估分析。考核试验可使用与木制百叶箱对比观测的方法。

5.2 对 4.2 中的“参数”一般采用钢直尺、钢卷尺、游标卡尺、塞尺、磅秤等常规工量具检验。为了方便检测，生产厂可使用专用量具对内部尺寸等进行检测或判定。具体检测项目和方法见表 1。

表 1 玻璃钢百叶箱参数检测项目表

序号	检测项目	要求	检测方法
1	4.2.2 内部尺寸	宽：466 mm±3 mm 深：462 mm±3 mm 高：618 mm±5 mm	用钢卷尺或专用量具测量。 箱内宽计算至左、右侧叶片外边缘；箱内深为关门状态下，后侧叶片外边缘至箱门内框间隔；箱内高计算至上、下木隔板。
2	4.2.3 重量	38 kg±5 kg	用磅秤称重。
3	4.2.4 顶盖尺寸	长：780 mm±1.5 mm 宽：720 mm±1.5 mm 厚：21 mm±1.5 mm	用钢直尺、钢卷尺等量具测量；模边不作厚度计算。
4	4.2.5 通风口距离	10 mm±1 mm	将顶盖安装到位后，沿通风口取四点用塞尺量取其与顶盖之间的距离，计算均值应在 10 mm±1 mm 内。
5	4.2.6 叶片垂直间距	45 mm±1.5 mm	用钢直尺或专用量具测量。
6	4.2.7 外边缘平面度	不大于 3 mm	在箱体三个外侧面上，分别用钢直尺按“*”形在三个位置紧贴叶片外边缘，观察并测量（用塞尺）各叶片外边缘离开钢直尺的间隙应不大于 3 mm。

5.3 4.3.1 弯曲强度按 GB/T 1449、巴氏硬度按 GB/T 3854 的规定进行测定。

5.4 4.4 主要采用目测检查方法。

5.5 4.5 自由跌落试验按 JB/T 9329—1999 的 4.5.1 有关规定进行。

6 检验规则

6.1 出厂检验

6.1.1 批量生产的玻璃钢百叶箱，应逐台进行出厂检验。

6.1.2 出厂检验按4.2、4.4的规定逐项进行。

6.1.3 每台百叶箱应经检验合格后，签发产品合格证方可出厂。

6.2 型式检验

6.2.1 玻璃钢百叶箱的型式检验原则上是全性能检验。有下列情况之一时，应进行型式检验：

a) 新产品或老产品转厂生产的试制定型鉴定；

b) 定型生产后，如结构、材料、工艺等有重大变更，可能影响产品性能时；

c) 正常生产时，每年定期进行的例行检验；

d) 产品停产一年以上，恢复生产时；

e) 国家质量技术监督机构提出进行型式检验要求时。

6.2.2 型式检验的样品应从出厂检验合格的产品中抽取，抽样方案和判定规则按6.3进行。

6.2.3 定期进行的例行检验可以不包括5.1的野外考核试验。

6.3 抽样方案和判定规则

6.3.1 抽样方案

抽样检验按GB/T 2829—2002的规定，采用判别水平Ⅰ的一次抽样方案，见表2。

表2 抽样方案

不合格分类	不合格质量水平	样本数	判定数组 $[A_C, R_e]$
A类	30	3	[0,1]
B类	65	3	[1,2]
C类	120	3	[3,4]

6.3.2 判定规则

判定规则包括如下三种：

a) 不合格的分类规则：

——A类不合格，指野外考核试验、主要结构、材料性能测试等重要方面不符合要求，会丧失产品使用价值；

——B类不合格，指较严重的尺寸参数不合格(如超过公差值的50%以上)和较严重的外观(工艺)不合格，对产品使用价值有一些影响；

——C类不合格，指一般尺寸稍有偏差(如超过公差值的50%以内)和外观稍不合格等，对产品使用几乎没有影响。

b) 按检验项目不合格数计算并判定。

c) 只有全部抽样方案检验合格，才能判本次检验合格。

6.3.3 不合格的处置

周期检验不合格的处置方法按 GB/T 2829—2002 的规定执行。

7 标志、包装、运输、贮存

7.1 标志

7.1.1 产品标志

玻璃钢百叶箱应在其显著部位著有铭牌，并清晰标明以下内容：

——制造厂名及厂标；

——产品型号及名称；

——出厂编号及日期；

——生产(使用)许可证编号等其他标志。

7.1.2 外包装箱标志

玻璃钢百叶箱外包装箱表面应标志以下内容：

——产品型号及名称；

——符合标准号；

——箱体尺寸(mm)：长×宽×高；

——箱体毛重(kg)；

——到站(港)及收货单位；

——发站(港)及发货单位；

——运输中必要的作业安全标志。

7.2 包装

7.2.1 成套玻璃钢百叶箱包括：

a) 玻璃钢百叶箱箱体一件；

b) 顶盖一块；

c) 附件(含清单)一份；

d) 安装使用说明书一份；

e) 合格证一张。

7.2.2 包装箱内应填入干燥、柔软的减震材料，并使玻璃钢百叶箱在其中不发生晃动。

7.2.3 包装箱应经济、牢固，并使用包装带捆扎加固。

7.3 运输

玻璃钢百叶箱在包装条件下，应能适应各种运输方式。

7.4 贮存

7.4.1 玻璃钢百叶箱应贮存在干燥、通风和无化学物质侵蚀的室内环境中。

7.4.2 玻璃钢百叶箱应能在温度为－40℃～60℃、相对湿度小于90％的环境中贮存。

参 考 文 献

[1] GB/T 3961—2009 纤维增强塑料术语

ICS 07.060
A 47
备案号：41376—2013

QX

中华人民共和国气象行业标准

QX/T 194—2013

系留气艇气象观测系统

Tethered balloon based meteorological observing system

2013-07-11 发布　　2013-10-01 实施

中国气象局　发布

前　言

本标准按照 GB/T 1.1—2009 给出的规则起草。

本标准由全国气象仪器与观测方法标准化技术委员会(SAC/TC 507)提出并归口。

本标准起草单位:中国气象局气象探测中心、中国科学院大气物理研究所、长春气象仪器研究所。

本标准主要起草人:王建凯、王勇、雷勇、丁海芳、王启万、吴展、张重明、孙宝来。

系留气艇气象观测系统

1 范围

本标准规定了系留气艇气象观测系统的系统组成、技术要求、试验方法、标志、包装、运输、贮存。

本标准适用于大气边界层的系留气艇观测系统。

2 规范性引用文件

下列文件对于本文件的应用是必不可少的。凡是注日期的引用文件，仅注日期的版本适用于本文件。凡是不注日期的引用文件，其最新版本(包括所有的修改单)适用于本文件。

GB/T 191 包装储运图示标志

GB/T 6388 运输包装收发货标志

GB/T 6587.6—1986 电子测量仪器 运输试验

GB/T 9969 工业产品使用说明书 总则

GB 11463—1989 电子测量仪器可靠性试验

GB/T 12339—2008 防护用内包装材料

GB/T 13384—2008 机电产品包装通用技术条件

GJB 2072—1994 维修性试验与评定

QX/T 8 气象仪器术语

ANSI/EIA 359-A-1-1988 专用颜色一颜色识别和编码的标准色(ANSI/EIA 359-A-1984 的补充1) Special Colors-Standard Colors for Color Identification and Coding (addendum No. 1 to ANSI/EIA 359-A-1984)

3 术语和定义

QX/T 8 界定的以及下列术语和定义适用于本文件。

3.1

绞车 winch

具有一个水平安装可卷绕绳索的卷筒或绞缆筒的机械。

注：是系留气艇观测系统的驱动部分。

3.2

绕线速度 winding speed

绞车在释放气艇时放线或收线的速度。

4 系统组成

系留气艇观测系统由探空部分和地面部分组成。

探空部分包括探空仪(含电池组、传感器、数据传输模块及天线、微处理器、防护包)、系留气艇、绞车(含电机)、系留绳等。

地面部分包括数据接收机(含天线)、数据处理机及软件、通信电缆、电源等。

5 技术要求

5.1 外观结构

应符合以下要求：

a) 探空仪的外观几何形状和尺寸应符合产品设计要求；

b) 防护包表面应光洁,无损伤和变形、开裂等现象；

c) 对环境敏感的部件或元器件应采取保护措施；

d) 可动部件,在包装运输前应加装锁定装置；

e) 全部电气线路、接插件和线缆等应焊接牢固；

f) 绞车各零部件表面应有涂、敷、镀等工艺措施；

g) 各零部件应安装正确、牢固可靠,操作部分不应有迟滞、卡死、松脱等现象；

h) 气艇颜色应符合 ANSI/EIA 359-A-1-1988 中规定的橘红色,特殊环境下可以选用其他醒目颜色；

i) 气艇形状为流线型；

j) 探空仪距气艇底部的距离应超过气艇尾翼的长度。

5.2 系统功能

应具有以下功能：

a) 气温、相对湿度、气压、风向和风速要素的采集、处理、显示及存储；

b) 参数设置(通过配套软件设置参数)；

c) 有实时通信、存储、打印的接口；

d) 实时显示电池状态；

e) 温度防辐射；

f) 绞车自动排线；

g) 绞车绕线速度在规定范围内连续可调；

h) 除探空仪与数据处理软件需一起更换外,其他同一型号的部件、组件和零件,不经修配或改动,替换后应满足系统机械性能和电气性能的技术要求。

5.3 测量性能

5.3.1 气压

气压传感器应满足：

a) 测量范围：500 hPa～1 050 hPa；

b) 最大允许误差：±0.5 hPa (任意 100 hPa 范围内)；

c) 分辨力：0.1 hPa。

5.3.2 温度

温度传感器应满足：

a) 测量范围：－40℃～50℃；

b) 最大允许误差：±0.3℃；

c) 分辨力：0.1℃。

5.3.3 相对湿度

湿度传感器应满足：

a) 测量范围：10%RH～100%RH；

b) 最大允许误差：±5%RH；

c) 分辨力：1%RH。

5.3.4 风向

风向传感器应满足：

a) 测量范围：0°～360°；

b) 最大允许误差：±10°；

c) 分辨力：1°。

5.3.5 风速

风速传感器应满足：

a) 测量范围：0.5 m/s ～15 m/s；

b) 最大允许误差：±(0.3+0.03 V) m/s(V 为测量风速值)；

c) 分辨力：0.1 m/s；

d) 启动风速：≤ 0.5 m/s。

5.3.6 探测高度

在风速小于 10 m/s 条件下，探测高度应满足：

a) 测量范围：10 m～1 000 m 或 1 000 m 以上；

b) 最大允许误差：±15 m。

5.3.7 载荷

载荷质量小于气艇净举力。

5.3.8 最高采样数率

数据的最高采样数率不低于 0.2 Hz。特殊情况下，可按实际需求确定。

5.3.9 通信频率

应符合国家无线通信频点分配的要求。特殊情况下，可按实际情况确定。

5.3.10 气艇漏气率

气艇漏气率每天不大于 0.2%。

5.3.11 绕线速度

连续可调，最大绕线速度为 1 m/s。

5.3.12 功率

绞车电机功率不低于 150 W。

5.3.13 系留绳

系留绳最小拉断强度 50 kg。

5.4 环境适应性

5.4.1 工作环境

应满足：

a) 温度：

  1) 探空仪、气艇：－40℃～50℃；

  2) 数据接收机、绞车：－25℃～40℃。

b) 相对湿度：小于或等于 100%。

5.4.2 储运环境

应满足：

a) 温度：－55℃～60℃；

b) 相对湿度小于或等于 95 %(无冷凝)；

c) 包装后的产品应满足装卸、运输等过程中的正常冲击、振动、跌落，应无损伤、变形并能正常工作。

5.4.3 电源适应性

应满足：

a) 绞车和数据接收机在交流电压 220×(1±10%)V、50 Hz±1 Hz 的条件下应能正常工作；

b) 探空仪在直流电压 6×(1±10%) V 的条件下应能正常工作。

5.5 可靠性

探空仪的平均故障间隔时间(MTBF)应不少于 2 000 h，数据接收机的 MTBF 应不少于 3 000 h。

5.6 维修性

系统故障的平均修复时间(MTTR)应不大于 0.5 h。

5.7 检定周期

分别为：

a) 温度传感器：二年；

b) 湿度传感器：一年；

c) 气压传感器：一年；

d) 风向、风速传感器：二年。

6 试验方法

6.1 外观结构检查及检查项目

6.1.1 目视检查 5.1、5.7 和第 8 章的内容。

6.1.2 实际操作检查 5.2 的内容。

6.1.3 用计量器具检查5.3～5.6的内容。具体试验方法按照6.2～6.5的要求进行。

6.2 测量性能

6.2.1 气压传感器

6.2.1.1 测试条件

标准器最大允许误差为±0.2 hPa。环境温度波动不超过±2℃。

6.2.1.2 测试点

压力测试点为500 hPa、550 hPa、650 hPa、750 hPa、850 hPa、950 hPa、1 000 hPa、1 050 hPa。

6.2.1.3 测试方法

测试时调整压力点顺序依次为：500 hPa、550 hPa、650 hPa、750 hPa、850 hPa、950 hPa、1 000 hPa、1 050 hPa、1 000 hPa、950 hPa、850 hPa、750 hPa、650 hPa、550 hPa、500 hPa(一次循环)，在各压力点上稳定1 min，然后分别读取测试开始和结束时的环境温度和空气湿度值，用二次读取的环境温度和空气湿度值的平均值，作为测试时的环境条件。测试时同时采集(或录取)被检气压传感器的示值和气压标准器的示值。

6.2.1.4 测试结果

一次循环测试结束，分别计算出气压传感器在各压力点上的测量误差。即被检气压传感器的示值减去气压标准器的标准值(测量值＋修正值)。

当各测试点的测量误差均不超过5.3.1的最大允许误差指标时，为合格。否则为不合格。

6.2.2 温度传感器

6.2.2.1 测试条件

测试前，将标准温度计和被试气温传感器，一同放入温度槽中。打开恒温槽电源，按照规定的温度测试点设定槽温。

6.2.2.2 测试点

温度测试点为：－40℃、－30℃、－10℃、0℃、10℃、30℃、50℃、60℃。

6.2.2.3 测试方法

当槽温达到或接近设定温度后稳定3 min后开始正式测试。测试时每隔30 s读取(采集)一次标准值和被试温度传感器的示值，连续读取(采集)四次。一个温度点测试完毕紧接着调整下一个温度点，各温度点的稳定时间、示值读取(采集)次数及间隔完全一致。

6.2.2.4 测试结果

用标准器四次读数的平均值加上修正值作为标准值，用被测温度传感器四次读数的平均值减去标准值得出该温度点上的测量误差。

被测温度传感器在规定测试点的测量误差均不超过5.3.2的最大允许误差指标时，判定为合格。

当被测温度传感器所有温度点上测量误差，只要有一个温度点超出5.3.2最大允许误差指标时，应为不合格。

6.2.3 湿度传感器

6.2.3.1 测试条件

试验设备：

a) 标准通风干湿表或同等测量准确度的湿度标准器；

b) 湿度检定箱应符合以下要求：

  1) 相对湿度场不均匀性：小于或等于1%；

  2) 相对湿度控制的不稳定性：±1.5%。

6.2.3.2 测试点

湿度测试点为30%RH、50%RH、80%RH、95%RH。

6.2.3.3 测试方法

在室温条件下，拆下系留气球探空仪防辐射罩，将传感器悬挂在湿度检定箱中，探空仪置于箱外，连接好地面接收部分。调整湿度箱内相对湿度分别至各检定点，各检定点偏离不应超过±3%RH，待箱内湿度稳定3 min后开始正式测试。测试时每隔30 s读取（采集）一次标准值和被试温度传感器的示值，连续读取（采集）四次。一个测试点测试完毕紧接着调整下一个测试点，各测试点的稳定时间、示值读取（采集）次数及间隔完全一致。

6.2.3.4 测试结果

用标准器四次读数的平均值加上修正值作为标准值，用被测传感器四次读数的平均值减去标准值得出该湿度点上的测量误差。

被测传感器在规定测试点的测量误差均不超过5.3.3的最大允许误差指标时，判定为合格。

当被测传感器所有湿度点上测量误差，只要有一个湿度点超出5.3.3最大允许误差指标时，应为不合格。

6.2.4 风向传感器

6.2.4.1 测试设备

标准微差压计、皮托管、低速风洞、气压表、温度表、相对湿度表及标准度盘。

6.2.4.2 设备条件

二等标准微差压计、皮托管的系数 K 为0.997～1.003、标准度盘的分辨力为1°。

6.2.4.3 启动风速测试点、测试方法及测试结果

6.2.4.3.1 风向刻度盘应安装在风洞试验段下面，其中心应在风洞试验段的中轴线上，测试时应与被测传感器同轴并能一起转动。在靠近风向刻度盘边沿的风洞轴线上设置铅垂线，垂线对准风向刻度盘的0°(360°)刻线作为风向的0°点。

6.2.4.3.2 静风时，把风向标转动至与度盘0°点偏离30°、330°。缓慢增加风速，当风向标开始转动时，停止增加风速，待风向标对准0°点时，测定风洞内的风速值。在每个位置上至少测量三次。

6.2.4.3.3 分别使风向传感器底座转动90°、180°、270°，重复6.2.4.3.2的试验。

6.2.4.3.4 用每个角度正反两个方向每次测量的平均值表示该角度的启动风速。有一个角度的启动风速不符合技术指标要求5.3.5，即判定为不合格。

6.2.4.4 测量范围及最大允许误差

6.2.4.4.1 测试点

风向测试点为：0°、90°、180°、270°。

6.2.4.4.2 测试方法

以标准度盘的刻度值为标准值，用指北针调整标准度盘的0°指向北方，将风向标(或探空仪)固定在度盘中心，调整其位置使风向显示值为0°，然后按照90°、180°、270°的顺序依次旋转。记录风向显示值，一点测试结束，再将风向标对准下一个测试点，录取数据。

6.2.4.4.3 测试结果

4个风向点测试结束，用风向传感器在各个风向点上的显示值减去标准值，得出各个风向点上的测量误差。4个检定点上的测量误差的最大值应符合5.3.4的要求。

6.2.5 风速传感器

6.2.5.1 测试设备

标准微差压计、皮托管、低速风洞、气压表、温度表和相对湿度表。

6.2.5.2 设备条件

二等标准微差压计、皮托管的系数 K 为0.997～1.003。

6.2.5.3 启动风速测试方法及测试结果

将风速传感器放置在风洞中，使风杯处于任意静止状态下，启动风洞使风速缓慢增大，记录下当风杯开始转动并连续旋转时的最低风速值。按以上方法重复三次，取其平均值为启动风速，其结果应符合5.3.5 d)的要求。

6.2.5.4 测量范围及最大允许误差

6.2.5.4.1 测试点

风速测试点为2 m/s、5 m/s、10 m/s、15 m/s。

6.2.5.4.2 测试方法及测试结果

将被试传感器放置在风洞中，依次将风速增大到2 m/s、5 m/s、10 m/s、15 m/s，分别读取各检定点的风洞实际风速值和被试传感器示值比较，其结果应分别符合5.3.5 a)～c)的要求。

6.2.6 探测高度

6.2.6.1 测试设备

双经纬仪。

6.2.6.2 设备条件

用双经纬仪交汇法测量探测高度，基线长度不小于100 m。

6.2.6.3 测试点、测试方法及测试结果

将系统连接好,处于工作状态;施放气艇至数据显示终端显示高度值 1 000 m(由于受风速、气艇净举力、自然环境的影响,一般情况下只能达到 400 m～800 m)。用双经纬仪基线交汇法测量探空仪的高度值应大于或等于 1 000 m,系统工作正常。符合 5.3.6 的要求。

6.3 环境适应性

6.3.1 工作环境

6.3.1.1 测试条件:超低温恒温恒湿箱、湿热交变箱。

6.3.1.2 测试点、测试方法及测试结果:

a) 低温:
   1) 将探空仪置于试验箱内,开机正常运行后读取一组数据。试验箱以不超过 2℃/min 的速度将温度降到－40℃±2℃,保持恒温 2 h,探空仪工作 1 h 并分别读取数据。试验后,应保证探空仪在关机状态下自然恢复 8 h。
   2) 将数据接收机置于试验箱内,开机正常运行后读取一组数据。试验箱以不超过 2℃/min 的速度将温度降到－25℃±2℃,保持恒温 2 h,数据接收机工作 1 h 并分别读取数据。试验后,应保证数据接收机在关机状态下自然恢复 8 h。

b) 高温:
   1) 将探空仪置于试验箱内,开机正常运行后读取一组数据。试验箱以不超过 2℃/min 的速度将温度升到 50℃±2℃,保持恒温 2 h,并分别读取数据。试验后,应保证探空仪在关机状态下自然恢复 8 h。
   2) 将数据接收机置于试验箱内,开机正常运行后读取一组数据。试验箱以不超过 2℃/min 的速度将温度升到 40℃±2℃,保持恒温 2 h,并分别读取数据。试验后,应保证数据接收机在关机状态下自然恢复 8 h。

c) 湿热:

   将探空仪和数据接收机置于试验箱内,正常运行后读取一组数据。试验箱以不超过 2℃/min 的速度将温度升到 35℃±2℃,相对湿度升至 85%,保持恒温恒湿 2 h,系留气球工作 1 h 并分别读取八组数据。将温度降至室温,相对湿度降至 70%。试验后,探空仪和数据接收机在关机状态下自然恢复 8 h。

6.3.2 储运环境

储运试验按照下述条款进行:

a) 按 6.3.1.2 进行极限温度的存储试验,试验时间为 24 h。
b) 按 GB/T 6587.6—1986 的规定进行,但不做翻滚试验。试验结束后,结构件应无破裂、变形和松动等现象,仪器通电后应正常工作。

6.3.3 电源适应性

采用下述方法进行:

a) 用交流 220 V 接在调压器输入端,绞车、数据接收机接在调压器输出端,调整调压器,使输出端电压变化±10%的条件下,仪器应正常工作;
b) 探空仪用可调直流稳压电源供电,改变输出电压,在电压变化±10%的情况下,探空仪应正常工作。

6.4 可靠性

6.4.1 方案

若无合同规定，采用定时结尾试验方案，决策风险率取 $\alpha=\beta=20\%$，鉴别比 $d=3$，试验时间 T 为 4.3，接收故障数 r 小于或等于 2。

6.4.2 被试仪器

6.4.2.1 被试仪器应由研制方通过老化处理。

6.4.2.2 试验应在被试仪器通过静态测量误差和主要电气性能测试后进行。若无特殊要求，被试仪器应全部参加试验。

6.4.2.3 在试验期间，被试仪器应处于正常工作状态。

6.4.3 测试方法及测试结果

按 GB 11463—1989 的相关规定进行。

6.5 维修性

按照 GJB 2072—1994 的相关方法试验。

7 标志、使用说明书

7.1 标志

7.1.1 产品

在产品的明显位置应设有产品的标牌，并清晰标明以下内容：

a) 产品名称、型号；
b) 生产厂及商标；
c) 出厂日期及编号；
d) 主要参数指标。

7.1.2 包装

在产品包装箱的适当位置，应标有以下内容：

a) 产品名称、型号；
b) 生产厂及地址；
c) 仪器数量；
d) 箱体尺寸(mm)；
e) 净质量或毛质量(kg)；
f) 运输作业安全标志；
g) 生产许可证编号。

7.1.3 运输

产品的包装储运图示和收发货标志，应根据产品的特点按照 GB/T 191 和 GB/T 6388 等有关标准规定选用。

7.2 使用说明书

产品的使用说明书应符合 GB/T 9969 的规定。

8 包装、运输、贮存

8.1 包装

8.1.1 条件

产品的附件、配件应齐全，易损件要有足够的备件。按 GB/T 13384—2008 的规定执行。

8.1.2 要求

包装应满足：

a) 包装箱应牢固可靠，不致因包装不善而引起产品损坏、结构松动、散失等；
b) 包装箱应有衬垫措施，保证产品在运输或携带途中不发生窜动、碰撞、摩擦；
c) 包装箱应用防震、防潮、防尘等防护措施，应符合 GB/T 13384—2008 中的有关规定；
d) 包装时，周围环境及包装箱内应清洁、干燥；
e) 随同装箱的技术文件应有装箱单、产品合格证、使用说明书等；
f) 防护用内包装材料应符合 GB/T 12339—2008 的规定；
g) 内外包装箱间的缓冲材料应具有质地柔软，不易虫蛀及长霉等特点；
h) 随机文件应采用防护包装。装箱单置于内包装箱的外防护层中，其余随机文件置于内包装箱中。

8.1.3 随机文件

包装箱内附有随机文件：

a) 产品合格证；
b) 产品说明书；
c) 装箱单；
d) 随机备附件清单；
e) 安装图或必要的原理图及电路接线图；
f) 订货合同规定的其他文件：
g) 数据处理备份软件光盘；
h) 检定证书。

8.2 运输

产品在包装条件下，应能适应各种运输方式。但在运输过程中，应避免碰撞及机械损伤。

8.3 贮存

包装好的产品应储存在环境温度－10℃～40℃、相对湿度小于 80％的空气流通无腐蚀性气体的室内；气艇的储存环境温度为 15℃～25℃的室内，应避光、远离热源和臭氧环境。

ICS 07.060
A 47
备案号：41377—2013

QX

中华人民共和国气象行业标准

QX/T 195—2013

电离层垂直探测规范

Specifications for ionospheric vertical sounding

2013-07-11 发布　　2013-10-01 实施

中国气象局　发布

前　言

本标准按照 GB/T 1.1—2009 给出的规则起草。

本标准由全国卫星气象与空间天气标准化委员会空间天气监测预警分技术委员会(SAC/TC 347/SC 3)提出并归口。

本标准起草单位:厦门市气象局。

本标准主要起草人:帅方红、苏卫东、张立多、钟卓约、陈体廉。

引　　言

电离层是空间天气监测预警的重要对象之一。针对我国地区特殊性进行局地电离层探测，是我国开展电离层预报预警和服务的重要保障。为规范利用电离层测高仪进行电离层垂直探测的业务活动，特制定本标准。

电离层垂直探测规范

1 范围

本标准规定了电离层观测站的基本要求、垂直探测工作总体要求、日常业务运行和维护。

本标准适用于利用电离层测高仪开展电离层垂直探测的业务。

2 术语和定义

下列术语和定义适用于本文件。

2.1

电离层 ionosphere

距地球表面大约 60 km～1000 km 高度含有大量自由电子和中性成分的区域，可以显著影响无线电波的传播。

2.2

电离层测高仪 ionosonde

通过发射扫频无线电波从地面对电离层进行探测的常规设备。

2.3

电离层垂直探测 ionospheric vertical sounding

用电离层测高仪从地面对电离层进行日常观测的技术。

注：这种技术垂直向上发射频率随时间变化的无线电脉冲，在同一地点接收这些脉冲的电离层反射信号，测量出电波往返的传递时延，从而获得反射高度与频率的关系曲线。

2.4

电离图 ionogram

利用电离层测高仪进行电离层垂直探测时获得的无线电波反射视在高度与无线电波频率的关系图。

注：视在高度指利用电波反射时延和真空光速得到的高度。

3 电离层观测站

3.1 标识

电离层观测站应有各自标识，观测站标识编码规则见附录 A。

3.2 坐标

以发射天线的基座位置确定电离层观测站的地理经度、纬度，数值精确到 1′；由发射天线的基座高度确定天线的海拔高度，精确到 0.1 m。

3.3 探测环境保护要求

3.3.1 应保持天线场地地面平整，不应存在影响探测质量的遮蔽物。

3.3.2 应保护电离层测高仪工作电磁环境，保证仪器工作波段内不受电磁干扰。

4 总体要求

4.1 观测模式

电离层测高仪应按照视在高度不低于1000 km、最大频率不低于25 MHz的模式运行。

根据观测频次的需求，可分为普通模式和加密模式两类：

——普通模式：每15 min进行1次探测；

——加密模式：每15 min之内进行超过1次的探测。

4.2 观测时制、日界和时界

电离层垂直探测采用世界时(UTC)按观测模式工作，每日24 h不间断观测，日界为每日00时00分—23时59分，时界为每小时的00分00秒—59分59秒。

4.3 电离图获取

电离层测高仪按照观测模式，以一定的频率步进连续探测从电离层不同高度反射的不同频率的回波信号，获取电离图。

4.4 参量标定

根据电离层测高仪探测数据对电离层各种参量进行标定，具体参量名称及定义见附录B。

5 日常业务运行和维护

5.1 基本观测要求

应完成以下几部分工作：

——配置电离层测高仪的站点信息、发射频率表、探测内容、观测模式等系统参数；

——观测前系统自检；

——仪器正常工作状态下自动获取并存储探测数据，并按系统参数配置要求自动传输数据；

——仪器自动运行过程中，工作人员应检查设备运行状况以及数据传输情况。

5.2 数据文件传输

在原始观测数据生成后10 min内应完成数据传输。

5.3 报表制作

5.3.1 日报表

日报表应包括本日各时次所有标定参量。制作内容及式样见附录C。

5.3.2 月报表

月报表应包括本月各时次的规定标定参量。制作内容及式样见附录C。

5.4 日常巡查和维护

日常巡查和定期维护情况均应记入值班日志和设备维护记录表中，式样见附录D。

5.5 仪器定标

每年定期进行仪器定标测试，测试内容主要包括发射和接收机电子学性能、发射机的发射功率、天线的辐射性能，具体定标方法和内容应按仪器说明手册进行。

5.6 质量控制

正式交换或存档的参量值，应经过人工标定，标定规则见附录 B.2。

日报文件中的标定数据，应对照电离图进行校对。

月报文件中的标定数据，应对照日报数据进行校对。

5.7 资料归档

电离层观测站需要归档的数据文件包括：

——原始数据；

——日报表；

——月报表；

——值班日志；

——维修记录。

附　录　A
（规范性附录）
电离层观测站标识编码规则

参照 IUWDS(INTERNATIONAL URSIGRAM and WORLD DAYS SERVICE)的命名规则(Appendix C,Synoptic Codes for Solar and Geophysical Data)，电离层观测站国际标号标识由五位码“ABCDD”组成，按照以下编码规则编码：

A——观测站位居地球八区域之一的区域编码，取值为：

1——0°～100°W，北半球；

2——100°～180°W，北半球；

3——0°～100°E，北半球；

4——100°～180°E，北半球；

5——0°～100°W，南半球；

6——100°～180°W，南半球；

7——0°～100°E，南半球；

8——100°～180°E，南半球。

B——观测站经度值编码，如果 A=1、3、5 或者 7，则 B 取值为：

0——0～5°；

1——6°～15°；

2——16°～25°；

3——26°～35°；

4——36°～45°；

5——46°～55°；

6——56°～65°；

7——66°～75°；

8——76°～85°；

9——86°～99°。

如果 A=2、4、6 或者 8，则 B 取值为：

0——100°～105°；

1——106°～115°；

2——116°～125°；

3——126°～135°；

4——136°～145°；

5——146°～155°；

6——156°～165°；

7——166°～175°；

8——176°～185°；

9——186°～199°。

C——观测站纬度值编码，取值为：

0——0～5°；

1——6°～15°；

2——16°～25°；

3——26°～35°；

4——36°～45°；

5——46°～55°；

6——56°～65°；

7——66°～75°；

8——76°～85°；

9——86°～90°。

DD——在同一“ABC”区域观测站顺序编码，由 IUWDS 指定；不参与国际交换台站的顺序编码由业务主管部门指定。

示例：

北京怀柔观测站　　N40　E117　　标号标识 42401

北京沙河观测站　　N40　E116　　标号标识 42402

附 录 B
(规范性附录)
电离图预处理和标定

B.1 标定参数

通过对电离图的预处理和标定后,可以获得14个电离层参数,详见表B.1,表中各参量见图B.1。

表 B.1 标定参数表

标定参数英文名称	标定参数中文名称	说 明	精度	单位
foF2	F2层寻常波临界频率	F2层内最高层的寻常波临界频率。	0.1	MHz
h′F2	F2层视在高度	F2层内最高的稳定分层寻常波描迹的最低视在高度。	5	km
M(3000)F2	F2层最高可用频率因子	对于3000 km标准斜向传播距离,F2层斜传播最大可用频率与F2层垂测频率foF2之间的比值。	0.05	/
foF1	F1层寻常波临界频率	F1层内最高层的寻常波临界频率。	0.1	MHz
M(3000)F1	F1层最高可用频率因子	对于3000 km标准斜向传播距离,F1层斜传播最大可用频率与F1层垂测频率foF1之间的比值。	0.05	/
h′F	F层视在高度	整个F区寻常波描迹的最低视在高度。	5	km
foE	E层临界频率	E层中最低厚层寻常波的临界频率。	0.05	MHz
h′E	E层视在高度	整个正规E层的最低视在高度。	5	km
fmin	最低频率	在电离图上观测到的寻常波回波描迹的最低频率。	0.1	MHz
foEs	Es层寻常波顶频	Es层寻常波的顶端频率。	0.1	MHz
fbEs	Es层遮蔽频率	Es层的遮蔽频率,即Es层开始变为透明的寻常波的最低频率。	0.1	MHz
h′Es	Es层视在高度	给出foEs数值的描迹的最低视在高度。	5	km
Es Type	Es类型	Es描迹分为11种类型,用英文小写字母表示为f(平型)、l(低型)、c(尖型)、h(高型)、q(赤道型)、r(时延型)、a(极光型)、s(斜形)、d(D区型)、n(不能归为标准类型)和k(微粒E层)。	/	/
fxI	F层最高频率	不论是垂直或者斜向的F层反射记录到的最高频率。	0.1	MHz

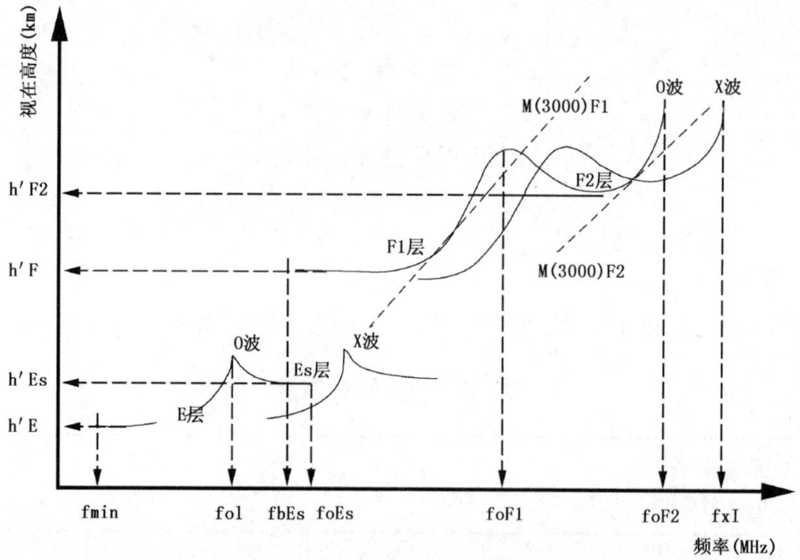

图 B.1 标定参数示意图

B.2 标定总则

B.2.1 所有参数均取寻常波的第一次回波描迹，fxI 应取非寻常波的第一次回波描迹。

B.2.2 标定值不能取自斜反射、流星回波、瞬时描迹等极端变化的描迹。

B.2.3 当无法读取准确数值时，应根据相应情况加注限量符号及说明符号。限量符号不能单独使用，只能标注在数值之后并与说明符号一起使用。说明符号可以单独使用或与数值一起使用。

B.2.4 标定所得的数据格式为五位。前三位为数值，数值高位不足补数字 0；第四位为限量符号；第五位为说明符号。单独使用数据或符号时，也应将其标在相应的位置上。如果标定值是由数值与说明符号组成的，则在限量符号位置加“减号”。

示例：220EA；

059JA；

220；

A；

059-R。

B.2.5 如果标定某一时间的电离图参数遇到疑问，应参考当日前后连续时间内的电离图或前三日中同一时间的电离图中相应参数的数值。

B.3 限量符号意义

表 B.2 主要限量符号意义

限量符号	意　　义
A	小于。
D	大于。
E	小于。

表 B.2 主要限量符号意义(续)

限量符号	意 义
J	寻常波分量是从非常波推算出来的。
O	非常波分量是由寻常波分量推导出的。
U	不确定的可疑的数值。
注:限量符号“A”仅用于 fbEs。	

B.4 说明符号含义

表 B.3 主要说明符号含义

说明符号	含 义
A	由于Es层的遮蔽,造成上一层的数据受到影响或者无法获得。
B	由于 fmin 附近的吸收,使得数据受到影响或者无法获得。
C	非电离层原因造成的数据损失。
D	由于频率范围上限的限制,使数据受到影响或者无法获得。
E	由于频率范围下限的限制,使数据受到影响或者无法获得。
F	因频率上的扩散,使数据受到影响或者无法获得。
G	因某一层的电离层密度太小,造成数据受到影响或者无法获得。
K	出现微粒 E 层。
L	出现了混合扩散,即当地日出时间段内 F 层的分层不明显。
Q	高度上的区域扩散。
R	由于当地时间的日出时段内的临界频率附近发生吸收,造成数据受到影响或者无法获得。
S	由于噪声干扰或大气噪声造成数据受到影响或者无法获得。
V	可能影响标定的分叉描迹。

B.5 主要标定参量名称及定义

B.5.1 foF2 的标定

B.5.1.1 数据可由单纯数值、数值加符号或者单纯符号表示。

示例:051 (F2 层临界频率为可靠值 5.1 MHz)

051UR(由于临界频率附近吸收的原因,使得 F2 层临界频率为可疑值 5.1 MHz)

R (由于临界频率附近吸收的原因,使得 F2 层临界频率无法获得数值)

B.5.1.2 通常某一层的描迹都有两个分量,前面一个为寻常波分量,而后面一个为非常波分量(X 波)。foF2 应取 F2 区域内最高层的寻常波(O 波)分量的数值。

B.5.1.3 如果 F2 层的寻常波分量描迹可疑导致取值不准确或者不能取值,而非常波分量描迹无扩散并且可以准确取值,则:

$$foF2=(fxI - fb/2) \qquad \cdots\cdots(B.1)$$

式中：

fb ——当地的磁旋频率，理论上所有寻常波分量和非常波分量在数值上都应相差 fb/2；

fxI——F 层最高频率，详见附录 B.5.5。

数值后应加注限量符号 J，说明符号则应视实际情况加注。

示例：在北京地区，fxI＝057-X，F2 层寻常波分量未出现，则 foF2＝050-X（北京地区的 fb/2＝0.7MHz）。

B.5.1.4 在当地时间的日落时间段内，临界频率附近发生的吸收由符号 S 表示。

B.5.1.5 如果 F 层出现三个分量，则 foF2 取中间一个分量的值，并加说明符号“Z”。

B.5.1.6 如果 F 层出现四个分量，则 foF2 取第三个分量的值，并加说明符号“V”。

B.5.2 M(3000)F2 的标定

B.5.2.1 电离层传输因子通常以 3000 km 作为标准传播距离，并且通常要附加上反射层的名称来表示。M(3000)F2 表示通过电离层 F2 层反射的 3000 km 标准距离的传输因子。

B.5.2.2 数据可由单纯数值、数值加符号或者单纯符号表示。

示例：300 (M(3000)F2 为 3.00)

300UR（由于临界频率附近吸收的原因，使得 M(3000)F2 为可疑值 3.00）

R （由于临界频率附近吸收的原因，使得 M(3000)F2 无法获得数值）

B.5.2.3 M 因子应从寻常波分量标定。

B.5.2.4 M(3000)F2 加注的限量符号和说明符号与 foF2 相同。

B.5.3 fmin 的标定

B.5.3.1 数据可由单纯数值、数值加符号或者单纯符号表示。

示例：016 (fmin 为 1.6 MHz)

016ES（由于干扰的原因，使得 fmin 真实值应小于实际取值 1.6MHz）

C （由于非电离层的原因，使得 fmin 无法获得数值）

B.5.3.2 应读取在电离图上记录到的反射电波的最低频率，它可以是 E、Es 或 F 层的值。

B.5.3.3 当地时间的日落时间段内，fmin 在数值后应加注符号“ES”。

示例：fmin＝016ES

B.5.3.4 一般是从寻常波分量获得数值，如果是从 Z 分量获得的，则需在数值后加注说明符号“Z”。

B.5.3.5 如果电离层的回波描迹非常微弱或间断时，该部分描迹应予以忽略。

B.5.3.6 如果 fmin 值很高时，即使电离层回波的描迹很弱，也应按强描迹读取。

B.5.3.7 不能从 D 区的描迹来获取数值。

B.5.4 foEs 的标定

B.5.4.1 数据可由单纯数值、数值加符号或者单纯符号表示。

示例：035 (foEs 为 3.5 MHz)

035JA（由于遮蔽的原因，使得 foEs＝3.5 MHz 这个数值是推导得出的）

C （由于非电离层的原因，使得 foEs 无法获得数值）

B.5.4.2 只能读取 Es 层的描迹的寻常波分量。

B.5.4.3 如果出现多个 Es 层描迹时，应取顶频最大者；如果顶频相同，则应读取 h′Es 最高者。

B.5.4.4 当出现电离层全遮蔽时，即 F 层被 Es 层完全遮蔽住，

$$foEs = (ftEs - fb/2)JA \quad \cdots\cdots (B.2)$$

式中：

ftEs ——Es 层的顶频，即在电离图上获得的 Es 层的最大频率；

fb ——当地的磁旋频率。

B.5.4.5 当Es层的寻常波和非常波分量无法区分时，应作如下处理：

如果ftEs> fb/2且(ftEs−fb/2)>fbEs，则foEs=(ftEs−fb/2)JA；

反之，则foEs= ftEs。

B.5.4.6 当地时间的日落时间段内未出现Es层时，foEs=(fmin)ES。

示例：fmin=016ES，foEs=016ES。

B.5.5 fxI的标定

B.5.5.1 数据可由单纯数值、数值加符号或者单纯符号表示。

示例：051　(由于扩散原因，fxI为5.1 MHz)

051-X　(fxI为可靠值5.1 MHz)

R　(由于临界频率附近吸收的原因，使得fxI无法获得数值)

B.5.5.2 取F层反射的最高频率。通常情况下，fxI的值与foF2的值相差fb/2。

B.5.5.3 没有扩散发生时要在数字后加符号"−X"(减号和说明符号X)。

B.5.5.4 扩散时，只取最高频率不加符号。

B.5.5.5 从准确的foF2推导出的值应加符号"OX"。

B.5.6 foF1的标定

B.5.6.1 数据可由单纯数值、数值加符号或者单纯符号表示。

示例：051　(foF1为可靠值5.1 MHz)

051UR(由于临界频率附近吸收的原因，使得foF1为可疑值5.1 MHz)

R　(由于临界频率附近吸收的原因，使得foF1无法获得数值)

B.5.6.2 这个参量只在当地白天时段出现，尤其是夏季白天出现。

B.5.6.3 foF1的取值要根据F层的分层尖角来判断：

—— F层未出现分层尖角时，foF1不取值；

—— F层的分层尖角不明显时，foF1取值加说明符号"L"或只注说明符号"L"；

—— F层出现清晰的分层尖角时，foF1直接取数值。

B.5.7 foE的标定

B.5.7.1 数据可由单纯数值、数值加符号或者单纯符号表示。

示例：031　(foE为可靠值3.1 MHz)

031UR(由于临界频率附近吸收的原因，使得foE为可疑值3.1 MHz)

R　(由于临界频率附近吸收的原因，使得foE无法获得数值)

B.5.7.2 应取E层的最高点频率，但不能取E2层的数值。

B.5.8 fbEs的标定

B.5.8.1 数据可由单纯数值、数值加符号或者单纯符号表示。

示例：035　(fbEs为3.5 MHz)

035AA(由于全遮蔽的原因，取fbEs = foEs = 3.5 MHz)

C　(由于非电离层的原因，使得fbEs无法获得数值)

B.5.8.2 应取Es层遮蔽的第一个层读取数据，无论这个层是E层还是F层。

B.5.8.3 当地时间的日落时间段内未出现Es层时，fbEs =(fmin)ES

B.5.9 M(3000)F1的标定

B.5.9.1 电离层传输因子通常以3000 km作为标准传播距离，并且通常要附加上反射层的名称来表示。M(3000)F1 表示通过电离层 F1 层反射的 3000 km 标准距离的传输因子。

B.5.9.2 数据可由单纯数值、数值加符号或者单纯符号表示。

示例：300　(M(3000)F1 为 3.00)

300UR(由于临界频率附近吸收的原因，使得 M(3000)F1 为可疑值 3.00)

R　(由于临界频率附近吸收的原因，使得 M(3000)F1 无法获得数值)

B.5.9.3 M 因子应从寻常波分量标定。

B.5.9.4 M(3000)F1 加注的限量符号和说明符号与 foF1 相同。

B.5.10　h′F2 的标定

B.5.10.1 数据可由单纯数值、数值加符号或者单纯符号表示。

示例：220　(h′F2 为 220 km)

220EA(由于遮蔽的原因，使得 h′F2 的实际值应该比 220 还要低)

C　(由于非电离层的原因，使得 h′F2 无法获得数值)

B.5.10.2 应取 F2 层最低的水平位置的高度，否则应加注符号。

B.5.11　h′F 的标定

B.5.11.1 数据可由单纯数值、数值加符号或者单纯符号表示。

示例：220　(h′F 为 220 km)

220EA(由于遮蔽的原因，使得 h′F 的实际值应该比 220 还要低)

C　(由于非电离层的原因，使得 h′F 无法获得数值)

B.5.11.2 应取 F 层最低的水平位置的高度，否则应加注符号。

B.5.12　h′E 的标定

B.5.12.1 数据可由单纯数值、数值加符号或者单纯符号表示。

示例：110　(h′E 为 110 km)

110EA(由于遮蔽的原因，使得 h′E 的实际值应该比 110 还要低)

C　(由于非电离层的原因，使得 h′E 无法获得数值)

B.5.12.2 应取 E 层最低的水平位置的高度，否则应加注符号。

B.5.13　h′Es 的标定

B.5.13.1 数据可由单纯数值、数值加符号或者单纯符号表示。

示例：110　(h′Es 为 110 km)

110EG(Es 层的最底端没有水平，使得 h′Es 的实际值应该比 110 还要低)

C　(由于非电离层的原因，使得 h′Es 无法获得数值)

B.5.13.2 应取 Es 层最低的水平位置的高度，否则应加注符号。

B.5.14　Es Type 的标定

不取数值，仅表示出现了几种 Es 层，它们分别有几次反射描迹。

示例 1：C3H1　(C 型 Es 有 3 次反射回波，H 型 Es 有 1 次反射回波)

Es Type 有 F，L，C，H，Q，R，A，S，D，N，K 等 11 种类型，但常见的有 L，C，F，H，K 等几种。

出现多类型 Es 时记录的顺序：

先写取出 foEs 值的那个类型，然后再写其他类型；其他类型的顺序应按多重反射的次数降阶表示。

示例 2：出现了 1 次 C 型，3 次 L 型，2 次 H 型 Es，且 foEs 取自 L 型，则：

Es Type = L3H2

由于只有五位数值，所以只能取两种类型。

B.6 正点数据上传文件内容和格式

正点数据上传包括 foF2，M(3000)F2，foEs，fmin 四个参量值的文件。

文件名以电离层观测站代码为名，共五行，格式式样为：

GUANGZHOU

BEIJING

IONFM 41206 71224 /0800

43235 09116 ......

NNNN

其中：

a) 第一行为发送地点，即电离层观测站名称。

b) 第二行为接收地点。

c) 第三行第 1 到 5 位为国际电联规定的报头，“ION”为电离层，F 为频率，M 为 M(3000)；第 6 位为空格位；第 7 到 11 位为国际电联统一指定的观测站代码；第 12 位为空格位；第 13 到 17 位为时间位(报文时间统一使用世界时，下同)，其中年 1 位，月 2 位，日 2 位，例“71224”，2007 年 12 月 24 日；第 18 位为空格位；第 19 位为补足位，用“/”；第 20 到 23 位为报文起始时间位，其中小时 2 位，分钟 2 位。例“0800”，即下面的报文从 08:00 开始，并且按时间顺序连续排列。

d) 第四行开始为正文。其中：

1) 第 1 位为时间代码，从 00 点到 23 点代码分别为：

——00 点和 01 点：代码为 0；

——02 点和 03 点：代码为 1；

——04 点和 05 点：代码为 2；

——06 点和 07 点：代码为 3；

——08 点和 09 点：代码为 4；

——10 点和 11 点：代码为 5；

——12 点和 13 点：代码为 6；

——14 点和 15 点：代码为 7；

——16 点和 17 点：代码为 8；

——18 点和 19 点：代码为 9；

——20 点和 21 点：代码为 0；

——22 点和 23 点：代码为 1。

2) 第 2 位、第 3 位为 foEs 值，精度为 0.1 MHz。如果 foEs 数值超过 10 MHz，则用符号“EE”代替；如果不能读取数值，则第 2 位注“X”，第 3 位用数字代替说明符号说明原因：

——1：说明符号 A；

——2：说明符号 B；

——3：说明符号 C；

——4：说明符号 D；

——5：说明符号 E；

——6：说明符号 F；

——7：说明符号 G；

——0：其他说明符号。

3） 第4位、第5位为M(3000)F2值，精度为10，例“35”即M(3000)F2＝350，按四舍五入原则取值；如果不能读取数值，则第4位注“X”，第5位用数字代替说明符号说明原因。数字代替规则同上。

4） 第6位为空格位；第7位到第9位为foF2值，精度为0.1 MHz，例“091”即foF2＝9.1 MHz；如果不能读取数值，则第7位、第8位注“OO”，第9位用数字代替说明符号说明原因。数字代替规则同上。

5） 第10位、第11位为fmin值，精度为0.1 MHz，例“16”即fmin＝1.6 MHz。如果不能读取数值，则第10位注“X”，第11位用数字代替说明符号说明原因。数字代替规则同上。

6） NNNN为报文结束标志。

附　录　C
（规范性附录）
电离层垂测记录报表式样

C.1　日报表

报表式样见图 C.1。

电离层垂测记录日报表

观测站名称：________　　　　观测时间：______年______月______日

地理坐标：经度______　纬度______　　地磁坐标：经度______　纬度______　　标准时间______

时间	foF2	h′F2	M(3000)F2	foF1	h′F	M(3000)F1	foE	h′E	fmin	foEs	fbEs	h′Es	Es Type	fxI
T00														
T01														
T02														
T03														
T04														
T05														
T06														
T07														
T08														
T09														
T10														
T11														
T12														
T13														
T14														
T15														
T16														
T17														
T18														
T19														
T20														
T21														
T22														
T23														

图 C.1　电离层垂测记录日报表式样

C.2 月报表

C.2.1 封面

式样见图C.2。

电离层垂测记录月报表

观测站名称:________　　　　观测时间:______年______月

地理坐标:经度______　纬度______　地磁坐标:经度______　纬度______　标准时间______

垂测仪型号:________　频率范围:________　高度范围:________

图C.2　电离层垂测记录月报表封面式样

C.2.2 月报表内容

月报表见表C.1,其中填写值为相应参量各时次的月中值。

表C.1　电离层垂测记录月报表

参量	时间																							
	00	01	02	03	04	05	06	07	08	09	10	11	12	13	14	15	16	17	18	19	20	21	22	23
foF2																								
h'F2																								
M(3000)F2																								
foF1																								
h'F																								
M(3000)F1																								

C.3 各参量每日每正点标定值汇总表

每个参数1张,共14张。以foF2为例,式样如图C.3。

电离层垂测记录 foF2 月报表

观测站名称:________　　　　观测时间:______年______月

地理坐标:经度______　纬度______　地磁坐标:经度______　纬度______　标准时间______

	00	01	02	03	04	05	06	07	08	09	10	11	12	13	14	15	16	17	18	19	20	21	22	23
1																								
2																								
3																								
4																								
5																								
6																								

图C.3　电离层垂测记录 foF2 月报表式样

	00	01	02	03	04	05	06	07	08	09	10	11	12	13	14	15	16	17	18	19	20	21	22	23
7																								
8																								
9																								
10																								
11																								
12																								
13																								
14																								
15																								
16																								
17																								
18																								
19																								
20																								
21																								
22																								
23																								
24																								
25																								
26																								
27																								
28																								
29																								
30																								
31																								
U－QT																								
L－QT																								
MED																								
NO.																								

图 C.3　电离层垂测记录 foF2 月报表式样(续)

附　录　D
(规范性附录)
值班日志和设备维护记录表式样

D.1　值班工作日志

图 D.1 给出了值班工作日志表的式样。

值班工作日志

维护人：________　　　　________年______月______日

工作时段		接班时间		值班员	
测高仪 工作模式			测高仪 工作模式调整记录		
测高仪 配置文件修改记录					
缺失数据时间					
缺失数据原因					
其他工作记录					
备注					

图 D.1　值班工作日志式样

D.2　日维护工作内容和记录表

日维护工作内容：重点查看室外天线外观，检查测高仪设备状态、计算机操作系统及应用软件的运行状态和供电、空调等辅助设施的运行情况，保持设备、机房、工作环境的清洁卫生。在不影响测高仪正常工作的情况下，日维护每天进行一次。在雨、雪天，尤其南方雨季时，应经常注意机房是否漏水，电缆是否受潮。雷雨大风的情况下，应做好事前的防风工作和防雷设施检查以及事后的设备运行状态检查工作。

电离层观测站日维护表式样见图 D.2。

电离层观测站日维护表

维护人：________________　　　　　　　　________年______月______日

日维护内容		维护结果		故障及处理情况备注
计算机检查	操作系统	正常	不正常	
	病毒自动检查情况	无病毒	有病毒	
	应用软件运行	正常	不正常	
	磁盘存储空间	满足	不满足	
	计算机对时（北京标准时）	不超过 10 秒	超过 10 秒	
	前一天探测数据完整性	正常	不正常	
	网络连接	正常	不正常	
	数据通信	正常	不正常	
供电检查	市电检查	正常	不正常	
	稳压电源检查	正常	不正常	
测测高仪检查	天线外观检查	正常	不正常	
	通过测高仪指示灯查看工作状态	正常	不正常	
	通过应用软件查看工作状态	正常	不正常	
工作环境	机房空调	温度合适	温度不合适	
	机房保洁	清理	未清理	

图 D.2　电离层观测站日维护表式样

D.3 月维护工作内容和记录表

月维护工作内容：重点检查和维护天线和连接馈线，对计算机软件进行优化和升级，完成基本探测数据的备份和相关记录的整理归档。

电离层观测站月维护记录表式样见图D.3。

电离层观测站月维护记录表

维护人：________________　　________年______月______日

<table>
<tr><th colspan="2">月维护内容</th><th colspan="2">维护结果</th><th>故障及处理情况备注</th></tr>
<tr><td rowspan="10">测高仪设备及软件检查维护</td><td rowspan="2">检查天线连接紧固件</td><td>检查</td><td>未检查</td><td rowspan="2"></td></tr>
<tr><td></td><td></td></tr>
<tr><td rowspan="2">检查天线馈线及接插件绝缘可靠性</td><td>检查</td><td>未检查</td><td rowspan="2"></td></tr>
<tr><td></td><td></td></tr>
<tr><td rowspan="2">检查连接馈线</td><td>检查</td><td>未检查</td><td rowspan="2"></td></tr>
<tr><td></td><td></td></tr>
<tr><td rowspan="2">检查防雷避雷设施</td><td>检查</td><td>未检查</td><td rowspan="2"></td></tr>
<tr><td></td><td></td></tr>
<tr><td rowspan="2">定期检查硬盘空间</td><td>进行</td><td>未进行</td><td rowspan="2"></td></tr>
<tr><td></td><td></td></tr>
<tr><td rowspan="6">辅助设施维护</td><td rowspan="2">不间断电源充放电维护(每3个月)</td><td>维护</td><td>未维护</td><td rowspan="2"></td></tr>
<tr><td></td><td></td></tr>
<tr><td rowspan="2">检查通信电缆松动、侵蚀、异常情况</td><td>检查</td><td>未检查</td><td rowspan="2"></td></tr>
<tr><td></td><td></td></tr>
<tr><td rowspan="2">测试空调运行状况并拆洗滤尘网(每3个月)</td><td>完成</td><td>未完成</td><td rowspan="2"></td></tr>
<tr><td></td><td></td></tr>
<tr><td rowspan="2">其他</td><td rowspan="2">月基本探测数据备份</td><td>完成</td><td>未完成</td><td rowspan="2"></td></tr>
<tr><td></td><td></td></tr>
<tr><td colspan="5">备注：</td></tr>
</table>

图D.3 电离层观测站月维护记录表

D.4 每月仪器工作状态总结

每月仪器工作状态记录表的式样见图 D.4。

每月仪器工作状态记录表

观测站名称：________________　　　　　　　　　　______年______月

内 容		时 间			
		00 分	15 分	30 分	45 分
应测记录					
实测记录					
缺失记录					
缺失原因	停 电				
	人为事故				
	机器故障				
	其他原因				

图 D.4 每月仪器工作状态记录表式样

D.5 故障处理详情列表

故障处理详情列表见表 D.1。

表 D.1 故障处理详情

故障仪器名称	故障时间	故障原因	处理方法	处理结果	维修人

ICS 07.060
A 47
备案号：41378—2013

QX

中华人民共和国气象行业标准

QX/T 196—2013

静止气象卫星及其地面应用系统运行故障等级

Malfunction level of geostationary meteorological satellites on orbit and its ground application system

2013-07-11 发布　　　　2013-10-01 实施

中国气象局　发布

前　言

本标准按照 GB/T 1.1—2009 给出的规则起草。

本标准由全国卫星气象与空间天气标准化技术委员会(SAC/TC 347)提出并归口。

本标准起草单位:国家卫星气象中心。

本标准主要起草人:魏彩英、程朝晖、林维夏、赵现纲、陈秀娟、屈兴之、房静欣。

引　言

随着我国静止气象卫星发射数量的增加，尤其是投入业务运行的卫星数量增加，静止气象卫星及其地面应用系统的故障诊断及排除工作日益增多。为了尽快查找、分析故障原因，准确确定故障性质及影响，积极采取应急措施和安排抢修工作，有必要根据静止气象卫星在轨运行的状况和地面应用系统的运行状况以及对卫星观测业务的影响程度，确定相应的故障等级。

静止气象卫星及其地面应用系统运行故障等级

1 范围

本标准规定了我国静止气象卫星及其地面应用系统运行故障的等级。

本标准适用于我国静止气象卫星及其地面应用系统运行故障的分级。

2 静止气象卫星在轨运行故障等级

2.1 灾难性故障

出现下列情况之一属于灾难性故障：

——卫星平台出现不可修复故障且无备份手段，导致卫星无法工作；

——有效载荷出现故障或指标严重超差，导致有效载荷无法工作或大于50%的通道无法使用。

2.2 一级故障

出现下列情况之一属于一级故障：

——卫星平台或有效载荷无法连续正常工作1 h以上，或连续24 h累计无法工作时间大于4 h；

——20%～50%的有效载荷通道无法使用；

——遥感数据质量比考核指标超差20%。

2.3 二级故障

出现下列情况之一属于二级故障：

——卫星平台或有效载荷无法连续正常工作30～60 min，或24 h累计无法工作时间1～4 h；

——5%～20%的有效载荷通道无法使用；

——由于卫星故障等原因导致遥感数据质量比考核指标超差5%～20%。

2.4 三级故障

出现下列情况之一属于三级故障：

——卫星平台或有效载荷无法连续正常工作30 min以内，或24 h累计无法工作时间小于1 h；

——5%的有效载荷通道无法使用；

——由于卫星故障等原因导致遥感数据质量比考核指标超差5%以下。

3 静止气象卫星地面应用系统故障等级

3.1 一级故障

出现下列情况之一属于一级故障：

——地面应用系统出现严重故障，连续1 h或24 h内累计4 h以上无法获取和广播卫星观测数据，或卫星资料严重异常无法使用；

——非卫星资料质量原因，当资料处理及产品分发系统出现故障，连续12 h及以上卫星资料无法正常处理；

——连续 12 h 及以上卫星资料无法正常分发；

——连续 24 h 及以上资料处理作业中 50%以上产品无法生成。

3.2 二级故障

出现下列情况之一属于二级故障：

——地面应用系统出现故障，导致连续 30～60 min 或一天累计 1～4 h 无法获取卫星观测数据，或卫星资料严重异常无法使用；

——当资料处理及产品分发系统出现故障，非卫星资料质量原因，连续 6 h 及以上卫星资料无法正常处理；

——连续 6 h 及以上卫星资料无法正常分发；

——连续 12 h 及以上资料处理作业中 50%以上产品无法生成。

3.3 三级故障

出现下列情况之一属于三级故障：

——地面应用系统出现故障，导致连续 30 min 以内或一天累计 1 h 以内无法获取卫星观测数据，或卫星资料严重异常无法使用；

——当资料处理及产品分发系统出现故障，非卫星资料质量原因，连续 3 h 及以上卫星资料无法正常处理；

——连续 3 h 及以上卫星资料无法正常分发；

——连续 6 h 及以上资料处理作业中 50%以上产品无法生成。

参 考 文 献

[1] 中国气象局.风云二号卫星及地面应用系统运行故障报告制度.气发〔2007〕229号

ICS 07.060
A 47
备案号：41379—2013

QX

中华人民共和国气象行业标准

QX/T 197—2013

柑橘冻害等级

Grade of freezing injury to *citrus* trees

2013-07-11 发布　　　　2013-10-01 实施

中国气象局　发布

前　　言

本标准按照 GB/T 1.1—2009 给出的规则起草。

本标准由全国农业气象标准化技术委员会(SAC/TC 539)提出并归口。

本标准起草单位:江西省农业气象中心、湖北省气象科技服务中心、浙江省气候中心、福建省气象科学研究所。

本标准主要起草人:杜筱玲、王保生、杨爱萍、陈正洪、金志凤、陈惠、刘文英、郭瑞鸽、马德栗。

柑橘冻害等级

1 范围

本标准规定了柑橘种植区越冬期内单站冻害和区域冻害的等级。

本标准适用于柑橘种植区越冬期内冻害的监测、预报和评估等工作。

2 术语和定义

下列术语和定义适用于本文件。

2.1

越冬期 overwintering period

柑橘可采成熟期至春芽开放期。

注:一般为上年 12 月至当年 2 月。可采成熟期、春芽开放期见中国气象局《农业气象观测规范》规定的柑橘物候期。

2.2

持续降水日数 days of continuous rainfall

柑橘越冬期日降水量大于或等于 0.1 mm 的连续日数。

2.3

旱冻指数 index of drought-freezing injury

利用最低气温、降水距平等要素综合度量柑橘越冬期遭受冻害和干旱双重灾害程度的数值。

2.4

湿冻指数 index of wet-freezing injury

利用最低气温、持续降水日数等要素综合度量柑橘越冬期遭受冻害和潮湿双重灾害程度的数值。

2.5

单站冻害指数 single station index of freezing injury

度量柑橘单站冻害程度的数值。

2.6

区域冻害指数 regional index of freezing injury

度量柑橘区域冻害程度的数值。

3 符号

下列符号适用于本文件。

F:区域冻害指数。

f:单站冻害指数。

I_{dfi}:旱冻指数。

I_{wfi}:湿冻指数。

Q:柑橘冻害气象因子级数。

R_a:12 月 1 日至冻害评估、预警当日,最迟至越冬期结束期间的降水距平百分率(%)。

R_c:12 月 1 日至冻害评估、预警当日,最迟至越冬期结束期间的最长持续降水日数,单位为天(d)。

T_c：12月1日至冻害评估、预警当日，最迟至越冬期结束期间的日最低气温小于或等于−1.5℃的最长持续日数，单位为天(d)。

T_D：12月1日至冻害评估、预警当日，最迟至越冬期结束期间的极端最低气温，单位为摄氏度(℃)。

y：单站冻害等级的量化值。

4 单站冻害指数计算和等级划分

4.1 柑橘冻害气象因子的分级

柑橘冻害气象因子 T_D、R_a、R_c、T_c 的分级见表1。

表1 柑橘冻害气象因子分级

Q	T_D/℃	R_a/%	R_c/d	T_c/d
0	$T_D>-3$	$R_a>-30$	$R_c<2$	$T_c<2$
1	$-5<T_D\leqslant-3$	$-40<R_a\leqslant-30$	$2\leqslant R_c<5$	$2\leqslant T_c<4$
2	$-7<T_D\leqslant-5$	$-50<R_a\leqslant-40$	$5\leqslant R_c<10$	$4\leqslant T_c<6$
3	$-9<T_D\leqslant-7$	$-60<R_a\leqslant-50$	$10\leqslant R_c<15$	$6\leqslant T_c<8$
4	$-11<T_D\leqslant-9$	$-70<R_a\leqslant-60$	$15\leqslant R_c<20$	$8\leqslant T_c<10$
5	$T_D\leqslant-11$	$R_a\leqslant-70$	$R_c\geqslant20$	$T_c\geqslant10$

4.2 旱冻指数计算

$$I_{dfi}=a_1Q(T_D)+a_2Q(R_a)+a_3Q(T_c) \qquad \cdots\cdots(1)$$

式中：

a_1、a_2、a_3 ——影响系数，取值分别为6、1、3；

$Q(T_D)$、$Q(R_a)$、$Q(T_c)$ ——分别为根据 T_D、R_a、T_c 确定的柑橘冻害气象因子级数，确定方法见表1。

4.3 湿冻指数计算

$$I_{wfi}=b_1Q(T_D)+b_2Q(R_c)+b_3Q(T_c) \qquad \cdots\cdots(2)$$

式中：

b_1、b_2、b_3 ——影响系数，取值分别为6、1、3；

$Q(T_D)$、$Q(R_c)$、$Q(T_c)$ ——分别为根据 T_D、R_a、T_c 确定的柑橘冻害气象因子级数，确定方法见表1。

4.4 单站冻害指数计算

单站冻害指数取旱冻指数、湿冻指数的最大值。

$$f=\max(I_{dfi},I_{wfi}) \qquad \cdots\cdots(3)$$

4.5 单站冻害等级划分

单站冻害等级根据单站冻害指数 f 确定，分为5个等级。单站冻害等级的划分和量化值见表2。各级冻害的表现参见附录A。

表 2 单站冻害等级的划分和量化值

冻害等级	轻度	中度	偏重	严重	特重
f	$6 \leqslant f < 11$	$11 \leqslant f < 16$	$16 \leqslant f < 21$	$21 \leqslant f < 26$	$f \geqslant 26$
y	1	2	3	4	5

由于各地柑橘种植区栽培水平、品种不同，冻害程度存在差异，确定单站冻害等级时，可对单站冻害指数的阈值作适当调整。

5 区域冻害指数计算和等级划分

5.1 区域冻害指数计算

以某区域内总站数、单站冻害等级为基础计算区域冻害指数。

$$F = \frac{1}{n}\sum_{i=1}^{n} y_i \qquad \cdots\cdots(4)$$

式中：

n ——区域内的总站数；

i ——区域内各站点序号；

y_i——第 i 站柑橘冻害等级对应的量化值，当 $f<6$ 时，y 取 0。

5.2 区域冻害等级划分

区域冻害等级根据区域冻害指数 F 确定，分为 5 个等级，见表 3。

表 3 区域冻害等级的划分

冻害等级	轻度	中度	偏重	严重	特重
F	$1.0 \leqslant F < 2.0$	$2.0 \leqslant F < 3.0$	$3.0 \leqslant F < 3.5$	$3.5 \leqslant F < 4.0$	$F \geqslant 4.0$

由于各地柑橘种植区栽培水平、品种不同，冻害程度存在差异，确定区域冻害等级时，可对区域冻害指数的阈值作适当调整。

附　录　A
（资料性附录）
柑橘单站冻害的表现

表 A.1 描述了柑橘单站冻害不同冻害等级的表现。

表 A.1　柑橘单站冻害的表现

冻害等级	冻害表现
轻度	甜橙类大部分叶片受冻，部分秋梢受冻，减产小于 10%；宽皮橘类部分叶片受冻，秋梢没有明显伤害。
中度	甜橙类大部分叶片死亡，一年生枝梢大部分受到明显伤害，减产 10%～30%；宽皮橘类部分叶片死亡，一年生枝梢部分受冻，产量受到影响，但减产不明显。
偏重	甜橙类绝大部分叶片受冻死亡或脱落，一年生、二年生枝梢全部冻死，减产 30%～60%；宽皮橘类一年生枝梢冻死，减产 20%～30%；金柑类叶片受冻。
严重	甜橙类枝条大部分死亡，只保留主干、主枝、副主枝等骨干枝，基本绝收；宽皮橘类大部分枝梢死亡，减产 30%～50%；金柑类受冻明显。
特重	甜橙类植株接穗部分或全树死亡；宽皮橘类大部分枝条死亡，只保留主干、主枝、副主枝等骨干枝，减产 50%以上，幼、老、病、结果较多及管理较差的果树死亡；金柑类大部分枝条受冻，减产 20%以上。
注：减产百分比是将冻害年的柑橘单产与相邻年份中未出现冻害年份的柑橘单产进行比较。	

参 考 文 献

[1] 胡正月，朱清能，许地长. 江西省1999年冬柑橘冻害起因及冻后护理、恢复技术措施. 中国南方果树，2000，**29**(1)：11-13

[2] 蒋运志. 阳朔金桔的主要气象灾害分析及防御. 南方园艺，2010，**21**(5)：10-13

[3] 吴炳龙. 气温正常年份柑橘冻害的原因调查. 浙江柑橘，1997，**14**(3)：31-32

[4] 周俊辉，章文才，沈廷厚. 近540年来长江中下游地区柑橘大冻发生规律的初步研究. 江西农业学报，1996，**8**(2)：102-107

[5] 中国气象局. 农业气象观测规范. 北京：气象出版社，1993

[6] 中国气象局. 地面气象观测规范. 北京：气象出版社，2003

ICS 07.060
A 47
备案号：41380—2013

QX

中华人民共和国气象行业标准

QX/T 198—2013

杨梅冻害等级

Grade of freezing injury to *Myrica rubra* trees

2013-07-11 发布

2013-10-01 实施

中国气象局　发布

前　　言

本标准按照 GB/T 1.1—2009 给出的规则起草。

本标准由全国气象防灾减灾标准化技术委员会(SAC/TC 345)提出并归口。

本标准起草单位:浙江省气候中心、浙江省农业科学院、福建省气象科学研究所、仙居县气象局。

本标准主要起草人:金志凤、姚益平、梁森苗、徐宗焕、李仁忠、朱寿燕。

杨梅冻害等级

1 范围

本标准规定了杨梅种植区越冬期冻害和开花期冻害的等级。

本标准适用于杨梅种植区越冬期冻害和开花期冻害的监测、预报和评估等工作。

2 术语和定义

下列术语和定义适用于本文件。

2.1

气温 air temperature

表示空气冷热程度的物理量。

注 1:地面气象观测中测定的是离地面 1.50 m 高度处百叶箱内观测的气温。单位为摄氏度(℃),数据取一位小数。

注 2:改写 QX/T 50—2007,定义 3.1。

2.2

日最低气温 daily minimum air temperature

前一日 20 时(北京时)至当日 20 时之间气温的最低值。

注:单位为摄氏度(℃),数据取一位小数。

2.3

日平均气温 daily mean air temperature

前一日 20 时(北京时)至当日 20 时之间 02 时、08 时、14 时和 20 时 4 次气温的平均值。

注:单位为摄氏度(℃),数据取一位小数。

2.4

越冬期冻害 freezing injury to *Myrica rubra* trees overwintering period

杨梅树体在上一年刚停止生长到当年开始恢复生长这一基本处于休眠状态的时段内,由于气温下降到一定范围使杨梅树体出现受冻症状。

注:杨梅越冬期冻害主要发生在上一年 12 月至当年 2 月。

2.5

开花期冻害 freezing injury to *Myrica rubra* trees during flowering stage

杨梅花序从刚露白(雌株或雄株的花枝上花芽刚裂开,有花序露出)到基本脱落(80%以上花序凋萎脱落)这一时段内,花蕾出现受冻症状。

注:杨梅开花期冻害主要发生在 3 月至 4 月。

3 杨梅冻害等级划分

3.1 划分指标

在杨梅越冬期和开花期,利用日最低气温和持续天数或者日平均气温和持续天数作为冻害划分指标。

3.2 等级划分

杨梅冻害分为轻度、中度和重度3个等级，等级划分见表1。日最低气温和日平均气温2个指标中，只要满足其中一个，即可判定为相应的冻害等级。

表1 杨梅冻害等级的划分

冻害等级	越冬期		开花期	
	日最低气温和持续天数	日平均气温和持续天数	日最低气温和持续天数	日平均气温和持续天数
轻度	$-9℃<T_{min}\leqslant-6℃$，$D_{min}\geqslant2$ d	$-2℃<T_{avg}\leqslant0℃$，$D_{avg}\geqslant2$ d	$-1℃<T_{min}\leqslant0℃$，$D_{min}\geqslant2$ d	$2℃<T_{avg}\leqslant3℃$，$D_{avg}\geqslant2$ d
中度	$-11℃<T_{min}\leqslant-9℃$，$D_{min}\geqslant2$ d	$-5℃<T_{avg}\leqslant-2℃$，$D_{avg}\geqslant2$ d	$-2℃<T_{min}\leqslant-1℃$，$D_{min}\geqslant2$ d	$0℃<T_{avg}\leqslant2℃$，$D_{avg}\geqslant2$ d
重度	$T_{min}\leqslant-11℃$，$D_{min}\geqslant2$ d	$T_{avg}\leqslant-5℃$，$D_{avg}\geqslant2$ d	$T_{min}\leqslant-2$ ℃，$D_{min}\geqslant2$ d	$T_{avg}\leqslant0℃$，$D_{avg}\geqslant2$ d
注：T_{min}为日最低气温，D_{min}为日最低气温持续天数，T_{avg}为日平均气温，D_{avg}为日平均气温持续天数。				

不同等级杨梅冻害的表现症状参见表2。

表2 杨梅冻害的表现症状

冻害等级	越冬期表现症状	开花期表现症状
轻度	树体主干的树皮出现开裂	$30\%<P\leqslant50\%$
中度	树体二级以下的主枝（包括主干和一级主枝）树皮出现开裂	$50\%<P\leqslant80\%$
重度	树体三级以下的主枝（包括主干、一级主枝和二级主枝）树皮出现开裂	$P>80\%$
注：杨梅树体的主干和主枝示意图参见附录A。P为花蕾枯萎率。		

附 录 A
（资料性附录）
杨梅树体的主干和主枝示意图

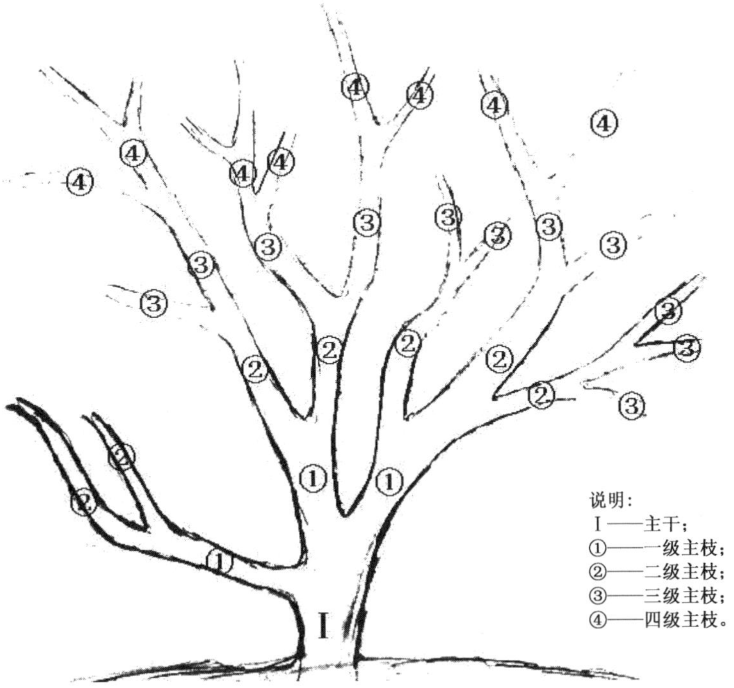

图 A.1　杨梅树体的主干和主枝示意图

参考文献

[1] QX/T 50—2007 地面气象观测规范 第6部分:空气温度和湿度观测

[2] 陈方永,倪海枝,叶春勇,等.杨梅冻害预防和冻后处理办法.中国南方果树,2009,**38**(6):50-51

[3] 金志凤,王立宏,冯涛,等.浙江省杨梅生产中主要农业气象灾害及防御措施.中国农学通报,2007,**23**(6):638-641

[4] 梁森苗.杨梅(东魁和荸荠种杨梅)高效栽培新技术.杭州:浙江科学技术出版社,2001

[5] 钱巧琴.杨梅冻害调查及其挽救措施.西南园艺,2006,**34**(9):32-33

[6] 王立宏,刘高平,王允镔,等.不同海拔对东魁杨梅生长发育和产量影响调查.中国南方果树,2007,**36**(6):58-60

ICS 07.060
A 47
备案号：41381—2013

QX

中华人民共和国气象行业标准

QX/T 199—2013

香蕉寒害评估技术规范

Technical specifications for cold damage assessment of banana

2013-07-11 发布　　2013-10-01 实施

中国气象局　发布

前　言

本标准按照 GB/T 1.1—2009 给出的规则起草。

本标准由全国农业气象标准化技术委员会(SAC/TC 539)提出并归口。

本标准起草单位:广西壮族自治区气象局。

本标准主要起草人:何燕、容军、丁美花、匡昭敏、欧钊荣、谭宗琨、李莉。

引　言

我国香蕉产区主要分布在广西、广东、福建和海南等地。寒害已成为影响香蕉产量和品质的最主要气象灾害。寒害不仅影响香蕉产量和品质，而且严重时会造成大量香蕉植株受害致死，影响来年的香蕉正常生产。目前，香蕉寒害评估缺乏相对统一和规范的技术方法，由于标准不同，选择的致灾因子、灾害评估指标以及采用的评估技术方法差异很大，致使各地的监测评估缺乏可比性，定量性较差，难以进行时空比较。因此，为了比较客观、定量地评估寒害对香蕉的影响，特编制本标准，以使香蕉寒害评估技术规范化、标准化，为农业防灾减灾、农业布局优化调整及防灾救灾对策的制定和实施提供科学依据。

香蕉寒害评估技术规范

1 范围

本标准规定了香蕉寒害评估的内容、方法和流程等。

本标准适用于香蕉主产区开展香蕉寒害的监测评估。

2 规范性引用文件

下列文件对于本文件的应用是必不可少的。凡是注日期的引用文件，仅注日期的版本适用于本文件。凡是不注日期的引用文件，其最新版本(包括所有的修改单)适用于本文件。

QX/T 81—2007 小麦干旱灾害等级

3 术语和定义

下列术语和定义适用于本文件。

3.1

香蕉寒害 cold damage of banana

香蕉受低温侵袭而造成的一种灾害。受害后，轻者叶片焦枯，重者整株干枯死亡，造成严重减产甚至绝收。

注：改写 QX/T 80—2007，定义 2.4。

3.2

香蕉寒害临界温度 critical temperature of cold damage to banana

香蕉受寒害影响的起始温度值。

注：香蕉寒害临界温度为 5.0 ℃。

3.3

积寒 accumulated cold harmful temperature

香蕉受寒害过程中，低于香蕉寒害临界温度的逐时温度与临界温度差的绝对值累积量。

注：单位为℃·d。

3.4

香蕉寒害评估 assessment for cold damage to banana

评价香蕉寒害发生的等级、影响范围、造成的产量损失等情况。

3.5

趋势产量 the trend yield

由施肥、经营管理、病虫害控制、品种改良及其他技术措施决定的香蕉产量。

注：趋势产量反映了社会经济技术发展水平，其单位为 kg/hm^2。

3.6

减产率 yield reduction percentage

香蕉实际产量与其趋势产量的差占趋势产量的百分比。

注：单位为％。

4 香蕉寒害评估的主要内容

包括香蕉寒害发生的等级、影响范围、造成的产量损失等情况。

5 单站香蕉寒害评估

5.1 寒害等级评估

5.1.1 等级评估的确定

单站香蕉寒害分为轻度、中度、重度、特重4个等级，见表1。利用单站香蕉寒害指数（Hi）进行单站寒害等级评估，寒害形态表现特征见表1。

表1 单站香蕉寒害等级评估

单站寒害等级	轻度	中度	重度	特重
单站寒害指数 Hi	$-0.9 \leqslant Hi < 0.1$	$0.1 \leqslant Hi < 1.1$	$1.1 \leqslant Hi < 2.1$	$Hi \geqslant 2.1$
形态表现特征	上部部分叶片受害，心叶先端受害。	50%以上叶片受害枯萎，1/3心叶受害。	80%以上叶片受害干枯，1/2心叶受害。	上部叶片及心叶全部受害，再生能力弱或丧失，甚至整株死亡。

5.1.2 *Hi* 的计算

5.1.2.1 寒害致灾因子及其计算

将逐年（上年11月至当年3月期间）极端最低气温、日最低气温小于或等于5.0 ℃持续日数、日最低气温小于或等于5.0 ℃积寒、最大降温幅度及日降雨量大于或等于5 mm降雨日数5个香蕉寒害致灾因子数据进行标准化处理，利用标准化后的数据计算各致灾因子的影响系数，再把致灾因子的标准化值分别乘以影响系数后求和，作为5个致灾因子的寒害指数，见式(1)。

$$Hi = \sum_{i=1}^{5} a_i X_i \qquad \cdots\cdots(1)$$

式中：

Hi ——逐年寒害指数；

X_1 ——逐年极端最低气温的标准化值；

X_2 ——逐年日最低气温小于或等于5.0 ℃持续日数的标准化值；

X_3 ——逐年日最低气温小于或等于5.0 ℃积寒的标准化值；

X_4 ——逐年最大降温幅度的标准化值；

X_5 ——逐年降雨日数的标准化值；

a_1 ——极端最低气温的影响系数；

a_2 ——日最低气温小于或等于5.0 ℃持续日数的影响系数；

a_3 ——日最低气温小于或等于5.0 ℃积寒的影响系数；

a_4 ——最大降温幅度的影响系数；

a_5 ——降雨日数的影响系数。

5.1.2.2 寒害致灾因子的标准化计算

寒害致灾因子的影响系数有不同方法供选择，本标准采用主成分分析法。

对5个寒害致灾因子进行数据标准化处理的计算方法见式(2)：

$$X_i = \frac{(x'_i - \bar{x})}{\sqrt{\sum_{k=1}^{n}(x'_k - \bar{x})^2 / n}} \qquad \cdots\cdots(2)$$

式中：

X_i —— 某一致灾因子的第 i 年的标准化值；

x'_i —— 某一致灾因子的第 i 年的实际值；

$\bar{x}$ —— 某一致灾因子的 n 年平均值；

n —— 总年数。

5.2 寒害的产量损失评估

香蕉寒害产量损失程度分为轻度损失、中度损失、重度损失、特重损失4级，见表2。根据减产率(y_w)进行寒害的产量损失评估，减产率的计算见QX/T 81—2007第4章。

表2 香蕉寒害产量损失评估

产量损失程度	轻度损失	中度损失	重度损失	特重损失
减产率(y_w)	$y_w<10\%$	$10\%\leqslant y_w<20\%$	$20\%\leqslant y_w<30\%$	$y_w\geqslant 30\%$

6 区域香蕉寒害评估

6.1 寒害等级评估

6.1.1 等级评估的确定

区域香蕉寒害分为轻度、中度、重度、特重4个等级，见表3。根据香蕉寒害综合评价指数(HI)进行区域寒害等级评估，评估区域(一般应包含3个单站以上)可以是全国香蕉主产区(华南区域或各省级、市级范围)。

表3 区域香蕉寒害等级评估

区域寒害等级	轻度	中度	重度	特重
综合评价指数 HI	$-0.6\leqslant HI<0$	$0\leqslant HI<0.6$	$0.6\leqslant HI<1.2$	$HI\geqslant 1.2$

6.1.2 *HI* 的计算

根据5.1.2计算评估区域内各单站的寒害指数，计算评估区域内各单站香蕉的产量权重系数(即各单站代表的香蕉产量占评估区域香蕉总产量的比值)，将评估区域内各单站的寒害指数分别乘以其产量权重系数后求和，作为该评估区域内的香蕉寒害综合评价指数，见式(3)。

$$HI = \sum_{i=1}^{m} b_i\, Hi_i \qquad \cdots\cdots(3)$$

式中：

HI ——香蕉寒害区域综合评估指数；

b_i ——各站点香蕉产量权重系数；

Hi_i ——为各站点寒害指数；

m ——评估区域的站点数。

6.2 寒害影响范围评估

香蕉寒害影响范围分为局部寒害、区域型寒害和大范围寒害 3 个等级，见表 4。依据香蕉寒害发生的站点数占评估区域内总站点数的百分率进行寒害影响范围评估，其中，香蕉寒害发生的站点数是指评估区域内出现轻度及以上寒害的单站统计值。

表 4 香蕉寒害影响范围评估

影响范围等级	局部寒害	区域型寒害	大范围寒害
香蕉寒害发生的站点数占评估区域内总站点数的百分率	＜30%	30%～50%	＞50%

6.3 寒害的产量损失评估

区域香蕉寒害的产量损失程度评估和 5.2 相同。

7 香蕉寒害评估的技术流程和操作步骤

7.1 技术流程

开展香蕉寒害评估的技术流程见图 1。

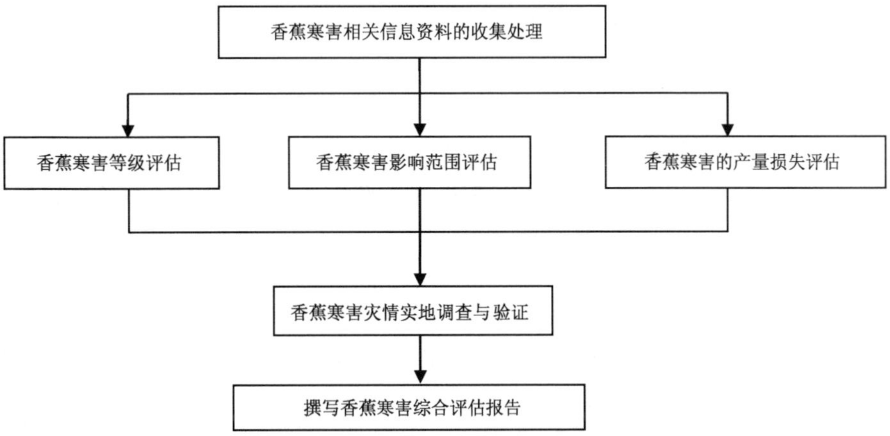

图 1 香蕉寒害评估技术流程图

7.2 操作步骤

7.2.1 香蕉寒害监测信息的收集处理

收集和处理香蕉寒害的相关气象监测信息资料(寒害期间极端最低气温、日最低气温小于或等于

5.0 ℃持续日数、日最低气温小于或等于5.0 ℃积寒、最大降温幅度、日降雨量大于或等于5 mm降雨日数等)，开展香蕉生长发育状况和长势情况的调查了解。

7.2.2 香蕉寒害评估

7.2.2.1 单站香蕉寒害评估

7.2.2.1.1 等级评估

依据寒害致灾要素的相关气象监测信息资料，计算单站香蕉寒害指数，根据该指数确定单站香蕉寒害等级，综合考虑香蕉寒害的形态表现特征，评估寒害是否发生以及发生的地点、等级。

7.2.2.1.2 产量损失评估

计算因寒害影响导致的香蕉产量减产率，并依据香蕉寒害产量损失评估等级指标作为评估标准，根据香蕉减产率的范围大小进行单站香蕉寒害产量损失等级评估。

7.2.2.2 区域香蕉寒害评估

7.2.2.2.1 等级评估

计算评估区域内各单站的寒害评估指数和产量权重系数，再计算评估区域香蕉寒害综合评价指数，根据区域香蕉寒害综合评价指数的量级大小进行区域香蕉寒害等级评估。

7.2.2.2.2 影响范围评估

统计评估区域内出现轻度及以上寒害的单站数，计算香蕉寒害发生的站点数占评估区域内总站点数的百分率，按照香蕉寒害影响范围评估指标，评估确定香蕉寒害发生的范围大小。

7.2.2.2.3 产量损失评估

计算因寒害影响导致的香蕉产量减产率，并依据香蕉寒害产量损失评估等级指标作为评估标准，根据香蕉减产率的范围大小进行区域香蕉寒害产量损失等级评估。

7.2.3 香蕉寒害灾情实地调查与验证

在进行香蕉寒害评估的同时，应对典型寒害受灾地区开展寒害等级、范围、损失等的实地灾情调查研究，调研工作应点面结合，理论联系实际，尤其当出现区域性或大范围寒害时，各地应同时进行实地灾情调查、会商和验证。

7.2.4 综合评估报告的撰写

根据7.2.2的香蕉寒害评估和实地灾情调查结果，撰写香蕉寒害综合评估报告；根据评估结果，结合未来天气气候预测，提出相应的防灾减灾对策建议。

参考文献

［1］ QX/T 52—2007 地面气象观测规范 第8部分：降水观测

［2］ QX/T 80—2007 香蕉、荔枝寒害等级

［3］ 杜尧东，李春梅，毛慧琴，等. 广东省香蕉与荔枝寒害致灾因子和综合气候指标研究. 生态学杂志，2006，**25**(2)：225-230

［4］ 何燕，李政，谭宗琨，等. 基于GIS的广西香蕉低温寒害区划研究. 果树学报，2008，**25**(1)：60-64

［5］ 刘长全. 香蕉寒害研究进展. 果树学报，2006，**23**(3)：448-453

［6］ 植石群，刘锦銮，杜尧东，等. 广东省香蕉寒害风险分析. 自然灾害学报，2003，**12**(2)：113-116

［7］ 中国农业科学院. 中国农业气象学. 北京：中国农业出版社，1999，777-831

ICS 07.060
A 47
备案号：41382—2013

QX

中华人民共和国气象行业标准

QX/T 200—2013

生态气象术语

Eco-meteorological terms

2013-07-11 发布　　　　2013-10-01 实施

中 国 气 象 局　发 布

前 言

本标准按照 GB/T 1.1—2009 给出的规则起草。

本标准由全国农业气象标准化技术委员会(SAC/TC 539)提出并归口。

本标准起草单位:甘肃省气象局。

本标准主要起草人:秘晓东、王静、陶健红、史志娟、张旭东、万信。

生态气象术语

1 范围

本标准界定了生态气象常用的术语和定义。

本标准适用于开展生态气象相关业务、服务和科研工作，其他相关部门也可参照。

2 基础术语

2.1

生态气象学 eco-meteorology

研究天气与气候对生态系统结构和功能的影响及其反馈作用的科学。

2.2

生态气象要素 eco-meteorological elements

用来反映和指示生态系统状况的大气、生物、土壤和水等的特征量。

2.3

生态气象观测 eco-meteorological observation

运用生态学和气象学的观测方法，对生态气象要素进行观测，获取相关数据。

2.4

生态气象服务 eco-meteorological service

通过对生态气象观测数据的加工处理和研究分析，了解不同气象条件下生态系统变化的特点和规律，为生态系统保护、恢复、管理和社会经济可持续发展等提供服务。

2.5

生态气象评估 eco-meteorological assessment

利用生态气象观测数据，依据生态气象指标和模型等，评价天气气候对生态系统结构和功能的影响。

3 大气要素术语

3.1

气温日较差 daily range of temperature

一昼夜间最高气温和最低气温之差。

3.2

适宜温度 favorable temperature

适宜生物生长发育的温度范围。

3.3

积温 accumulated temperature

一定时期内逐日平均温度的总和。

3.4

活动温度 active temperature

高于植物生物学下限温度的日平均气温。

3.5

活动积温 active accumulated temperature

一定时期内逐日活动温度之和。

3.6

有效温度 effective temperature

活动温度与生物学下限温度之差。

3.7

有效积温 effective accumulated temperature

一定时期内逐日有效温度之和。

3.8

干燥度 aridity index

干燥指数

一段时间内植被需水量超过降水量的程度，通常用潜在蒸散量与降水量之比来表示。

3.9

湿润指数 wetness index

一段时间内降水量与潜在蒸散量之比。

3.10

雪线 snow line

高纬度和高山地区永久积雪区的下部界线。

3.11

蒸散量 evapotranspiration

植物的蒸腾和地面的蒸发之和。

3.12

总辐射 global radiation

水平面从上方 2π 立体角范围内接收到的直接日射和散射日射。

[GB/T 12936—2007，定义 3.25]

3.13

直接辐射 direct radiation

测量垂直太阳表面（视角约 0.5°）的辐射和太阳周围很窄的环形天空的散射辐射。

3.14

反射辐射 reflected radiation

太阳辐射被表面折回的、而不改变其单色组成的辐射。

[GB/T 12936—2007，定义 3.30]

3.15

净全辐射 net total radiation

水平面上、下两表面所接收到的半球向全辐射数量之差。

[GB/T 12936—2007，定义 3.32]

3.16

光合有效辐射 photosynthetic active radiation

植物能进行光合作用的光谱区辐射。

3.17

反射率 reflectance

物体反射的辐射与投射于其上的辐射之比。

3.18

日照时数 sunshine duration

实照时数

太阳在一地实际照射水平地面的时间数，单位为小时。

[GB/T 20481—2006，定义 2.5]

3.19

无霜期 frost-free days

一年内终、初霜之间的持续日数。

3.20

气候生产潜力 climatic potential productivity

在其他条件处于最适状况时，当地气候条件下所能达到的最高生物学产量。

4 水环境要素术语

4.1

水色 color of water

水体的颜色。

4.2

浊度 turbidity

由于水体中存在微细分散的悬浮粒子、可溶的有色有机物质、浮游生物、微生物，使水透明度降低的程度。

[GB/T 50095—1998，定义 2.7.10]

4.3

电导率 electric conductivity

水溶液传导电流的能力。

4.4

pH 值 pH value

水中氢离子浓度的负对数。

4.5

总有机碳 total organic carbon

溶解或悬浮于水中的有机物总量折合成碳计算的量。

4.6

化学需氧量 chemical oxygen demand；COD

耗氧量

在一定条件下，经重铬酸钾氧化处理时，水样中的溶解性物质和悬浮物所消耗的重铬酸盐相对应的氧的质量浓度。

[GB/T 11914—1989，定义 2]

4.7

生化需氧量 biochemical oxygen demand；BOD

含有机污染物及足够的溶解氧值的水样中，通过微生物的作用，使有机物降解的过程中消耗的氧的量。

4.8

富营养化 eutrophication

湖泊、水库等水域的植物营养成分(氮、磷等)不断补给,过量积聚,致使水体营养过剩的现象。

4.9

富营养化指数 eutrophication index

用于描述水体营养状况,即“富营养化”程度的参数。

4.10

地表径流量 surface runoff amount

降水或融雪超过下渗强度时,向低处流动成为地表水流而汇入溪流的水量。

4.11

树干径流量 stem flow

降落到森林中的雨滴,从树干流到地面的水量。

4.12

集水面积 catchment area

汇集地表径流的集水区面积。

4.13

水温 water temperature

水体中某一点或某一水域的温度。

[GB/T 50095—98,定义 2.1.16]

4.14

地下水位 underground water table

地下含水层距地表的距离。

4.15

丰水期 high-water period

年内河川流量显著高于年平均流量的时期。

[GB/T 50095—1998,定义 5.4.5]

4.16

枯水期 low-water period

年内河川流量显著低于年平均流量的时期。

[GB/T 50095—1998,定义 5.4.7]

4.17

流速 flow velocity

水的质点在单位时间内沿流程移动的距离。

[GB/T 50095—1998,定义 2.1.12]

4.18

流量 flow flux

单位时间内通过河渠或管道某一过水断面的水体体积。

[GB/T 50095—1998,定义 2.1.13]

4.19

径流模数 runoff modulus

一定时期内流域内单位面积上产生的径流量。

4.20

径流系数 runoff coefficient

一定时期内径流量与形成这一径流量的降雨量的比值。

4.21

水质　water quality

水中物理、化学和生物方面诸因素所决定的水的特性。

[GB/T 50095—1998,定义 2.1.18]

5　土壤要素术语

5.1

土壤重量含水率　gravimetric soil water content

土壤含水量占干土重的百分比。

5.2

土壤体积含水量　bulk soil water content

单位体积土壤的含水量。

5.3

土壤相对湿度　relative soil moisture

土壤含水率占田间持水量的百分比。

5.4

凋萎湿度　wilting moisture

生长正常的植株仅由于土壤水分不足,致使植株失去膨压,开始稳定凋萎时的土壤湿度。

5.5

土壤容重　bulk density of soil

土壤容积比重,土壤在自然结构状况下,单位体积内土壤的烘干重。

5.6

田间持水量　soil field capacity

土壤所能保持的毛管悬着水的最大水分含量。

注:以水分占同容积或同质量土壤烘干后质量的百分率(%)表示。

[GB/T 20481—2006,定义 2.9]

5.7

干土层厚度　dry soil thickness

由地面到干湿土壤交界处的深度。

5.8

土壤有效水分贮存量　soil effective water reserve

土壤中含有的大于凋萎湿度的水分贮存量。

5.9

土壤热通量　soil heat flux

土壤表面及其下层土壤间单位时间内通过单位截面积的热量。

5.10

土壤比重　specific gravity of soil

单位容积的固体土料(不包括孔隙)烘干重量。

5.11

土壤孔隙度　soil porosity

单位容积土壤中孔隙所占的百分率。

5.12

冻土深度　frozen soil depth

含有水分的土壤因温度下降到 0 ℃或 0 ℃以下而呈冻结状态的深度。

5.13

泥炭积累厚度　peat accumulation thickness

湿地植被不能彻底分解与泥土等矿物质混合沉积的厚度。

5.14

土壤质地　soil texture

土壤中不同粒径颗粒的比例，一般分为砂土、壤土和黏土等。

5.15

比热　specific heat

1 克土壤温度升高 1 ℃所需要的热量。

5.16

土壤腐殖质　soil humus

土壤有机质的主要成分，是动植物残体经微生物分解转化又重新合成的复杂的有机胶体。

5.17

土壤 pH 值　soil pH value

土壤的酸碱程度。

5.18

土壤盐分含量　soil salt content

干土中所含可溶盐的重量百分数。

5.19

土壤肥力　soil fertility

土壤供应与协调植物生长、发育所需要的水分、养分、空气、热量的能力。

5.20

土壤养分含量　soil nutrient content

土壤中的氮、磷、钾等元素含量。

5.21

土壤侵蚀模数　soil erosion modulus

单位时段内单位水平面积地表土壤及其母质被侵蚀的总量。

[GB/T 20465—2006，定义 2.2.25]

6　生物要素术语

6.1

物候　phenology

自然环境中植物、动物生命活动的季节现象和一年中特定时间出现的某些气象、水文现象。

6.2

高度　plant height

植物从地面到顶部的高度。

6.3

密度　plant density

单位面积上的植物株数。

6.4

生物量　biomass

生物在整个生育过程中所积累的有机物质的总量。

6.5

光合速率　photosynthetic rate

单位时间内植物单位叶面积所吸收的 CO_2 量。

6.6

蒸腾速率　transpiration rate

一定时间内，植物通过蒸腾散失的水量。

6.7

呼吸速率　respiration rate

呼吸强度

单位时间植物所消耗的氧气或释放的 CO_2 量。

6.8

光补偿点　light compensation point

光合作用中所吸收的 CO_2 与呼吸作用所释放的 CO_2 达到一种动态平衡时的光照强度。

6.9

光饱和点　light saturation point

植物光合速率不再随光照强度增加而增加时的光照强度。

6.10

二氧化碳补偿点　carbon dioxide compensation point

当其他条件不变时，植物光合作用吸收 CO_2 和呼吸作用放出 CO_2 相等，植物的净光合速率为零时的 CO_2 浓度。

6.11

二氧化碳饱和点　carbon dioxide saturation point

植物光合速率不再随着 CO_2 浓度增加而增加时的 CO_2 浓度。

6.12

叶面积指数　leaf area index;LAI

植物单面绿叶面积总和与对应的地表面积的比值。

6.13

覆盖度　vegetation coverage

植物地上部分垂直投影面积占样地面积的百分比。

6.14

植被指数　vegetation index

通过地表覆盖物在可见光波段的吸收和在近红外波段的反射特性，建立的用于描述植被覆盖度和质量的参数。

6.15

胸径　diameter at breast height

乔木主干离地表 1.3 m 处的直径。

6.16

林龄　stand age

林分中林木的年龄，用平均木的年龄表示。

6.17

林相　forest form

林层

森林外形

林分中乔木和树冠构成的层相，可分为单层林和复层林(或多层林)。

6.18

优势度　dominance

某种植物在群落中所具有的作用和地位的大小。

6.19

物种多样性指数　species diversity index

表征一定区域生态系统物种多度的指标。

6.20

载畜量　grazing capacity

在草地生态系统不再退化的前提下，单位面积草地所能饲养的牲畜数量。

6.21

根冠比　root/canopy ratio

植株根系与地上部分干重的比值。

7　灾害要素术语

7.1

干旱　drought

因长期无降水、少降水或降水异常偏少，而造成空气干燥，土壤缺水，从而使植物体内水分亏缺，正常生长发育受到抑制，最终导致产量下降的气候现象。

7.2

洪涝　floods

由于大雨、暴雨引起河流泛滥、山洪暴发淹没农田，毁坏农业设施或因雨量过于集中，农田积水造成的洪灾和涝灾。

7.3

渍害　waterlogging

湿害

由于长期阴雨或地势低洼、排水不畅，土壤水分长期处于饱和状态，使作物根系通气不良，致使缺氧引起作物器官功能衰退或植株生长发育不正常的危害。

7.4

连阴雨　continuous rain

较长时期的持续阴雨天气，日照少，空气湿度大，影响作物的生长或收获。

7.5

雪灾　snow damage

由于积雪而使作物、树木或草地遭受机械损伤、受冻而造成的灾害。

7.6

雹灾　hail damage

由冰雹引起的一种局地性强、季节性明显、来势急、持续时间短，以砸伤为主的气象灾害。

7.7

冷害　cool injury

温度在 0 ℃以上，由于作物连续处在低于其生育适宜温度或受短期低温的影响，生育推迟，甚至发生生理障碍造成减产的现象。

7.8

寒害　cold damage

热带作物受低温侵害而造成的一种灾害，主要发生在冬季。

7.9

霜冻　frost injury

生长季夜间土壤和植株表面的温度下降到 0℃以下使植株体内水分形成冰晶，造成植物受害的短时间低温冻害。

7.10

冻害　freezing injury

作物越冬期间，当遇到 0℃以下强烈低温或剧烈变温，作物体内水分冻结而受害，或由于土壤冻结或水分过多，形成土壤掀耸、冻壳和冻涝使作物受害的现象。

7.11

冻雨　freezing rain

过冷水滴与温度低于 0 ℃的物体碰撞立即冻结的降水。

7.12

干热风　dry-hot wind

因高温、低湿并伴有一定的风力，蒸腾加剧，破坏植物水分平衡和光合作用的气象灾害。

7.13

风灾　wind damage

大风造成的植物机械性损伤和生理危害、土壤风蚀沙化、农业生产设施损坏等。

7.14

沙尘暴　sand storm

风将地面大量尘沙吹起，使空气很混浊，水平能见度小于 1 km 的天气现象。

[GB/T 20480—2006，定义 3.4]

7.15

酸雨　acid rain

pH 值小于 5.6 的大气降水。

[GB/T 19117—2003，定义 3.1]

7.16

病虫害　pest and disease damage

由于受到对生物有害的植物、动物或致病生物的物种、菌株或生物性的侵害，而使生物生长和发育受到抑制或损害，造成产量减少或品质下降等危害的自然灾害。

7.17

草原鼠害　rodent damage

由于草地鼠大量啃食牧草的地上枝叶和地下根茎，造成牧草大面积减产甚至死亡的自然灾害。

7.18

皮烧　sunscald

由于强烈的太阳辐射，使树木形成层和树皮组织局部死亡的灾害。

7.19

风蚀　wind erosion

裸露半裸露地表面的疏松土壤、沙砾，在风的作用下，沿着地表向风的下游方向移动的自然现象。

7.20

水蚀　water erosion

土壤物质由于水力及水力加上重力作用而被搬运移走的侵蚀过程。

7.21

水华　water bloom

淡水中因水体富营养化造成藻类爆发的生态灾害。

7.22

泛塘　fish asphyxia

水体中有机物和耗氧因子多，发生鱼类缺氧浮头的现象。

参 考 文 献

［1］ GB/T 11914—89 水质化学需氧量的测定——重铬酸盐法
［2］ GB/T 12936—2007 太阳能热利用术语
［3］ GB/T 19117—2003 酸雨观测规范
［4］ GB/T 20465—2006 水土保持术语
［5］ GB/T 20480—2006 沙尘天气等级
［6］ GB/T 20481—2006 气象干旱等级
［7］ GB/T 50095—98 水文基本术语和符号标准
［8］ LY/T 1606—2003 森林生态系统定位观测指标体系
［9］ QX/T 69—2007 大气浑浊度观测——太阳光度计方法
［10］ QX/T 88—2008 作物霜冻害等级
［11］ 崔九思等.大气污染监测方法.北京:化学工业出版社,1996
［12］《大气科学辞典》编委会.大气科学辞典.北京:气象出版社,1994
［13］ 董安祥等.中国气象灾害大典,甘肃省卷.北京:气象出版社,2003
［14］ 冯秀藻等.农业气象学原理.北京:气象出版社,1990
［15］ 张养才等.中国农业气象灾害概论.北京:气象出版社,1991
［16］ 赵济.中国自然地理.北京:高等教育出版社,1995
［17］ 中国气象局.农业气象观测规范(上下卷).北京:气象出版社,1993
［18］ 中国气象局.地面气象观测规范.北京:气象出版社,2003
［19］ 中国气象局.生态气象观测规范(试行).北京:气象出版社,2005

索　引

中文索引

B

C

D

E

F

G

W

X

Y

Z

英文索引

A

B

C

D

E

R

S

T

U

V

W

ICS 07.060
A 47
备案号：42174—2013

QX

中华人民共和国气象行业标准

QX/T 201—2013

气象资料拯救指南

Guidelines on meteorological data rescue

2013-10-14 发布　　2014-02-01 实施

中国气象局　发布

前　　言

本标准按照 GB/T 1.1—2009 给出的规则起草。

本标准由全国气象基本信息标准化技术委员会(SAC/TC 346)提出并归口。

本标准起草单位：国家气象信息中心。

本标准主要起草人：臧海佳、吴显中、李星玉、蔡健、兰平、张静。

引　　言

气象资料是开展气象业务和科研的基础。对纸张、缩微胶片、光盘和磁带等载体的气象资料进行拯救既可以保护资料原件，维持其历史凭证价值，又能突破原有载体提供利用的局限性，极大地提高气象资料应用效率。鉴于气象资料载体和记录状况的繁杂性，特制定本标准以明确气象资料拯救的内容和方法，进而指导气象行业安全、科学、有效地开展资料拯救工作。

气象资料拯救指南

1 范围

本标准规定了气象资料拯救的内容和方法。

本标准适用于纸质、缩微胶片、光盘和磁带等载体气象资料的拯救、保护，以及纸质和缩微胶片气象资料的数字化工作。

2 规范性引用文件

下列文件对于本文件的应用是必不可少的。凡是注日期的引用文件，仅注日期的版本适用于本文件。凡是不注日期的引用文件，其最新版本(包括所有的修改单)适用于本文件。

GB/T 18894 电子文件归档与管理规范

DA/T 15 磁性载体档案管理与保护规范

DA/T 38 电子文件归档光盘技术要求和应用规范

3 术语和定义

下列术语和定义适用于本文件。

3.1

气象资料 meteorological data

使用各种观测、探测手段获取的大气状态、现象及其变化过程的记录，以及各类衍生记录。

[QX/T 102—2009，定义 3.1]

3.2 **资料拯救 data rescue**

使用各种技术维护资料载体原貌与安全，保障资料信息可用。

3.3

资料图像化 data imaging

通过光学扫描仪或数码相机将纸质或缩微胶片气象资料扫描、拍摄成数字图像。

3.4

数字图像 digital image

表示实物图像的整数阵列。一个二维或更高维的采样并量化的函数，由相同维数的连续图像产生。在矩阵(或其他)网络上采样——连续函数，并在采样点上将值最小化后的阵列。

[DA/T 31—2005，定义 3.3]

3.5

光学字符识别 optical character recognition;OCR

利用识别算法分析数字图像上的字符形态及版面特征，判断出字符的标准编码，并按通用格式及特定版式存储在文本文件中。

3.6

波形图识别 waveform recognition

利用模式识别中的曲线跟踪、复杂图像处理技术来完成迹线记录的提取。

3.7

黑白二值图像　binary image

只有黑白两级灰度的数字图像。它对应于黑白两种状态的文字稿、线条图等。

[DA/T 31—2005,定义 3.4]

3.8

图像分辨率　image resolution

单位长度内图像包含的点数或像素数,一般用每英寸点数(dpi)表示。

[DA/T 31—2005,定义 3.6]

3.9

数据迁移　data migration

将数据转移存储到稳定的主流存储载体的过程。

4　纸质和缩微胶片气象资料的拯救

4.1　主要环节

纸质和缩微胶片气象资料的拯救包括受损载体修复、资料图像化和气象要素信息提取等环节。

4.2　受损载体修复

4.2.1　纸质

纸质气象资料的常见受损形式有纸张受损和字迹受损。

纸张受损情况有纸张的残缺、粘结、霉烂和脆化等。修复两面有字的受损纸质资料宜采用丝网加固技术。修复单面有字的受损纸质资料的方法主要有：

a)　对于整体强度尚可,但存在局部残缺、有孔洞或装订边狭窄的纸质载体,可采用修补技术进行局部修整。操作中,根据破损情况,可采取补缺、接边、溜口、挖补等技术方法进行修补。

b)　对于纸张间粘结不太严重,但字迹遇水扩散的档案砖可采取干揭法。

c)　对于纸张间粘结严重,但字迹遇水不扩散的档案砖可采用湿揭法。操作时,可根据实际情况采取水冲法、水泡法、蒸汽法等技术方法。

d)　对于整体强度较差,出现霉烂、脆化、支离破碎现象的纸质载体,可采取托裱技术进行加固,具体方法主要有湿托法和干托法。湿托法适用于修裱字迹遇水不扩散的纸质资料。干托法适用于修裱字迹遇水扩散的纸质资料。

字迹受损情况有墨水、圆珠笔或复写纸等记录字迹的褪色和扩散等,可使用档案专用的字迹恢复剂或显色剂进行修复。

受损纸质资料修复前宜拍照留存原貌,修复后宜及时进行数字化处理或复印备份。纸质载体修裱的技术细节可参见 DA/T 25—2000。

4.2.2　缩微胶片

缩微胶片气象资料的受损主要有霉变、划损和褪色等,其修复方法如下：

a)　对于发生霉变的缩微胶片,若霉斑较少可用脱脂棉蘸上专用除霉液轻轻擦除霉斑,霉斑较严重时可在冲洗机上用药液进行冲洗。

b)　对于有划痕的缩微胶片,可先将胶片放在流动的清水中洗 5 分钟,然后在避光处晾干。

c)　对于有折伤的缩微胶片,可先将胶片放入流动的清水中 5 分钟,再放入显影液中浸泡 5 分钟,浸泡时用手轻揩掉胶片折伤部位的灰尘,再在 5%冰醋酸溶液中浸一下,然后放入流动清水中漂洗 15 分钟，必要时可将胶片按折痕反方向轻折几下，最后在避光处晾干。

d） 对于褪色的黑白缩微胶片，可采用卤化再显影、硫脲自射线照相方法使影像恢复。

4.3 资料图像化

4.3.1 概述

资料图像化包括资料整理、资料扫描、图像处理和质量检查四个技术环节。各个环节的交接流程和操作过程需进行详细登记，确保气象资料原件和数字图像文件的安全。

4.3.2 资料整理

整理内容包括根据幅面大小和纸张质量的资料分类、排序和编页，图像化前的拆除装订和图像化后的装订还原，不平整纸张的页面修整，编制资料目录清单。

4.3.3 资料扫描

宜采用扫描而非拍照方式进行图像化。扫描的技术参数如下：

a） 图像化设备：根据资料幅面大小选择相应规格的扫描仪。天气图等大幅面资料可采用 0 号图纸扫描仪进行扫描，也可以采用小幅面扫描后的图像拼接方式处理。整编资料出版物、观测记录报表、自记记录纸等气象资料宜使用平板扫描仪或非接触式书刊扫描仪。纸张状况好的气象资料可使用高速扫描仪，但不宜采用滚筒式扫描仪。缩微胶片档案宜使用缩微胶片扫描专用设备。

b） 图像色彩模式：页面为黑白两色，且字迹清楚的气象资料可采用灰度或黑白二值模式；自记记录纸、天气图等多色资料或观测记录簿等字迹清晰度差的资料宜采用彩色模式扫描。

c） 图像分辨率：图像分辨率的选择以图像清晰、完整、不影响应用为准。彩色模式扫描的图像分辨率一般不低于 150 dpi，灰度和黑白二值图像的分辨率一般不低于 200 dpi。需要进行 OCR 的资料，其图像分辨率一般不低于 300 dpi。

d） 图像存储格式：黑白二值图像文件宜采用 TIFF(G4)（标记图像文件格式）图像压缩格式存储，灰度和彩色模式的文件宜采用 JPEG（联合图像专家组文件格式）图像压缩格式存储。存储时图像压缩率的选择，在保证图像清晰可读的前提下，尽量减小存储容量。若提供网络查询，可将图像文件进一步封装成 PDF（便携文件格式）等格式。

e） 图像文件命名：图像文件名由主名和后缀名构成。主名可包括气象资料分类代码或档案分类号、空间属性标识、时间属性标识、顺序号等要素，要素之间宜用“_”间隔。后缀名取决于图像存储格式。图像文件名具有唯一性。

4.3.4 图像处理

扫描后的图像可能存在偏斜、失真和不完整等问题，对存在问题的图像可进行如下处理：

a） 对偏斜角度大于或等于 1°的图像进行纠偏处理，处理效果为视觉上不感觉偏斜；

b） 对方向不正确的图像进行旋转；

c） 对图像页面出现图像化过程中形成的黑点、黑线、黑框、黑边等影响质量的杂质进行去污处理；

d） 对大幅面资料分区扫描形成的多幅图像进行拼接处理，合并为一个完整的图像文件。

4.3.5 质量检查

检查内容包括图像色彩模式、分辨率、压缩率和存储格式是否合格，文件命名是否正确，图像文件与提交图像化的资料数量是否一致，图像是否进行了纠偏、去污和拼接等处理。

4.4 气象要素信息提取

4.4.1 技术方法

4.4.1.1 键盘录入

适用于观测记录簿、记录报表等数字和文字类气象资料的信息提取。

键盘录入宜对照数字图像进行操作。可模拟气象资料内容样式开发录入软件。键盘录入的技术环节一般包括两次录入和三次校对。

两次录入由两人分别对同一份资料进行背对背录入。

校对过程是人工核实和修改两次录入结果不一致的数据。校对过程分三次完成,第一次和第二次校对由两人分别对两次录入结果进行比对,第三次校对是对前两次校对结果进行再校对。

4.4.1.2 OCR

对于印刷体的数字和文字类气象资料,若经测试 OCR 自动识别准确率不低于 99.9%,可采用 OCR 方法进行信息提取。OCR 宜针对气象资料内容格式开发相应的定位识别软件。

4.4.1.3 波形图识别

对于天气图和自记记录纸等图形或曲线类气象资料,宜采用矢量化、波形图识别等技术进行信息提取。

注:自记记录纸的波形图识别技术是利用自记记录纸图像中的记录迹线与其他痕迹色彩和深度的差别及记录迹线的变化特点,从自记记录纸图像中把记录迹线区分出来,得到迹线特征点的坐标数据。

4.4.2 存储格式

提取的气象要素信息一般选用纯文本文件格式存储。若存在纯文本文件格式无法解决的汉字乱码等问题,可选用 MicroSoft Excel 文件格式存储。

4.4.3 质量检查

质量检查包括以下内容:

a) 内容完整性检查:对照待提取信息的资料清单,检查信息的时空范围和要素项目是否完整。该检查通过计算机程序自动完成。
b) 格式规范性检查:检查数据文件是否符合预先规定的格式要求。该检查通过计算机程序自动完成。
c) 数据准确性检查:检查数据文件内容是否与数据源一致。该检查通过计算机程序检查和人工抽查相结合的方式完成,合格率不宜低于 99.9%。计算机程序检查宜参考 QX/T 117—2010、QX/T 118—2010 等资料质量控制标准规定的内容和方法,计算机程序检查出的错误和可疑数据宜逐一进行核实。人工抽查比例不宜少于数据文件总量的 5%。

5 光盘和磁带气象资料的拯救

5.1 载体检测

每年对不少于 5%的存档光盘和磁带载体气象资料进行可读性检测。当检测的不可读率大于 1%时,对相同保存条件下的全部同批次载体进行检测。

磁带的检测应符合 GB/T 18894 和 DA/T 15 的有关规定。光盘的检测应符合 GB/T 18894 和 DA/T 38 的有关规定。

5.2 受损载体修复

5.2.1 光盘

光盘受损主要有盘基划伤、记录面污染等情况，修复方法如下：

a) 对于轻度划伤或污渍的光盘，宜使用干棉布从光盘中心沿半径方向朝光盘外缘擦拭，不宜沿光盘圆周方向擦拭。难以清洁的光盘可使用稀释的异丙醇，用无绒布或擦镜纸做湿的擦洗，并拭干。
b) 对于有物理变形的光盘，宜用两块玻璃板夹住光盘放入干净的温水(以不烫手为宜)中浸泡至基本无形变后，取出在避光处晾干。
c) 对于物理方法无法修复的光盘，宜尝试使用光盘恢复软件进行数据恢复。

5.2.2 磁带

磁带受损主要有高温、水浸、掉磁、粘连等情况，修复方法如下：

a) 对于经受高温的磁带，宜先在室温环境下稳定 5 天左右，然后在磁带机上慢速运转，并及时进行数据迁移。
b) 对于被水浸泡的磁带，宜先用无纤维毛巾将磁带拭干，然后在温度约为 50℃的烘箱内悬挂 3 天，再在正常室温下放置 2 小时，用磁带机缠绕 2 次后方可使用，并及时进行数据迁移。
c) 对于断裂、磁粉脱落的磁带，宜采用剪接技术进行处理。具体操作是：
    1) 首先，用无磁性剪刀顺带基 45°角的方向剪开，剪去变形部分；
    2) 其次，用透明胶纸或薄涤纶胶纸准确地把磁带边对齐密接，使用的接带液主要有 CTC(四氯化碳)驳接胶和丙酮，应注意磁带的正反面；
    3) 最后，将磁带两侧多余的胶纸剪去，按压黏接处。
d) 对于粘连严重的磁带，宜使用专业磁带干燥机和清洗机反复多次进行干燥和清洗。该工作宜由磁带修复公司完成。

5.3 数据迁移

5.3.1 迁移条件

出现以下情况时，建议及时对气象资料进行载体迁移：

a) 经检测，存储载体出现问题，具有数据丢失风险；
b) 生产厂家不再提供读写存储载体的软、硬件设备或相应的技术支持；
c) 正常保存满 4 年的磁带和正常保存满 10 年的光盘载体。

5.3.2 目标载体的选择

迁移目标宜选择性能稳定、应用主流技术的载体。读写载体的软、硬件设备不能有专利和许可限制。

5.3.3 迁移后的数据校验

利用计算机程序对迁移前后的文件数量和文件大小进行自动校验，并采取人工抽查的方式按不低于 10%的比例进行随机校验。

参 考 文 献

[1] DA/T 25—2000 档案修裱技术规范

[2] DA/T 31—2005 纸质档案数字化技术规范

[3] DA/T 43—2009 缩微胶片档案数字化技术规范

[4] QX/T 102—2009 气象资料分类与编码

[5] QX/T 117—2010 地面气象辐射观测资料质量控制

[6] QX/T 118—2010 地面气象观测资料质量控制

[7] 兰平，臧海佳. 历史纸质气象档案数字化技术策略初步分析[J]. 应用气象学报，2006，(4)：478-482

[8] 王伯民. 彩色扫描图形数字化处理技术的研究——气象历史档案拯救技术探索之一[J]. 应用气象学报，2003，**14**(6)：763-768

[9] 臧海佳，吴显中. 气象记录档案数字化工作实践与分析[J]. 中国档案，2008，(5)：34-36

[10] 张利，薛四新，宋红. 档案光盘保存问题探究[J]. 北京档案，2010，(8)：19-21

[11] (希)西奥多里德斯等. 模式识别[M]. 李晶皎等译. 北京：电子工业出版社，2006

[12] Burton S, Crouthamel R, van Engelen A, Hutchinson R, Nicodemus L, Peterson T C, Rahimzadeh F. *Guidelines on Climate Data Rescue*. World Meteorological Organization，2004

ICS 07.060
A 47
备案号：42175—2013

QX

中华人民共和国气象行业标准

QX/T 202—2013

表格驱动码气象数据传输文件规范

File specification of meteorological data in table driven code form for transmission

2013-10-14 发布 2014-02-01 实施

中国气象局 发布

前 言

本标准按照 GB/T 1.1—2009 给出的规则起草。

本标准由全国气象基本信息标准化技术委员会(SAC/TC 346)提出并归口。

本标准起草单位:国家气象信息中心。

本标准主要起草人:李湘、薛蕾、郭萍。

表格驱动码气象数据传输文件规范

1 范围

本标准规定了表格驱动码气象数据的报文格式、文件封装和文件命名规则。

本标准适用于表格驱动码气象数据的传输和交换。

2 规范性引用文件

下列文件对于本文件的应用是必不可少的。凡是注日期的引用文件，仅注日期的版本适用于本文件。凡是不注日期的引用文件，其最新版本（包括所有的修改单）适用于本文件。

WMO No. 306　编码手册（Manual on Codes），可以从以下网址获得：＜http://www.wmo.int/pages/prog/www/WMOCodes.html＞

3 术语和定义

下列术语和定义适用于本文件。

3.1

表格驱动码　table driven code form

世界气象组织规定的一系列基于通用表格定义数据、产品及相关描述的编码格式，包括：BUFR码、CREX码和GRIB码。

3.2

公报　bulletin

气象数据编报的基本单元，由简式报头（可选）和公报内容组成。

3.3

简式报头　abbreviated heading

用以表示所编报气象数据的类型、格式、范围、时次等信息的公报标识符。

3.4

报文　message

气象数据传输的基本单元，由起始行、公报和结束行组成。

3.5

段　section

公报中，编报数据中相同属性内容的一串代码组。

3.6

字段　field

标识文件属性的一个或一组代码，是文件名的基本组成单元。一个文件名由多个字段构成。

[QX/T 129—2011，定义2.2]

4 缩略语

下列缩略语适用于本文件。

ASCII:美国信息互换标准代码(American Standard Code for Information Interchange)。

BUFR:气象数据的二进制通用表示格式(Binary Universal Form for Representation of meteorological data)。

CR: ASCII 码中的回车符(Carriage Return character)。

CREX:用于数据表示和交换的字符码格式(Character form for the Representation and EXchange of data)。

ETX: ASCII 码中表示报文结束的控制字符(End of TeXt)。

GRIB:格点数据的二进制编码格式(General Regularly distributed Information in Binary form)。

LF: ASCII 码中的换行符(Line Feed character)。

SOH: ASCII 码中表示报文开始的控制字符(Start Of Header)。

SP: ASCII 码中的空格符(SPace character)。

TDCF: 表格驱动码(Table Driven Code Form)。

UTC: 世界协调时(Universal Time Coordinated)。

5 报文格式

5.1 报文结构

表格驱动码报文,依次由起始行、简式报头行(可选)、公报内容和结束行组成,一份报文只能包含一份公报。含简式报头的报文结构如图 1 所示,不含简式报头的报文结构如图 2 所示。

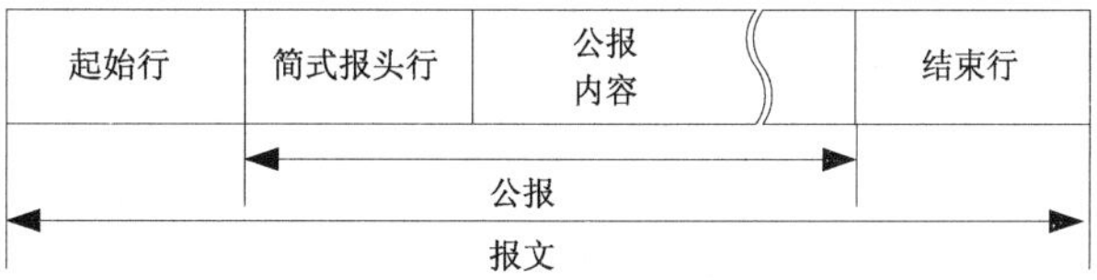

图 1 包含简式报头行的报文结构

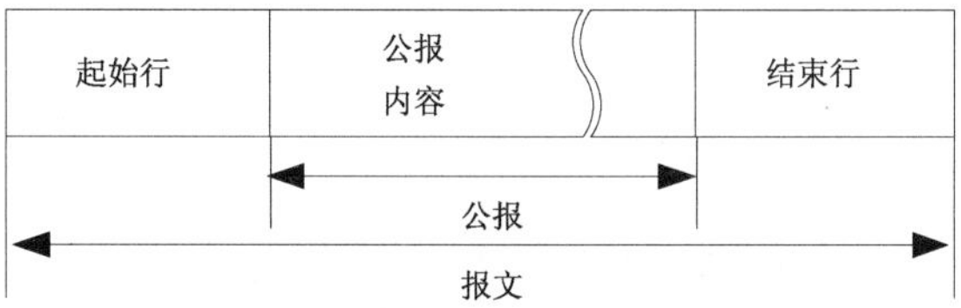

图 2 不包含简式报头行的报文结构

5.2 起始行

由报文长度、格式标识符及报文流水号等组成,格式如图 3 所示。

报文长度[a] (8 个字符)	格式标识符[b] (2 个字符)	SOH	CR	CR	LF	报文流水号[c] (5 个字符)

注:

[a]报文长度:用 8 个 ASCII 数字字符表示,长度取值不足 8 位数时,高位补"0";

[b]格式标识符:用 2 个 ASCII 数字字符表示,取值固定为"00";

[c]报文流水号:用 5 个 ASCII 数字字符表示,每个分发任务使用独立的连续编号,编号取值从"00000"至"99999"顺序循环。

图 3 报文起始行格式

5.3 简式报头行

结构如图4所示，其中 $T_1T_2A_1A_2ii$ 代码规定见附录A，CCCC代码规定见附录B。

CR	CR	LF	$T_1T_2A_1A_{2ii}$	SP	CCCC	SP	YYGGgg	SP	BBB

注：

T_1T_2 ——数据类型和/或格式代码；

A_1A_2 ——地理位置和/或数据子类和/或预报时效代码；

ii ——公报编号或数据高度层代号，两位数字。当 T_1＝I（BUFR格式观测数据）或 T_1＝K（CREX格式数据）时，可使用不同的ii编号（01～99）用以区分 $T_1T_2A_1A_2$ 相同的公报；当 T_1＝H/Y（GRIB格式数据）或 T_1＝J（BUFR格式预报数据）或 T_1＝O（GRIB格式海洋资料）时，ii表示垂直高度层。

CCCC——数据编发中心或产品加工中心代码；

YY ——数据编报日期或产品加工日期，1日编报“01”，15日编报“15”，余类推；

GGgg——数据编报时间或产品加工时间（UTC），GG按时（00～23）、gg按分（00～59）编码；

BBB ——附注项，在同一份公报需要编发两次或两次以上时使用，编码规定见表1。

图4 简式报头行结构

表1 附注项(BBB)编码规定

附注项(BBB)	含义
RRx（x＝“A”～“X”）	迟到报。同一简式报头（$T_1T_2A_1A_2$ii CCCC YYGGgg）在同一时次编发两份或两份以上公报时，从第二份报起计为迟到电报，应使用附注项标识，即：第二份报附注项BBB编报“RRA”，第三份报编“RRB”，依次类推。RRX之后仍有迟到报编发时，BBB继续使用“RRX”。
CCx（x＝“A”～“X”）	更正报。同一简式报头（$T_1T_2A_1A_2$ii CCCC YYGGgg）在同一时次编发两份或两份以上内容有更正的公报时，应使用附注项标识，即：第一份更正报附注项BBB编报“CCA”，第二份报编“CCB”，依次类推。“CCX”之后仍有更正报编发时，BBB继续使用“CCX”。
AAx（x＝“A”～“X”）	补正报。同一简式报头（$T_1T_2A_1A_2$ii CCCC YYGGgg）在同一时次编发两份或两份以上内容有补充和更正的公报时，应使用附注项标识，即：第一份补正报附注项BBB编报“AAA”，第二份报编“AAB”，依次类推。“AAX”之后仍有补正报编发时，BBB继续使用“AAX”。
PAx（x＝“A”～“X”）	分段编发公报。同一简式报头（$T_1T_2A_1A_2$ii CCCC YYGGgg）同一时次公报长度超过500KB时，可分成多份公报编发，并使用附注项标识，即：第一份公报附注项BBB编报“PAA”，第二份报编“PAB”，……，“PAZ”，“PBA”……，最后一份公报附注项编报PZx。例如：分成三段编发的公报，BBB依次编报为“PAA”、“PAB”、“PZC”。
RRx、CCx、AAx中，因系统故障丢失x序列计数时，x应编报为“Y”。 距观测时次24小时后编报迟到报、更正报、补正报时，RRx、CCx、AAx的x应编报为“Z”。	

5.4 公报内容

以图5所示格式开始。其后采用BUFR、CREX、GRIB1或GRIB2格式编码的数据，编码格式见

WMO No.306。

CR	CR	LF

图 5　公报内容开始格式

5.5　结束行

格式如图 6 所示。

CR	CR	LF	ETX

图 6　报文结束行格式

6　文件封装

TDCF 气象数据传输中可将一份报文封装成一个文件进行传输（以下称单报文文件），也可将某一时间段内生成或接收的多份报文封装成一个文件进行传输。封装后文件结构如图 7 所示。

第 1 份报文	第 2份报文	第 3 份报文	……	第 n 份报文

图 7　封装文件结构

报文长度小于 10 kB 时宜封装传输。文件封装遵循以下规则：

a）　每个封装文件所含报文不宜超过 100 份；

b）　每个封装文件长度不宜超过 1 MB；

c）　前后两次封装操作的时间间隔小于 60 秒。

7　文件命名

7.1　命名规则

TDCF 气象数据传输文件名由强制字段、自由字段及字段分隔符组成。

强制字段描述文件的基本信息，强制字段之间用下划线（“_”）或小数点（“.”）分隔。气象数据传输文件名中的强制字段应符合 7.3 的要求。

自由字段为数据中心自行定义字段，是可选字段。可由一个或多个子字段组成，子字段间用减号（“—”）分隔。

强制段与自由段之间用下划线（“_”）分隔。

文件名可使用的字符有：英文字母“A”～“Z”、数字“0”～“9”、以及加号“＋”、减号“—”、下划线“_”、英文半角逗号“,”和小数点“.”。

文件名中英文字母应大写。

文件名总长度不应超过 256 个字符。

7.2 文件名格式

TDCF 气象数据传输文件命名格式如下：

pflag_productidentifier_oflag_originator_yyyyMMddhhmmss[_freeformat].type[.compression]

其中，方括号“[]”中的字段为可选字段，freeformat 是自由字段。

7.3 字段定义

7.3.1 pflag

数据标识符指示码。用于指示数据标识符（productidentifier）的表示方式。取值见表 2。

表 2 pflag 字段代码表

pflag	说明
A	包含简式报头的单报文文件。
W	不包含简式报头的单报文文件或打包文件。

7.3.2 productidentifier

数据标识符。用于指示数据类型和属性。取值见表 3。数据类型代码见表 4。

表 3 productidentifier 字段代码表

pflag	productidenfiier	说明
A	$T_1T_2A_1A_2$iiCCCCYYGGgg[BBB]	取自简式报头。
W	data designator[,free description]	data designator 为数据类型标识，用于描述数据类型，代码取值见表 4。当传输文件中同时包含多种数据类型时，应使用“＋”连接各数据类型代码，如当文件中同时包含地面资料和高空资料时，data designator 取值为“SURF＋UPAR”。
		free description 为自定义描述段，是可选字段，由数据中心或数据编发中心根据数据的类型和属性自行定义，使用字母“A”～“Z”和数字“0”～“9”进行编码，字段之间用减号（“－”）分隔，字段长度不超过 128 个字符。

表 4 数据类型代码表

代码	数据类型	说明
SURF	地面气象	人工和自动地面观测数据及其综合分析、统计产品。
UPAR	高空气象	高空观测、飞机、GPS、风廓线仪、闪电探测数据及其分析、统计产品。
OCEN	海洋气象	海洋船舶、浮标获得的海洋观测数据和加工产生的海洋预报产品。
RADI	气象辐射	常规地面辐射台站地面观测取得的辐射数据。
AGME	农业气象	农业气象台站观测取得的农业气象数据。
NAFP	数值预报	通过数值分析预报模式获得的各种分析和预报产品。

表 4　数据类型代码表(续)

代码	数据类型	说明
CAWN	大气成分	大气成分的组成、含量、物理和化学特性等的观测数据和产品。
DISA	气象灾害	各种气象灾害的观测数据和加工产品。
RADA	气象雷达	各种气象雷达探测获得的数据和产品。
SATE	气象卫星	各种卫星探测获得的气象数据和产品。
SCEX	科学试验	科学试验和考察中获得的各种数据和产品。
SEVP	气象服务	直接应用于决策服务、公众服务的各类产品。
OTHE	其他数据	无法归并到上述资料内的气象数据和产品。

7.3.3　oflag

文件编发中心标识符类型指示码。用于指示文件编发中心标识符(originator)的类型,长度 1 个字符,取值见表 5。

表 5　oflag 字段代码表

代码	含义
C	originator 字段按编报中心进行编码。
I	originator 字段按台站的区站号进行编码。

7.3.4　originator

文件编发中心标识符。用于标识文件编发中心。oflag 取值为"C"时,originator 为文件编发中心的四位字母代号(CCCC)。oflag 取值为"I"时,originator 为编报台站的区站号。

7.3.5　yyyyMMddhhmmss

文件生成时间(UTC)。用年月日时分秒表示,其中,年(yyyy)用 4 位数字表示;月(MM)、日(dd)、时(hh)、分钟(mm)、秒(ss)都用 2 位数字表示,取值不足 2 位时,高位补"0"。

7.3.6　type

文件类型标识,取值见表 6。

表 6　type 字段代码表

代码	含义
BFR	BUFR 编码格式文件。
CRX	CREX 编码格式文件。
GR1	GRIB 版本 1 编码格式文件。
GR2	GRIB 版本 2 编码格式文件。
BIN	二进制编码格式编码的文件,GRIB 码文件和/或 BUFR 码文件。

7.3.7 compression

文件压缩方式，取值见表7。采用压缩方式传输 TDCF 气象数据时，文件名应包含 compression 字段。

表7 compression 字段代码表

代码	含义
Z	采用 Unix COMPRESS 技术压缩的文件。
ZIP	采用 PKWare zip 技术压缩的文件。
GZ	采用 Unix gzip 技术压缩的文件。
BZ2	采用 Unix bzip2 技术压缩的文件。
RAR	RAR 格式打包文件。
TAR	TAR 格式打包文件。
可以按照打包和压缩操作的顺序，组合使用上述代码，如先使用 TAR 格式打包后使用 bzip2 压缩的文件该字段取值为 TAR.BZ2。	

附　录　A
（规范性附录）
$T_1T_2A_1A_2ii$ 代码规定

$T_1T_2A_1A_2ii$ 代码表见表 A.1～表 A.12。

表 A.1　T_1 代码表

T_1	数据类型	T_2	A_1	A_2	ii
H	GRIB 格式数据	见表 A.2	见表 A.6	见表 A.7	见表 A.12
I	BUFR 格式观测数据	见表 A.3	见表 A.9	见表 A.6	见本表下面的段
J	BUFR 格式预报	见表 A.3	见表 A.9	见表 A.7	见表 A.12
K	CREX 格式数据	见表 A.5	见表 A.10	见表 A.6	见本表下面的段
O	GRIB 格式海洋数据	见表 A.4	见表 A.6	见表 A.7	见表 A.11
Y	区域内交换的 GRIB 格式数据	见表 A.2	见表 A.6	见表 A.8	见表 A.12
当两份公报具有相同的 $T_1T_2A_1A_2$ 和 CCCC 时，可用不同的 ii 值区分每份公报。					

表 A.2　T_2 代码表（当 T_1 = H 或 Y）

T_2	要素	T_2	要素
A	雷达探测	B	云
C	涡度	D	厚度
E	降水	F	保留
G	散度	H	高度
I	保留	J	波高＋组合
K	涌高＋组合	L	保留
M	供国家使用	N	辐射
O	垂直速度	P	气压
Q	湿球位温	R	相对湿度
S	保留	T	气温
U	东风分量	V	北风分量
W	风	X	抬升指数
Y	观测绘制图表	Z	保留

表 A.3　T_2 代码表（当 T_1 = I 或 J）

T_2	资料类型	T_2	资料类型
N	卫星	O	海洋/湖泊（水特性）
P	图像	S	地面/海面
T	文本信息	U	高空
X	其他类型数据		

表 A.4　T_2 代码表(当 T_1＝O)

T_2	要素	T_2	要素
D	深度	E	冰密集度
F	海冰厚度	G	浮冰
H	海冰增长	I	海冰会集/发散
Q	温度距平	R	深度距平
S	盐度	T	温度
U	海流分量	V	海流分量
W	暖温(温度上升)	X	混合数据

表 A.5　T_2 代码表(当 T_1＝K)

T_2	数据类型	T_2	数据类型
F	地面/海平面预报	O	海洋/湖泊(水特性)观测
P	海洋观测	S	地面观测
T	警报	U	高空观测
V	高空预报		

表 A.6　A_1 代码表(当 T_1＝H, O 或 Y) 和 A_2 代码表 (当 T_1＝ I 或 K)

A_1 或 A_2	地理区域	A_1 或 A_2	地理区域
A	0° — 90°W 北半球	B	90°W — 180° 北半球
C	180° — 90°E 北半球	D	90°E — 0° 北半球
E	0° — 90°W 热带圈	F	90°W — 180° 热带圈
G	180° — 90°E 热带圈	H	90°E — 0° 热带圈
I	0° — 90°W　南半球	J	90°W — 180° 南半球
K	180° — 90°E 南半球	L	90°E — 0° 南半球
N	北半球	S	南半球
T	45°W — 180° 北半球	X	全球

表 A.7　A_2 代码表(当 T_1＝H,J 或 O)

A_2	预报时效	A_2	预报时效	A_2	预报时效
A	分析(00 小时)	B	6 小时	C	12 小时
D	18 小时	E	24 小时	F	30 小时
G	36 小时	H	42 小时	I	48 小时
J	60 小时	K	72 小时	L	84 小时
M	96 小时	N	108 小时	O	120 小时
P	132 小时	Q	144 小时	R	156 小时
S	168 小时	T	10 天	U	15 天
V	30 天	W	保留	X	保留
Y	保留	Z	保留		

表 A.8　A_2 代码表(T_1＝Y)

A2	预报时效	A2	预报时效
A	分析(00 小时)	B	3 小时预报
C	6 小时预报	D	9 小时预报
E	12 小时预报	F	15 小时预报
G	18 小时预报	H	21 小时预报
I	24 小时预报	J	27 小时预报
K	30 小时预报	L	33 小时预报
M	36 小时预报	N	39 小时预报
O	42 小时预报	P	45 小时预报
Q	48 小时预报		

表 A.9　A_1 代码表　(当 T_1＝ I 或 J)

T_1T_2	A_1	ii	数据内容
IN	A		卫星数据(AMSUA)
	B		卫星数据(AMSUB)
	H		卫星数据(HIRS)
	M		卫星数据(MHS)
IO	B		浮标观测
	I		海冰
	P		浮子的海面以下的资料 TESAC
	R		海面观测 TRACKOB
	S		海平面及其以下探测 BATHY,TESAC
	T		海面温度
	W		海面波浪 WAVEOB
	Z		深海海啸
	X		其他的海洋环境
IP	C		雷达合成图像资料
	I		卫星图像
	R		雷达图像
	X		未定义
IS	A	01～29	来自自动(固定或移动)陆地测站常规时间的观测(例如 0000，0100，…或 0220，0240，0300，…,或 0715，0745，... UTC)
	A	30～59	来自自动(固定或移动)陆地测站 N 分钟的观测报告
	B		雷达报告(Parts A 和 B) RADOB
	C	01～45	来自陆地测站的气候观测 CLIMAT

表 A.9 A_1 代码表 (当 T_1 = I 或 J)(续)

T_1T_2	A_1	ii	数据内容
IS	C	46～69	来自海洋测站的气候观测 CLIMAT SHIP
	D		放射观测 RADREP
	E		地面的臭氧探测
	F		大气资源 SFAZI,SFLOC,SFAZU
	I	01～45	来自固定陆地站的补充地面天气观测 SYNOP(SIxx)
	I	46～59	来自移动陆地测站的基本地面天气观测 SYNOP MOBIL
	M	01～45	来自固定陆地测站的基本地面天气观测 SYNOP(SMxx)
	M	46～59	来自移动陆地测站的基本地面天气观测 SYNOP MOBIL
	N	01～45	来自固定陆地测站的非标准时间的地面观测 SYNOP(SNxx)(例如 0100，0200，0400，0500，... UTC)
	N	46～59	来自移动陆地测站的非标准时间的地面观测 SYNOP MOBIL (例如 0100，0200，0400,0500，... UTC)
	R		水文观测报告 HYDRA
	S	01～19	来自海洋测站的地面天气观测 SHIP
	S	20～39	来自自动海洋测站的一小时观测
	S	40～59	来自自动海洋测站的 *N* 分钟观测
	T	01～19	验潮器观测
	T	20～39	水位的时间系列观测
	V		特殊的航空观测(SPECI)
	W		航空常规天气观测 (METAR)
	X		其他地面资料 IAC,IAC FLEET
IT	A		行政公电
	B		业务公电
	R		数据请求(包括数据类型)
	X		其他文本信息
IU	A		单层飞机观测报告(自动)AMDAR
	A		单层飞机观测报告(人工)AIREP、PIREP
	B		单层气球观测报告
	C		单层卫星反演资料
	D		下投式探空仪/测风仪观测
	E		臭氧天气探测
	I		分发和传输分析
	J	01～19	来自固定陆地测站的高空风的整体探测 PILOT(A、B、C、D 部)
	J	20～39	来自移动陆地测站的高空风的整体探测 PILOT MOBIL(A、B、C、D 部)

表 A.9　A_1 代码表　(当 T_1 = I 或 J)(续)

T_1T_2	A_1	ii	数据内容
IU	J	40～59	来自船舶测站的高空风的整体探测 PILOT(A、B、C、D 部)
	K	01～19	来自固定陆地测站无线电探测 TEMP(最高到 100 hPa) (A、B 部)
	K	20～39	来自移动陆地测站无线电探测 TEMP MOBIL (最高到 100 hPa) (A、B 部)
	K	40～59	来自海洋测站无线电探测 TEMP (最高到 100 hPa) (A、B 部)
	L		Total ozone 臭氧总量
	M		模式反演高空资料
	N		火箭探空观测
	O		在上升/下降中的飞机观测廓线 AMDAR
	P		廓线 PILOT
	Q		RASS 温度廓线 TEMP
	R		辐射数据
	S	01～19	来自固定陆地测站无线电探空仪/测风气球的整体探测 TEMP(A、B、C、D 部)
	S	20～39	来自移动陆地测站无线电探空仪的整体探测 TEMP MOBIL(A、B、C、D 部)
	S	40～59	来自海洋测站无线电探空仪的整体探测 TEMP SHIP(A、B、C、D 部)
	T		卫星反演高空资料
	U	01～45	来自高空测站的月统计 CLIMAT TEMP
	U	46～59	来自船舶测站的月统计 CLIMAT TEMP,SHIP
	W	01～19	来自固定陆地测站的高空风 PILOT (最高到 100 hPa) (A、B 部)
	W	20～39	来自移动陆地测站的高空风 PILOT MOBIL(最高到 100 hPa) (A、B 部)
	W	40～59	来自海洋测站的高空风 PILOT SHIP(最高到 100 hPa) (A、B 部)
	X		其他高空观测报告
JO	I		海冰
	S		海面和海面以下探测
	T		海面温度
	W		海面波浪
	X		其他海洋环境
JS	A		地面区域(例如航线)预报
	D		放射预报 RADOF
	M		地面预报
	O		海洋预报 MAFOR
	P		航线订正预报
	R		水文预报 HYFOR
	S		订正预报(TAF)
	T		机场预报(TAF)
	X		其他地面预报

表 A.9 A_1 代码表 (当 T_1 = I 或 J)(续)

T_1T_2	A_1	ii	数据内容
JT	E		海啸
	H		飓风、台风、热带风暴等警报
	S		灾害性天气等重要天气报告
	T		陆龙卷警报
	X		其他警报
JU	C		二进制 代码 SIGWX,晴空湍流
	F		二进制 代码 SIGWX,锋线
	N		二进制 代码 SIGWX,其他 SIGWX 参数
	O		二进制 代码 SIGWX,湍流
	S		高空预报
	T		二进制 代码 SIGWX,结冰/对流顶层
	V		二进制 代码 SIGWX,热带风暴,沙暴,火山爆发
	W		二进制 代码 SIGWX,高层风
	X		其他高空预报

表 A.10 A_1 代码表 (当 T_1 = K)

T_2	A_1	ii	数据类型
T_2= F 地面/海面预报	A		地面区域预报
	D		放射预报 RADOF
	M		地面预报
	O		海洋预报 MAFOR
	P		航线订正预报
	R		水文预报 HYFOR
	S		订正预报(TAF)
	T		机场预报(TAF)
	X		其他地面预报
T_2= O 海洋/湖泊(水的特性)观测	B		浮标站观测
	I		海冰
	P		浮子的海面以下探测 TESAC
	R		海面观测 TRACKOB
	S		海面和海面以下探测 BATHY,TESAC
	T		海面温度
	W		海面波浪 WAVEOB
	X		其他的海洋环境

表 A.10 A_1 代码表（当 T_1= K）（续）

T_2	A_1	ii	数据类型
T_2= P 海洋观测	I		海冰
	S		海面和海面以下探测
	T		海平面温度
	W		海面波浪
	X		其他的海洋环境
T_2= S 地面观测	A	01～29	来自自动（固定或移动）陆地测站常规时间的观测（例如 0000，0100，…或 0220，0240，0300，…，或 0715，0745，… UTC）
	A	30～59	来自自动（固定或移动）陆地站 N 分钟的观测
	B		雷达报告（parts A 和 B）
	C	01～45	来自陆地测站气候观测 CLIMAT
	C	46～59	来自船舶测站气候观测 CLIMAT SHIP
	D		放射观测 RADREP
	E		地面的臭氧探测
	F		大气资源 SFAZI，SFLOC，SFAZU
	I	01～45	来自固定陆地测站的补充地面天气观测 SYNOP（SIxx）
	I	46～59	来自移动陆地测站的补充地面天气观测 SYNOP MOBILE
	M	01～45	来自固定陆地测站的基本地面天气观测 SYNOP（SMxx）
	M	46～59	来自移动陆地测站的基本地面天气观测 SYNOP MOBILE
	N	01～45	来自固定陆地测站的非标准时间的地面观测（例如 0100，0200，0400，0500，... UTC）
	N	46～59	来自固定陆地测站的地面天气观测（例如 0100，0200，0400，0500，0700，0800，1000，1100，1300，... UTC）
	R		水文报告 HYDRA
	S	01～19	来自船舶测站的地面天气观测 SHIP
	S	20～39	来自自动海洋测站的一小时观测
	S	40～59	来自自动海洋测站的 *N* 分钟观测
	V		特殊的航空观测（SPECI）
	W		航空常规天气观测（METAR）
	X		其他地面资料 IAC，IACFLEET
T_2= T 警报	E		海啸
	H		飓风、台风、热带风暴警报
	S		灾害性天气等重要天气报告
	T		陆龙卷警报
	X		其他警报

表 A.10 A_1 代码表（当 T_1 = K）（续）

T_2	A_1	ii	数据类型
T_2 = U 高空观测	A		单层飞机观测报告（自动）AMDAR
	A		单层飞机观测报告（人工）AIREP/PIREP
	B		单层气球观测报告
	C		单层卫星反演资料
	D		下投式探空仪/测风仪观测 TEMPDROP
	I		分发和传输分析
	J	01～19	来自固定陆地测站的高空风探测 PILOT（A、B、C、D 部）
	J	20～39	来自移动陆地测站的高空风探测 PILOT（A、B、C、D 部）
	J	40～59	来自船舶测站的高空风探测 PILOT（A、B、C、D 部）
	K	01～19	来自固定陆地测站无线电探测 TEMP（A、B 部）
	K	20～39	来自移动陆地测站无线电探测 TEMP MOBIL（A、B 部）
	K	40～59	来自船舶测站的无线电探测 TEMP SHIP（A、B 部）
	L		臭氧探测廓线
	M		模式反演高空资料
	N		火箭探空观测
	O		在上升/下降中的飞机观测廓线 AMDAR
	P		风廓线观测
	Q		RASS 温度廓线 TEMP
	S	01～19	来自固定陆地测站的无线电探空仪/测风气球的整体探测 TEMP（A、B、C、D 部）
	S	20～39	来自移动陆地测站的无线电探空仪的整体探测 TEMP MOBIL（A、B、C、D 部）
	S	40～59	来自海洋测站的无线电探空仪的整体探测 TEMP SHIP（A、B、C、D 部）
	T		卫星反演高空资料
	U	01～45	来自高空探测的月统计 CLIMAT TEMP
	U	46～59	来自船舶测站的月统计 CLIMAT TEMP SHIP
	W	01～19	来自固定陆地测站的高空风 PILOT（A、B 部）
	W	20～39	来自移动陆地测站的高空风 PILOT MOBIL（A、B 部）
	W	40～59	来自海洋测站的高空风 PILOT SHIP（A、B 部）
	X		其他高空观测报告
T_2 = V 高空预报	A		单层预报
	B		代码 SIGWX，隐嵌积雨云
	C		CREX 代码 SIGWX，晴空湍流

表 A.10 A_1 代码表（当 T_1 = K)(续)

T_2	A_1	ii	数据类型
T_2= V 高空预报	F		CREX 代码 SIGWX，锋
	N		CREX 代码 SIGWX，其他 SIGWX 参数
	O		CREX 代码 SIGWX，湍流
	S		预报探测
	T		CREX 代码 SIGWX，结冰/对流层顶
	V		CREX 代码 SIGWX，热带风暴、沙暴、火山爆发
	W		CREX 代码 SIGWX，高层风
	X		其他高空预报

表 A.11 ii 代码表 （当 T_1 = O)

ii	层次/m	ii	层次/m
98	地面	96	2.5
94	5.0	92	7.5
90	12.5	88	17.5
86	25.0	84	32.5
82	40.0	80	50.0
78	62.5	76	75.0
74	100	72	125
70	150	68	200
66	300	64	400
62	500	60	600
58	700	56	800
54	900	52	1000
50	1100	48	1200
46	1300	44	1400
42	1500	40	1750
38	2000	36	2500
34	3000	32	4000
30	5000	01	基础层深度

表 A.12 ii 代码表(当 T_1 = H, J 或 Y)

ii	层次	ii	层次
99	1000 hPa	98	地球表面的气团属性
97	对流层顶	96	最大风层

表 A.12　ii 代码表（当 T_1 = H，J 或 Y）（续）

ii	层次	ii	层次
95	950 hPa	94	0℃等温层
93	975 hPa	92	925 hPa
91	875 hPa	90	900 hPa
89	海平面参数（例如：平均海平面气压）	88	地表的土壤或水的特性（例如：雪覆盖、波浪和海涌）
87	1000 hPa～500 hPa 厚度	86	边界层
85	850 hPa	84	840 hPa
83	830 hPa	82	825 hPa
81	810 hPa	80	800 hPa
79	790 hPa	78	780 hPa
77	775 hPa	76	760 hPa
75	750 hPa	74	740 hPa
73	730 hPa	72	725 hPa
71	710 hPa	70	700 hPa
69	690 hPa	68	680 hPa
67	675 hPa	66	660 hPa
65	650 hPa	64	640 hPa
63	630 hPa	62	625 hPa
61	610 hPa	60	600 hPa
59	590 hPa	58	580 hPa
57	570 hPa	56	560 hPa
55	550 hPa	54	540 hPa
53	530 hPa	52	520 hPa
51	510 hPa	50	500 hPa
49	490 hPa	48	480 hPa
47	470 hPa	46	460 hPa
45	450 hPa	44	440 hPa
43	430 hPa	42	420 hPa
41	410 hPa	40	400 hPa
39	390 hPa	38	380 hPa
37	370 hPa	36	360 hPa
35	350 hPa	34	340 hPa
33	330 hPa	32	320 hPa
31	310 hPa	30	300 hPa

表 A.12 ii 代码表(当 T_1 = H, J 或 Y)(续)

ii	层次	ii	层次
29	290 hPa	28	280 hPa
27	270 hPa	26	260 hPa
25	250 hPa	24	240 hPa
23	230 hPa	22	220 hPa
21	210 hPa	20	200 hPa
19	190 hPa	18	180 hPa
17	170 hPa	16	160 hPa
15	150 hPa	14	140 hPa
13	130 hPa	12	120 hPa
11	110 hPa	10	100 hPa
09	090 hPa	08	080 hPa
07	070 hPa	06	060 hPa
05	050 hPa	04	040 hPa
03	030 hPa	02	020 hPa
01	010 hPa	00	整个大气层(例如:可降水)

附 录 B
(规范性附录)
CCCC 规定

国内 CCCC 代码表和国外 CCCC 代码表分别见表 B.1 和表 B.2。

表 B.1 国内 CCCC 代码表

CCCC	中心	所属省/自治区	CCCC	中心	所属省/自治区
BEHF	合肥	安徽	BFUZ	徐州	江苏
BFAQ	安庆	安徽	BFWC	无锡	江苏
BFBF	蚌埠	安徽	BFYH	盐城	江苏
BFCH	巢湖	安徽	BFYZ	扬州	江苏
BFCU	滁州	安徽	BFZF	镇江	江苏
BFFY	阜阳	安徽	BENC	南昌	江西
BFGC	贵池	安徽	BFGA	赣州	江西
BFHN	淮南	安徽	BFJA	吉安	江西
BFHU	黄山	安徽	BFJD	景德镇	江西
BFHX	淮北	安徽	BFJJ	九江	江西
BFLA	六安	安徽	BFLC	临川	江西
BFMA	马鞍山	安徽	BFPX	萍乡	江西
BFSU	宿州	安徽	BFSR	上饶	江西
BFTO	铜陵	安徽	BFXD	新余	江西
BFWU	芜湖	安徽	BFYD	宜春	江西
BFXO	宣州	安徽	BFYN	鹰潭	江西
BEPK	北京市	北京	BCSY	沈阳	辽宁
BEFZ	福州	福建	BEDL	大连	辽宁
BEXM	厦门	福建	BFAS	鞍山	辽宁
BFLO	龙岩	福建	BFBX	本溪	辽宁
BFND	宁德	福建	BFCY	朝阳	辽宁
BFNP	南平	福建	BFDD	丹东	辽宁
BFPT	莆田	福建	BFFS	抚顺	辽宁
BFQZ	泉州	福建	BFFX	阜新	辽宁
BFSM	三明	福建	BFHL	葫芦岛	辽宁
BFZC	漳州	福建	BFJZ	锦州	辽宁
BCLZ	兰州	甘肃	BFLY	辽阳	辽宁
BFBY	白银	甘肃	BFPJ	盘锦	辽宁
BFDX	定西	甘肃	BFTL	铁岭	辽宁

表 B.1 国内 CCCC 代码表(续)

CCCC	中心	所属省/自治区	CCCC	中心	所属省/自治区
BFHJ	合作	甘肃	BFYK	营口	辽宁
BFJQ	酒泉	甘肃	BEHT	呼和浩特	内蒙古
BFJW	金昌	甘肃	BFAL	阿拉善左旗	内蒙古
BFLX	临夏	甘肃	BFBT	包头	内蒙古
BFPL	平凉	甘肃	BFCF	赤峰	内蒙古
BFTU	天水	甘肃	BFDS	东胜	内蒙古
BFWD	武都	甘肃	BFHR	海拉尔	内蒙古
BFWW	武威	甘肃	BFJR	集宁	内蒙古
BFXE	西峰	甘肃	BFLH	临河	内蒙古
BFZY	张掖	甘肃	BFTI	通辽	内蒙古
BCGZ	广州	广东	BFWI	乌海	内蒙古
BFCO	潮州	广东	BFWT	乌兰浩特	内蒙古
BFEY	河源	广东	BFXL	锡林浩特	内蒙古
BFFO	佛山	广东	BFDW	大武口	宁夏
BFHP	惠州	广东	BFGU	固原	宁夏
BFJB	江门	广东	BFWG	吴忠	宁夏
BFJY	揭阳	广东	BEYC	银川	宁夏
BFMM	茂名	广东	BEXN	西宁	青海
BFMZ	梅州	广东	BFDH	德令哈	青海
BFQY	清远	广东	BFGH	共和	青海
BFSE	深圳	广东	BFGM	格尔木	青海
BFSG	韶关	广东	BFIY	海晏	青海
BFST	汕头	广东	BFMQ	玛沁	青海
BFSW	汕尾	广东	BFPA	平安	青海
BFYP	云浮市	广东	BFTE	同仁	青海
BFYV	阳江	广东	BFYR	玉树	青海
BFZH	珠海	广东	BEJN	济南	山东
BFZJ	湛江	广东	BEQD	青岛	山东
BFZN	中山	广东	BFBZ	滨州	山东
BFZQ	肇庆	广东	BFDY	东营	山东
BENN	南宁	广西	BFDZ	德州	山东
BFBH	北海	广西	BFHE	菏泽	山东
BFBS	百色	广西	BFJF	济宁	山东

表 B.1 国内 CCCC 代码表(续)

CCCC	中心	所属省/自治区	CCCC	中心	所属省/自治区
BFFC	防城港	广西	BFLI	临沂	山东
BFGL	桂林	广西	BFLN	聊城	山东
BFHC	河池	广西	BFLW	莱芜	山东
BFIZ	柳州	广西	BFRI	日照	山东
BFQI	钦州	广西	BFTA	泰安	山东
BFWO	梧州	广西	BFWE	威海	山东
BFYF	玉林	广西	BFWF	潍坊	山东
BEGY	贵阳	贵州	BFYT	烟台	山东
BFAN	安顺	贵州	BFZA	枣庄	山东
BFBI	毕节	贵州	BFZB	淄博	山东
BFDU	都匀	贵州	BETY	太原	山西
BFKL	凯里	贵州	BFCB	长治	山西
BFLP	六盘水	贵州	BFDT	大同	山西
BFTR	铜仁	贵州	BFIF	临汾	山西
BFZE	遵义	贵州	BFJC	晋城	山西
BEHK	海口	海南	BFLM	离石	山西
BFSV	三亚	海南	BFSL	朔州	山西
BFXS	西沙	海南	BFXZ	忻州	山西
BESZ	石家庄	河北	BFYO	运城	山西
BFBD	保定	河北	BFYQ	阳泉	山西
BFCG	承德	河北	BFYU	榆次	山西
BFCZ	沧州	河北	BEXA	西安	陕西
BFHD	邯郸	河北	BFAK	安康	陕西
BFHS	衡水	河北	BFAO	汉中	陕西
BFLF	廊坊	河北	BFBO	宝鸡	陕西
BFQA	秦皇岛	河北	BFSD	商州	陕西
BFTS	唐山	河北	BFTC	铜川	陕西
BFXT	邢台	河北	BFWN	渭南	陕西
BFZK	张家口	河北	BFXY	咸阳	陕西
BEZZ	郑州	河南	BFYA	延安	陕西
BFAY	安阳	河南	BFYL	榆林	陕西
BFHI	鹤壁	河南	BCSH	上海	上海
BFJT	焦作	河南	BCCD	成都	四川
BFKF	开封	河南	BFDN	达县	四川

表 B.1 国内 CCCC 代码表(续)

CCCC	中心	所属省/自治区	CCCC	中心	所属省/自治区
BFLB	洛阳	河南	BFKD	康定	四川
BFLE	漯河	河南	BFLK	乐山	四川
BFNY	南阳	河南	BFMK	马尔康	四川
BFPS	平顶山	河南	BFMY	绵阳	四川
BFPY	濮阳	河南	BFNA	南充	四川
BFSF	三门峡	河南	BFNE	内江	四川
BFSQ	商丘	河南	BFPH	攀枝花	四川
BFXC	许昌	河南	BFXJ	西昌	四川
BFXI	信阳	河南	BFYB	宜宾	四川
BFXX	新乡	河南	BFYM	雅安	四川
BFZM	驻马店	河南	BFZG	自贡	四川
BFZO	周口	河南	BFZI	资阳	四川
BEHB	哈尔滨	黑龙江	BETJ	天津	天津
BFDQ	大庆	黑龙江	BFTG	塘沽	天津
BFEH	黑河	黑龙江	BELS	拉萨	西藏
BFHG	鹤岗	黑龙江	BFCN	昌都	西藏
BFJE	加格达奇	黑龙江	BFGR	噶尔	西藏
BFJI	鸡西	黑龙江	BFLR	林芝	西藏
BFJS	佳木斯	黑龙江	BFNO	乃东	西藏
BFMJ	牡丹江	黑龙江	BFNQ	那曲	西藏
BFQE	齐齐哈尔	黑龙江	BFRZ	日喀则	西藏
BFQT	七台河	黑龙江	BCUQ	乌鲁木齐	新疆
BFSC	绥化	黑龙江	BFAE	阿克苏	新疆
BFSS	双鸭山	黑龙江	BFAT	阿勒泰	新疆
BFYI	伊春	黑龙江	BFAU	阿图什	新疆
BCWH	武汉	湖北	BFBL	博乐	新疆
BFES	恩施	湖北	BFCK	昌吉	新疆
BFEZ	鄂州	湖北	BFHM	哈密	新疆
BFHO	黄州	湖北	BFHQ	和田	新疆
BFJM	荆门	湖北	BFIE	石河子	新疆
BFJU	江陵	湖北	BFIL	伊犁	新疆
BFSK	十堰	湖北	BFKE	库尔勒	新疆
BFUS	黄石	湖北	BFKS	喀什	新疆
BFXF	襄樊	湖北	BFKY	克拉玛依	新疆

表 B.1 国内 CCCC 代码表(续)

CCCC	中心	所属省/自治区	CCCC	中心	所属省/自治区
BFXG	孝感	湖北	BFTB	塔城	新疆
BFXP	咸宁	湖北	BFTF	吐鲁番	新疆
BFYG	宜昌	湖北	BEKM	昆明	云南
BECS	长沙	湖南	BFBE	保山	云南
BFCA	常德	湖南	BFCI	楚雄	云南
BFCE	郴州	湖南	BFDC	东川	云南
BFDA	大庸	湖南	BFDI	大理	云南
BFHA	衡阳	湖南	BFJV	景洪	云南
BFHW	怀化	湖南	BFLJ	丽江	云南
BFJO	吉首	湖南	BFLQ	泸水	云南
BFLD	娄底	湖南	BFLT	潞西	云南
BFSB	邵阳	湖南	BFQN	曲靖	云南
BFUY	岳阳	湖南	BFSI	思茅	云南
BFXK	湘潭	湖南	BFWS	文山	云南
BFYE	永州	湖南	BFYX	玉溪	云南
BFYY	益阳	湖南	BFZD	中甸	云南
BFZU	株洲	湖南	BFZT	昭通	云南
BECC	长春	吉林	BEHZ	杭州	浙江
BFBB	白山	吉林	BENB	宁波	浙江
BFBC	白城	吉林	BFHV	湖州	浙江
BFJL	吉林	吉林	BFIH	临海	浙江
BFLU	辽源	吉林	BFIS	丽水	浙江
BFSO	松原	吉林	BFJH	金华	浙江
BFSP	四平	吉林	BFJX	嘉兴	浙江
BFTH	通化	吉林	BFQU	衢州	浙江
BFYJ	延吉	吉林	BFSX	绍兴	浙江
BENJ	南京	江苏	BFWZ	温州	浙江
BFCJ	常州	江苏	BFZS	舟山	浙江
BFHY	淮阴	江苏	BECQ	重庆	重庆
BFLG	连云港	江苏	BFFL	涪陵	重庆
BFNT	南通	江苏	BFQJ	黔江	重庆
BFSJ	苏州	江苏	BFWA	万县	重庆

表 B.2 WMO 会员 CCCC 代码表

CCCC	中心	所属国家/地区
ABRF	Brisbane (Regional Forecasting Centre)布里斯班(区域预报中心)	Australia 澳大利亚
ADRM	Darwin/Regional Met. Centre 达尔文市/区域气象中心	Australia 澳大利亚
AGGG	Honiara (COM Centre), Guadalcanal I. 霍尼亚拉,瓜达康纳尔岛	Solomon Islands 所罗门群岛
AMMC	Melbourne/World Met. Centre 墨尔本/世界气象中心	Australia 澳大利亚
AMRF	Melbourne (Regional Forecasting Centre)墨尔本(区域预报中心)	Australia 澳大利亚
ANAU	Nauru Is. 瑙鲁群岛	Nauru 瑙鲁
APRF	Perth (Regional Forecasting Centre)佩斯(区域预报中心)	Australia 澳大利亚
AYPY	Port Moresby 莫尔兹比港	Papua New Guinea 巴布亚新几内亚
BABJ	Peking (Beijing)北京	China 中国
BIRK	Reykjavík Airport 雷克雅未克机场	Iceland 冰岛
CWAO	Montreal (Canadian Met. Centre), Que. 蒙特利尔(加拿大气象中心),魁北克	Canada 加拿大
CWHX	Bedford (Atlantic Weather Centre), N. S. 贝德福德(大西洋气象中心)	Canada 加拿大
DAMM	Alger (Centre régional des télécommunications météorologiques)阿尔及尔(区域通信气象中心)	Algeria 阿尔及利亚
DBBB	Cotonou/Cadjehoun 科托努	Benin 贝宁
DEMS	New Delhi 新德里	India 印度
DFFD	Ouagadougou Airport 瓦加杜古机场	Burkina Faso 布基纳法索
DGAA	Accra/Kotoka Intl. 阿克拉	Ghana 加纳
DIAP	Abidjan/Port Bouet 阿比让	Cote d'Ivoire 科特迪瓦
DKPY	Pyongyang 平壤	Democratic People's Republic of Korea 朝鲜
DNAA	Abuja/N Namdi Azikiwe 阿布贾	Nigeria 尼日利亚
DNKN	Kano Mallam Aminu Kano 卡诺 Mallam Aminu 机场	Nigeria 尼日利亚
DNMM	Lagos/Murtala Muhammed 拉各斯	Nigeria 尼日利亚
DRRN	Niamey (Airport)尼亚美	Niger 尼日尔
DTTA	Tunis/Carthage 突尼斯/迦太基	Tunisia 突尼斯
DXXX	Lomé 洛美	Togo 多哥
EBBR	Bruxelles/National 布鲁塞尔/国家级	Belgium 比利时
EBSH	Saint Hubert 圣胡伯特	Belgium 比利时

表 B.2 WMO 会员 CCCC 代码表(续)

CCCC	中心	所属国家/地区
EBUM	Brussels (IRM)布鲁塞尔	Belgium 比利时
EBWM	BEAUVECHAIN (MET MIL)博佛尚	Belgium 比利时
ECED	European Centre for Medium Range Weather Forecasts 欧洲中尺度天气预报中心	United Kingdom of Great Britain and Northern Ireland 大不列颠及北爱尔兰联合王国
ECEM	European Centre for Medium Range Weather Forecasts 欧洲中尺度天气预报中心	United Kingdom of Great Britain and Northern Ireland 大不列颠及北爱尔兰联合王国
ECEP	European Centre for Medium Range Weather Forecasts 欧洲中尺度天气预报中心	European Centre for Medium Range Weather Forecasts 欧洲中尺度天气预报中心
ECMF	European Centre for Medium Range Weather Forecasts 欧洲中尺度天气预报中心	European Centre for Medium Range Weather Forecasts 欧洲中尺度天气预报中心
ECMG	European Centre for Medium Range Weather Forecasts 欧洲中尺度天气预报中心	European Centre for Medium Range Weather Forecasts 欧洲中尺度天气预报中心
ECMW	European Centre for Medium Range Weather Forecasts 欧洲中尺度天气预报中心	European Centre for Medium Range Weather Forecasts 欧洲中尺度天气预报中心
ECSF	European Centre for Medium Range Weather Forecasts 欧洲中尺度天气预报中心	European Centre for Medium Range Weather Forecasts 欧洲中尺度天气预报中心
EDDM	München 慕尼黑	Germany 德国
EDLR	Paderborn-Haxterberg 帕德博恩 Haxterberg 机场	Germany 德国
EDZB	Berlin Met Reg Center 柏林气象区域中心	Germany 德国
EDZF	Frankfurt /Main Met Reg Center 法兰克福/区域气象中心	Germany 德国
EDZH	Hamburg Met Reg Center 汉堡区域气象中心	Germany 德国
EDZL	Leipzig met Reg Center 莱比雷区域气象中心	Germany 德国
EDZM	Munchen Met Reg Center 慕尼黑区域气象中心	Germany 德国
EDZO	Offenbach 奥芬巴赫	Germany 德国
EDZW	Offenbach (Met. COM Centre)奥芬巴赫	Germany 德国
EEMH	Meteorological and Hydrological Institute 气象与水文局	Estonia 爱沙尼亚
EETN	Tallinn Airport 塔林机场	Estonia 爱沙尼亚
EFHK	Helsinki 赫尔辛基	Finland 芬兰
EFKL	Helsinki (MET Institute)赫尔辛基(气象局)	Finland 芬兰

表 B.2 WMO 会员 CCCC 代码表(续)

CCCC	中心	所属国家/地区
EGGY	UK MOTNE CENTRE 英国 MOTNE 中心	United Kingdom of Great Britain and Northern Ireland 大不列颠及北爱尔兰联合王国
EGRR	Bracknell 布拉克内尔	United Kingdom of Great Britain and Northern Ireland 大不列颠及北爱尔兰联合王国
EHDB	De Bilt 德比尔特	Netherlands 荷兰
EIDB	Dublin (MET, COM Centre)都柏林	Ireland 爱尔兰
EKCH	København/Kastrup (Copenhagen-Copenhague) 哥本哈根/凯斯楚普	Denmark and Faroe Islands 丹麦
EKMI	Danish Meteorological Institute 丹麦气象局	Denmark and Faroe Islands 丹麦和法罗群岛
ENBJ	Bjornoya 挪威熊岛	Norway 挪威
ENHO	Hopen 霍本	Norway 挪威
ENMI	Oslo (Norwegian Meteorological Institute)奥斯陆(挪威气象局)	Norway 挪威
ESWI	Norrkōping (Swedish Meteorological and Hydrological Institute)诺尔雪平市(瑞典气象水文局)	Sweden 瑞典
EUMG	EUMETSAT (Darmstadt)欧洲气象卫星组织(达姆施塔特)	EUMETSAT (Darmstadt) 欧洲气象卫星组织(达姆施塔特)
EUMP	EUMETSAT (Darmstadt)欧洲气象卫星组织(达姆施塔特)	EUMETSAT (Darmstadt) 欧洲气象卫星组织(达姆施塔特)
EUMS	EUMETSAT (Darmstadt)欧洲气象卫星组织(达姆施塔特)	EUMETSAT (Darmstadt) 欧洲气象卫星组织(达姆施塔特)
EUSR		Italy 意大利
EVRA	Riga (Airport)里加(机场)	Latvia 拉脱维亚
EVRR	Riga 里加	Latvia 拉脱维亚
EYHM	Vilnius 维尔纽斯	Lithuania 立陶宛
EYVI	Vilnius Intl. 维尔纽斯	Lithuania 立陶宛
FAGE	Gough Island 戈夫岛	South Africa (Gough & Marion Islands) 南非(Gough 和 Marion 岛)
FAME	Marion Island 马里恩岛	South Africa (Gough & Marion Islands) 南非(Gough 和 Marion 岛)
FAPR	Pretoria (MET)比勒陀利亚	South Africa (Gough & Marion Islands) 南非(Gough 和 Marion 岛)

表 B.2 WMO 会员 CCCC 代码表(续)

CCCC	中心	所属国家/地区
FATC	Tristan de Cunha 特里斯坦德库尼亚	South Africa (Gough & Marion Islands) 南非(Gough 和 Marion 岛)
FBSK	Seretse Khama 国际机场	Botswana 博茨瓦那
FCBB	Brazzaville/Maya-Maya (FIC, COM, NOF)布拉柴维尔/玛雅	Congo 刚果
FCPP	Pointe Noire 黑角	Congo 刚果
FDMS	Manzini/Matsapha 曼齐尼/马扎巴港口	Swaziland 史瓦济兰
FEFF	Bangui M'Poko 班吉	Central African Republic 中非共和国
FEFT	Berberati 贝贝拉蒂	Central African Republic 中非共和国
FGSL	Malabo 马拉博	Equatorial Guinea 赤道几内亚
FHAW	Wideawake 怀德威克	Ascension Island 阿森松岛
FIMP	Mauritius/Plaisance 毛里求斯/普莱桑斯	Mauritius 毛里求斯
FJDG	Diego Garcia 迪戈加西亚	British Indian Ocean Territory 英属印度洋领地
FKKD	Douala 杜阿拉	Cameroon 喀麦隆
FKKN	N'Gaoundere 恩冈代雷	Cameroon 喀麦隆
FKKR	Garoua 加鲁阿	Cameroon 喀麦隆
FKYS	Yaounde/Nsimalen 雅温得机场	Cameroon 喀麦隆
FLLS	Lusaka/Lusaka 卢萨卡	Zambia 赞比亚
FMCH	Moroni/Hahaia 莫罗尼/Hahaia 机场	Comoros 科摩洛
FMEE	Saint-Denis/Gillot 圣但尼/吉洛特	Reunion 留尼旺岛
FMMD	Antananarivo (Ville)安塔那利佛	Madagascar 马达加斯加
FMMI	Antananarivo/Ivato 安塔那利佛/ Ivato 机场	Madagascar 马达加斯加
FMMT	Tamatave 塔马塔夫	Madagascar 马达加斯加
FMNM	Majunga/Amborovy	Madagascar 马达加斯加
FMNN	NOSY-BE 诺西贝	Madagascar 马达加斯加
FNLU	Luanda 罗安达	Angola 安哥拉
FOOL	Libreville/Léon M'Ba 利伯维尔	Gabon 加蓬
FPST	Sâo Tomé 圣多美	Sao Tome and Principe 圣多美与普林西比共和国
FQMA	Maputo 马普托	Mozambique 莫桑比克
FSIA	Seychelles Intl. 塞舌尔群岛	Seychelles 塞舌尔群岛
FTTJ	Ndjamena 恩贾梅纳	Chad 乍得
FVHA	Harare (AD, FIC,NOF, COM)哈拉雷	Zimbabwe 津巴布韦
FWLI	Lilongwe/Lilongwe International 利隆圭	Malawi 马拉维

表 B.2 WMO 会员 CCCC 代码表(续)

CCCC	中心	所属国家/地区
FXMM	Maseru Moshoeshoe Intl. 马塞卢	Lesotho 莱索托
FYWW	Windhoek (Town/Stad Met)温得和克	Namibia 纳米比亚
FZAA	Kinshasa/Ndjili 金沙萨/ Ndjili 机场	Democratic Republic of the Congo 扎伊尔共和国
GABS	Bamako/Sénou 巴马科	Mali 马里
GBYD	Banjul/Yundum 班珠尔/云杜姆国际机场	Gambia 冈比亚
GCLP	Las Palmas de Gran Canaria 加那利岛拉斯帕尔马	Canary Islands (Spain)加那利群岛
GCXO	Tenerife 特纳利夫岛	Canary Islands (Spain)加那利群岛
GFLL	Freetown/Lungi 弗里敦	Sierra Leone 塞拉利昂
GGOV	Bissau/Oswaldo Vieira Intl. 比绍/奥斯瓦尔多 Vieira 国际机场	Guinea-Bissau 几内亚比绍
GLRB	Monrovia/Roberts Intl. 蒙罗维亚/罗伯茨国际机场	Liberia 利比里
GMMC	Casablanca/Anfa 卡萨布兰卡	Morocco 摩洛哥
GOOY	Dakar/Yoff (COM, ACC, FIC, TWR, NOF) 达喀尔	Senegal 塞内加尔
GQNN	Nouakchott 努瓦克肖特	Mauritania 毛里塔尼亚
GQPP	Nouadhibou 努瓦迪布	Mauritania 毛里塔尼亚
GUCY	Conakry/Gbessia 科纳克里/格贝西亚机场	Guinea 几内亚
GVAC	Sal, Ilha de Sal/Amilcar Cabral 阿米尔卡一卡布拉尔国际机场	Cape Verde 佛得角
GVBA	RABIL/BOA VISTA ISLAND 拉比尔/博维斯塔岛	Cape Verde 佛得角
GVNP	PRAIA 培亚	Cape Verde 佛得角
GVSV	SAO PEDRO/SAO VICENTE ISLAND 圣佩德罗/圣文森特岛	Cape Verde 佛得角
HAAB	Addis Ababa 亚的斯亚贝巴	Ethiopia 埃塞俄比亚
HABM		Hungary 匈牙利
HABP	Budapest 布达佩斯	Hungary 匈牙利
HBBA	Bujumbura 布琼布拉	Burundi 布隆迪
HCMM	Mogadiscio 摩加迪沙	Somalia 索马里
HDAM	Djibouti/Ambouli 吉布提	Djibouti 吉布提
HECA	Cairo (Le Caire) 开罗	Egypt 埃及
HKNA	Nairobi ACC/FIC/RCC/MET/COM 内罗毕	Kenya 肯尼亚
HKNC	Nairobi 内罗毕	Kenya 肯尼亚
HLLT	Tripoli/Intl. 的黎波里	Libyan Arab Jamahiriya 阿拉伯利比亚人民社会主义民众国
HRYR	Kigali 基加利	Rwanda 卢旺达
HSSS	Khartoum 喀土穆	Sudan 苏丹
HTDA	Dar-es-Salaam/Dar-es-Salaam (APP, TWR, NOF, MET, Civil Airlines) 达累斯萨拉姆	United Republic of Tanzania 坦桑尼亚共和国

表 B.2　WMO 会员 CCCC 代码表(续)

CCCC	中心	所属国家/地区
HUEN	Entebbe 恩德培	Uganda 乌干达
IAEA	International Atomic Energy Agency 国际原子能机构	Germany 德国
KBIX	Keesler AFB, Biloxi, MS 基斯勒空军基地,比洛克西,密西西比	United States of America 美国
KGWC	Offutt AFB, Omaha, WA (USAF Global Weather Center) 弗特空军基地,奥马哈,华盛顿(美国空军全球天气中心)	United States of America 美国
KNHC	Miami, FL (National Hurricane Center) 迈阿密	United States of America 美国
KWAL	Wallops I./Wallops Station, VA 瓦勒普斯岛/瓦勒普斯站,弗吉尼亚	United States of America 美国
KWBC	Washington (National Meteorological COM Centre), DC 华盛顿(国家气象通信中心)	United States of America 美国
LBSM	Met Com Centre Sofia 索菲亚	Bulgaria 保加利亚
LCLK	Larnaca 拉纳卡	Cyprus 塞浦路斯
LDZM	Zagreb 札格拉布	Croatia 克罗地亚共和国
LEMM	Madrid (Centro de Communicaciones de Meteorología) 马德里	Spain 西班牙
LFPW	Toulouse (Centre Régional de Télécommunications) 图卢兹	France 法国
LFVP	Saint-Pierre 圣皮尔	St. Pierre and Miquelon 圣皮尔和密克隆岛
LFVW	French Argos Global Processing Centre, Toulouse 法国雅高全球处理中心,图卢兹	France 法国
LFVX		France 法国
LGAT	Athinai 雅典	Greece 希腊
LGIR	Iraklion/Nikos Kazantzakis 伊拉克利翁/尼科斯·卡赞扎基斯	Greece 希腊
LIIB	Roma (MET COM Centre) 罗马	Italy 意大利
LJLJ	Ljubljana Brnik 卢布尔雅那 Brnik 机场	Slovenia 斯洛文尼亚
LJLM	Ljubljana 卢布尔雅那	Slovenia 斯洛文尼亚
LKCS	Ceske Budejovice 捷克布杰约维采	Czech Republic 捷克
LKCV	Caslav 恰斯拉夫	Czech Republic 捷克
LKKB	Kbely 机场	Czech Republic 捷克
LKLN	Plzen/Line (MIL/CIV)皮耳森	Czech Republic 捷克
LKMW	MWO PRAHA (MIL)布拉格	Czech Republic 捷克
LKNA	Namest 机场	Czech Republic 捷克
LKPO	Prerov 普热罗夫	Czech Republic 捷克
LKPR	Praha/Ruzyne 布拉格/Ruzyne 机场	Czech Republic 捷克

表 B.2 WMO 会员 CCCC 代码表(续)

CCCC	中心	所属国家/地区
LKPW	MWO Praha 布拉格气象观测台	Czech Republic 捷克
LLBD	Bet Dagan (MET Service),贝特达甘	Israel 以色列
LLBG	Tel-Aviv/Ben Gurion Airport,特拉维夫/Ben Gurion 机场	Israel 以色列
LMMM	Malta (ACC) 马耳他	Malta 马耳他
LOWG	Graz 格拉茨	Austria 奥地利
LOWI	Innsbruck 因斯布鲁克	Austria 奥地利
LOWK	Klagenfurt 克拉根福	Austria 奥地利
LOWL	Linz 林茨	Austria 奥地利
LOWM	Wien (MET COM Centre)维也纳	Austria 奥地利
LOWS	Salzburg 萨尔茨堡	Austria 奥地利
LOWW	Wien/Schwechat 维也纳/施维切特	Austria 奥地利
LPMG	Lisboa (MET COM Centre) 里斯本	Portugal 葡萄牙
LPPT	Lisboa (Lisbon-Lisbonne) 里斯本	Portugal 葡萄牙
LQSM	Sarajevo (NMC) 萨拉热窝	Bosnia and Herzegovina 波斯尼亚
LSSW	Zurich (MET COM Centre) 苏黎世	Switzerland 瑞士
LTAA	Ankara (Sehir-City) 安卡拉	Turkey 土耳其
LUKK	Chisinau 基希讷乌	Republic of Moldova 摩尔多瓦
LYBM	Beograd 贝尔格莱德	Serbia 塞尔维亚
LYPG	Podgorica 波德戈里察	Montenegro 黑山共和国
LZIB	Bratislava 伯拉第斯拉瓦	Slovakia 斯洛伐克
LZSO	Sofia 索非亚	Bulgaria 保加利亚
MJSK	Skopje 斯科普里	The former Yugoslav Republic of Macedonia 前南斯拉夫共和国
MNMG	Managua/Las Mercedes 马那瓜	Nicaragua 尼加拉瓜
MNUB	Ulaanbaatar 乌兰巴托	Mongolia 蒙古
MPCZ	Corozal Oeste 科罗萨尔伊斯特	Panama 巴拿马
MPTO	Panamá/Tocumén 托库门	Panama 巴拿马
MROC	San José/Juan Santamaría Intl. 圣荷西/ Juan Santamaría 机场	Costa Rica 哥斯达黎加
MSLP	Cuscatlán 库斯卡特兰	El Salvador 萨尔瓦多
MYNN	Nassau/Intl., New Providence I. 拿骚	Bahamas and Turks and Caicos Islands 巴哈马特克斯和凯科斯群岛
MZBZ	Belize/Intl. 伯利兹	Belize 伯利兹
NCRG	Rarotonga 拉罗汤加岛	Cook Islands 库克群岛
NFFN	Nadi Intl. 瑙索里	Fiji 斐济

表 B.2 WMO 会员 CCCC 代码表(续)

CCCC	中心	所属国家/地区
NFNA	Nausori/Intl. 瑙索里	Fiji 斐济
NFTF	Tonga 汤加群岛	Tonga 汤加群岛
NGFU	Funafuti, Tuvalu 富纳富提，吐瓦鲁	Tuvalu 吐瓦鲁
NGTT	Tarawa/Betio, Kiribati 塔拉瓦	Kiribati 基里巴斯共和国
NLWW	Wallis Hihifo 瓦利斯和希希福群岛	New Caledonia 新喀里多尼亚岛
NSAP	Apia 阿皮亚	Samoa 萨摩亚
NSFA	Faleolo/Intl 法莱奥洛国际机场	Samoa 萨摩亚
NTAA	Tahiti/Faaa, Archipel de la Société 大溪地岛	French Polynesia 法属波利尼西亚
NVVV	Port Vila/Bauerfield, Efate I. 维拉港/埃法特岛，Bauerfield 机场	Vanuatu 瓦努阿图
NWBB	Nouméa (MET) (Ville) 努美阿	New Caledonia 新喀里多尼亚岛
NWCC	Nouméa la Tontouta Met. 努美阿	New Caledonia 新喀里多尼亚岛
NWWW	Nouméa/La Tontouta 努美阿/ La Tontouta 机场	New Caledonia 新喀里多尼亚岛
NZKL	Wellington/Kelburn 惠灵顿	New Zealand 新西兰
OAKB	Kabul 喀布尔	Islamic State of Afghanistan 阿富汗
OBBI	Bahrain Intl. 巴林	Bahrain 巴林
OEJD	Jeddah (MET COM Centre) 吉达	Saudi Arabia 沙特阿拉伯
OIFS	Shahre-Kord 机场	Islamic Republic of Iran 伊朗
OIII	Tehran/Mehrabad Intl. 德黑兰/迈赫拉巴德国际机场	Islamic Republic of Iran 伊朗
OJAM	Amman (Civil) 安曼	Jordan 约旦
OKBK	Kuwait COM 科威特	Kuwait 科威特
OKOH		Czech Republic 捷克
OKPR	Praha/Komorany 布拉格	Czech Republic 捷克
OLBA	Beirut/Beirut Intl. 贝鲁特	Lebanon 黎巴嫩
OMAA	Abu-Dhabi Intl. 阿布扎比市	United Arab Emirates 阿拉伯联合酋长国
OOMS	Muscat/Seeb Intl. 马斯喀特	Oman 阿曼
OPKC	Karachi/Karachi Civil 卡拉奇市	Pakistan 巴基斯坦
ORBS	Baghdad/Sadam Intl. 巴格达/Sadam 国际机场	Iraq 伊拉克
OSDI	Damascus/Intl. 大马士革	Syrian Arab Republic 叙利亚
OTBD	Doha Intl. 多哈	Qatar 卡塔尔
OYSN	Sana'a Intl. 萨那国际机场	Yemen 也门
PAAQ	Palmer, AK 阿拉斯加帕默	United States of America 美国
PGTW	Guam (Joint Typhoon Warning Center) 关岛(联合台风预警中心)	Guam 关岛

表 B.2 WMO 会员 CCCC 代码表(续)

CCCC	中心	所属国家/地区
PHEB	Honolulu/Ewa Beach, HI (Pacific Tsunami Warning Center)火奴鲁鲁/埃瓦比奇,夏威夷(太平洋海啸预警中心)	Hawaii (U. S. A.) 夏威夷(美国)
RJTD	Tokyo, Honshu I. 东京,本州岛	Japan 日本
RKNS	Hakpo	Republic of Korea 韩国
RKPM	Moseulpo	Republic of Korea 韩国
RKPP	Pusan 釜山	Republic of Korea 韩国
RKSL	Seoul (City)首尔	Republic of Korea 韩国
RPMM	Manila/Intl. 马尼拉/国际机场	Philippines 菲律宾
RUHB	Khabarovsk 哈巴罗夫斯克	Russian Federation 俄罗斯联邦
RUML	Molodeznaja	Operated by the Russian Federation
RUMS	Moscow 莫斯科	Russian Federation 俄罗斯联邦
RUNW	Novosibirsk 新西伯利亚	Russian Federation 俄罗斯联邦
RUPK	Petropavlovsk-Kamchatski 彼得罗巴甫洛夫斯克机场	Russian Federation 俄罗斯联邦
RUSH	Yuzhno-Sakhalinsk 南萨哈林斯克	Russian Federation 俄罗斯联邦
RUVV	Vladivostok 符拉迪沃斯托克	Russian Federation 俄罗斯联邦
SABM	Buenos Aires (Centro Regional Met.)布宜诺斯艾利斯(区域气象中心)	Argentina 阿根廷
SAWB	Base Mariambo Ant.	Argentina 阿根廷
SBAM	Amapa/Amapa, AP 阿马帕	Brazil 巴西
SBBH	Belo Horizonte/Pampulha, MG 贝洛哈里桑塔/ Pampulha 机场	Brazil 巴西
SBBR	Brasilia/Intl., DF 巴西利亚/国际机场	Brazil 巴西
SBCY	Cuiaba/Ma. Rondon, Mt 库亚巴/ Ma. Rondon 国际机场	Brazil 巴西
SBGO	Goiania/Santa Genoveva, GO 戈亚尼亚/ Santa Genoveva 机场	Brazil 巴西
SBMN	Manaus/Ponta Pelada, AM 马瑙斯/ Ponta Pelada 机场	Brazil 巴西
SBPA	Porto Alegre/Salgado Filho, RS 阿雷格里港/萨尔加多	Brazil 巴西
SBRF	Recife/Guararapes,PE 累西腓/瓜拉拉皮斯	Brazil 巴西
SBRJ	Rio de Janeiro/Santos Dumont, RJ 里约热内卢/桑托斯杜蒙特	Brazil 巴西
SBSP	Sao Paulo/Congonhas, SP 圣保罗/孔戈尼亚斯	Brazil 巴西
SCEF	Base Pte. Eduardo Frei Montalva (Centro MET Antártico)	Operated by Chile 由智利运行
SCSC	Santiago (Capital)圣地亚哥(首都)	Chile 智利
SEQU	Quito 基多	Ecuador 厄瓜多尔
SGAS	Asunción 亚松森	Paraguay 巴拉圭
SKBO	Bogota/Eldorado 波哥大/ Eldorado 机场	Colombia 哥伦比亚
SLLP	La Paz/Kennedy Intl. 拉巴斯/ Kennedy 国际机场	Bolivia 玻利维亚

表 B.2 WMO 会员 CCCC 代码表(续)

CCCC	中心	所属国家/地区
SMZY	Paramaribo/Zanderij 帕拉马里博/赞德赖	Suriname 苏里南
SOCA	Cayenne/Rochambeau (Cayenne)卡宴/罗尚博(卡宴)	French Guiana 法属圭亚那
SOWR	Warszawa 华沙	Poland 波兰
SPIM	Lima/Callao Jorge Chávez 利马/卡亚俄 Jorge Chávez 国际机场	Peru 秘鲁
SUMU	Montevideo (Centro Meteorológico Nacional)蒙得维的亚(国家气象中心)	Uruguay 乌拉圭
SVBS	B. A. Mariscal Sucre-Maracay 马里斯卡尔苏克雷机场一马拉凯	Venezuela 委内瑞拉
SVMI	Caracas-Maiquetía, Intl. Simon Bolivar 加拉加斯 Maiquetía 国际机场,西蒙玻利瓦尔	Venezuela 委内瑞拉
SVMR	B. A. Mariscal Sucre-Maracay 马里斯卡尔苏克雷机场一马拉凯	Venezuela 委内瑞拉
SXHI		Slovakia 斯洛伐克
SYCJ	Timehri/Cheddi Jagan International 提梅赫里/切迪·贾根国际机场	Guyana 圭亚那
TBPB	Bridgetown/Grantley Adams Intl. 布里奇顿/格兰特利亚当斯国际机场	Barbados 巴巴多斯岛
TFFF	Fort de France/Lamentin, Martinique 法兰西堡/福特法机场,马提尼克	French Antilles 法属安的列斯群岛
TFFR	Pointe-à-Pitre/Le Raizet, Guadeloupe 皮特尔角/ 勒莱泽特机场,瓜德罗普	French Antilles 法属安的列斯群岛
TLPC	Castries/Vigie 卡斯特里/维吉	Saint Lucia 圣卢西亚岛
TLPL	Vieux-Fort/Hewanorra Intl. 维约堡/赫瓦诺拉国际机场	Saint Lucia 圣卢西亚岛
TNCC	Willemstad/Dr. A. Plesman, Cura? ao 威廉斯塔德	Netherlands Antilles 荷属安的列斯群岛
TNCM	Philipsburg/Juliana, Sint Maarten 菲利普斯堡/朱莉安娜,圣马丁	Netherlands Antilles 荷属安的列斯群岛
TTCP	Scarborough/Crown Point, Tobago 斯卡伯勒/多巴哥克朗角机场	Trinidad and Tobago 特立尼达和多巴哥
TTPP	Port-of-Spain/Piarco, Trinidad 西班牙港/皮亚尔科,特立尼达岛	Trinidad and Tobago 特立尼达和多巴哥
TXKF	Bermuda NAS 百慕大群岛	Bermuda 百慕大群岛
UAAA	Almaty 阿拉木图	Kazakhstan 哈萨克斯坦
UAFF	Bishkek 比什凯克	Kyrgyzstan 吉尔吉斯斯坦
UBBB	Baku 巴库	Azerbaijan 阿塞拜疆共和国

表 B.2 WMO 会员 CCCC 代码表(续)

CCCC	中心	所属国家/地区
UGEE	Yerevan 耶烈万	Armenia 亚美尼亚共和国
UGGG	Tbilisi/Novoalexeyvka + FIR 第比利斯	Georgia 格鲁吉亚共和国
UKBV	Kyiv Fir/Acc 基辅 Fir/Acc	Ukraine 乌克兰
UKDV	Dnepropetrovsk FIR/ACC 第聂伯罗彼得罗夫斯克 FIR/ACC	Ukraine 乌克兰
UKFV	Simferopol FIR/ACC 辛菲罗波尔 FIR/ACC	Ukraine 乌克兰
UKLV	L'Viv FIR/ACC 利沃夫 FIR/ACC	Ukraine 乌克兰
UKMS	Kiev 基辅	Ukraine 乌克兰
UKOV	Odesa FIR/ACC 敖德萨 FIR/ACC	Ukraine 乌克兰
UMMN	Minsk 明斯克	Belarus 白俄罗斯共和国
UMMS	Minsk-2 明斯克-2	Belarus 白俄罗斯共和国
UMRR	Riga/Skulte+FIR 里加/斯库尔特	Latvia 拉脱维亚共和国
UTAA	Ashgabat+FIR 阿什喀巴得	Turkmenistan 土库曼斯坦
UTDD	Dushanbe 杜尚别	Tajikistan 塔吉克斯坦
UTTW	Tashkent 塔什干	Uzbekistan 乌兹别克共和国
VBRR	Yangon 仰光	Myanmar 缅甸
VCCC	Colombo/Ratmalana 科伦坡/拉特默拉纳	Sri Lanka 斯里兰卡
VGDC	Dacca/Tejgaon (DCA)达卡/代杰冈	Bangladesh 孟加拉共和国
VHHH	Hong Kong 香港	Hong Kong, China 中国香港
VLIV	Vientiane/Wattay 万象/机场	Lao People's Democratic Republic 老挝人民民主共和国
VMMC	Macau/Intl. Airport 澳门/国际机场	Macao, China 中国澳门
VNKT	Kathmandu/Intl. 加德满都	Nepal 尼泊尔
VNNN	Ha No? 河内	Viet Nam 越南
VRMM	Male/Intl. 马累	Maldives 马尔代夫
VTBB	Bangkok (City)曼谷	Thailand 泰国
WBSB	Brunei Intl. 文莱	Brunei Darussalam 文莱达鲁萨兰国
WIIX	Jakarta (City)雅加达	Indonesia 印度尼西亚
WMKK	Kuala Lumpur Intl. 吉隆坡	Malaysia 马来西亚
WSSS	Singapore 新加坡	Singapore 新加坡
YRBK	Bucarest 布加勒斯特	Romania 罗马尼亚
ZATI	Tirana 地拉那	Albania 阿尔巴尼亚

参 考 文 献

[1] QX/T 102—2009 气象资料分类与编码
[2] QX/T 129—2011 气象数据传输文件命名
[3] 中国气象局.气象信息网络传输业务手册.2006
[4] WMO No. 386, Manual on the Global Telecommunication System. http://www.wmo.int/pages/prog/www/TEM/GTS/ManOnGTS_en.html

ICS 07.060
A 47
备案号：42176—2013

QX

中华人民共和国气象行业标准

QX/T 203—2013

涉农网站信息分类

Classification for information of agriculture-related websites

2013-10-14 发布　　2014-02-01 实施

中 国 气 象 局　发 布

前　　言

本标准按照 GB/T1.1—2009 给出的规则起草。

本标准由全国气象基本信息标准化技术委员会(SAC/TC 346)提出并归口。

本标准起草单位:四川省农村经济综合信息中心、四川省农业气象中心。

本标准主要起草人:罗永康、王明田、薛勤、何险峰、王闫利、欧丽萍、李春璐、张欣。

涉农网站信息分类

1 范围

本标准规定了涉农网站栏目信息的分类。

本标准适用于气象行业涉农网站，其他行业涉农网站可参照使用。

2 术语和定义

下列术语和定义适用于本文件。

2.1

涉农网站 agriculture-related website

主要面向“三农”(农业、农村、农民)的综合信息服务网站。

3 分类

3.1 总则

按照信息属性或特征，将涉农网站信息分为新闻、政策法规、科学技术、市场信息、商务信息、人才劳务、防灾减灾、农业气象服务、教育培训、健康卫生、休闲娱乐、便民服务、海外农业13类，每类不超过3级。

3.2 分类结果

3.2.1 新闻

包含国际新闻、国内新闻、本地新闻、本站快讯、专题报道、图片新闻、视频新闻七个二级类目，见附录A。

3.2.2 政策法规

包含政策、法律法规、标准三个二级类目，每个二级类目又分成若干三级类目，见附录B。

3.2.3 科学技术

包含科技动态、实用技术、品种信息、专家咨询、农业词典、科普知识六个二级类目，部分二级类目又分若干三级类目，见附录C。

3.2.4 市场信息

包含价格信息、供求信息、行情分析、市场警示、网上农展、市场介绍六个二级类目，部分二级类目又分若干三级类目，见附录D。

3.2.5 商务信息

包含招商引资、名人名企、各地展台三个二级类目，每个二级类目又分成若干三级类目，见附录E。

3.2.6 人才劳务

包含劳务动态、权益维护、招聘信息、求职信息、中介机构、劳务培训六个二级类目，见附录 F。

3.2.7 防灾减灾

包含灾害报道、灾害监测、灾害预警、灾害评估、防御措施、减灾知识六个二级类目，见附录 G。

3.2.8 农业气象服务

包含农业气象情报、农业气象预报、农业气象灾害评估、农业气候资源四个二级类目，每个二级类目又分成若干三级类目，见附录 H。

3.2.9 教育培训

包含教育动态、网上书店、职业培训、学校介绍四个二级类目，部分二级类目又分成若干三级类目，见附录 I。

3.2.10 健康卫生

包含疫情公告、健康指南、育儿知识、医院、药房五个二级类目，部分二级类目又分成若干三级类目，见附录 J。

3.2.11 休闲娱乐

包含旅游、美食、影视、音乐、彩票、运动休闲六个二级类目，部分二级类目又分成若干三级类目，见附录 K。

3.2.12 便民服务

包含地图集、交通指南、宾馆饭店、养老院、常用电话、天气预报、涉农收费七个二级类目，每个二级类目又分成若干三级类目，见附录 L。

3.2.13 海外农业

包含农业概况、热点聚焦、分析预测、海外市场、相关网站、知名商家、政策指南七个二级类目，见附录 M。

附　录　A
（规范性附录）
新闻分类

表 A.1 给出了新闻信息的分类结果和内容简述。

表 A.1　新闻分类

一级	二级	三级	内容简述
新闻	国际新闻	无	全球新近发生的重要事件，尤其是涉农信息。
	国内新闻	无	国内新近发生的重要事件，尤其是涉农信息。
	本地新闻	无	本地新近发生的重要事件，尤其是涉农信息。
	本站快讯	无	新近发生、与本站有关、可以向社会公开的重要事件。
	专题报道	无	专门针对某一特定涉农论题的信息报道。
	图片新闻	无	以图片或图片加注解的形式报道新近发生的重大涉农事件。
	视频新闻	无	以视频形式报道新近发生的重大涉农事件。

附 录 B
(规范性附录)
政策法规分类

表 B.1 给出了政策法规信息的分类结果和内容简述。

表 B.1 政策法规分类

一级	二级	三级	内容简述
政策法规	政策	最新政策	及时报道政策发布情况和内容。
		政策解读	对政策进行通俗易懂的解释。
	法律法规	立法动态	对最新涉农立法进行报道和内容公布。
		法律解读	对法律法规进行通俗易懂的解释。
		法律常识	农村相关领域的基本法律常识。
		涉农法规	农业、林业、水利、畜牧、气象、土地、科技、教育等涉农领域的法律法规。
		案例分析	对典型、热点案例进行分析和评诉。
	标准	标准知识	标准知识介绍。
		涉农标准	涉农国家标准、行业标准、地方标准、企业标准。

附 录 C
（规范性附录）
科学技术分类

表 C.1 给出了科学技术信息的分类结果和内容简述。

表 C.1 科学技术分类

一级	二级	三级	内容简述
科学技术	科技动态	科技前沿	具有领先水平或前瞻性的高新涉农科技知识和科技成果。
		科研计划	涉农科技产品、技术等方面的研究计划。
		科技会讯	涉农科技会展会讯的报道及介绍。
		成果与推广	高新、优良品种及技术的应用推广。
		科技示范园	涉农科技应用先进事例、人物及经验。
	实用技术	种植	粮、棉、油、麻、茶、果、桑、菜、花、林、草等作物的生产栽培管理技术。
		养殖	牲畜、禽类、水生物的培育和繁殖技术。
		农资农机	农药、化肥、种子等生产资料和设备的使用、保存(养)等技术。
		加工	涉农产品的加工技术和方法。
		储藏	涉农产品及其加工品的储藏技术。
		运输	涉农产品的运输方法与技术。
		病虫防治	种植、养殖及农产品储藏过程中病虫害的鉴别和防治方法。
		农事讲座	实时或特定主题的农村生产管理技术。
	品种信息	种植类	粮、棉、油、麻、茶、果、桑、菜、花、林、草等作物的品种介绍。
		养殖类	养殖业品种介绍。
		药品类	农村种养业所需药品介绍。
	专家咨询	专家名录	涉农专家及其专业、特长等介绍。
		专家答疑	专家在网上实时解答网友的涉农问题。
	农业词典	无	农业、农村专有名词定义及其解释。
	科普知识	科普动态	最新科学普及知识、科技发展变化报道。
		气象科技	天气、气候等现象的科学普及知识。
		植物百科	植物生长、发育、开花、结果的知识和学问。
		动物奇趣	动物生活、繁衍过程中奇妙而有趣的知识和学问。
		生活常识	与生活相关的科学知识。

附 录 D
（规范性附录）
市场信息分类

表 D.1 给出了市场信息的分类结果和内容简述。

表 D.1 市场信息分类

一级	二级	三级	内容简述
市场信息	价格信息	农产品	粮油、蔬菜、瓜果、棉麻、烟糖、饲料等价格信息。
		林产品	花木、茶叶、食用菌、中药材等价格信息。
		畜产品	畜、禽、肉、蛋、奶等价格信息。
		水产品	鱼、虾、蟹、贝、水生植物价格信息。
		农资农机	肥料、农药、种子、农机等价格信息。
	供求信息	农产品	粮油、蔬菜、瓜果、棉麻、烟糖、饲料等产品的供应和需求信息。
		林产品	花木、茶叶、食用菌、中药材等产品的供应和需求信息。
		畜产品	畜、禽、肉、蛋、奶等产品的供应和需求信息。
		水产品	鱼、虾、蟹、贝、水生植物等水产品的供应和需求信息。
		农资农机	肥料、农药、种子、农机等产品的供应和需求信息。
	行情分析	无	农村生产、生活资料及其产品市场价格、销售行情的分析预测。
	市场警示	无	市场各环节中应当关注的政策制度、伪劣产品、欺诈案例等信息。
	网上农展	展厅简介	涉农产品展览、展厅的介绍。
		展会动态	最新涉农展会信息。
		精品展示	农产品、林产品、畜产品、水产品、农资等优质产品展示。
	市场介绍	无	农产品市场介绍。

附　录　E
（规范性附录）
商务信息分类

表 E.1 给出了商务信息的分类结果和内容简述。

表 E.1　商务信息分类

一级	二级	三级	内容简述
商务信息	招商引资	招商动态	招商引资的政策、法规及项目开展等相关信息。
		省内招商	省内招商投资项目介绍。
		省外招商	本省以外的省(区、市)招商投资项目介绍。
		国际合作	本国与其他国家间的商务合作、投资项目介绍。
	名人名企	龙头企业	有示范带头作用的涉农企业推介。
		专合组织	优秀的涉农专业合作组织介绍。
		专业大户	有代表性的专业大户介绍。
		名人介绍	对农村各项事业有杰出贡献、有影响力的人物的介绍。
	各地展台	资源环境	资源环境描述。包括人力、财力、物力等要素的情况。
		风光奇景	名胜风景介绍。
		民俗风情	民间习俗、习惯、风土、人情介绍。
		特色农业	特色农业介绍。

附 录 F
(规范性附录)
人才劳务分类

表 F.1 给出了人才劳务信息的分类结果和内容简述。

表 F.1 人才劳务分类

一级	二级	三级	内容简述
人才劳务	劳务动态	无	劳动力、劳动服务、劳动力市场相关的最新信息。
	权益维权	无	维护农民合法权益的相关信息。
	招聘信息	无	用工单位提供的职位信息。
	求职信息	无	求职者的个人信息。
	中介机构	无	人才劳务中介机构的信息。
	劳务培训	无	劳动服务相关的培训信息。

附　录　G
（规范性附录）
防灾减灾分类

表G.1给出了防灾减灾信息的分类结果和内容简述。

表G.1　防灾减灾分类

一级	二级	三级	内容简述
防灾减灾	灾害报道	无	对突发性灾害时间、地点、强度、社会影响及后续发展状况的报道。
	灾害监测	无	对灾害发生区域、强度、成灾情况监测。
	灾害预警	无	由相关行业权威机构发布的本行业可能发生的灾害及等级预警信息。
	灾害评估	无	对灾害影响范围、强度、损失等情况进行定量或定性分析，包括灾前、灾中、灾后评估。
	防御措施	无	预防或减轻灾害的各种措施。
	减灾知识	无	灾害分类、成因、预防、抗灾救灾等相关知识。

附　录　H
（规范性附录）
农业气象服务分类

表 H.1 给出了农业气象服务信息的分类结果和内容简述。

表 H.1　农业气象服务分类

一级	二级	三级	内容简述
农业气象服务	农业气象情报	基础情报	以日、周或旬、月、年为周期的农业气象情报。
		专项情报	围绕某项作物生产产前、产中、产后的全程系列化情报。
		专题情报	针对设施农业、特色农业、养殖捕捞等专业门类、专门问题的情报。
	农业气象预报	农业气象条件预报	气象条件是否有利于动植物生长发育、产量和品质形成的预报。
		农业气象产量预报	根据农业生产对象与农业气象条件之间的定量关系做出的农业生产对象的产量预报。
		农业气象灾害预报	不利于农业生产的所有气象灾害的预报。
		土壤墒情预报	通过对前期土壤墒情资料进行整理、分析，并结合作物的水分需求而对未来一定时间内的土壤水分状况做出亏、盈预测。
		作物发育期预报	根据作物的生物学特性，结合气象条件对作物发育进程的影响而做出的作物发育期出现日期的预报。
		农用天气预报	对农事活动有显著影响的天气现象和天气过程预报。
		病虫气象条件预报	作物、林木病虫害发生、发展和流行的气象条件预报。
		产草量和载畜量预报	根据牧草生长期间的气象条件与牧草生长发育、产量形成的关系，以及遥感估测牧草生物量的原理，预测牧草产量；进而，根据牲畜食草量，预测可载牲畜的数量。
	农业气象灾害评估	灾情评估	在农业气象灾害预测或灾情调查的基础上，采用一定的方法对将要发生或已经发生的灾害情况进行综合性或专门性评价。
		灾害风险评估	农业气象灾害对农业生产和农民生活造成损失的可能性评价。
	农业气候资源	农业气候资源评价	分析、研究农业气候资源的组成、变化规律，以及农业气候资源与利用对象之间的相互关系，从而做出利弊判断。
		农业气候区划	在分析地区农业气候条件的基础上，采用对农业生产有重要意义的气候指标，遵循农业气候相似原理，将一个地区划分为若干个农业气候区域。

附 录 I
（规范性附录）
教育培训分类

表 I.1 给出了教育培训信息的分类结果和内容简述。

表 I.1 教育培训分类

一级	二级	三级	内容简述
教育培训	教育动态	无	最新教育新闻、教育政策等。
	网上书店	经济社会	经济社会相关书籍或电子图书。
		农村科技	涉农科技书籍介绍或电子图书。
		科学哲学	科学、哲学等书籍介绍或电子图书。
		信息技术	计算机、网络等技术类书籍介绍或电子图书。
		休闲生活	当前生活风尚、流行前沿类书籍介绍或刊载。
		书报杂志	报刊、杂志类介绍或刊载。
	职业培训	培训信息	职业技能培训实时信息。
		农村科技	种植业、养殖业、农产品加工业实用技术培训。
		家政服务	家政服务相关知识、技能培训。
		维修技术	常用家电知识与维修技术培训。
	学校介绍	无	涉农学校介绍。

附 录 J
(规范性附录)
健康卫生分类

表 J.1 给出了健康卫生信息的分类结果和内容简述。

表 J.1 健康卫生分类

一级	二级	三级	内容简述
健康卫生	疫情公告	无	最新重大流行性、传染性疾病的公开报告。
	健康指南	心理健康	包括心里健康教育、心理健康讲座、心理健康咨询等。
		生理健康	包括生理健康教育、生理讲座、生理健康咨询等。
		饮食健康	包括食品营养、养生、保健及健康的饮食习惯等。
		急救常识	疾病急救、中毒急救、运动急救、灾难急救等。
		健美运动	健身、运动、塑身、减肥等。
		疾病常识	疾病常识、预防、治疗等。
	育儿知识	孕妇保健	优生优育、胎教、孕妇饮食、孕妇健身、孕期用药等。
		婴儿保健	婴儿护理、饮食营养、免疫接种、新生儿疾病等。
		儿童保健	儿童常见疾病、家庭教育、营养饮食等。
	医院	无	医院介绍。
	药房	无	药房、药店介绍。

附 录 K
(规范性附录)
休闲娱乐分类

表 K.1 给出了休闲娱乐的分类结果和内容简述。

表 K.1 休闲娱乐分类

一级	二级	三级	内容简述
休闲娱乐	旅游	景点	古迹、文化、名胜、天然景观介绍。
		景点影像	古迹、文化、名胜、天然景观的图片、影像。
		旅游文化	旅游地人物、历史事件、游记诗词、当地文化、民俗风情等。
		乡村旅游	农家乐、农家菜、民俗等介绍和推荐。
		土特产品	具有地方特色的各种产品。
	美食	饮食文化	饮食养生、烹饪美学、美食故事、饮食礼仪介绍。
		美食餐厅	中华美食、家常菜谱、经典小吃、西餐集锦等。
		饮品荟萃	茶、酒、果汁等饮料介绍。
	影视	影视快讯	最新电影、电视报道、影视指南、影星追踪。
		影视欣赏	电影、电视在线播放。
		影视简介	中外新片、名片介绍。
	音乐	音乐前沿	曲作家、音乐人、歌手的最新动态,最时尚的新歌介绍。
		在线听歌	歌曲在线播放。
	彩票	无	国家正规渠道发行的彩票信息。
	运动休闲	无	垂钓、棋牌、登山等运动常识及场所介绍。

附 录 L
（规范性附录）
便民服务分类

表 L.1 给出了便民服务信息的分类结果和内容简述。

表 L.1 便民服务分类

一级	二级	三级	内容简述
便民服务	地图集	行政区划	行政区划地图。
		城市	城镇地图。
		交通	交通地图。
		旅游	旅游景点分布及其相关信息的地图。
	交通指南	铁路	车站位置；车次、票价、时间、途经站点；注意事项等。
		公路	车站位置；车次、票价、时间、途经站点；注意事项等。
		水路	站点位置；航次、票价、时间、途经站点；注意事项等。
		航运	机场位置；航班、票价、时间、途经站点；注意事项等。
	宾馆饭店	无	宾馆、餐饮场所地理位置、建设规模、服务功能等介绍。
	养老院	无	办院理念、地理位置、自然环境、服务对象、服务内容、收费标准等介绍。
	常用电话	特服号	统一使用的特殊服务电话。
		政务公开号码	政府、行政事业单位公开电话。
	天气预报	景点天气预报	景区景点的天气预报。
		城镇天气预报	城镇天气预报。
	涉农收费	税收	涉农税收项目相关规定及资讯。
		行政事业收费	行政事业性涉农收费项目相关规定及资讯。
		基金保险	基金保险类涉农收费项目相关规定及资讯。

附　录　M
（规范性附录）
海外农业分类

表 M.1 给出了海外农业信息的分类结果和内容简述。

表 M.1　海外农业分类

一级	二级	三级	内容简述
海外农业	农业概况	无	世界各国农业概况。
	热点聚焦	无	世界范围内人们普遍感兴趣的涉农信息。
	分析预测	无	对世界各国“三农”情况的分析和预测。
	海外市场	无	国外涉农商品的市场信息。
	相关网站	无	国外与“三农”相关的知名网站介绍。
	知名商家	无	国外著名的涉农企业介绍。
	政策指南	无	国外涉农政策。

参 考 文 献

[1] GB/T 20001.3—2001 标准编写规则 第3部分:信息分类编码

[2] GB/T 7027—2002 信息分类和编码的基本原则与方法

[3] SDS/T 2121—2004 数据分类与编码的基本原则与方法

[4] DB51/T 978—2009 涉农网站农村经济信息质量指标

[5] 符海芳,牛振国,崔伟宏.多维农业地理信息分类和编码[J].地理与地理信息科学,2003,(03)

[6] 黄建年.网络信息分类浅议[J].情报学报,1999,(06)

[7] 牛振国,崔伟宏,符海芳.多维网络农业信息分类框架的初步研究[J].农业系统科学与综合研究,2003,(04)

[8] 牛振国,符海芳,崔伟宏.面向多层用户的农业信息资源分类初步研究[J].资源科学,2003,(02)

[9] 王健,甘国辉.多维农业信息分类体系[J].农业工程学报,2004,(04)

[10] 中国图书馆分类法编辑委员会.中国图书馆分类法简本(第四版)[M].北京:北京图书馆出版社,2000

ICS 07.060
A 47
备案号：42177—2013

QX

中华人民共和国气象行业标准

QX/T 204—2013

临近天气预报检验

Method of nowcasts verification

2013-10-14 发布　　2014-02-01 实施

中国气象局　发布

前　言

本标准按照 GB/T 1.1—2009 给出的规则起草。

本标准由全国气象防灾减灾标准化技术委员会(SAC/TC 345)提出并归口。

本标准起草单位:宁波市气象台。

本标准主要起草人:朱龙彪、陈有利、乐益龙、周伟军、胡春蕾。

临近天气预报检验

1 范围

本标准规定了临近天气预报检验的项目、指标及实况信息的确定。

本标准适用于各类气象台站临近天气预报的检验。

2 术语和定义

下列术语和定义适用于本文件。

2.1

雷暴 thunderstorm

为积雨云云中、云间或云地之间产生的放电现象，表现为闪电兼有雷声，有时亦可只闻雷声而不见闪电。

2.2

冰雹 hail

坚硬的球状、锥状或形状不规则的固态降水物。

[GB/T 27957—2011，定义 2.1]

2.3

短时强降水 flash heavy rain

1 h 降水量大于或等于 20 mm 的降水。

注：新疆、西藏、青海、甘肃、宁夏、内蒙古 6 省(区)，可自行定义标准。

[GB/T 28594—2012，定义 2.3]

2.4

龙卷 tornado

一种小范围的强烈旋风，从外观看，是从积雨云底盘旋下垂的一个漏斗状云体。有时稍伸即隐或悬挂空中；有时触及地面或水面，旋风过境，对树木、建筑物、船舶等均可能造成严重破坏。

2.5

空报 false alarm

预报了某地某时段某种天气现象而实际没有出现。

2.6

漏报 missed alarm

没有预报某地某时段某种天气现象而实际却出现了。

3 检验项目

临近天气预报检验项目包括：雷暴、雷暴大风、冰雹、短时强降水和龙卷的预报。每个项目预报检验的具体内容见表 1。

表 1　临近天气预报项目检验的具体内容

预报项目	预报检验内容
雷暴	预报的某地、某时段出现了雷暴
雷暴大风	预报的某地、某时段出现了瞬时风速≥17.2 m/s 的阵性大风
冰雹	预报的某地、某时段出现了直径≥5 mm 的冰雹
短时强降水	预报的某地、某时段出现了 1 h 降水量≥20 mm 的降水
龙卷	预报的某地、某时段出现了龙卷

4　检验指标

4.1　概述

利用实况信息对临近天气预报进行检验，检验指标包括该种预报的命中率、空报率、漏报率、TS 评分及准确预报发布提前时间和准确预报发布平均提前时间。

4.2　命中率

计算方法见式(1)：

$$POD = \frac{N_C}{N_C + N_M} \times 100\% \qquad \cdots\cdots(1)$$

式中：

POD ——某地某时段某种预报的命中率；

N_C ——某地某时段内某种预报的准确预报次数；

N_M ——某地某时段内某种预报的漏报次数。

4.3　空报率

计算方法见式(2)：

$$FAR = \frac{N_F}{N_C + N_F} \times 100\% \qquad \cdots\cdots(2)$$

式中：

FAR ——某地某时段某种预报的空报率；

N_F ——某地某时段内某种预报的空报次数。

4.4　漏报率

计算方法见式(3)：

$$MAR = \frac{N_M}{N_C + N_M} \times 100\% \qquad \cdots\cdots(3)$$

式中：

MAR ——某地某时段某种预报的漏报率。

4.5　TS 评分

计算方法见式(4)：

$$TS = \frac{N_C}{N_C + N_M + N_F} \times 100\% \qquad \cdots\cdots(4)$$

式中：

TS ——某地某时段某种预报的 TS 评分值。

4.6 准确预报发布提前时间

准确预报发布提前时间以分钟为单位，计算方法见式(5)：

$$\Delta T = T_O - T_P \qquad \cdots\cdots(5)$$

式中：

ΔT —— 某地某时段某种预报的准确预报发布提前时间；

T_O —— 某地某时段某种预报的实况出现时间；

T_P —— 某地某时段某种预报的预报发布时间。

4.7 准确预报发布平均提前时间

准确预报发布平均提前时间以分钟为单位，计算方法见式(6)：

$$\Delta T_M = \frac{1}{N}\sum_{i=1}^{N}[(T_O)_i - (T_P)_i] \qquad \cdots\cdots(6)$$

式中：

ΔT_M —— 某地某时段某种预报的准确预报发布平均提前时间；

N —— 某地某时段某种预报的准确预报总次数；

i —— 某地某时段某种预报的准确预报序号。

5 实况信息的确定

检验预报用的实况信息，应使用检验区域内所有气象站观测资料（包括自动站、雨量站及雷达等）、气象信息员报告、实地调查资料，以及社会媒体和政府部门公布的灾情信息加以确定。

参考文献

［1］ GB/T 27957－2011 冰雹等级
［2］ GB/T 28594－2012 临近天气预报
［3］ QX/T 48－2007 地面气象观测规范 第4部分 天气现象观测
［4］ 中国气象局.气发〔2006〕147号.关于下发《精细天气预报业务规范（试行）》的通知

ICS 07.060
A 47
备案号：42178—2013

QX

中华人民共和国气象行业标准

QX/T 205—2013

中国气象卫星名词术语

Terminologies for the Chinese meteorological satellites

2013-10-14 发布　　2014-02-01 实施

中 国 气 象 局　发 布

前　言

本标准按照 GB/T 1.1—2009 给出的规则起草。

本标准由全国卫星气象与空间天气标准化技术委员会(SAC/TC 347)提出并归口。

本标准起草单位:国家卫星气象中心。

本标准主要起草人:咸迪、钱建梅、徐喆、高云、刘立葳。

中国气象卫星名词术语

1　范围

本标准界定了中国气象卫星使用的名词术语，内容涉及中国的气象卫星、观测仪器和相关数据。

本标准适用于卫星工程建设、产品研发、科学研究、应用服务、通信传输以及教学。

2　通用术语

2.1

气象卫星　meteorological satellite

为天气预报和气象科学研究提供大气和地球表层探测资料的卫星。

2.2

地球同步轨道　geosynchronous orbit

轨道周期约等于地球自转周期，运动方向与地球自转方向一致的轨道。

2.3

地球静止轨道　geostationary orbit

轨道平面与地球赤道平面重合，轨道周期等于地球自转周期的地球同步轨道。

2.4

极地轨道　polar orbit

轨道倾角接近 90°，卫星每旋转一周都经过两极附近的轨道。

2.5

太阳同步轨道　sun synchronous orbit

卫星轨道平面东进角速度和太阳在黄道上运动的平均角速度相等的轨道。

2.6

极轨气象卫星　polar orbiting meteorological satellite

沿地球极地轨道运行的气象卫星。

2.7

静止气象卫星　geostationary meteorological satellite

沿地球同步轨道运行的气象卫星。

2.8

有效载荷　payload

安装在卫星平台之上，执行特定任务的仪器或设备。

2.9

地面应用系统　ground segment

由一个数据处理中心和多个地面站组成，用于卫星管理和卫星观测数据接收的信息系统。

2.10

数据处理中心　data processing center

负责气象卫星数据的汇集、处理、存储、分发、应用和服务的信息系统。

2.11

气象卫星地面站 ground station for meteorological satellite

地面应用系统的组成部分，气象卫星与地面应用系统之间交换指令和数据的枢纽。

注：负责对卫星发送业务遥控指令，指挥有效载荷工作，接收、储存并向数据处理中心传送从卫星发回的对地观测数据，接收数据收集平台的观测报告，并通过主、副地面站配合测定卫星的位置。

2.12

姿态控制系统 attitude control system

用于调整和保持在轨卫星姿态的系统。

2.13

自旋稳定姿态控制 spin stabilized attitude control

利用星体旋转保持其在惯性空间的指向，以实现卫星的姿态稳定的控制方法。

2.14

三轴稳定姿态控制 three-axis stabilized attitude control

通过姿态敏感器感知卫星姿态的偏差，借助姿态调节设备补偿外部力矩的作用，实现卫星的姿态稳定的控制方法。

注：该方式属于主动的卫星姿态控制方式。

2.15

轨道根数 orbital element

表征卫星轨道所需要的参数。

注：由轨道偏心率、轨道半长轴、轨道倾角、升交点赤经、近地点辐角和平近点角六个参数组成。

2.16

轨道预报 orbit forecast

对未来某时段内卫星轨道参数所作的预测。

2.17

地标导航 landmark navigation

利用地物目标地球上的精确位置和在观测图像上的实际位置，纠正卫星位置和姿态的偏差，以确定卫星图像像元位置的方法。

2.18

图像配准 image registration

调整图像上像元阵列的相对位置以及接续图像上对应像元的相对位置，使其连续一致的图像处理过程。

2.19

图像定位 image navigation

利用一系列的参数确定在现在，以及有限的未来时间内，卫星图像像元在地球上的位置。

2.20

定标 calibration

建立星上探测仪器观测计数值与辐射量之间的转换关系。

2.21

三点测距 trilateral range & range rate

从地球上三个测站同步测量卫星至测站的距离，计算卫星的位置。

2.22

分辨率 resolution

在遥感系统中用于表示获取、传送或显示图像或数据细节的能力。

注：具有空间分辨率、时间分辨率、光谱分辨率和数据量化等级四个方面的内涵。

2.23

空间分辨率　spatial resolution

遥感仪器所能分辨的最小目标物大小。

2.24

时间分辨率　temporal resolution

遥感仪器观测目标物的最小时间间隔。

2.25

光谱分辨率　spectral resolution

遥感仪器分辨电磁波光谱特征的能力。

2.26

数据量化等级　data quantification level

遥感仪器对被采集到的连续变量进行采样、存储，变量被离散化的等级。

3　气象卫星名称

3.1

中国气象卫星　Chinese meteorological satellite

风云卫星 FENGYUN；FY

根据中国的气象卫星发展计划，制造出来为中国和全球的天气预报和气象科学研究提供大气和地球表层观测资料的卫星。

注：中国气象卫星以风云系统命名。

3.2

气象卫星系列　meteorological satellite series

按照卫星的轨道类型和先后批次进行系列编号。单数号为近极地轨道气象卫星，双数号为地球静止气象卫星。

注："风云一号"为第一代极轨气象卫星，"风云二号"为第一代静止气象卫星，"风云三号"为第二代极轨气象卫星，"风云四号"为第二代静止气象卫星。

3.3

气象卫星编号　meteorological satellite serial number

卫星采用数字和字母同时进行编号。根据中国的气象卫星计划，每个系列卫星在发射前按照数字序号 01、02、03、……编号，卫星发射成功后，确定编号按照英文字母 A、B、C、……执行。

注：我国到 2010 年 12 月为止使用的卫星编号对照关系参见表 A.1。

3.4

风云一号气象卫星　FY-1

第一代地球极地轨道气象卫星，采用三轴稳定姿态控制方式，星上携带可见光红外扫描辐射仪，对地球上同一地点每天观测两次。

注：风云一号气象卫星共发射过四颗卫星。

3.5

风云二号气象卫星　FY-2

第一代地球静止轨道气象卫星，采用自旋姿态控制方式，星上携带可见光红外自旋扫描辐射仪，每小时或者每半小时获取一套全圆盘图像。

注：截至 2010 年 12 月，风云二号气象卫星共成功发射了六颗卫星，FY-2A 和 FY-2B 两颗卫星为实验星，从 FY-2C 星开始为业务星，有可见光、长波红外、分裂窗、水汽、中波红外五个通道。

3.6

风云三号气象卫星　FY-3

第二代地球极地轨道气象卫星，采用三轴稳定姿态控制方式。星上携带9类11种观测仪器，实现了全球、全天候、多光谱、三维、定量对地观测。

注：截至2010年12月，风云三号气象卫星共成功发射了两颗卫星，FY-3A和FY-3B为实验业务星。

3.7

风云四号气象卫星　FY-4

我国设计研制的第二代地球静止轨道气象卫星，采用三轴稳定姿态控制方式，大大提高对地观测的时空分辨率，加载多种有效载荷。

4　气象卫星观测仪器

4.1　风云一号卫星观测仪器

4.1.1

FY-1可见光红外扫描辐射计　FY-1 visible and infrared scan radiometer; VISR

探测云图、云参数、植被指数、射出长波辐射、积雪、海冰、气溶胶、地面反照率，监测多种自然灾害和生态环境的仪器。

4.1.2

空间粒子监测器　space particle monitor; SPM

探测卫星轨道空间高能带电粒子(重离子、质子、电子)环境的仪器。

4.2　风云二号卫星观测仪器

4.2.1

可见光红外自旋扫描辐射仪　visible and infrared spin scan-radiometer; VISSR

在红外波段对地球的表面状态、云层、水汽、海洋等目标物进行探测的仪器。

4.2.2

FY-2空间环境监测器　FY-2 space environment monitor; FY-2 SEM

由太阳X射线探测器和空间粒子探测器组成，用于探测空间太阳软硬X射线以及高能质子、电子与α粒子能谱和通量变化的仪器。

4.3　风云三号卫星观测仪器

4.3.1

FY-3可见光红外扫描辐射计　FY-3 visible and infrared radiometer; VIRR

在可见光和红外波段对地球的云、植被、泥沙、卷云及云相态、雪、冰、地表温度、海面温度和水汽总量进行探测的仪器。

4.3.2

红外分光计　infrared atmospheric sounder; IRAS

在红外波段对地球的大气温、湿度廓线、臭氧总含量、二氧化碳浓度、气溶胶及云参数等物理参数进行探测的仪器。

4.3.3

微波温度计　microwave temperature sounder; MWTS

在微波波段对地球的大气温度廓线、水汽、降水、云中含水量、表面特征等物理参数进行探测的仪器。

4.3.4

微波湿度计　microwave humidity sounder;MWHS

在微波波段对地球的大气湿度廓线、水汽、降水、云中含水量、表面特征等物理参数进行探测的仪器。

4.3.5

中分辨率光谱成像仪　medium resolution spectral imager;MERSI

具有百米级空间分辨率,并利用20个通道地气系统多光谱信息获取地球的海洋水色、气溶胶、水汽总量、云特性、植被、地面特征、表面温度、冰雪等物理参数的仪器。

4.3.6

微波成像仪　microwave radiation imager;MWRI

在微波波段对地球的雨率、云含水量、水汽总量、土壤湿度、海冰、海温以及冰雪覆盖量等物理参数进行探测的仪器。

4.3.7

紫外臭氧垂直探测仪　solar backscatter ultraviolet sounder;SBUS

在紫外波段对地球大气层中臭氧垂直分布状况进行探测的仪器。

4.3.8

紫外臭氧总量探测仪　total ozone unit;TOU

利用测量地球大气对太阳紫外辐射的后向散射探测大气层中臭氧的总含量的仪器。

4.3.9

地球辐射探测仪　earth radiation measurement;ERM

在短波和全波通道对地球的辐射总量、辐射亮度及辐射收支进行探测的仪器。

4.3.10

太阳辐射监测仪　solar irradiance monitor;SIM

在0.2 μm～50 μm波段(几乎包含了太阳辐射能量的光谱范围),通过观测太阳宽带辐射探测太阳辐射照度和地球辐射收支的仪器。

4.3.11

FY-3空间环境监测器　FY-3 space environment monitor;FY-3 SEM

由高能粒子(离子和电子)探测器、辐射剂量仪、表面电位探测器和单粒子事件探测器组成,用于探测空间中离子、高能质子、中高能电子、辐射剂量,以及监测卫星表面电位与单离子翻转等空间环境。

5　气象卫星数据

5.1　基础数据

5.1.1

卫星图像　satellite imagery

对遥感仪器的观测数据进行处理加工后生成的图像。

5.2　静止气象卫星数据

5.2.1

风云二号静止气象卫星原始观测数据　raw data from FY-2 geostationary meteorological satellite;FY-2 raw data

风云二号星上仪器 VISSR 获得的，向地面应用系统传递的原始观测数据。

注：原始观测数据尚不能自然地构成观测图像，不直接对外广播分发。

5.2.2

风云二号静止气象卫星展宽图像数据　stretched VISSR data from FY-2 geostationary meteorological satellite；FY-2 S-VISSR data

地面应用系统用原始观测数据拼装成假设卫星相对于地球静止不动地观测地球，应当获得的地球影像，将数据传递时间展宽，使码速率降低，通过卫星实时向用户转发的已经编入定标、定位等信息的卫星图像数据。

5.2.3

风云二号静止气象卫星压缩展宽图像数据　compressed stretch VISSR data from FY-2 geostationary meteorological satellite；FY-2 CSV data

以展宽数据为基础，经过质量控制和重新编码处理后生成的卫星图像数据。

注：原始观测数据、展宽图像数据、压缩展宽图像数据所包含的有效观测数据，它们的分辨率和数据量化等级是一样的。

5.2.4

全圆盘图　full disc image

静止气象卫星对地球进行全圆盘扫描所生成的图像数据。

5.2.5

北半球半圆盘图　north-hemisphere half disc image

静止气象卫星对北半球进行半球扫描所生成的图像数据。

5.2.6

全圆盘标称投影图像　full disc image in nominal projection

投影到标称投影上的全圆盘图像。

注：标称投影指卫星严格地保持在设计静止轨道上观测地球的投影。

5.3　极轨气象卫星数据

5.3.1

极轨卫星原始数据　raw data from polar satellite

由地面站直接接收到，未经过任何处理的极轨卫星数据。

注：原始数据中除了有效观测数据以外，还包含同步码、数据头记录及校验码等事务数据。

5.3.2

高分辨率图像传输　high resolution picture transmission；HRPT

极轨卫星高分辨率图像数据传输信道，该类资料通过卫星的 L 波段数传链路实时广播。

5.3.3

延迟图像传输　delayed picture transmission；DPT

极轨卫星延迟数据传输信道。在卫星上暂时存储，并在卫星经过气象卫星地面站时通过 X 波段数传链路广播向地面站回放，使地面应用系统能够获取到气象卫星地面站直接接收范围以外的观测数据。

5.3.4

中分辨率光谱成像仪图像传输　medium resolution picture transmission；MPT

通过卫星 X 波段实时向地面传送中分辨率光谱成像仪探测数据的射频传输链路。

5.3.5

分块数据　granule data

极轨卫星全球数据按照固定网格拆分之后得到的数据。

5.3.6

弧段数据 arc data

极轨卫星过境时,由一个或多个气象卫星地面站接收,经过处理得到的一条较长轨道弧段的实时卫星观测数据。

5.3.7

整圈数据 cycle orbit data

极轨卫星绕地球一圈所获得的完整观测数据。

附 录 A
(资料性附录)
气象卫星编号对照

A.1 气象卫星编号对照关系

截至2010年12月,我国已经使用的卫星编号包括风云一号、风云二号和风云三号共三个系列11颗卫星,具体的卫星编号以及发射时间如表A.1所示。

表 A.1 气象卫星编号对照表

发射前	发射后	发射日期
FY-1 01	FY-1A	1988年9月7日发射
FY-1 02	FY-1B	1990年9月3日发射
FY-1 03	FY-1C	1999年5月10日发射
FY-1 04	FY-1D	2002年5月15日发射
FY-2 01		未发射
FY-2 02	FY-2A	1997年6月10日发射
FY-2 03	FY-2B	2000年6月25日发射
FY-2 04	FY-2C	2004年10月19日发射
FY-2 05	FY-2D	2006年12月8日发射
FY-2 06	FY-2E	2008年12月23日发射
FY-3 01	FY-3A	2008年5月27日发射
FY-3 02	FY-3B	2010年11月5日发射
注:截止到2010年12月。		

参 考 文 献

［1］ QX/T 8—2002 气象仪器术语

［2］ Elachi C. 遥感的物理学和技术概论[M]. 王松皋等译. 北京：气象出版社. 1995

［3］ Rao P K 等. 气象卫星——系统、资料及其在环境中的应用[M]. 许健民等译. 北京：气象出版社. 1994

［4］ 陈述彭等. 遥感大辞典[M]. 北京：科学出版社. 1990

［5］ 《世界气象组织常用缩略语词典》编译组. 世界气象组织常用缩略语词典[M]. 北京：气象出版社. 2000

［6］ 杨军，董超华等. 新一代风云极轨气象卫星业务产品及应用[M]. 北京：科学出版社. 2011

［7］ 英文维基百科. http://en.wikipedia.org/

索　引

中文索引

英文索引

ICS 07.060
A 47
备案号：42179—2013

QX

中华人民共和国气象行业标准

QX/T 206—2013

卫星低光谱分辨率红外仪器性能指标计算方法

Calculation method of specification for satellite infrared instruments with low spectral resolution

2013-10-14 发布　　2014-02-01 实施

中国气象局　发布

前　　言

本标准按照 GB/T 1.1—2009 给出的规则起草。

本标准由全国卫星气象与空间天气标准化技术委员会(SAC/TC 347)提出并归口。

本标准起草单位:国家卫星气象中心。

本标准主要起草人:漆成莉、刘辉、马刚。

卫星低光谱分辨率红外仪器性能指标计算方法

1 范围

本标准规定了卫星低光谱分辨率红外仪器性能指标计算的数据源要求及计算方法。

本标准适用于卫星低光谱分辨率红外仪器性能指标的计算。

2 术语和定义

下列术语和定义适用于本文件。

2.1

波长 wave length

波在一个振动周期内传播的距离。

2.2

波数 wave number

在波的传播方向单位长度内波长的数目。

2.3

光谱分辨率 spectral resolution

遥感器在接收目标辐射的光谱时,能分辨的最小的波长间隔。

2.4

相对光谱响应 relative spectral response

器件或材料对单色光的辐射通量的响应。

2.5

通道中心波数 channel central wave number

探测器最大响应率所对应的波数位置。

注:通道中心波数的精确计算通常是光谱响应范围内测量点的光谱透射率和波数位置卷积值与透射率积分值之商。

2.6

半功率带宽 half-power bandwidth

透过率曲线中两个透过率为最大透过率的一半的点所对应的波长之差。

2.7

视场角 field of view

光敏面接收辐射的立体张角。

2.8

空间分辨率 spatial resolution

遥感器所能分辨的最小目标的大小。

2.9

通道配准偏差 channel overlapping bias

通道视场中心和基准通道视场中心的偏差与基准通道的光学视场角之比。

2.10

噪声等效辐亮度 noise equivalent radiance

均方根噪声电流值时的入射辐亮度。

2.11

辐射定标准确度　radiance calibration accuracy

遥感器观测的目标亮温与目标真实亮温的偏差。

3　符号

下列符号适用于本文件。

c_1 ：普朗克函数中的常数项，$c_1 = 1.1910439 \times 10^{-5}$ mW/(m^2 · sr · cm^{-4})。

c_2 ：普朗克函数中的常数项，$c_2 = 1.4387686$ cm · K 。

L_{COV} ：红外仪器的“准光谱通道”观测值，单位为毫瓦每平方米球面度波数(mW/(m^2 · sr · cm^{-1}))。

$L(\nu_{cw}, T_0)$ ：黑体普朗克辐射，单位为毫瓦每平方米球面度波数(mW/(m^2 · sr · cm^{-1}))。

n ：样本数目。

$S_f(\nu)$ ：通道的系统光谱响应。

T_0 ：黑体温度，单位为开尔文(K)。

$\overline{y}$ ：每通道对 290 K 黑体多次测量计数值的平均值。

y_i ：每通道对 290 K 黑体第 i 次测量的计数值。

ν ：波数。

ν_{cw} ：通道中心波数。

ε ：黑体发射率，无量纲单位。

σ_d ：每通道对 290 K 黑体多次测量计数值的标准差。

σ_r ：噪声等效辐亮度，单位为毫瓦每平方米球面度波数(mW/(m^2 · sr · cm^{-1}))。

ΔT_{BB} ：黑体温度不确定度，单位为开尔文(K)。

ΔT_{BG} ：仪器背景辐射温度，单位为开尔文(K)。

ΔT_{BR} ：黑体二次反射温度不确定度，单位为开尔文(K)。

ΔT_{PRT} ：星上黑体测温误差，单位为开尔文(K)。

4　数据源要求

4.1　地面测试光谱响应数据

地面用光谱仪测试的所有通道的光谱响应数据，应在 0 ℃～50 ℃的真空环境中进行测量。

4.2　地面测试仪器通道光学视场角数据

地面用频谱仪测量仪器响应和仪器方位角度信息，应在 0 ℃～50 ℃的环境中进行测量。

4.3　地面红外真空定标试验数据

定标试验在模拟空间冷屏的大型超高真空容器中进行，环境温度应在 18 ℃～22 ℃，相对湿度控制在 30%～40%，洁净度应高于一万级。

4.4　卫星红外仪器在轨源包数据

卫星发射后可使用红外仪器下发的 0 级源包数据计算性能指标，数据量应至少一个月。

5 性能指标计算方法

5.1 系统光谱响应

$$S_f(\nu) = S_1(\nu) \times S_2(\nu) \cdots \times S_m(\nu) \qquad \cdots\cdots(1)$$

式中：

m ——光学部件的数目；

$S_m(\nu)$——第 m 个光学部件的相对光谱响应。

5.2 通道中心波数

$$\nu_{cw} = \int \sigma_m(\nu)\ S_f(\nu)\mathrm{d}\nu / \int S_f(\nu)\mathrm{d}\nu \qquad \cdots\cdots(2)$$

式中：

$\sigma_m(\nu)$ ——测量点光谱位置，单位为波数(cm^{-1})；

$S_f(\nu)$ ——计算方法见公式(1)。

5.3 半功率带宽

$$W = w_1 - w_2 \qquad \cdots\cdots(3)$$

式中：

W ——通道带宽，单位为波数(cm^{-1})；

w_1 ——左半功率点的光谱位置；

w_2 ——右半功率点的光谱位置。

5.4 空间分辨率

$$r = 2 \times h \times \tan[(\alpha_1 - \alpha_2)/2] \qquad \cdots\cdots(4)$$

式中：

r ——空间分辨率，单位为千米(km)；

h ——卫星高度，单位为千米(km)；

α_1 ——左半功率带宽处对应的光轴位置，单位为度(°)；

α_2 ——右半功率带宽处对应的光轴位置，单位为度(°)。

5.5 通道配准偏差

$$p = 100 \times d\alpha / \alpha_{fov} \qquad \cdots\cdots(5)$$

式中：

p ——通道配准偏差；

$d\alpha$ ——通道视场中心相对于光学基准参考通道的偏差，单位为度(°)；

α_{fov} ——通道视场张角，单位为度(°)。

5.6 噪声等效辐亮度

$$\sigma_r = \sigma_d \cdot a_1 \qquad \cdots\cdots(6)$$

式中：

σ_d ——计算方法见公式(7)；

a_1 ——定标系数斜率。

$$\sigma_d = \sqrt{(\sum_{i=1}^{n}(y_i - \overline{y})^2)/(n-1)} \quad \cdots\cdots(7)$$

式中：

$\overline{y}$ ——计算方法见公式(8)。

$$\overline{y} = (\sum_{i=1}^{n} y_i)/n \quad \cdots\cdots(8)$$

5.7 辐射定标准确度

5.7.1 实验室辐射定标准确度的计算方法

5.7.1.1 黑体普朗克辐射

$$L(\nu_{cw}, T_0) = c_1 v_{cw}^3/[\exp(c_2 v_{cw}/T_0) - 1] \quad \cdots\cdots(9)$$

式中：

v_{cw} ——计算方法见公式(2)。

5.7.1.2 黑体温度不确定度

$$\Delta T_{BB} = c_2 \nu_{cw}/\ln[c_1 \nu_{cw}^3/[L(\nu_{cw}, T_0) \times (1+\rho)] + 1] - T_0 \quad \cdots\cdots(10)$$

式中：

v_{cw} ——计算方法见公式(2)；

$L(\nu_{cw}, T_0)$ ——计算方法见公式(9)；

ρ ——面源黑体的辐射不确定度，单位为毫瓦每平方米球面度波数（mW/(m^2 · sr · cm^{-1}))。

5.7.1.3 黑体二次反射不确定度

$$\Delta T_{BR} = c_2 \nu_{cw}/\ln[c_1 \nu_{cw}^3/L(\nu_{cw}, T_0) \times \varepsilon + 1] - T_0 \quad \cdots\cdots(11)$$

式中：

v_{cw} ——计算方法见公式(2)；

$L(\nu_{cw}, T_0)$ ——计算方法见公式(9)。

5.7.1.4 仪器背景辐射

$$\Delta T_{BG} = c_2 \nu_{cw}/\ln[c_1 \nu_{cw}^3/L(\nu_{cw}, T_0) + L(\nu_{cw}, 280) \times (1-\varepsilon) + 1] - T_0 \quad \cdots\cdots(12)$$

式中：

v_{cw} ——计算方法见公式(2)；

$L(\nu_{cw}, T_0)$ ——计算方法见公式(9)。

5.7.1.5 噪声等效温度

$$\sigma_t = c_2 v_{cw}/\ln(c_1 v_{cw}^3/L(\nu_{cw}, T_0) + \sigma_r + 1) - T_0 \quad \cdots\cdots(13)$$

式中：

σ_t ——噪声等效温度，单位为开尔文(K)；

v_{cw} ——计算方法见公式(2)；

$L(\nu_{cw}, T_0)$ ——计算方法见公式(9)；

σ_r ——计算方法见公式(6)。

5.7.1.6 星上黑体测温误差

$$\Delta T_{PRT} = (\sum_{i=1}^{4} C_{pi} \cdot a_{pi})/4 - T_{BD} \quad \cdots\cdots(14)$$

式中：

C_{pi} ——第 i 个铂电阻温度计的计数值，无量纲单位；

a_{pi} ——第 i 个铂电阻温度计的温度转换系数，单位为开尔文(K)；

T_{BD}——标定的黑体温度，单位为开尔文(K)。

5.7.1.7 实验室辐射定标准确度

$$\Delta T_{lab} = \Delta T_{BB} + \sqrt{\Delta T_{BR}^2 + \Delta T_{BG}^2 + \sigma_t^2 + \Delta T_{PRT}^2} \quad \cdots\cdots(15)$$

式中：

ΔT_{lab} ——实验室辐射定标准确度，单位为开尔文(K)；

ΔT_{BB} ——计算方法见公式(10)；

ΔT_{BR} ——计算方法见公式(11)；

ΔT_{BG} ——计算方法见公式(12)；

σ_t ——计算方法见公式(13)；

ΔT_{PRT} ——计算方法见公式(14)。

5.7.2 在轨辐射定标准确度的计算方法

选取与红外仪器近同时天底过境、空间匹配的均匀目标观测样本，对高光谱分辨率仪器的红外观测光谱与低光谱分辨率红外仪器光谱响应函数先进行分辨率插值处理，使二者光谱分辨率一致，再进行光谱卷积。样本匹配时先对均匀性进行检验，如对红外大气探测干涉仪和红外分光计均选择 2×2 像元为滑动区域，控制高光谱分辨率仪器滑动区域观测样本的标准差小于 5 K 的样本为均匀性条件满足的样本，再选择与满足条件的高光谱分辨率仪器观测样本区域球面距离最近且小于 10 km 的红外分光计样本为匹配上的样本，比较两个仪器匹配样本区域的均值。统计所有高光谱分辨率仪器与低光谱分辨率红外仪器观测匹配样本亮温偏差的均值为在轨辐射定标准确度。

$$T_{bias} = c_2 v_{cw}/[\ln(c_1 v_{cw}^3/L_{COV} + 1)] - T_l \quad \cdots\cdots(16)$$

式中：

T_{bias} ——高光谱分辨率仪器与低光谱分辨率红外仪器观测匹配样本的亮温偏差，单位为开尔文(K)；

v_{cw} ——计算方法见公式(2)；

L_{COV} ——计算方法见公式(17)；

T_l ——低光谱分辨率红外仪器观测亮温，单位为开尔文(K)。

$$L_{COV} = \int_{\nu_1}^{\nu_2} L_h(\nu) \cdot S_f(\nu) d\nu / \int_{\nu_1}^{\nu_2} S_f(\nu) \cdot d\nu \quad \cdots\cdots(17)$$

式中：

ν_1 ——低光谱分辨率红外仪器通道响应函数的起始波数，单位为波数(cm^{-1})；

ν_2 ——低光谱分辨率红外仪器通道响应函数的结束波数，单位为波数(cm^{-1})；

$L_h(\nu)$ ——高光谱分辨率仪器观测辐射率光谱，单位为毫瓦每平方米球面度波数($mW/(m^2 \cdot sr \cdot cm^{-1})$)；

$S_f(\nu)$ ——计算方法见公式(1)。

参考文献

[1] 陈述彭. 遥感大辞典[M]. 北京:科学出版社. 1990

[2] 顾钧禧. 大气科学辞典[M]. 北京:气象出版社. 1994

ICS 07.060
A 47
备案号：42180—2013

QX

中华人民共和国气象行业标准

QX/T 207—2013

湖泊蓝藻水华卫星遥感监测技术导则

Technical directives for monitoring of cyanobacterial blooms in lakes by satellite remote sensing

2013-10-14 发布　　2014-02-01 实施

中 国 气 象 局　发 布

前　言

本标准按照 GB/T 1.1—2009 给出的规则起草。

本标准由全国卫星气象与空间天气标准化技术委员会(SAC/TC 347)提出并归口。

本标准起草单位:国家卫星气象中心。

本标准主要起草人:韩秀珍、郑伟、刘诚、武胜利。

引　言

湖泊蓝藻水华会造成湖泊水质恶化，危害人、畜和鱼虾等生物的安全。卫星遥感观测范围广、时间分辨率高，具备对蓝藻水华动态监测能力。近年来，湖泊蓝藻水华卫星遥感监测工作取得了很好的效果，但缺乏统一的技术标准。为规范湖泊蓝藻水华卫星遥感监测方法和处理流程，制定本标准。

湖泊蓝藻水华卫星遥感监测技术导则

1 范围

本标准规定了湖泊蓝藻水华卫星遥感监测方法和处理流程。

本标准适用于利用空间分辨率高于500 m的可见光和近红外波段卫星遥感资料对湖泊蓝藻水华的监测。

2 术语和定义

下列术语和定义适用于本文件。

2.1

蓝藻水华 cyanobacterial blooms

在一定环境条件下，水体富营养化的淡水湖泊中蓝藻大量繁殖并漂浮于水面引起水色异常的一种自然生态现象。

2.2

单像元蓝藻水华覆盖度 cyanobacterial blooms coverage of one pixel

单像元内蓝藻水华实际覆盖面积占像元面积的百分比。

2.3

蓝藻水华覆盖程度 cyanobacterial blooms coverage

蓝藻水华实际总覆盖面积占蓝藻水华影响总面积的百分比。

2.4

归一化植被指数 normalized difference vegetation index

NDVI

近红外波段与可见光波段反射率之差和这两个波段反射率之和的比值。

$$NDVI = \frac{R_{NIR} - R_{RED}}{R_{NIR} + R_{RED}} \qquad \cdots\cdots(1)$$

式中：

R_{NIR}——近红外波段反射率；

R_{RED}——可见光红光波段反射率。

3 前期数据要求

3.1 数据源要求

3.1.1 数据源应从以下两类中选择任何一种：

a) 风云三号卫星中分辨率光谱成像仪(FY-3/MERSI)波段3(0.625 μm～0.675 μm)、波段4(0.835 μm～0.885 μm)和波段6(1.615 μm～1.665 μm)。

b) 对地观测系统中分辨率成像光谱仪(EOS/MODIS)波段1(0.620 μm～0.670 μm)、波段2(0.841 μm～0.876 μm)和波段6(1.628 μm～1.652 μm)。

以上卫星相关的遥感仪器光谱参数参见附录A和附录B。

3.1.2 卫星数据应经过地理定位和辐射校正。

3.2 数据预处理

在3.1.2的基础上对数据进行如下处理：

a) 地图投影变换；

b) 几何精校正：校正误差优于1个像元；

c) 掩膜处理：去除目标区以外的地物；

d) 目标区云盖判识；

e) 计算归一化植被指数。

4 指标计算

4.1 单像元蓝藻水华覆盖度

4.1.1 计算方法

$$f_{ci} = \frac{NDVI - NDVI_w}{NDVI_c - NDVI_w} \times 100\% \quad \cdots\cdots(2)$$

式中：

f_{ci} ——第 i 个像元蓝藻水华覆盖度，f_{ci} 的取值范围为0～100％；

$NDVI_w$——无蓝藻水华、相对清洁水体的NDVI值，采用－0.20作为参考值；

$NDVI_c$——蓝藻水华NDVI经验值，采用0.81作为参考值。

4.1.2 分级

单像元蓝藻水华覆盖度分级见表1。

表1 单像元蓝藻水华覆盖度分级

单像元蓝藻水华覆盖度分级	单像元蓝藻水华覆盖度（f_{ci}）
无蓝藻水华	$f_{ci}=0$
轻度	$0<f_{ci}\leqslant 30\%$
中度	$30\%<f_{ci}\leqslant 60\%$
重度	$60\%<f_{ci}\leqslant 100\%$

4.2 蓝藻水华影响总面积

$$S = \sum_{i=1}^{n} \Delta S_i \quad \cdots\cdots(3)$$

式中：

S ——蓝藻水华影响总面积，单位为平方千米（km^2）；

n ——被蓝藻水华影响的像元总数；

i ——被蓝藻水华影响的像元的序号；

ΔS_i ——第 i 个蓝藻水华像元面积，单位为平方千米（km^2）。

4.3 蓝藻水华实际覆盖总面积

$$S_r = \sum_{i=1}^{n} \Delta S_i f_{ci} \qquad \cdots\cdots\cdots\cdots(4)$$

式中：

S_r ——蓝藻水华实际总覆盖面积，单位为平方千米（km^2）；

n ——被蓝藻水华影响的像元总数；

i ——被蓝藻水华影响的像元的序号；

ΔS_i ——第 i 个蓝藻水华像元面积，单位为平方千米（km^2）；

f_{ci} ——第 i 个像元蓝藻水华覆盖度，f_{ci} 的取值范围为 0～100%。

4.4 蓝藻水华覆盖程度

$$F = \frac{S_r}{S} \times 100\% \qquad \cdots\cdots\cdots\cdots(5)$$

式中：

F ——蓝藻水华覆盖程度；

S_r ——蓝藻水华实际总覆盖面积，单位为平方千米（km^2）；

S ——蓝藻水华影响总面积，单位为平方千米（km^2）。

5 监测处理流程

湖泊蓝藻水华卫星遥感监测的处理流程如下：

a) 生成蓝藻水华 3 个波段的彩色合成图（红、绿、蓝波段分别对应 FY-3A/MERSI 数据的波段 6、波段 4、波段 3，或 EOS/MODIS 数据的波段 6、波段 2、波段 1）；
b) 判识蓝藻水华；
c) 按照 4.1.1 计算单像元蓝藻水华覆盖度；
d) 按照 4.1.2 对蓝藻水华覆盖度分级；
e) 按照 4.2 计算蓝藻水华影响总面积；
f) 按照 4.3 计算蓝藻水华实际覆盖总面积；
g) 按照 4.4 计算蓝藻水华覆盖程度；
h) 制作蓝藻水华监测专题图；
i) 编写蓝藻水华监测报告。

附 录 A
(资料性附录)
风云三号卫星中分辨率光谱成像仪(FY-3/MERSI)光谱参数

表A.1给出了风云三号卫星中分辨率光谱成像仪(FY-3/MERSI)的光谱参数。

表A.1 风云三号卫星中分辨率光谱成像仪(FY-3/MERSI)光谱参数

波段	波长 μm	光谱波段	星下点分辨率 m
1	0.445～0.495	可见光(visible)	250
2	0.525～0.575	可见光(visible)	250
3	0.625～0.675	可见光(visible)	250
4	0.835～0.885	近红外(near infrared)	250
5	10.50～12.50	远红外(far infrared)	250
6	1.615～1.665	短波红外(short infrared)	1000
7	2.105～2.255	短波红外(short infrared)	1000
8	0.402～0.422	可见光(visible)	1000
9	0.433～0.453	可见光(visible)	1000
10	0.480～0.500	可见光(visible)	1000
11	0.510～0.530	可见光(visible)	1000
12	0.525～0.575	可见光(visible)	1000
13	0.640～0.660	可见光(visible)	1000
14	0.675～0.695	可见光(visible)	1000
15	0.755～0.775	可见光(visible)	1000
16	0.855～0.875	近红外(near infrared)	1000
17	0.895～0.915	近红外(near infrared)	1000
18	0.930～0.950	近红外(near infrared)	1000
19	0.970～0.990	近红外(near infrared)	1000
20	1.020～1.040	近红外(near infrared)	1000

附 录 B
(资料性附录)
对地观测系统中分辨率成像光谱仪(EOS/MODIS)光谱参数

表B.1给出了对地观测系统中分辨率成像光谱仪(EOS/MODIS)的光谱参数。

表B.1 对地观测系统中分辨率成像光谱仪(EOS/MODIS)光谱参数

波段	波长 μm	光谱波段	星下点分辨率 m
1	0.620～0.670	可见光(visible)	250
2	0.841～0.876	近红外(near infrared)	250
3	0.459～0.479	可见光(visible)	500
4	0.545～0.565	可见光(visible)	500
5	1.230～1.250	近红外(near infrared)	500
6	1.628～1.652	短波红外(short infrared)	500
7	2.105～2.155	短波红外(short infrared)	500
8	0.405～0.420	可见光(visible)	1000
9	0.438～0.448	可见光(visible)	1000
10	0.483～0.493	可见光(visible)	1000
11	0.526～0.536	可见光(visible)	1000
12	0.546～0.556	可见光(visible)	1000
13	0.662～0.672	可见光(visible)	1000
14	0.673～0.683	可见光(visible)	1000
15	0.743～0.753	可见光(visible)	1000
16	0.862～0.877	近红外(near infrared)	1000
17	0.890～0.920	近红外(near infrared)	1000
18	0.931～0.941	近红外(near infrared)	1000
19	0.915～0.965	近红外(near infrared)	1000
20	3.660～3.840	中波红外(middle infrared)	1000
21	3.929～3.989	中波红外(middle infrared)	1000
22	3.929～3.989	中波红外(middle infrared)	1000
23	4.020～4.080	中波红外(middle infrared)	1000
24	4.433～4.498	中波红外(middle infrared)	1000
25	4.482～4.549	中波红外(middle infrared)	1000
26	1.360～1.390	短波红外(short infrared)	1000
27	6.535～6.895	中波红外(middle infrared)	1000
28	7.175～7.475	中波红外(middle infrared)	1000

表 B.1 对地观测系统中分辨率成像光谱仪(EOS/MODIS)光谱参数(续)

波段	波长 μm	光谱波段	星下点分辨率 m
29	8.400～8.700	远红外(far infrared)	1000
30	9.580～9.880	远红外(far infrared)	1000
31	10.780～11.280	远红外(far infrared)	1000
32	11.770～12.270	远红外(far infrared)	1000
33	13.185～13.485	远红外(far infrared)	1000
34	13.485～13.785	远红外(far infrared)	1000
35	13.785～14.085	远红外(far infrared)	1000
36	14.085～14.385	远红外(far infrared)	1000

参考文献

［1］ 韩秀珍，郑伟，刘诚．卫星遥感太湖蓝藻水华监测评估及系统建设［M］．北京：气象出版社，2010

［2］ 赵英时等．遥感应用分析原理与方法［M］．北京：科学出版社，2003

ICS 07.060
A 47
备案号：42181—2013

QX

中华人民共和国气象行业标准

QX/T 208—2013

气象卫星地面应用系统遥测遥控数据格式规范

Specifications for telemetry and telecommand data format of meteorological satellites ground system

2013-10-14 发布　　2014-02-01 实施

中国气象局　发布

前　　言

本标准按照 GB/T 1.1—2009 给出的规则起草。

本标准由全国卫星气象与空间天气标准化技术委员会(SAC/TC 347)提出并归口。

本标准起草单位:国家卫星气象中心。

本标准的主要起草人:魏彩英、程朝晖、林维夏、房静欣。

气象卫星地面应用系统遥测遥控数据格式规范

1 范围

本标准规定了风云系列气象卫星地面应用系统遥测遥控数据的通信传输格式、遥测数据信息格式及存档格式等。

本标准适用于气象卫星在轨遥测遥控数据的地面传输和存储。

2 规范性引用文件

下列文件对于本文件的应用是必不可少的。凡是注日期的引用文件，仅注日期的版本适用于本文件。凡是不注日期的引用文件，其最新版本（包括所有的修改单）适用于本文件。

GJB 1198.2A — 2004(K) 航天器测控和数据管理 第2部分：PCM遥测

3 遥测遥控数据通信传输格式

3.1 通信传输格式

通信传输指气象卫星地面接收站和气象卫星地面应用系统运行控制中心的网络传输，采用TCP/IP，通信传输格式由通信头和信息包组成，见图1。

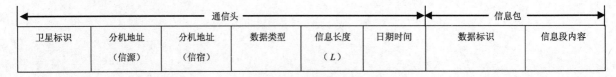

通信头						信息包	
卫星标识	分机地址（信源）	分机地址（信宿）	数据类型	信息长度（L）	日期时间	数据标识	信息段内容

图1 地面通信传输格式

3.2 通信头

3.2.1 卫星标识

用8个字符表示，不足时后补字符零，定义见表1。

表1 卫星标识定义表

卫星标识	定义
FY2A、FY2B、FY2C、FY2D、FY2E	中国风云二号静止气象卫星
FY4A、FY4B	中国风云四号静止气象卫星
FY1A、FY1B、FY1C、FY1D	中国风云一号极轨气象卫星
FY3A、FY3B	中国风云三号极轨气象卫星

3.2.2 分机地址

信源地址和信宿地址，各用12个字符表示，不足时后补字符零，定义见表2。

表2 信源、信宿定义表

信源、信宿标识	定义
SOCC	静止气象卫星系统运行控制中心
CDAS-TTC1	静止气象卫星地面站测控站1
CDAS-TTC2	静止气象卫星地面站测控站2
CROSS	静止气象卫星实时业务系统
DPC	静止气象卫星数据处理中心(DPC)产品软件系统
XSCC	静止气象卫星西安卫星测控中心
OCS	极轨气象卫星运行控制系统服务器
BJ_SMS	极轨气象卫星数据接收系统北京地面站站管分系统服务器
GZ_SMS	极轨气象卫星数据接收系统广州地面站站管分系统服务器
JM_SMS	极轨气象卫星数据接收系统佳木斯地面站站管分系统服务器
XJ_SMS	极轨气象卫星数据接收系统新疆地面站站管分系统服务器
COSS	极轨气象卫星业务软件系统(中心)服务器

3.2.3 数据类型

数据类型表示数据的种类，用4个字节的整型数表示，定义见表3。

表3 数据类型定义表

数据类型	定义	说明
100	静止气象卫星遥控指令/注数	用于对卫星实施运行控制的命令
200	静止气象卫星命令响应	用于对遥控命令的应答(响应)
300	静止气象卫星遥测数据	指的是编码遥测数据、模拟遥测数据
500	极轨气象卫星遥控指令/注数	用于对卫星实施运行控制的命令
600	极轨气象卫星命令响应	用于对遥控命令的应答(响应)
700	极轨气象卫星遥测数据	指的是实时遥测数据、延时遥测数据

3.2.3.1 信息长度

信息长度表示信息段数据的有效字节数，用4个字节的整型数表示。

3.2.3.2 日期时间

信息包生成的日期时间，用16个字符分别表示年、月、日、时、分、秒，不足时后补字符零。

3.3 信息包

信息包由数据标识和信息段内容两部分组成。

数据标识用 4 个字节的整型数表示，定义见表 4。对于单一数据的数据标识用数据类型表示，定义见表 4。

表 4 数据标识定义表

数据标识	定义
310	静止气象卫星编码遥测数据
320	静止气象卫星模拟遥测数据
710	极轨气象卫星实时遥测原码数据
720	极轨气象卫星延时遥测原码数据

信息段内容是按照数据格式传输的该种类数据信息的具体内容。

4 遥测数据格式

4.1 通则

按照 GJB 1198.2A — 2004(K)的规定，遥测原码数据结构分四个层次，从高到低依次为：格式、帧、遥测字、比特。

遥测原码数据结构中，每个遥测格式宜为 32 帧，可为 64 帧或 128 帧。为 32 帧时，各帧依次按 F0～F31 排序；每帧包括 256 个字节，各字节依次按 W0～W255 排序；每个遥测字（即字节）长 8 比特，各比特位依次按 B7～B0 排序，见图 2。

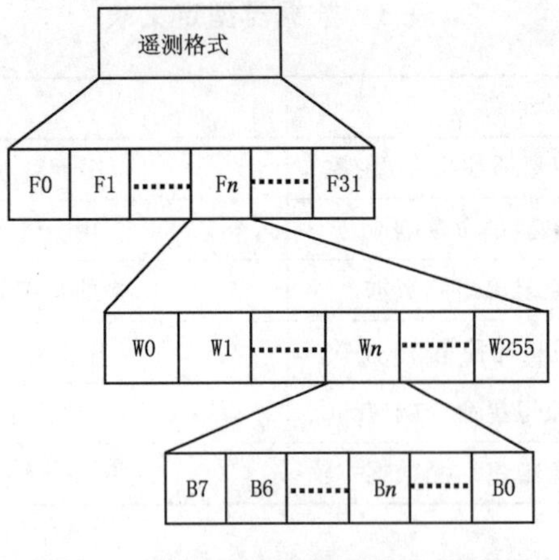

图 2 遥测原码数据结构示意图

遥测原码数据结构中帧结构，格式见图 3。

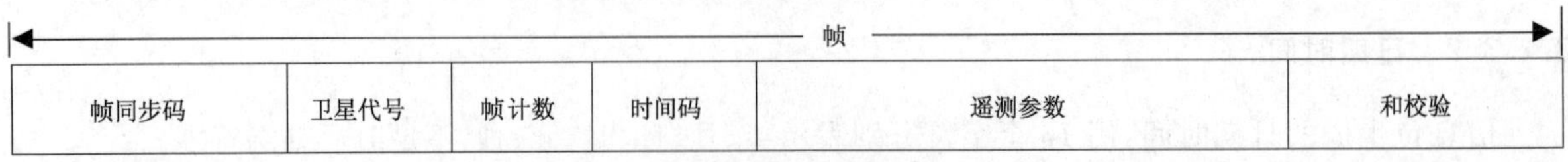

图 3 遥测原码数据帧格式

具体内容如下：

a） 帧同步码：用于识别一帧的开端，帧同步码组可以是 16 比特、24 比特或 32 比特的码组。

b） 卫星代号：用以表示不同卫星的代号。

c） 帧计数：帧序号计数字。其最低有效位在最后传送。

d） 时间码：用以传送卫星时间计数器的内容。卫星时间字的长度应是整数个遥测字，最低有效位最后传送。

e） 遥测参数：表示相关遥测字值，每个遥测字的值用 8 比特表示。遥测字中的比特序号从高到低，依次为 B7 到 B0 排序，最低有效位最后传送。

f） 和校验：对遥测原码数据进行纠错。

4.2 静止气象卫星

4.2.1 遥测数据信息格式

4.2.1.1 编码遥测数据信息格式

编码遥测数据信息由遥测原码数据组成，格式应符合 4.1 的规定。

4.2.1.2 模拟遥测数据信息格式

模拟遥测数据信息由时间码、卫星代号和 27 路模拟遥测参数三部分数据组成，格式见图 4。

时间码（M0～M9）	卫星代号（W0）	27 路模拟遥测参数（T1～T27）

图 4 模拟遥测数据信息格式

具体内容如下：

a） 时间码：卫星时间码的长度应是整数个遥测字，最低有效位在最后传送。宜用 10 个遥测字长表示，统一用压缩二-十进制代码（BCD 码），时间为实际采集的系统时间。

b） 卫星代号：用以表示不同卫星代号，在格式中占用一路。例如，FY2E、FY2F 等。

c） 27 路模拟遥测参数：用 27×64 个字节浮点型数表示模拟遥测参数值。

4.2.2 遥测数据存档格式

4.2.2.1 编码遥测数据存档格式

编码遥测数据存档由遥测原码及处理结果两部分数据组成，格式见图 5。

256 路遥测原码（W0～W255）	256 路遥测处理结果（R0～R255）

图 5 编码遥测存档格式

4.2.2.2 编码遥测处理结果存档格式

存档由时间码、波道号、名称和处理结果四部分数据组成，以文本方式存档，格式见图 6。

时间码（M0～M9）	波道号	名称	处理结果

图 6 编码遥测处理结果存档格式

具体内容如下：

a） 时间码：表示该段数据发生时间，用 10 个字节表示；

b） 波道号：一个遥测波道号表示一个遥测参数，波道号以 ASCII 码形式填写；

c） 名称：表示该波道反映的物理含义，以 ASCII 码形式填写；

d） 处理结果：反映卫星设备工作状态的数值，以 ASCII 码形式填写。

4.2.2.3 模拟遥测数据存档

存档由时间码和 27 路模拟遥测参数两部分数据组成，格式见图 7。

时间码（M0～M9）	27 路模拟遥测参数（T1～T27）

图 7 模拟遥测存档格式

具体内容如下：

a） 时间码：表示该段数据发生时间，用 10 个字节表示；

b） 27 路模拟遥测参数：表示卫星下传的模拟遥测参数值（简称“T”值），以 ASCII 码形式填写。

4.2.3 存档文件名的命名

4.2.3.1 命名规则

按照“卫星标识”、“遥测种类”、“文件名标识（00：短文件名）”、“日期时间”的顺序进行命名。存档文件名应标明清晰的时间。

4.2.3.2 编码遥测原码数据格式存档文件名格式式样

FY＊＊_TMCR_00_年月日_时分秒.RAW。

示例：FY2C_TMCR_00_20070625_000000.RAW。

4.2.3.3 编码遥测处理结果格式存档文件名格式式样

FY＊＊_TMCP_00_年月日_时分秒.TXT。

示例：FY2C_TMCP_00_20070625_000000.TXT。

4.2.3.4 模拟遥测数据格式存档文件名格式式样

FY＊＊_TMA_00_年月日_时分秒.RAW。

示例：FY2C_TMA_00_20070625_000000.RAW。

4.3 极轨气象卫星

4.3.1 遥测数据信息格式

遥测数据信息由遥测原码数据组成，格式应符合 4.1 的规定。

4.3.2 遥测数据存档格式

4.3.2.1 遥测原码数据存档格式

遥测原码数据存档由实时和延时的遥测原码数据组成，格式见图 8。

256 路遥测原码(W0～W255)

图 8　实时或延时遥测原码数据存档格式

4.3.2.2　遥测处理结果存档格式

应符合 4.2.2.2 的规定。

4.3.3　存档文件名的命名

4.3.3.1　命名规则

按照“卫星标识”、“数据种类”、“日期时间”的顺序进行命名。存档文件名应标明清晰的时间。

4.3.3.2　实时遥测原码数据存档文件名格式式样

FY＊＊_TMRR_00_年月日_时分秒.RAW。

示例:FY3A_TMRR_00_20070625_000000.RAW。

4.3.3.3　实时遥测处理结果存档文件名格式式样

FY＊＊_TMRP_00_年月日_时分秒.TXT。

示例:FY3A_TMRP_00_20070625_000000.TXT。

4.3.3.4　延时遥测原码数据存档文件名格式式样

FY＊＊_TMDR_00_年月日_时分秒.RAW。

示例:FY3A_TMDR_00_20070625_000000.RAW。

4.3.3.4　延时遥测处理数据存档文件名格式式样

FY＊＊_TMDP_00_年月日_时分秒.TXT。

示例:FY3A_TMDP_00_20070625_000000.TXT。

ICS 07.060
A 47
备案号：42182—2013

QX

中华人民共和国气象行业标准

QX/T 209—2013

8025—8400 MHz 频带 卫星地球探测业务使用规范

Specification for space station in the earth exploration-satellite service in the 8025-8400 MHz frequency band

2013-10-14 发布　　2014-02-01 实施

中国气象局　发布

前　　言

本标准按照 GB/T 1.1—2009 给出的规则起草。

本标准由全国卫星气象与空间天气标准化技术委员会(SAC/TC 347)提出并归口。

本标准起草单位:国家卫星气象中心、中国气象局综合观测司。

本标准主要起草人:聂晶、张志清、张建国。

引　　言

随着 8025—8400 MHz 频带内运行的空对地方向卫星地球探测业务的日益增长，对地探测卫星数量不断增加，使得该频带被大量使用，产生的干扰也随之增多。在 8025—8400 MHz 频带，卫星地球探测业务需要与固定业务、移动业务、卫星固定业务及在 8025—8400 MHz 频带内的卫星气象业务共用。而且，在高端邻近频带 8400—8500 MHz，空间研究业务的运行也势必对卫星地球探测业务产生有害干扰。因此，种种因素致使卫星地球探测业务卫星设计者必须仔细选择使用恰当的减缓干扰技术，来避免由于大量使用 8 GHz 频带的频谱产生的潜在干扰。此外，改进卫星地球探测业务的共用条件，很多减缓干扰方法都有益于减少或避免与运行在相邻 8025—8400 MHz 频带的较敏感的空间研究业务的协调。

本标准的制定参照了该频带国内和国际电联划分标准，结合国际电信联盟无线电通信局的现有建议书和我国气象卫星的发展实际，以规范气象卫星在使用 8025—8400 MHz 频带的系统设计，继而达到减缓干扰，实现频谱资源最优共享的目的。

8025—8400 MHz 频带卫星地球探测业务使用规范

1 范围

本标准给出了无线电频率 8025—8400 MHz 频带的划分及使用该频带卫星系统的设计要求。

本标准适用于极地轨道气象卫星系统链路设计。

2 规范性引用文件

下列文件对于本文件的应用是必不可少的。凡是注日期的引用文件，仅注日期的版本适用于本文件。凡是不注日期的引用文件，其最新版本(包括所有的修改单)适用于本文件。

国际电信联盟无线电规则(2012 版)(International Telecommunications Union, The Radio Regulations, Edition of 2012)

3 术语和定义

下列术语和定义适用于本文件。

3.1

主管部门 administration

负责履行国际电信联盟组织法、国家电信联盟公约和行政规则中所规定义务的任何政府部门或政府的业务机构。

3.2

无线电通信业务 radiocommunication service

为各种电信用途所进行的无线电波的传输、发射和(或)接收。

3.3

空间无线电通信 space radiocommunication

利用一个或多个空间电台、一个或多个反射卫星，或者空间其他物体所进行的任何无线电通信。

3.4

频带划分 allocation of a frequency band

将某个特定的频带列入频率划分表，规定该频带可在指定的条件下供一种或多种地面无线电通信业务、空间无线电通信业务或射电天文业务使用。

3.5

卫星固定业务 fixed-satellite service

利用一个或多个卫星在处于给定位置的地球站之间进行的无线电通信业务。该给定位置可以是一个指定的固定地点或指定区域内的任何一个固定地。在某些情况下，这种业务可包括运用于卫星业务的卫星至卫星的链路，也可以包括其他空间无线电通信业务的馈线链路。

[中华人民共和国无线电频率划分规定(2010 版)，定义 1.3.3]

3.6

移动业务 mobile service

移动电台和陆地电台之间，或者各移动电台之间的无线电通信业务。

3.7

卫星地球探测业务　earth exploration-satellite service;EESS

地球站与一个或多个空间电台之间的无线电通信业务,包括由地球卫星上的遥感器获得有关地球特性及其自然现象的信息、从空中或地球基地平台收集同类信息、将上述信息分发给系统内的相关地球站、地球基地平台的询问等,还可包括空间电台之间的链路,以及其操作所需的馈线链路。

注:改写中华人民共和国无线电频率划分规定(2010 版),定义 1.3.34。

3.8

卫星气象业务　meteorological-satellite service

用于气象的卫星地球探测业务。

3.9

空间研究业务　space research service;SRS

利用空间飞行器或空间其他物体进行科学或技术研究的无线电通信业务。

3.10

空间电台　space station

准备超越且位于地球大气层主要部分以外的物体上,或者已经超越地球大气层主要部分的物体上的电台。

3.11

地球站　earth station

位于地球表面或地球大气层主要部分以内的电台。

注:地球站拟与一个或多个空间电台通信,或通过一个或多个反射卫星或空间其他物体与一个或多个同类地球站进行通信。

3.12

卫星系统　satellite system

使用一个或多个人造地球卫星的空间系统。一条卫星链路由一条上行链路和一条下行链路组成。

3.13

天线增益　gain of antenna

在指定的方向上并在相同距离上产生相同场强或相同功率通量密度的条件下,无损耗基准天线输入端所需功率与供给某给定天线输入端功率的比值。

3.14

干扰　interference

由于一种或多种发射、辐射、感应或其组合所产生的无用能量对无线电通信系统的接收产生的影响。

注:干扰的表现为性能下降、误解或信息丢失。

4　8025—8400 MHz 频带划分

在 8025—8400 MHz 频带,卫星地球探测业务的使用情况见表 1。

表 1　无线电频率 8025—8400 MHz 频带划分表

<table>
<tr><th>应用区域</th><th colspan="5">不同频段业务划分</th></tr>
<tr><td>中国内地</td><td>8025—8175 MHz
卫星地球探测业务(空对地)
固定业务
卫星固定业务(地对空)
移动业务　S5.463[a]
S5.462A[b] CHN18[c]</td><td>8175—8215 MHz
卫星地球探测业务(空对地)
固定业务
卫星固定业务(地对空)
卫星气象业务(地对空)
移动业务　S5.463[a]
S5.462A[b]</td><td colspan="3">8215—8400 MHz
卫星地球探测业务(空对地)
固定业务
卫星固定业务(地对空)
移动业务　S5.463[a]
S5.462A[b]</td></tr>
<tr><td>中国香港</td><td colspan="5">卫星地球探测业务(空对地)
固定业务</td></tr>
<tr><td>中国澳门</td><td>8025—8175 MHz
卫星地球探测业务(空对地)
固定业务
卫星固定业务(地对空)
移动业务</td><td>8175—8215 MHz
卫星地球探测业务(空对地)
固定业务
卫星固定业务(地对空)
卫星气象业务(地对空)
移动业务</td><td>8215—8286 MHz
卫星地球探测业务(空对地)
固定业务
卫星固定业务(地对空)
移动业务</td><td>8286—8363 MHz
固定业务</td><td>8363—8400 MHz
卫星地球探测(空对地)
固定业务
卫星固定业务(地对空)
移动业务</td></tr>
<tr><td>国际电信联盟第三区</td><td>8025—8175 MHz
卫星地球探测业务(空对地)
固定业务
卫星固定业务(地对空)
移动业务　S5.463[a]
S5.462A[b]</td><td>8175—8215 MHz
卫星地球探测业务(空对地)
固定业务
卫星固定业务(地对空)
卫星气象业务(地对空)
移动业务　S5.463[a]
S5.462A[b]</td><td colspan="3">8215—8400 MHz
卫星地球探测业务(空对地)
固定业务
卫星固定业务(地对空)
移动业务　S5.463[a]
S5.462A[b]</td></tr>
<tr><td colspan="6">注 1:每项划分所列的业务类型主要业务在前，次要业务在后，但其先后次序不代表这些业务本身的主次差别。
注 2:中国内地应用该频带的业务类型，脚注以 CHN 开头编号。国际电信联盟第三区应用该频带的业务类型，脚注沿用《国际电信联盟无线电规则》(2012 版)频率划分表中脚注的编号。为方便对比参考，所有国际脚注(含原脚注编号和名称)均予以保留。
注 3:业务右侧所列的脚注仅适用于该项业务。脚注内容的法律地位与《国际电信联盟无线电规则》(2012 版)频率划分表上相一致。</td></tr>
<tr><td colspan="6">[a] 在国际电信联盟第一区和第三区(日本除外)，未经相关主管部门许可，在 8025—8400 MHz 频带中，用于卫星地球探测业务的对地静止卫星所产生的功率通量密度对于到达角(θ)不得超过以下暂定值:
——-174 dB(W/m^2)，在 4 kHz 频带内，$0°\leqslant\theta<5°$;
——$-174+0.5(\theta-5)$ dB(W/m^2)，在 4 kHz 频带内，$5°\leqslant\theta<25°$;
——-164 dB(W/m^2)，在 4 kHz 频带内，$25°\leqslant\theta<90°$。
这些数值应按照 ITU-R 的第 124 号决议(WRC-97)执行。
[b] 不准许航空器电台在 8025—8400 MHz 频带内进行发射。
[c] 现有无线电定位业务应尽早移出 1535—1544 MHz、1545—1645.5 MHz、1646.5—1660 MHz、1850—1880 MHz、2085—2120 MHz、3400—3800 MHz、5925—6425 MHz、7500—8150 MHz、14—15.35 GHz 频带，从 2005 年底起不准许启用新设备，但现有设备可用至报废为止。</td></tr>
</table>

5 8025—8400 MHz 频带卫星系统的设计要求

5.1 EESS 卫星应以非广播模式运行，且应仅在传输数据时向一个或多个地球站发射。

5.2 调整卫星轨道相位参数应考虑现有卫星和规划卫星。

5.3 宜使用低旁瓣、高天线增益的卫星天线，在没有这种天线的情况下，宜使用定向天线替代全向天线。

5.4 应避免使用广播模式传输数据，如果不可避免，宜使用 8025—8400 MHz 频带低端。

5.5 宜使用带宽有效调制和编码技术，同时限制功率通量密度、带外发射和占用带宽，以降低对相邻信道的潜在干扰。

5.6 使用现有高级先进的调制技术，应考虑由于同类功率通量密度环境产生的潜在的不兼容性。

5.7 宜采用现有的减缓干扰技术，例如极化隔离、地球站地理隔离、大地球站天线，以降低系统之间的干扰。采用大地球站天线时，当天线水平仰角 θ 大于或等于 1°且小于 20°时，旁瓣增益应小于 $29-25\lg\theta$ dBi，当 θ 大于 20°且小于或等于 48°时，旁瓣增益应小于 $32-25\lg\theta$ dBi。

5.8 当 EESS 卫星使用全向天线时，应限制其到达地球表面的卫星星下点的功率通量谱密度，其值应小于 -123 dB(W/(m^2 · MHz))。

5.9 EESS 卫星宜使 8400—8450 MHz 频带的有害发射不超过 ITU-R SRS(深空)保护标准，以便将业务协调(量)降至最低。EESS 卫星除了应采用 5.1～5.8 给出的技术措施外，还应增大 EESS 地球站与 SRS 地球站之间地理隔离和采用低带外调制技术。

5.10 如果 5.1～5.9 给出的技术不能恰当地解决潜在的同频共用问题和(或)有害发射问题，一旦地面相应的基础设备允许，EESS 卫星应考虑使用 25.5～27 GHz 频带传输数据。

5.11 卫星地球探测业务使用 8025—8400 MHz 频带传输数据时，卫星系统设计还应同时满足《国际电信联盟无线电规则》(2012 版)第 21.8 款、第 21-4 表和 22.5 款的相关规定。

参 考 文 献

[1] 工业和信息化部无线电管理局(国家无线电办公室).中华人民共和国无线电频率划分规定.2010版.北京:人民邮电出版社.2010

[2] ITU-R SA.514-3 卫星地球探测业务和卫星气象业务的指令与数据传输系统干扰标准

[3] ITU-R SA.1020 卫星地球探测业务和卫星气象业务的假设参考系统

[4] ITU-R SA.1021 为卫星地球探测业务和卫星气象业务系统确定性能指标的方法

[5] ITU-R SA.1022-1 为卫星地球探测业务和卫星气象业务系统确定干扰标准的方法

[6] ITU-R SA.1023 为卫星地球探测业务和卫星气象业务系统确定共用和协调标准的方法

[7] ITU-R SA.1025-3 使用低地球轨道卫星开展卫星地球探测业务和卫星气象业务的地对空数据传输系统的性能指标

[8] ITU-R SA.1026-3 使用低地球轨道卫星开展卫星地球探测业务和卫星气象业务的地对空数据传输系统的干扰标准

[9] ITU-R SA.1027-3 使用低地球轨道卫星开展卫星地球探测业务和卫星气象业务的地对空数据传输系统的共用和协调标准

[10] ITU-R SA.1157 深空研究的保护标准

[11] ITU-R SA.1277 1、2、3区内的卫星地球探测业务、固定业务、卫星固定业务、卫星气象业务和移动业务之间在8025—8400 MHz频带的共用

[12] ITU-R SA.1810 在8025—8400 MHz频带运行的地球探测卫星系统的设计指南

ICS 07.060
A 47
备案号：42183—2013

QX

中华人民共和国气象行业标准

QX/T 210—2013

城市景观照明设施防雷技术规范

Technical specifications for lightning protection of urban landscape lighting facility

2013-10-14 发布　　2014-02-01 实施

中国气象局　发布

前　言

本标准按照GB/T 1.1—2009给出的规则起草。

本标准由全国雷电灾害防御行业标准化技术委员会提出并归口。

本标准起草单位：福建省防雷中心

本标准主要起草人：曾金全、王颖波、张烨方、杨仲江、程辉、肖再励、江一涛、吴健、林永强、应凌云。

城市景观照明设施防雷技术规范

1 范围

本标准规定了城市景观照明设施的雷电防护基本要求、措施及防雷装置的检测和维护要求。

本标准适用于城市景观照明设施的雷电防护。

2 规范性引用文件

下列文件对于本文件的应用是必不可少的。凡是注日期的引用文件，仅注日期的版本适用于本文件。凡是不注日期的引用文件，其最新版本(包括所有的修改单)适用于本文件。

GB/T 18802.22 低压电涌保护器 第22部分：电信和信号网络的电涌保护器(SPD)选择和使用导则

GB/T 21431 建筑物防雷装置检测技术规范

GB 50057—2010 建筑物防雷设计规范

GB 50601—2010 建筑物防雷工程施工与质量验收规范

3 术语和定义

下列术语和定义适用于本文件。

3.1

景观照明 landscape lighting

为表现建(构)筑物造型特色、艺术特点、功能特征和周围环境布置的照明工程，这种工程通常在夜间使用。

注：改写 GB 50303—2002，定义 2.0.12。

3.2

景观照明设施 landscape lighting facility

用于景观照明的城市建(构)筑物、桥梁、广场、园林等处的照明配电室、变压器、配电箱、控制箱、灯杆、管线、灯具、工作井及照明附属设备等。

3.3

电气系统 electrical system

由低压供电组合部件构成的系统。也称低压配电系统或低压配电线路。

[GB 50057—2010，定义 2.0.26]

3.4

电子系统 electronic system

由敏感电子组合部件构成的系统。

[GB 50057—2010，定义 2.0.27]

3.5

隔离变压器 isolating transformer

输入绕组与输出绕组在电气上彼此隔离的变压器，用以避免偶然同时触及带电体(或因绝缘损坏而可能带电的金属部件）和地所带来的危险。

［GB/T 13028－1991，定义 2.3］

4 基本要求

4.1 城市景观照明设施应按照 GB 50057－2010 中 6.2.1 的规定进行防雷区的划分。

4.2 景观照明设施应处于 $LPZ0_B$ 区，但符合下列条件之一时，可不要求附加直击雷防护措施：

——金属照明设施超过建（构）筑物屋顶平面高度不大于 0.3 m，上层表面总面积不大于 1.0 m^2，上层表面长度不大于 2.0 m；

——非金属景观照明设施凸出接闪器保护范围所形成的表面不超过 0.5m；

——在雷暴日大于 15 d/a 的地区，景观照明设施高度不大于 15 m；

——在雷暴日小于或等于 15 d/a 的地区，景观照明设施高度不大于 20 m；

——景观照明设施遭受雷击后不会对人员或财产造成二次损害或损失。

4.3 景观照明设施应按下列要求进行防雷类别划分：

——固定在建（构）筑物上的景观照明设施，应按照建（构）筑物的防雷类别进行确定；

——当景观照明设施不属于上述情况时，应参照第三类防雷类别进行确定。

4.4 景观照明设施应采取防止闪电电涌侵入的措施。

5 雷电防护措施

5.1 外部防雷措施

5.1.1 位于建（构）筑物顶端需进行直击雷防护的景观照明设施应安装接闪线（带、杆）、使用金属外壳或保护网罩作为接闪器，并宜利用其附属建（构）筑物本体的引下线和接地装置。

5.1.2 位于建（构）筑物侧面且高度在 60 m 以上的景观照明设施宜设置在 $LPZ0_B$ 区。若因设计需要必须设置在 $LPZ0_A$ 区，宜安装专用接闪器以防侧击。新建建（构）筑物在设计之初宜预留立面连接导体。

5.1.3 用于景观照明的灯杆、附属支撑立柱等金属构件宜作为引下线，但其各部件之间均应连成电气贯通，可采用铜锌合金焊、熔焊、卷边压接、缝接、螺钉或螺栓连接；各金属构件可覆有绝缘材料。

5.1.4 当景观照明设施需安装独立接地装置时，其材料和规格应符合 GB 50057－2010 中 5.4 的要求。

5.1.5 景观照明设施直击雷防护的接地应与电气和电子系统等采用共用接地装置。共用接地装置的接地电阻应按 50 Hz 电气装置的接地电阻确定，以不大于其按人身安全所确定的接地电阻值为准。

5.2 等电位连接

5.2.1 位于建（构）筑物顶端的景观照明金属灯具应就近与接闪器做等电位连接。沿建（构）筑物四周布设的环形景观照明灯具外露可导电部分应每隔 25 m 与接闪器做等电位连接。连接导体的材料规格应符合表 1 的要求。

表 1　防雷装置各连接部件的最小截面

<table>
<tr><th colspan="3">等电位连接部件</th><th>材料</th><th>截面积/mm²</th></tr>
<tr><td colspan="3">等电位连接带(铜、外表面镀铜的钢或热镀锌钢)</td><td>铜、铁</td><td>50</td></tr>
<tr><td colspan="3" rowspan="3">从等电位连接带至接地装置或各等电位连接带之间的连接导体</td><td>铜</td><td>16</td></tr>
<tr><td>铝</td><td>25</td></tr>
<tr><td>铁</td><td>50</td></tr>
<tr><td colspan="3" rowspan="3">从屋内金属装置至等电位连接带的连接导体</td><td>铜</td><td>6</td></tr>
<tr><td>铝</td><td>10</td></tr>
<tr><td>铁</td><td>16</td></tr>
<tr><td rowspan="4">连接电涌保护器的导体</td><td rowspan="3">电气系统</td><td>Ⅰ级试验的电涌保护器</td><td rowspan="4">铜</td><td>6</td></tr>
<tr><td>Ⅱ级试验的电涌保护器</td><td>2.5</td></tr>
<tr><td>Ⅲ级试验的电涌保护器</td><td>1.5</td></tr>
<tr><td>电子系统</td><td>电涌保护器</td><td>1.2</td></tr>
</table>

5.2.2　附着在桥梁的钢缆、栏杆等金属构件上的景观照明灯具外露可导电部分应与金属构件进行等电位连接,连接导体的材料规格应符合表 1 的要求。

5.2.3　广场园林中水下灯的灯具外露可导电部分除应接地外,尚应同水池壁及其周围地面钢筋进行等电位连接,连接导体的材料规格应符合表 1 的要求。

5.2.4　等电位连接可采用焊接、螺钉或螺栓连接等。当采用焊接时,应符合 GB 50601－2010 中 4.1.2 第 4 款的要求。

5.2.5　等电位连接的过渡电阻值不应大于 0.24 Ω。

5.3　接触电压、旁侧闪络电压和跨步电压防护

5.3.1　位于绿地、人行道、公共活动区域或主要出入口的兼具引下线功能的金属灯杆应采取下列一种或多种方法,防止接触电压、旁侧闪络电压对人员的伤害:

——外露引下线在 2.7 m 以下高度部分应穿不小于 3 mm 厚的交联聚乙烯管,该管应能耐受 100 kV 冲击电压(1.2/50 μs 波形);

——应设立阻止人员进入的护栏或警示牌,护栏与引下线水平距离不应小于 3 m。

5.3.2　在建(构)筑物外人员可经过或停留的兼具引下线功能的金属灯杆与接地体连接处 3 m 范围内,应采用下列一种或多种方法,防止跨步电压对人员的伤害:

——铺设使地面电阻率不小于 50 kΩ · m 的 5 cm 厚的沥青层或 15 cm 厚的砾石层;

——设立阻止人员进入的护栏或警示牌;

——将接地体敷设成水平网格。

5.4　电气和电子系统防雷措施

5.4.1　电气系统

5.4.1.1　景观照明设施的供电线路应采取穿金属管或金属线槽等屏蔽措施,金属管或金属线槽一端与配电箱或控制柜 PE 线相连,另一端应与照明设施金属外壳、保护罩相连,并应就近与防雷装置连接。当金属管因连接设备而中间断开时应设跨接线。穿过各防雷区交界的金属部件,应就近与接地装置或

等电位连接带连接。

5.4.1.2 景观照明系统在电源引入的总配电箱处应装设Ⅰ级试验的电涌保护器。电涌保护器的电压保护水平值应不大于2.5 kV。其每一保护模式的冲击电流值当电源线路无屏蔽层时宜按公式(1)计算;当有屏蔽层时宜按公式(2)计算;当无法确定时应取冲击电流不小于12.5 kA。

$$I_{imp}=\frac{0.5I}{nm} \qquad \cdots\cdots (1)$$

$$I_{imp}=\frac{0.5IR_s}{n(mR_s+R_c)} \qquad \cdots\cdots (2)$$

式中:

I_{imp}——电涌保护器的冲击电流值,单位为千安培(kA);

I ——雷电流幅值,二类取150 kA,三类取100 kA;

n ——地下和架空引入的外来金属管道和线路的总数;

m ——每一线路内导体芯线的总根数;

R_s ——屏蔽层每千米的电阻,单位为欧姆每千米(Ω/km);

R_c ——芯线每千米的电阻,单位为欧姆每千米(Ω/km)。

5.4.1.3 景观照明设施宜在分配电箱内的开关电源侧装设符合Ⅱ级试验的电涌保护器,电涌保护器每一保护模式的标称放电电流值应不小于5 kA。电涌保护器的电压保护水平值应不大于2.5 kV。

5.4.1.4 在低压系统中,终端配电箱和电子控制装置的隔离变压器一次侧应装设符合Ⅲ级试验的电涌保护器,电涌保护器每一保护模式的标称放电电流值应不小于3 kA。

5.4.1.5 电涌保护器的安装应符合GB 50057—2010中6.4的规定。

5.4.2 电子系统

5.4.2.1 景观照明电子系统的室外线路在其引入的终端箱处宜安装相应的电涌保护器。信号线路的电涌保护器的设计选用应符合GB/T 18802.22的规定。

5.4.2.2 景观照明电子系统设备为非金属外壳,且安置设备的房间达不到设备对磁场屏蔽的要求时,应对设备加装金属屏蔽网或安放在金属屏蔽室内,金属屏蔽网或金属屏蔽室内的屏蔽层都应与等电位连接带连接。

5.4.2.3 进出机房的信号线缆应在入口处做等电位连接,机房内的数据、信号线缆应分别敷设于各自的金属线槽内或金属桥架内,金属线槽和桥架均应全程电气连通,并至少在其两端及穿越房间处与接地汇流排作等电位连接。

5.4.2.4 机房内交流工作地、安全保护地、直流地、屏蔽地、防静电接地、防雷接地等应采用共用接地方式。接地装置的接地电阻值应符合GB 50057—2010的要求。

5.5 防雷装置的材料规格

5.5.1 接闪器和引下线的材料、结构和最小截面应符合GB 50057—2010表5.2.1的要求。

5.5.2 接地装置的材料、结构和最小尺寸应符合GB 50057—2010表5.4.1的要求。

5.5.3 防雷等电位连接部件的最小截面,应符合表1的规定。连接单台或多台Ⅰ级分类试验或D1类电涌保护器的单根导体的最小截面,应按公式(3)计算截面积:

$$S_{\min}\geqslant I_{imp}/8 \qquad \cdots\cdots (3)$$

式中:

$S_{\min}$——单根导体的最小截面积,单位为平方毫米(mm^2)。

6 防雷装置的检测和维护

6.1 检测

景观照明设施的防雷装置应按照 GB/T 21431 的要求，由具备检测资质的机构每 12 个月进行一次检测。

6.2 维护

6.2.1 景观照明设施的产权单位应指定专人对其防雷装置进行日常维护和检查工作，具体维护检查工作应符合附录 A 的要求。

6.2.2 雷雨天宜切断景观照明设施的电源和信号线路。

6.2.3 景观照明设施遭受雷击后应对其防雷装置进行检查与维护。

6.2.4 当景观照明设施及其相关供电、控制系统进行调整、修改后，产权单位应及时通知具备资质的机构重新对防雷装置进行检测，以确保防雷装置的有效性。

附　录　A
（规范性附录）
防雷装置日常维护检查工作

景观照明设施防雷装置日常维护检查工作应包含以下内容：

——灯具金属外壳与接地装置的接地连接应无松动、脱落；若发现有脱焊、松动和锈蚀等，应进行相应的处理。

——外部防雷装置应无损伤、断裂及腐蚀；若有损伤，应及时修复；当锈蚀部位超过截面的三分之一时，应及时更换。

——检查内部防雷装置和设备（金属外壳、机架）等电位连接情况，若发现连接处松动或断路，应及时修复。

——检查各类电涌保护器的运行情况：状态指示器是否正常，有无接触不良、发热，绝缘是否良好，积尘是否过多等，出现故障应及时排除。

ICS 07.060
A 47
备案号：42184—2013

QX

中华人民共和国气象行业标准

QX/T 211—2013

高速公路设施防雷装置检测技术规范

Technical specifications for inspection of lightning protection system on expressway facilities

2013-10-14 发布　　2014-02-01 实施

中　国　气　象　局　发布

前　言

本标准按照 GB/T 1.1—2009 给出的规则起草。

本标准由全国雷电灾害防御行业标准化技术委员会提出并归口。

本标准起草单位:湖北省防雷中心、江苏省防雷中心。

本标准主要起草人:王学良、冯民学、刘学春、焦雪、何兵、黄克俭、吕久平、段振中、王锡中、史雅静、程琳。

高速公路设施防雷装置检测技术规范

1 范围

本标准规定了高速公路设施防雷装置检测的项目和技术要求。

本标准适用于高速公路设施防雷装置的检测。

2 规范性引用文件

下列文件对于本文件的应用是必不可少的。凡是注日期的引用文件，仅注日期的版本适用于本文件。凡是不注日期的引用文件，其最新版本(包括所有的修改单)适用于本文件。

GB/T 21431 建筑物防雷装置检测技术规范

GB 50057—2010 建筑物防雷设计规范

GB 50343—2012 建筑物电子信息系统防雷技术规范

GB 50601—2010 建筑物防雷工程施工与质量验收规范

QX/T 190—2013 高速公路设施防雷设计规范

3 术语和定义

GB 50057—2010、GB 50156—2012 和 GB50343—2012 界定的以及下列术语和定义适用于本文件。为了便于使用，以下重复列出了 GB 50057—2010、GB 50156—2012 和 GB 50343—2012 中的某些术语和定义。

3.1

高速公路 expressway

具有四个或四个以上车道，并设有中央分隔带，全部立体交叉并具有完善的交通安全设施与管理设施、服务设施，全部控制出入，专供汽车高速行驶的公路。

[JTJ 002—1987，定义 2.0.1]

3.2

高速公路设施 expressway facility

高速公路沿线各种附属建筑物、高速公路中的桥梁、隧道等主体工程，以及相关的高速公路机电系统。

3.3

机电系统 mechanical & electronic system

高速公路收费、交通监控、通信、照明及低压配电等电气、电子系统的统称。

3.4

电气系统 electrical system

低压配电系统

低压配电线路

由低压供电组合部件构成的系统。

注：改写 GB 50057—2010，定义 2.0.26。

3.5

加油加气站　filling station

加油站、加气站、加油加气合建站的统称。

[GB 50156—2012,定义 2.1.1]

3.6

防雷装置　lightning protection system;LPS

用于减少闪击击于建(构)筑物上或建(构)筑物附近造成的物质性损伤和人身伤亡,由外部防雷装置和内部防雷装置组成。

[GB 50057—2010,定义 2.0.5]

3.7

接地装置　earth-termination system

接地体和接地线的总和,用于传导雷电流并将其流散入大地。

[GB 50057—2010,定义 2.0.10]

3.8

共用接地系统　common earthing system

将防雷系统的接地装置、建筑物金属构件、低压配电保护线(PE)、等电位连接端子板或连接带、设备保护地、屏蔽体接地、防静电接地、功能性接地等连接在一起构成共用的接地系统。

[GB 50343—2012,定义 2.0.6]

3.9

人工接地体　made earth electrode

专门埋设的、具有接地功能的各种金属构件的统称。

注:人工接地体可分为人工垂直接地体和人工水平接地体。

3.10

接地电阻　earthing resistance

接地装置对远方电位零点的电阻。

注1:数值上为接地装置与远方电位零点间的电位差,与通过接地装置流入地中电流的比值。按冲击电流求得的接地电阻称为冲击接地电阻;按工频电流求得的接地电阻称为工频接地电阻。本标准凡未标明为冲击接地电阻的均指工频接地电阻。

注2:改写 DL/T 475—2006,定义 3.8。

3.11

自然接地体　natural earthing electrode

兼有接地功能但不是为此目的而专门设置与大地有良好接触的各种金属构件、金属井管、混凝土中的钢筋等的统称。

[GB 50343—2012,定义 2.0.7]

3.12

等电位连接　equipotential bonding

直接用连接导体或通过浪涌保护器将分离的金属部件、外来导电物、电力线路、通信线路及其他电缆连接起来以减小雷电流在他们之间产生电位差的措施。

[GB 50343—2012,定义 2.0.12]

3.13

电涌保护器　surge protective device;SPD

用于限制瞬态过电压和分泄电涌电流的器件。它至少含有一个非线性元件。

[GB 50057—2010,定义 2.0.29]

3.14

电磁屏蔽　electromagnetic shielding

用导电材料减少交变电磁场向指定区域穿透的措施。

[GB 50343—2012,定义 2.0.15]

3.15

防雷区　lightning protection zone;LPZ

划分雷击电磁环境的区,一个防雷区的区界面不一定要有实物界面,如不一定要有墙壁、地板或天花板作为区界面。

[GB 50057—2010,定义 2.0.24]

4　基本要求

4.1　检测机构和人员

4.1.1　对高速公路设施防雷装置实施检测的机构应具有国家规定的相应检测资质。

4.1.2　防雷检测人员应具有防雷检测资格证书。现场检测工作应由两名或两名以上检测人员承担。

4.2　工作程序

4.2.1　防雷装置检测工作程序宜按图 1 进行。

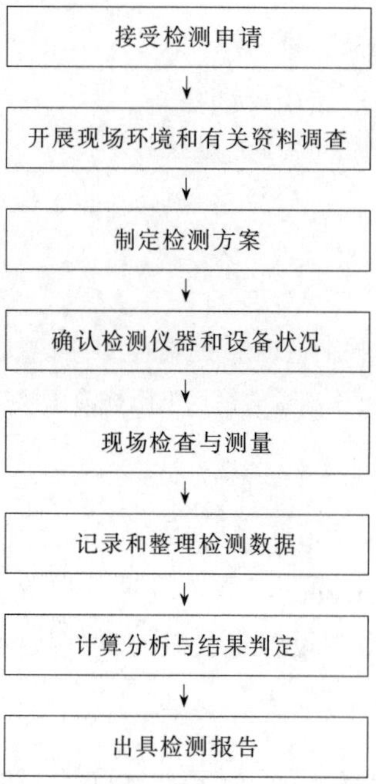

图 1　防雷装置检测工作程序

4.2.2　现场环境和有关资料的调查应包含下列内容:

a)　根据 GB 50057—2010 第 3 章的规定划分建筑物防雷类别;
b)　根据 QX/T 190—2013 第 4 章的规定划分防雷区;
c)　查阅受检场所的防雷设计和施工档案;
d)　查看接闪器、引下线的安装和敷设方式;
e)　查看接地形式、等电位连接和防静电接地状况;

f) 检查低压配电系统的接地形式、SPD的设置及安装工艺状况、管线布设和电磁屏蔽措施等。

4.2.3 防雷装置接地电阻的测量应在非雨天和土壤未冻结时进行，现场环境条件应能保证正常检测。

4.2.4 防雷装置现场检测的数据应记录在专用的原始记录表中，并应有检测人员签名。检测记录应使用钢笔或签字笔填写，字迹工整、清楚，不应涂改；改错应使用一条直线划在原有数据上，在其上方填写正确数据，并签字或加盖修改人员印章。

4.2.5 防雷装置检测原始记录表的填写参见附录A。

4.3 检测仪器设备

4.3.1 检测所采用的仪器、仪表和测试工具应具有计量检定合格证，且在检定有效期内，并处于正常状态。

4.3.2 用于现场检测的仪器、仪表和测试工具的准确度等级应满足被测参数的准确度要求。

4.3.3 检测采用的仪器、仪表和测试工具，在测试中发现故障、损伤或误差超过允许值时，应及时更换或修复；经修复的仪器、仪表和测试工具应经计量检定，在取得合格证后方可使用，并对此次检测进行复检。

4.4 检测报告

4.4.1 现场检测完成后，应对记录的检测数据进行整理、分析，及时出具检测报告。

4.4.2 检测报告应对所检测项目是否符合本标准及相应标准的规定或设计文件要求作出明确的结论。

4.4.3 检测报告应包括：

——委托检测机构、受检单位名称；

——依据的主要技术标准、使用的主要仪器设备；

——检测内容、检测项目、检测结论；

——检测日期、报告完成日期及检测周期；

——检测、审核和批准人员签名；

——加盖检测机构检测专用章和检测机构公章。

4.5 检测周期

4.5.1 防雷装置实行定期检测制度，应每年检测一次，其中加油加气站防雷装置应每半年检测一次。

4.5.2 对雷击频发或有雷击破坏史的场所，宜增加检测次数。

5 检测项目及技术要求

5.1 建筑物

5.1.1 接闪器

5.1.1.1 检查接闪器的材料规格（包括直径、截面积、厚度）、与引下线的焊接工艺、防腐措施、保护范围、接闪网网格尺寸及其与保护物之间的安全距离，应符合附录B表B.1的要求。

5.1.1.2 检查接闪器外观状况，应无明显机械损伤、断裂及严重锈蚀现象。

5.1.1.3 检查接闪器上有无附着的其他电气线路。附着的其他电气线路应采用直埋于土壤中的带金属护层的电缆或穿入金属管的导线。电缆的金属护层或金属管应接地，埋入土壤中的长度应在10 m以上，方可与配电装置的接地相连接或与电源线、低压配电装置相连接。

5.1.1.4 测试接闪器与每一根引下线、屋面电气设备和金属构件与防雷装置、防侧击雷装置与接地装置等的电气连接，应符合5.4.5的规定。

5.1.2 引下线

5.1.2.1 检查引下线的设置、材料规格(包括直径、截面积、厚度)、焊接工艺、防腐措施,应符合附录B表B.2的要求。

5.1.2.2 检查引下线外观状况,应无明显机械损伤、断裂及严重锈蚀现象。

5.1.2.3 检查各类信号线路、电源线路与引下线之间距离,水平净距不应小于1 m,交叉净距不应小于0.3 m。

5.1.2.4 检查引下线之间的距离,应符合附录B表B.2的要求。

5.1.3 接地装置

5.1.3.1 检查接地形式、接地体材质、防腐措施、取材规格、截面积、厚度、埋设深度、焊接工艺,以及与引下线连接,应符合附录B表B.3的要求。

5.1.3.2 检查防直击雷的人工接地体与建筑物出入口或人行道之间的距离应符合附录B表B.3的要求。

5.1.3.3 首次检测时应检查相邻接地体在未进行等电位连接时的地中距离。

5.1.3.4 接地装置接地电阻的测试方法参见附录C。

5.1.4 等电位连接

5.1.4.1 检查建筑物的屋顶金属表面、立面金属表面、混凝土内钢筋等大尺寸金属件所采取的等电位连接措施,并测试其与接地装置的电气连接,应符合5.4.5的要求。

5.1.4.2 检查穿过各防雷区交界处的金属部件,以及建筑物内的设备、金属管道、电缆桥架、电缆金属外皮、金属构架、钢屋架、金属门窗等较大金属物,应就近与接地装置或等电位连接板(带)作等电位连接。测试其电气连接,应符合5.4.5的要求。

5.1.4.3 检查等电位接地端子板及连接线的安装位置、材料规格、连接方式及工艺,应符合附录B表B.4的要求。

5.1.4.4 检查各等电位接地端子板的安装位置,应设置在便于安装和检查的位置,且不应设置在潮湿或有腐蚀性气体及易受机械损伤的地方。

5.1.4.5 检查高度超过45 m、60 m的第二类、第三类防雷建筑物,其相应高度及以上外墙的栏杆、门窗等较大金属物与接地端子(或等电位连接端子)的电气连接状况,测试其电气连接,应符合5.4.5的要求。

5.1.5 电磁屏蔽

5.1.5.1 检查屏蔽电缆的屏蔽层应至少在两端并宜在各防雷区交界处做等电位连接,同时与防雷接地装置相连。测试其电气连接,应符合5.4.5的要求。

5.1.5.2 检查建筑物之间用于敷设非屏蔽电缆的金属管道、金属格栅或钢筋成格栅形的混凝土管道,两端应电气贯通,且两端应与各自建筑物的等电位连接带连接。测试其电气连接,应符合5.4.5的要求。

5.1.5.3 检查屏蔽网格、金属管、金属槽、防静电地板支撑金属网格、大尺寸金属件、房间屋顶金属龙骨、屋顶金属表面、立面金属表面、金属门窗、金属格栅和电缆屏蔽层的等电位连接状况。测试其电气连接,应符合5.4.5的要求。

5.1.6 SPD

5.1.6.1 检查低压配电系统、所选SPD的技术参数应与安装场所环境要求相适应。

5.1.6.2 检查SPD之间的线路长度。当低压配电线路或信号线路上安装多级SPD时，SPD之间的线路长度应符合生产厂商提供的技术要求。如无技术要求时，电压开关型SPD与限压型SPD之间的线路长度不宜小于10 m，限压型SPD之间的线路长度不宜小于5 m，长度达不到要求应加装退耦元件。

5.1.6.3 检查SPD的状态指示器应处于正常工作状态。

5.1.6.4 检查各级SPD的连接线应平直，每个SPD的连接线总长度不宜超过0.5 m，连接线的截面积应符合表B.4的要求。

5.1.6.5 测试SPD接地端子与接地装置的电气连接，应符合5.4.5的要求。

5.1.6.6 低压配电系统安装的SPD的测试参数和方法见GB/T 21431的规定。

5.2 加油加气站

5.2.1 检查油(气)罐、储气瓶组防雷接地点不应少于两处。测试其接地电阻，应符合5.4.4的要求。

5.2.2 检查油(气)罐及罐室的金属构件，以及呼吸阀、量油孔、放空管及安全阀等金属附件应采取电气连接并接地。测试其电气连接，应符合5.4.4的规定。

5.2.3 检查长距离无分支管道及管道拐弯、分岔处的接地状况。测试其接地电阻，应符合5.4.4的要求。

5.2.4 检查进出加油加气站的金属管道的接地状况，距离建筑物100 m内的管道应每隔25 m接地一次。测试其接地电阻，应符合5.4.4的要求。

5.2.5 检查平行管道净距小于100 mm时，应每隔20 m～30 m作电气连接；当管道交叉且净距小于100 mm时，应作电气连接。测试其电气连接，应符合5.4.5的要求。

5.2.6 检查管道的法兰应作跨接连接，在非腐蚀环境下不少于5根螺栓可不跨接。测试其跨接连接，应符合5.4.5的要求。

5.2.7 检查加油、加气管道与充装设备电缆金属外皮(电缆金属保护管)与接地装置的连接状况。测试其电气连接，应符合5.4.5的要求。

5.2.8 检查加油、加气软管(胶管)两端连接处应采用金属软铜线跨接。测试其跨接连接，应符合5.4.5的要求。

5.2.9 检查加油加气站的汽油罐车和储气罐车卸车场地，应设罐车卸车时用的防静电接地装置。测试其接地电阻，应符合5.4.6的要求。

5.2.10 检查加油加气站的低压配电线路、信号线路上安装的SPD，应符合5.1.6的要求。

5.3 机电系统

5.3.1 机房

5.3.1.1 检查机房所处建筑物位置，应处在建筑物低层中心部位的LPZ1区及其后续防雷区内。

5.3.1.2 检查机房内设备距外墙及柱、梁的距离，不应小于1 m。

5.3.1.3 检查机房的金属门、窗和金属屏蔽网与建筑物内的结构主筋，应作可靠电气连接。

5.3.1.4 检查机房内设置的等电位连接带的规格，应符合附录B表B.4的要求。

5.3.1.5 检查机房内防静电装置与等电位连接带连接的材料规格、安装工艺，应符合附录B表B.4的要求。测试其电气连接，应符合5.4.5的要求。

5.3.1.6 检查机房内机柜、金属外壳与等电位连接带连接的材料规格、安装工艺，应符合附录B表B.4的要求。测试其电气连接，应符合5.4.5的要求。

5.3.1.7 检查机房的低压配电线路、信号线路上安装的SPD，应符合5.1.6的要求。

5.3.1.8 检查进、出机房的金属管、金属槽、金属线缆屏蔽层，应就近与接地汇流排连接。

5.3.1.9 检查机房的接地线，应从共用接地装置引至机房局部等电位接地端子板。

5.3.2 收费岛机电系统

5.3.2.1 检查计重系统、收费系统及收费天棚防雷系统接地形式，应符合防雷设计方案的要求；接地装置的材料规格、安装工艺，应符合附录 B 表 B.4 的要求。测试其接地电阻，应符合 5.4.2 和 5.4.3 的要求。

5.3.2.2 检查收费亭、自动栏杆、信号灯、车道护栏、立柱、车道摄像机支撑架(杆)、地下通道的扶栏、门等所有金属构件与收费岛共用接地装置连接的材料规格、安装工艺，应符合附录 B 表 B.4 的要求。测试其电气连接，应符合 5.4.5 的要求。

5.3.2.3 检查收费亭内的金属机柜、各种机电设备的金属外壳，应与收费亭内预留的等电位接地端子板电气连接。测试其电气连接，应符合 5.4.5 的要求。

5.3.2.4 检查计重收费系统的设备外壳、金属框架、线缆的金属外护层或穿线金属管与收费岛共用接地系统连接的材料规格、安装工艺，应符合附录 B 表 B.4 的要求。测试其电气连接，应符合 5.4.5 的要求。

5.3.2.5 检查进、出收费亭的低压配电线路、信号线路在雷电防护分区的不同界面处安装的 SPD，应符合 5.1.6 的要求。

5.3.3 外场机电系统

5.3.3.1 检查可变限速标志、可变情报板、气象监测仪器、车辆检测器(不含路面铺设)及监控摄像探头应处于接闪器有效保护范围内。

5.3.3.2 可变限速标志、可变情报板、气象监测仪器、车辆检测器及监控摄像系统传输线路、配电线路的敷设形式、屏蔽措施，应符合防雷设计方案的要求。屏蔽层应保持电气连通。测试其电气连接，应符合 5.4.5 的要求。

5.3.3.3 高杆灯的引下线及接地状况，应符合防雷设计方案的要求。

5.3.3.4 收费广场高杆灯、外场摄像设备采取的独立接地与共用地网间距应符合附录 B 表 B.3 的要求。

5.3.3.5 监控系统各路信号线路、控制信号线路端口处设置的 SPD 应符合 5.1.6 的要求。

5.3.3.6 监控系统低压配电线路在各雷电防护分区的不同界面处安装的 SPD 应符合 5.1.6 的要求。

5.3.3.7 检查车辆检测器、气象监测仪器、可变标志的显示屏、机箱等金属外壳与接地装置的连接状况，测试其电气连接，应符合 5.4.5 的要求。

5.3.4 通信系统

5.3.4.1 通信站、通信塔的防雷装置应符合 5.1.1、5.1.2、5.1.3 的要求。

5.3.4.2 通信机房应符合 5.3.1 的要求。

5.3.4.3 通信线路的敷设形式、屏蔽措施，应符合防雷设计方案的要求。屏蔽层应保持电气连通。测试其电气连接，应符合 5.4.5 的要求。

5.3.4.4 埋地光缆上方埋设的排流线或架设的架空地线材料规格、安装工艺，应符合防雷设计方案的要求。测试其接地电阻，应符合 5.4.2 和 5.4.3 的要求。

5.3.4.5 光缆入(手)孔处、引入机房前应将其缆内金属构件接地。测试其接地电阻，应符合 5.4.2 和 5.4.3 的要求。

5.3.4.6 直埋电缆金属铠装层或屏蔽层的各接续点应保持电气连通，两端应接地。测试其接地电阻，应符合 5.4.2 和 5.4.3 的要求。

5.3.4.7 紧急电话机箱应接地。测试其接地电阻值，应不大于 10 Ω。

5.3.4.8 通信系统低压配电线路、信号线路在各雷电防护分区的不同界面处安装的 SPD 应符合 5.1.6

的要求。

5.3.5 低压配电系统

5.3.5.1 变电所、配电房建筑物防雷装置应符合 5.1.1、5.1.2、5.1.3 的要求。

5.3.5.2 引入高压架空供电线路在进入变电所、配电房前，应改用金属护套或绝缘护套电力电缆穿钢管埋地，埋地距离应不小于 50 m 引入变压器输入端。

5.3.5.3 检查低压配电系统的接地形式。当低压配电系统采用 TN 系统时，应检查从建筑物总配电盘处引出低压配电线路应采取 TN-S 系统供电制式。

5.3.5.4 由配电房引出的各配电专线线缆应采用屏蔽电缆或穿钢管埋地敷设，屏蔽层或穿线钢管应两端就近接地。测试其接地电阻。屏蔽层或穿线钢管应保持电气连通。测试其电气连接，应符合 5.4.5 的要求。

5.3.5.5 检查与外场设备连接的直埋电缆屏蔽层或穿线钢管应两端就近接地，测试其接地电阻；屏蔽层或穿线钢管应保持电气连通。测试其电气连接，应符合 5.4.5 的要求。

5.3.5.6 低压配电、照明线路上安装的 SPD 应符合 5.1.6 的要求。

5.3.5.7 检查外场设备电源箱、配电箱、分线箱与安全保护接地的等电位连接状况，测试其电气连接，应符合 5.4.5 的要求。

5.3.6 桥梁、隧道的机电系统

5.3.6.1 桥面敷设的低压配电线路、信号线路应采取屏蔽措施，其屏蔽层两端应接地，屏蔽层或穿线钢管应保持电气连通。测试其电气连接，应符合 5.4.5 的要求。

5.3.6.2 桥梁的低压配电线路、信号线路上安装的 SPD 应符合 5.1.6 的要求。

5.3.6.3 隧道的车辆检测器、气象监测仪器、环境检测器、紧急电话系统、可变标志、消防、闭路电视监控等系统的防雷措施，应符合防雷设计方案的要求。

5.3.6.4 隧道的环境检测设备、报警与诱导设施、通风设施、照明设施、消防设施、本地控制器的供配电线路、信号线路应采取屏蔽措施，其屏蔽层两端应接地，屏蔽层或穿线钢管应保持电气连通。测试其电气连接，应符合 5.4.5 的要求。

5.3.6.5 隧道的环境检测设备、报警与诱导设施、通风设施、照明设施、消防设施、本地控制器的低压配电线路、信号线路上安装的 SPD 应符合 5.1.6 的要求。

5.3.6.6 隧道监控中心的防雷措施应符合 5.3.1 的要求。

5.4 阻值

5.4.1 高速公路建筑物、加油加气站、机电系统防雷装置的接地电阻应符合防雷设计方案的要求。

5.4.2 第一类防雷建筑物采用独立的接地装置，每根引下线的冲击接地电阻不宜大于 10 Ω；第二类防雷建筑物，每根引下线的冲击接地电阻不应大于 10 Ω；第三类防雷建筑物，每根引下线的冲击接地电阻不宜大于 30 Ω，但年预计雷击次数大于或等于 0.01 次，且小于或等于 0.05 次的重要建筑物，则不宜大于 10 Ω。冲击接地电阻与工频接地电阻的换算方法参见附录 D。

5.4.3 当建筑物防雷接地、防静电接地、保护接地及电子系统的接地等采用共用接地系统时，共用接地系统的接地电阻值应按接入设备中要求的最小值阻值确定。

5.4.4 加油加气站的防雷接地、防静电接地、电气设备的工作接地、保护接地及信息系统的接地等，宜共用接地装置，其接地电阻不应大于 4 Ω。当各自单独设置接地装置时，油罐、LPG 储罐、LNG 储罐和 CNG 储气瓶组的防雷接地装置的接地电阻、配线电缆金属外皮两端和保护钢管两端的接地装置的接地电阻不应大于 10 Ω，保护接地电阻不应大于 4 Ω，地上油品、LPG 和 CNG 管道始、末端和分支处的接地装置的接地电阻不应大于 30 Ω

5.4.5 当采取电气连接、等电位连接和跨接连接时,其过渡电阻不应大于 0.03 Ω。

5.4.6 专设的静电接地体其接地电阻不应大于 100 Ω。

附 录 A
(资料性附录)
防雷装置检测原始记录表

防雷装置检测原始记录表包括资料类记录表、现场检测示意图、检测类记录表、测试类记录表,表 A.1—表 A.4 分别给出了相应的样式。

表 A.1 资料类记录表

记录编号: 雷 共 页 第 页

受检单位名称			
受检单位地址			
受检单位联系人		联系电话	
受检单位经度		受检单位纬度	
施工单位名称			
受检场所名称			
受检场所地址			
使用的主要检测仪器及编号			
检测的主要技术依据			
综合评价			
检测人			
审核人			

表 A.2 现场检测示意图

记录编号：　　　　　　　　　　雷　　　　　　　　　　共 页 第 页

<table>
<tr><td>测
点
平
面
示
意
简
图</td><td>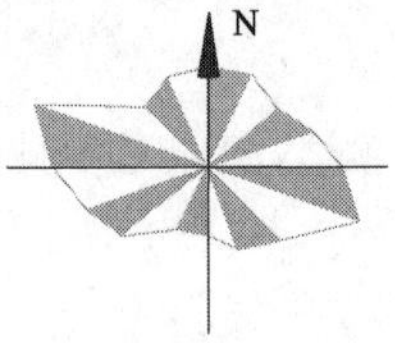

说 明：
简图中还标有“●”符号的为各检测点标志。</td></tr>
<tr><td>备
注</td><td></td></tr>
</table>

注：根据检测场所一处一表。

表 A.3 检测类记录表

记录编号： 雷 共 页 第 页

序号	检测项目		实测结果		
1	接闪器	类型	□杆 □带 □线 □网 □金属构件		
		材料		规格尺寸	
		搭接形式		搭接长度	
		锈蚀状况		保护范围	
2	引下线	敷设方式	□明设 □暗敷	锈蚀状况	
		根数		平均间距	
		搭接形式		搭接长度	
		材料		规格尺寸	
		断接卡设置情况		断接卡保护措施	
3	侧击雷防护	首道水平接闪带高度		水平接闪带的间距	
		连接状况			
		搭接形式		搭接长度	
		金属物与防雷装置的连接状况			
4	接地装置	人工接地体材料		人工接地体规格	
		自然接地体材料		自然接地体规格	
		搭接形式		搭接长度	
		防腐状况			
5	SPD	级数			
		产品型号			
		安装位置			
		SPD级间间距		安装数量	
		状态指示		连线色标	
		引线长度		引线截面	

表 A.3　检测类记录表(续)

记录编号：　　　　　　　　　　　　　　　　　雷　　　　　　　　共　页　第　页

<table>
<tr><th>序号</th><th colspan="2">检 测 项 目</th><th colspan="3">实 测 结 果</th></tr>
<tr><td rowspan="4">6</td><td rowspan="4">等电位连接</td><td>等电位接地端子板材料</td><td></td><td>等电位接地端子板规格</td><td></td></tr>
<tr><td>接地干线与接地装置的连接状况</td><td colspan="3"></td></tr>
<tr><td>防雷区交界的金属部件连接状况</td><td colspan="3"></td></tr>
<tr><td>长距离架空管道、桥架的接地状况</td><td colspan="3"></td></tr>
<tr><td rowspan="9">7</td><td rowspan="9">气(液)装卸台、加油机、管道、法兰盘</td><td>装卸管跨接状况</td><td colspan="3"></td></tr>
<tr><td>烃(油)泵接地状况</td><td colspan="3"></td></tr>
<tr><td>压缩机接地状况</td><td colspan="3"></td></tr>
<tr><td>冲装(抽残)枪接地状况</td><td colspan="3"></td></tr>
<tr><td>导静电接地桩接地状况</td><td colspan="3"></td></tr>
<tr><td>加油(机)枪接地状况</td><td colspan="3"></td></tr>
<tr><td>枪管接地状况</td><td colspan="3"></td></tr>
<tr><td>法兰跨接状况</td><td colspan="3"></td></tr>
<tr><td>跨接点间距</td><td colspan="3"></td></tr>
<tr><td rowspan="7">8</td><td rowspan="7">油(气)罐</td><td>阻火器接地状况</td><td colspan="3"></td></tr>
<tr><td>呼吸阀接地状况</td><td colspan="3"></td></tr>
<tr><td>量油孔接地状况</td><td colspan="3"></td></tr>
<tr><td>罐壁(顶板)厚度</td><td></td><td>接地点数</td><td></td></tr>
<tr><td>接地点周长距离</td><td></td><td>接地线规格</td><td></td></tr>
<tr><td>通气管规格</td><td></td><td>通气管高度</td><td></td></tr>
<tr><td>放散管规格</td><td></td><td>放散管高度</td><td></td></tr>
<tr><td>备注</td><td colspan="5"></td></tr>
</table>

表 A.4　测试类记录表

记录编号：　　　　　　　　　　　　　　雷　　　　　　　　　　　　　　共　页　第　页

检测场所	检测内容	检测项目	检测结果(单位)	标准值(单位)	评定
备注					

附 录 B
(规范性附录)
防雷装置技术要求

防雷装置包括接闪器、引下线、接地装置、防侧击雷及雷击电磁脉冲防护装置等,表B.1—表B.4分别给出了其材料规格和安装工艺的技术要求。

表B.1 接闪器材料规格、安装工艺的技术要求

名称	技术要求
接闪杆	杆长1 m以下:圆钢直径不应小于12 mm;钢管直径不应小于20 mm;铜材有效截面积不应小于50 mm^2; 杆长1 m～2 m:圆钢直径不应小于16 mm;钢管直径不应小于25 mm;铜材有效截面积不应小于50 mm^2; 烟囱、水塔顶上的杆:圆钢直径不应小于20 mm;钢管直径不应小于40 mm;铜材有效截面积不应小于50 mm^2; 其他材料规格要求按照GB 50057—2010表5.2.1的规定选取。
接闪带	圆钢直径不应小于8 mm;扁钢截面积不应小于50 mm^2;铜材截面积不应小于50 mm^2; 烟囱(水塔)顶部接闪环:圆钢直径不应小于12 mm;扁钢截面积不应小于100 mm^2,厚度不应小于4 mm; 其他材料规格要求按照GB 50057—2010表5.2.1的规定选取。
接闪网	圆钢直径不应小于8 mm;扁钢截面积不应小于50 mm^2; 其他材料规格要求按照GB 50057—2010表5.2.1的规定选取。
	网格尺寸:一类应小于或等于5 m×5 m或6 m×4 m;二类应小于或等于10 m×10 m或12 m×8 m;三类应小于或等于20 m×20 m或24 m×16 m。
接闪线	镀锌钢绞线截面积不应小于50 mm^2; 其他材料规格要求按照GB 50057—2010表5.2.1的规定选取。
金属板屋面	第一类场所建筑物金属屋面不宜做接闪器; 金属板下面无易燃物品时:铅板厚度不应小于2 mm;不锈钢、热镀锌钢、钛和铜板的厚度不应小于0.5 mm;铝板厚度不应小于0.65 mm;锌板的厚度不应小于0.7 mm; 金属板下面有易燃物品时:不锈钢、热镀锌钢和钛板厚度不应小于4 mm;铜板厚度不应小于5 mm;铝板厚度不应小于7 mm。
钢管、钢罐	壁厚不应小于2.5 mm; 处于爆炸和火灾危险场所的钢管、钢罐壁厚不应小于4 mm;
防腐措施	镀锌、涂漆、不锈钢、铜材、暗敷、加大截面。
搭接形式与长度	扁钢与扁钢:不应少于扁钢宽度的2倍,两个大面不应少于3个棱边焊接; 圆钢与圆钢:不应少于圆钢直径的6倍,双面施焊; 圆钢与扁钢:不应少于圆钢直径的6倍,双面施焊; 其他材料焊接时搭接长度要求按照GB 50601—2010表4.1.2的规定。
保护范围	按GB 50057—2010附录D计算接闪器的保护范围。
安全距离	接闪器与被保护物的安全距离:一类场所应符合GB 50057—2010中4.2.1第5款的要求;二类场所应符合GB 50057—2010中4.3.8的要求;三类场所应符合GB 50057—2010中4.4.7的要求。

表 B.2　引下线材料规格、安装工艺的技术要求

名称	技术要求
根数	专设引下线不应少于 2 根； 独立接闪杆不应少于 1 根； 高度小于或等于 40 m 的烟囱不应少于 1 根；高度大于 40 m 的烟囱不应少于 2 根。
平均间距	四周均匀或对称布置； 一类不应大于 12 m，金属屋面引下线应在 18 m～24 m；二类不应大于 18 m；三类不应大于 25 m。
材料规格	独立烟囱：圆钢直径不应小于 12 mm；扁钢截面积不应小于 100 mm^2，厚度不应小于 4 mm； 暗敷：圆钢直径不应小于 10 mm；扁钢截面积不应小于 80 mm^2； 其他材料规格要求按照 GB 50057—2010 表 5.2.1 的规定选取。
防腐措施	镀锌、涂漆、不锈钢、铜材、暗敷、加大截面。
安全距离	引下线与被保护物的安全距离：一类场所应符合 GB 50057—2010，4.2.1 第 5 款的要求；二类场所应符合 GB 50057—2010，4.3.8 的要求；三类场所应符合 GB 50057—2010，4.4.7 的要求。
搭接形式与长度	扁钢与扁钢：不应少于扁钢宽度的 2 倍，两个大面不应少于 3 个棱边焊接； 圆钢与圆钢：不应少于圆钢直径的 6 倍，双面施焊； 圆钢与扁钢：不应少于圆钢直径的 6 倍，双面施焊； 其他材料焊接时搭接长度要求按照 GB 50601—2010 表 4.1.2 的规定选取。

表 B.3　接地装置材料规格、安装工艺的技术要求

名称	技术要求
人工接地体	水平接地体的间距宜为 5 m； 垂直接地体：长度宜为 2.5 m，间距宜为 5 m； 埋设深度：不应小于 0.5 m，并宜敷设在当地冻土层以下，其距墙或基础不宜小于 1 m。
	距墙或基础不宜小于 1 m，且宜远离由于烧窑、烟道等高温影响使土壤电阻率升高的地方。
	材料规格要求按照 GB 50057—2010 表 5.4.1 的规定选取。
自然接地体	材料规格要求按照 GB 50057—2010 表 5.4.1 的规定选取。
安全距离	接地装置与被保护物的安全距离：一类场所应符合 GB 50057—2010，4.2.1 第 5 款的要求；二类场所应符合 GB 50057—2010，4.3.8 的要求；三类场所应符合 GB 50057—2010，4.4.7 的要求。 收费广场高杆灯、外场摄像设备采取的独立接地与共用地网间距应大于 20 m。
搭接形式与长度	扁钢与扁钢：不应少于扁钢宽度的 2 倍，两个大面不应少于 3 个棱边焊接； 圆钢与圆钢：不应少于圆钢直径的 6 倍，双面施焊； 圆钢与扁钢：不应少于圆钢直径的 6 倍，双面施焊； 其他材料焊接时搭接长度要求按照 GB 50601—2010 表 4.1.2 的规定。

表 B.4　防侧击雷及雷击电磁脉冲防护装置的材料规格、安装工艺的技术要求

<table>
<tr><th colspan="2">名称</th><th>技术要求</th></tr>
<tr><td rowspan="4">防侧击雷装置</td><td>防侧击的措施</td><td>一类场所：建筑物高度高于 30 m，应从 30 m 起每隔不大于 6 m 沿建筑物四周设水平接闪带并与引下线相连；30 m 及以上外墙上的栏杆、门窗等较大金属物应与接地端子(或等电位连接端子)连接；
二类场所：应符合 GB 50057—2010，4.3.9 的规定；
三类场所：应符合 GB 50057—2010，4.4.8 的规定。</td></tr>
<tr><td>材料规格</td><td>材料规格要求按照 GB 50057—2010 表 5.2.1 的规定选取。</td></tr>
<tr><td>连接状况</td><td>外墙内、外竖直敷设的金属管道及金属物的顶端和底端，应与防雷装置作等电位连接。</td></tr>
<tr><td>搭接形式与长度</td><td>扁钢与扁钢：不应少于扁钢宽度的 2 倍，两个大面不应少于 3 个棱边焊接；
圆钢与圆钢：不应少于圆钢直径的 6 倍，双面施焊；
圆钢与扁钢：不应少于圆钢直径的 6 倍，双面施焊；
其他材料焊接时搭接长度要求按照 GB 50601—2010 表 4.1.2 的规定选取。</td></tr>
<tr><td rowspan="16">雷击电磁脉冲防护装置</td><td rowspan="2">等电位连接</td><td>等电位连接带至接地装置或各等电位连接带之间的连接导体：铜材料的截面积不应小于 16 mm²；铝材料的截面积不应小于 25 mm²；铁材料的截面积不应小于 50 mm²。</td></tr>
<tr><td>从屋内金属装置至等电位连接带的连接导体：铜材料的截面积不应小于 6 mm²；铝材料的截面积不应小于 10 mm²；铁材料的截面积不应小于 16 mm²。</td></tr>
<tr><td rowspan="2">屏蔽及埋地</td><td>入户低压配电线路埋地引入长度应符合 GB 50057—2010，4.2.3 第 3 款的要求，且不应小于 15 m。</td></tr>
<tr><td>入户处应将电缆的金属外皮、钢管接到等电位连接带或防闪电感应的接地装置上。</td></tr>
<tr><td rowspan="5">设备、设施
金属管道
接地状况</td><td>进出建筑物界面的各类金属管线应与防雷装置连接。</td></tr>
<tr><td>建筑物内设备管道、构架、金属线槽应与防雷装置连接。</td></tr>
<tr><td>竖直敷设的金属管道及金属物顶端和底端应与防雷装置连接。</td></tr>
<tr><td>建筑物内设备管道、构架、金属线槽连接处应作跨接处理。</td></tr>
<tr><td>架空金属管道、电缆桥架应每隔 25 m 接地一次。</td></tr>
<tr><td rowspan="2">室内接地干线</td><td>如室内有等电位连接的接地干线时，其分别与接地装置的连接不应少于 2 处。</td></tr>
<tr><td>材料规格：铜材料的截面积不应小于 16 mm²；铝材料的截面积不应小于 25 mm²；铁材料的截面积不应小于 50 mm²。</td></tr>
<tr><td rowspan="5">电涌保护器(SPD)</td><td>当电源电压开关型电涌保护器至限压型电涌保护器之间的线路长度小于 10 m、限压型电涌保护器之间的线路长度小于 5 m 时，在两级电涌保护器之间应加装退耦装置。当电涌保护器具有能量自动配合功能时，电涌保护器之间的线路长度不受限制。电涌保护器应有过流保护装置和劣化显示功能，SPD 连接线的选用如下。</td></tr>
<tr><td><table>
<tr><th>SPD 级数</th><th>SPD 类型</th><th>SPD 连接相线铜导线
mm²</th><th>SPD 接地端连接铜导线
mm²</th></tr>
<tr><td>第一级</td><td>开关型或限压型</td><td>6</td><td>10</td></tr>
<tr><td>第二级</td><td>限压型</td><td>4</td><td>6</td></tr>
<tr><td>第三级</td><td>限压型</td><td>2.5</td><td>4</td></tr>
<tr><td>第四级</td><td>限压型</td><td>2.5</td><td>4</td></tr>
</table></td></tr>
<tr><td>SPD 连接线应短直，总长度不宜大于 0.5 m，组合型 SPD 参照相应级数的截面积选择。</td></tr>
<tr><td>信号和天馈线路电涌保护器(SPD)的选用和安装见 GB50343－2012，5.4 和 6.5 的要求。</td></tr>
</table>

附　录　C
（资料性附录）
接地电阻值的测试方法

C.1　接地装置的接地电阻测量

接地装置的工频接地电阻值测量常用三极法和使用接地电阻测试仪法，其测得的值为工频接地电阻值，当需要冲击接地电阻值时，参见附录D进行换算。

每次检测都宜固定在同一位置，采用同一台仪器，采用同一种方法测量，记录在案以备下一年度比较性能变化。

三极法的三极是指图C.1上的被测接地装置G，测量用的电压极P和电流极C。图中测量用的电流极C和电压极P离被测接地装置G边缘的距离为 $d_{GC}=(4\sim5)D$ 和 $d_{GP}=(0.5\sim0.6)d_{GC}$，$D$ 为被测接地装置的最大对角线长度，点P可以认为是处在实际的零电位区内。为了较准确地找到实际零电位区，可把电压极沿测量用电流极与被测接地装置之间连接线方向移动三次，每次移动的距离约为 d_{GC} 的5%，测量电压极P与接地装置G之间的电压。如果电压表的三次指示值之间的相对误差不超过5%，则可以把中间位置作为测量用电压极的位置。

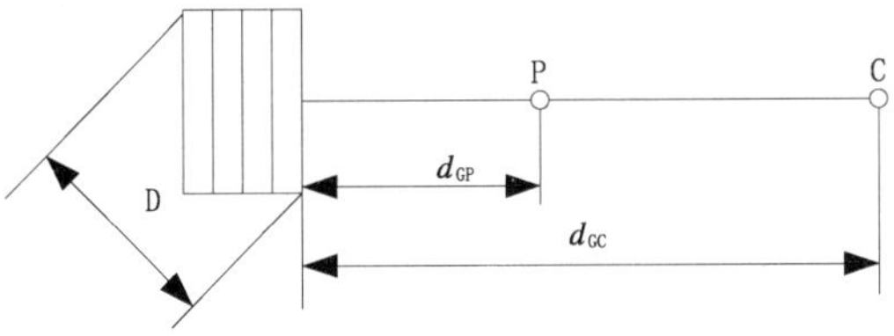

a）电极布置图

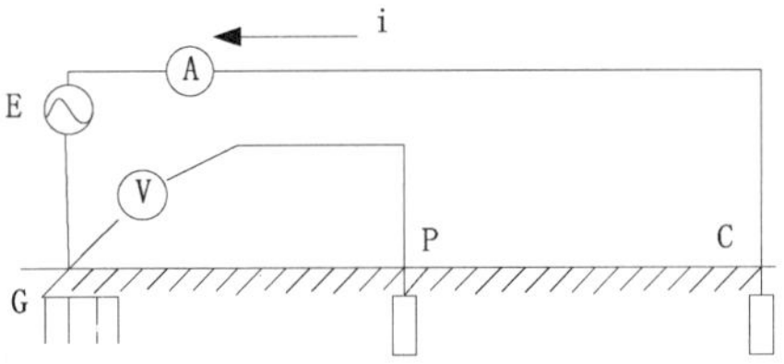

b）原理接线图

说明：

G——被测接地装置；

P——测量用的电压极；

C——测量用的电流极；

E——测量用的工频电源；

A——交流电流表；

V——交流电压表；

D——被测接地装置的最大对角线长度。

图C.1　三极法的原理接线图

把电压表和电流表的指示值 U_G 和 I 代入式 $R_G=U_G/I$ 中去，得到被测接地装置的工频接地电阻 R_G。

当被测接地装置的面积较大而土壤电阻率不均匀时，为了得到较可信的测试结果，宜将电流极离被测接地装置的距离增大，同时电压极离被测接地装置的距离也相应地增大。

在测量工频接地电阻时，如 d_{GC} 取(4～5)D 值有困难，当接地装置周围的土壤电阻率较均匀时，d_{GC} 可以取 $2D$ 值，而 d_{GP} 取 D 值；当接地装置周围的土壤电阻率不均匀时，d_{GC} 可以取 $3D$ 值，d_{GP} 值取 $1.7D$ 值。

使用接地电阻测试仪进行接地电阻值测量时，宜按选用仪器的要求进行操作。

C.2 测量中需要注意的问题

C.2.1 当被测建筑物是用多根暗敷引下线接至接地装置时，应根据防雷类别所规定的引下线间距在建筑物顶面敷设的接闪带上选择检测点，每一检测点作为待测接地极 G′，由 G′将连接导线引至接地电阻仪，然后按仪器说明书的使用方法测试。

C.2.2 当接地极 G′和电流极 C 之间的距离大于 40 m 时，电压极 P 的位置可插在 G′、C 连线中间附近，其距离误差允许范围为 10 m，此时仅考虑仪表的灵敏度。当 G′和 C 之间的距离小于 40 m 时，则应将电压极 P 插于 G′与 C 的中间位置。

C.2.3 三极(G、P、C)应在一条直线上且垂直于地网，应避免平行布置。

C.2.4 当建筑物周边为岩石或水泥地面时，可将 P 极、C 极与平铺放置在地面上每块面积不小于 250 mm×250 mm 的钢板连接，并用水润湿后实施检测。

C.2.5 测量时要避开地下的金属管道、通信线路等。如对地下情况不了解，可多换几个地点测量，进行比较后得出较准确的数据。

C.2.6 在测量过程中由于杂散电流、工频漏流、高频干扰等因素，使接地电阻测试仪出现读数不稳定时，可将 G 极连线改成屏蔽线(屏蔽层下端应单独接地)，或选用能够改变测试频率、采用具有选频放大器或窄带滤波器的接地电阻测试仪检测，以提高其抗干扰的能力。

C.2.7 当地网带电影响检测时，应查明地网带电原因，在解决带电问题之后测量，或改变检测位置进行测量。

C.2.8 G 极连接线长度宜小于 5 m。当需要加长时，应将实测接地电阻值减去加长线阻值后填入表格。也可采用四极接地电阻测试仪进行检测。加长线线阻应用接地电阻测试仪二级法测量。

C.2.9 首次检测时，在测试接地电阻值符合设计要求的情况下，可通过查阅防雷装置工程竣工图纸，施工安装技术记录等资料，将接地装置的形式、材料、规格、焊接、埋设深度、位置等资料填入防雷装置原始记录表。

附 录 D
(资料性附录)
冲击接地电阻与工频接地电阻的换算

D.1 接地装置冲击接地电阻与工频接地电阻的换算

$$R_{\sim} = AR_i \qquad \cdots\cdots(D.1)$$

式中：

$R_{\sim}$——接地装置各支线的长度取值小于或等于接地体的有效长度 l_e 或者有支线大于 l_e 而取其等于 l_e 时的工频接地电阻，单位为欧姆(Ω)；

A ——换算系数，其数值宜按图 D.1 确定；

R_i ——所要求的接地装置冲击接地电阻，单位为欧姆(Ω)。

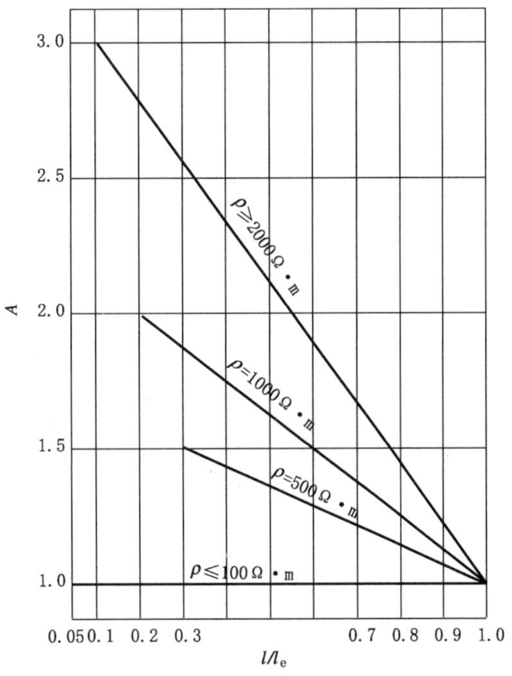

图 D.1 换算系数 A

注：l 为接地体最长支线的实际长度，其计量与 l_e 类同。当它大于 l_e 时，取其等于 l_e。

D.2 接地体的有效长度计算

$$l_e = 2\sqrt{\rho} \qquad \cdots\cdots(D.2)$$

式中：

l_e——接地体的有效长度，单位为米(m)。应按图 D.2 计量；

ρ ——敷设接地体处的土壤电阻率，单位为欧姆米(Ω·m)。

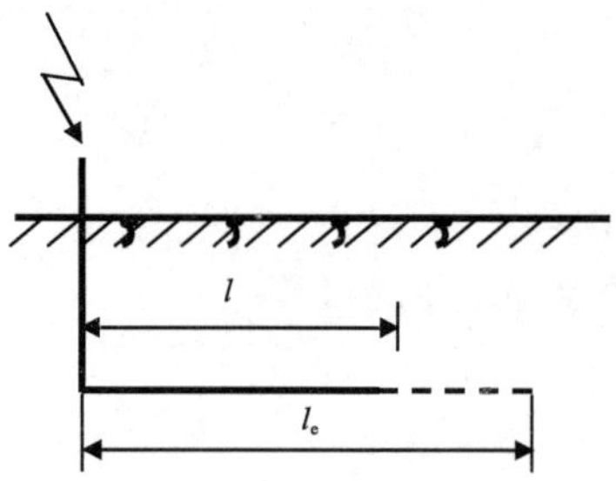

a)单根水平接地体

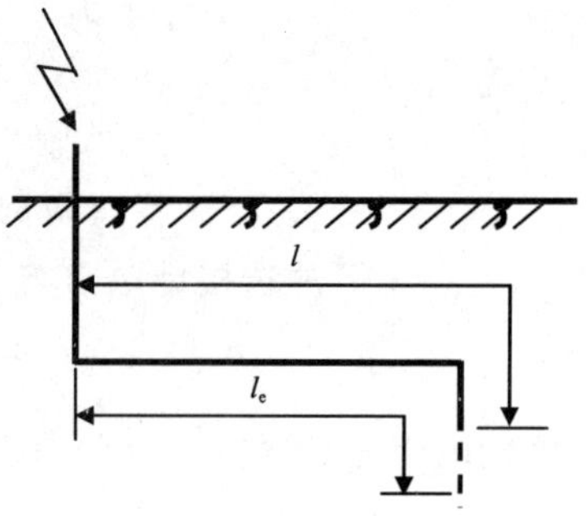

b)末端接垂直接地体的单根水平接地体

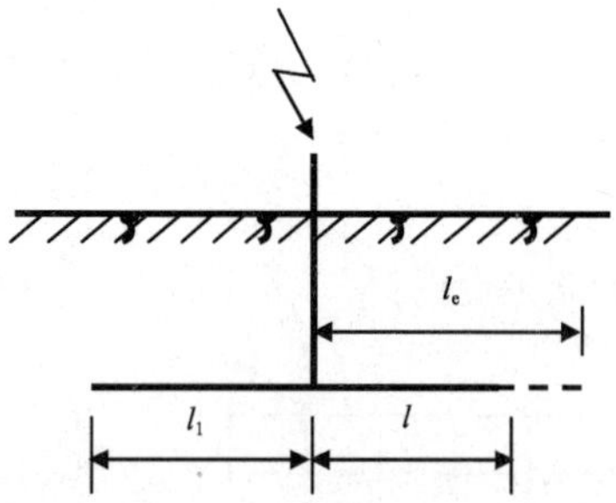

c)多根水平接地体，$l_1 \leqslant l$

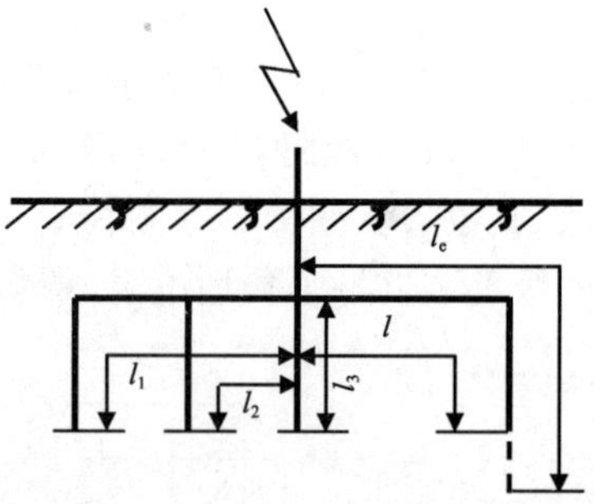

d)接多根垂直接地体的多根水平接地体，

$l_1 \leqslant l$、$l_2 \leqslant l$、$l_3 \leqslant l$

图 D.2　接地体有效长度的计量

D.3　环绕建筑物的环形接地体确定冲击接地电阻的方法

D.3.1　当环形接地体周长的一半大于或等于接地体的有效长度 l_e 时，引下线的冲击接地电阻应为从与该引下线的连接点起沿两侧接地体各取 l_e 长度算出的工频接地电阻(换算系数 A 等于 1)。

D.3.2　当环形接地体周长的一半 l 小于 l_e 时，引下线的冲击接地电阻应为以接地体的实际长度算出工频接地电阻再除以换算系数 A 值。

D.4　与引下线连接的基础接地体，当其钢筋从与引下线的连接点量起大于 20 m 时，其冲击接地电阻应为以换算系数 A 等于 1 和以该连接点为圆心、20 m 为半径的半球体范围内的钢筋体的工频接地电阻。

参 考 文 献

[1] GB/T 9361—2011 计算机站场地安全要求

[2] GB/T 17949.1—2000 接地系统的土壤电阻率、接地阻抗和地面电位测量导则 第1部分：常规测量

[3] GB/T 19663—2005 信息系统雷电防护术语

[4] GB 50054—2011 低压配电设计规范

[5] GB 50156—2012 汽车加油加气站设计与施工规范

[6] GB 50169—2006 电气装置安装工程接地装置施工及验收规范

[7] GB 50174—2008 电子计算机机房设计规范

[8] GB 50311—2007 综合布线系统工程设计规范

[9] GB 50348—2004 安全防范工程技术规范

[10] JTG D80—2006 高速公路交通工程及沿线设施设计通用规范

[11] JTG/T F50—2011 公路桥涵施工技术规范

[12] JTG F80/1—2004 公路工程质量检验评定标准 第一册 土建工程

[13] JTG F80/2—2004 公路工程质量检验评定标准 第二册 机电工程

[14] JTJ 002—1987 公路工程名词术语

ICS 07.060
A 47
备案号：42185—2013

QX

中华人民共和国气象行业标准

QX/T 212—2013

北方草地监测要素与方法

Monitoring factors and method of grassland in northern China

2013-10-14 发布　　　　2014-02-01 实施

中国气象局　发布

前　言

本标准按照 GB/T 1.1—2009 给出的规则起草。

本标准由全国农业气象标准化技术委员会(SAC/TC 539)提出并归口。

本标准起草单位:青海省气象局、国家气象中心、内蒙古自治区气象局、新疆维吾尔自治区气象局、青海省草原总站。

本标准主要起草人:颜亮东、周秉荣、肖宏斌、李凤霞、郭安红、陈素华、傅玮东、乌兰巴特尔、庞立英、张国胜、辛延俊、李旭谦。

北方草地监测要素与方法

1 范围

本标准规定了北方草地监测要素与方法。

本标准适用于北方天然草地地面定点监测和调查。人工草地监测可参考使用。

2 规范性引用文件

下列文件对于本文件的应用是必不可少的。凡是注日期的引用文件,仅注日期的版本适用于本文件。凡是不注日期的引用文件,其最新版本(包括所有的修改单)适用于本文件。

LY/T 1228—1999 森林土壤全氮的测定

LY/T 1229—1999 森林土壤水解性氮的测定

LY/T 1232—1999 森林土壤全磷的测定

LY/T 1233—1999 森林土壤有效磷的测定

LY/T 1234—1999 森林土壤全钾的测定

LY/T 1236—1999 森林土壤速效钾的测定

3 术语和定义

下列术语和定义适用于本文件。

3.1

北方草地 grassland in northern China

秦岭淮河一线以北以草本和灌木植物为主,适宜发展畜牧业生产的天然植被。

3.2

土壤湿度 soil moisture

单位容积或单位质量土壤中的水分含量占同容积或同质量土壤烘干后质量的比值。

注 1:单位为百分率(%)。

注 2:改写 GB/T 20481—2006,定义 2.8。

3.3

土壤田间持水量 soil field capacity

土壤所能保持的毛管悬着水的最大水分含量。以水分占同容积或同质量土壤烘干后质量的比值表示。

注 1:单位为百分率(%)。

注 2:改写 GB/T 20481—2006,定义 2.9。

3.4

土壤相对湿度 relative soil moisture

土壤实际含水量占土壤田间持水量的比值。

注 1:单位为百分率(%)。

注 2:改写 GB/T 20481—2006,定义 2.7。

3.5

土壤容重　bulk density of soil

没有遭到破坏的自然土壤结构条件下，单位体积的干土重量。

注1：单位为克每立方厘米(g/cm^3)。

注2：改写QX/T 81—2007，定义2.10。

3.6

地表径流　surface runoff

降水超过土壤下渗和蒸发时形成的沿地表流动的水流。

3.7

土壤全氮　total nitrogen in soil

土壤中含有的有机态氮和无机态氮两者的总和。

3.8

土壤水解氮　hydrolyzable nitrogen in soil

土壤中，在短期内可以矿质化，容易被植物吸收利用的有机氮化物、铵态氮和硝态氮等。

3.9

土壤全磷　total phosphorus in soil

土壤中含有的有机态磷和无机态磷两者的总和。

3.10

土壤有效磷　available phosphorus in soil

土壤全磷中可以被植物直接吸收和利用的离子态磷酸根、易溶的无机磷化合物和吸附态磷。

3.11

土壤全钾　total potassium in soil

土壤中原生矿物中的钾、固定态钾、水溶性钾和交换性钾的总和。

3.12

土壤速效钾　available potassium in soil

土壤中可以被植物直接吸收利用的水溶性钾和交换性钾。

3.13

草层高度　sward height

平视的自然状态下，对突出少量的叶和茎不予考虑的牧草整层的高度。

注：如果草层的高度分为两层，则分为高草层和低草层。

3.14

物候期　phenophase

自然环境中植物、动物生命活动的季节现象。

注：牧草种的主要物候期包括返青(出苗)、开花、成熟、黄枯等。

3.15

可食草产量　yield of forage

牧草地面以上能被动物采食利用部分的质量。

3.16

积雪深度　depth of perpetual snow

从积雪表面到地面的垂直深度。

注：单位为厘米(cm)。

[GB/T 20482—2006，定义2.2]

3.17

积雪持续日数　continuous days of perpetual snow

积雪初日和终日之间的时间。

注：单位为天(d)。

3.18

积雪掩埋牧草程度　degree of buried graze by snow

积雪深度与草群平均高度之比。

[GB/T 20482—2006，定义 2.6]

3.19

积雪面积比　rate of perpetual

某地积雪面积与实际草地面积的比。

注：单位为百分率(%)。

[GB/T 20482—2006，定义 2.7]

3.20

日照时数　sunshine duration

太阳直接辐照度达到或超过 120 W/m^2 时间段的总和。

注：单位为小时(h)。

3.21

光合有效辐射　photosynthetically active radiation

植物能正常地生长发育，完成其生理学过程的光谱区辐射。

3.22

有效生长季　effective growing season

气温高于牧草生物学下限温度，低于生物学上限温度之间的日数。

3.23

气象干旱　meteorological drought

某时段由于蒸发量和降水量的收支不平衡，水分支出大于水分收入而造成的水分短缺现象。

[GB/T 20481—2006，定义 2.12]

3.24

牧区雪灾　snow disaster of astoral

由于积雪过厚、维持时间长，掩埋牧草，使牲畜无法正常采食，导致牧区大量牲畜掉膘和死亡的自然灾害。

[GB/T 20482—2006，定义 2.1]

3.25

鼠害　grassland rodent damage

草地鼠类通过啃食牧草的地上枝叶和地下根茎、推出土堆等活动对草地资源和生产力造成较大破坏与危害的一种灾害。

3.26

虫害　pest damage

正常生长的草地牧草，由于受到昆虫的侵害，而使牧草生长和发育受到抑制或损害，造成牧草产量减少或品质下降等危害的一种灾害。

3.27

草原火灾　fire disaster

自然火或人工火在天然草原或人工草地上燃起，致使大面积草原烧毁的灾害。

3.28

黑灾 grassland black calamity

冬春放牧草场上，人、畜靠吃雪解决吃水问题的地区，由于地表积雪少或根本没有积雪，致使家畜长期处于缺水的状态下而造成一种“渴灾”的灾害现象。

4 监测要素与方法

4.1 土壤

4.1.1 土壤 pH 值

采用 pH 计测定。钻取所需土层的土样，取 30 g 放入 50 ml 烧杯中，按 1:5 体积加入蒸馏水，用玻璃棒充分搅拌，待土粒完全沉淀后，用 pH 计测定其溶液酸碱度，值为土壤 pH 值。

4.1.2 土壤湿度

以土壤重量含水率表示，测定方法见附录 A。

4.1.3 土壤田间持水量

采用小区灌水法测定，土壤田间持水量一般小于 40%。在 2 m×2 m 的小区内，按照土壤深度与 40% 的土壤含水量计算灌溉需要的水量；下渗 2 天后，逐日测定土壤重量含水率，直至前后两天同一层土壤重量含水率差值小于 0.2%，后一次测定的土壤重量含水率即为该层次的田间持水量。

4.1.4 土壤相对湿度

计算公式见式(1)。

$$R = (W/F) \times 100 \qquad \cdots\cdots(1)$$

式中：

R ——土壤相对湿度，单位为百分率(%)；

W——土壤重量含水率，单位为百分率(%)；

F ——田间持水量，单位为百分率(%)。

4.1.5 土壤容重

土壤容重的测定方法见附录 A。

4.1.6 土壤全氮

采用半微量凯氏法测定，测定方法及允许偏差见 LY/T 1228—1999 中第 2 章。

4.1.7 土壤水解氮

采用碱解一扩散法测定，测定方法及允许偏差见 LY/T 1229—1999。

4.1.8 土壤全磷

采用酸溶一钼锑抗比色法测定，测定方法及允许偏差见 LY/T 1232—1999 中第 3 章。

4.1.9 土壤有效磷

采用 0.5 mol/L 的碳酸氢钠浸提一钼锑抗比色法测定，测定方法及允许偏差见 LY/T 1233—1999

中第 5 章。

4.1.10 土壤全钾

采用氢氧化钠熔融—火焰光度计法测定，测定方法及允许偏差见 LY/T 1234—1999 中第 4 章。

4.1.11 土壤速效钾

采用 1 mol/L 乙酸铵浸提—火焰光度法测定，测定方法及允许偏差见 LY/T 1236—1999。

4.1.12 地下水位

在 08—09 时进行测量，在绳、皮尺下端系一重物，用绳、杆、皮尺测量水井水位，单位为米(m)，按四舍五入原则，取 2 位小数。

4.1.13 地表径流

通过地表径流场进行观测。地表径流场是从周围地区分隔出来的一块土地，上面建设地表径流观测设施，径流场一般用截水沟将之分成若干小区域，截水沟相互联系并与一集水槽相接。在降水大于土壤渗透及蒸发时，地表径流场内集水槽中水量与集水面积之比为地表径流量，单位为毫米(mm)。

4.2 生物

4.2.1 指示种

通过植物群落学的方法加以鉴定并确定草地植物群落中具有指示意义的牧草种类。

4.2.2 草层高度

采用直尺测量法，选择有代表性的 5 个测点，将直标尺垂直于地面，测量自然状态下平视草层时草层的高度，对突出的少量叶和枝条不予考虑，5 个测量值的算术平均值，即为该草地的草层高度。单位均为厘米(cm)，按四舍五入原则，取整数。

如果草层的高度分为两层：即高草层和低草层，则在每次测草层高度时，都要分两次读数，第一次读高草层高度，第二次读低草层高度，分别做算术平均。草层高度结果记录方式为“高草层高度/低草层高度”，单位均为厘米(cm)，按四舍五入原则，取整数。植被稀疏和不均匀的荒漠、半荒漠草场不测草层高度。

4.2.3 牧草盖度

采用目测法，估测单位面积内牧草投影面积所占的百分比。

4.2.4 牧草多度

采用目测法，用德氏多度记载单位面积内植物群落中所出现的牧草种类数量：

Soc ——植株地上部分郁闭，形成背景，相当于盖度的 100%。

Cop3 ——植株很多，相当于盖度的 70%～90%。

Cop2 ——植株多，相当于盖度的 50%～70%。

Cop1 ——植株数量一般，相当于盖度的 30%～50%。

Sp ——植株不多而散生，相当于盖度的 10%～30%。

Sol ——稀少，相当于盖度小于 10%。

Un ——独一枝，相当于盖度小于 1%。

4.2.5 牧草频度

采用样方法，随机选定 1 m×1 m 的样方 10 个，逐一统计每个样方中的牧草种类，某种牧草的频度即为该种牧草出现的样方数占总样方数的百分比。

4.2.6 物候期

采用野外观测法。选择有代表性的牧草品种进行野外观测从而确定牧草的物候期，包括返青（出苗）期、开花期、黄枯期等。

返青期：观测到越冬牧草地面芽变成绿色。

开花始期：观测到植株上有个别花的花瓣完全展开；开花盛期：观测到所有观测植株有一半的花瓣完全展开。

开始黄枯期：观测到植物下部三分之一叶子黄枯；黄枯普遍期：观测到一半以上的叶子达到黄枯。

4.2.7 可食草产量

采用样方法。在代表性样方内适当留茬后剪下所有牧草，除去不可食牧草后称其鲜重和干重。

4.3 气象

4.3.1 日平均气温

用干球温度表或温度计测定每日 02 时、08 时、14 时、20 时的气温值，它们的算术平均值为日平均气温值。单位为摄氏度（℃），按四舍五入原则，取一位小数。

4.3.2 日最高气温、日最低气温

用最高温度表测定连续 24 小时时间段内所观测到的最高温度。一般出现在 14 时左右。单位为摄氏度（℃），按四舍五入原则，取一位小数。

用最低温度表测定连续 24 小时时间段内所观测到的最低温度。一般出现在清晨日出前后。单位为摄氏度（℃），按四舍五入原则，取一位小数。

4.3.3 日降水量

通常采用雨量器（雨量计）测量前一天 20 时到当日 20 时的 24 小时内的降水量。在炎热干燥的日子降水停止后，应及时进行观测。在降水较大时，应视降水情况增加人工观测次数，或采用自动仪器观测。

4.3.4 积雪持续日数

一次积雪过程中，雪掩盖的面积达到观测地区域可见面积 3/4 以上时的首日，记为积雪初日；当雪融化到掩盖面积不足观测地区域可见面积 3/4 时的日期，记为积雪终日。初日和终日之间的时间间隔即为积雪持续日数，单位为天（d）。

4.3.5 积雪深度

选择一地势平坦，方圆 1 km^2 内没有建筑物的区域作为积雪观测地段。在观测地段中确定一中心点，使用 GPS 定位，编号记录并上报备案。每次观测在中心点附近取 5 个点，计算从积雪表面到地面的垂直深度，它们的平均值作为积雪深度的观测值，单位为厘米（cm），按四舍五入原则，取整数。

4.3.6 日照时数

采用日照计直接测定，单位为小时(h)，按四舍五入原则，取一位小数。

4.3.7 光合有效辐射

使用光合有效辐射表直接测定，单位为瓦每平方米(W/m^2)，按四舍五入原则，取整数。

4.3.8 活动积温

一段时间内稳定通过某一界限温度的日平均气温之和。界限温度有0℃、5 ℃、10 ℃，计算公式见式(2)。

$$A = \sum T_i \qquad \cdots\cdots(2)$$

式中：

A ——大于或等于某界限温度的活动积温，单位为度(℃)；

T_i ——时段内，大于或等于某界限温度的日平均温度，单位为度(℃)。

4.3.9 有效生长季

统计日平均气温高于牧草生物学下限(一般为3 ℃或5 ℃)温度，低于生物学上限(一般为35 ℃)温度之间的日数。当一年中气温达不到生物学上限时，把一年中气温稳定通过该牧草生物学下限初日的日期作为有效生长季的开始期，稳定通过该牧草生物学下限终日的日期作为有效生长季的结束期，二者之间的时间间隔为有效生长季。单位为天(d)。

4.3.10 无霜期

一般将秋季日最低地表温度小于或等于0℃的初日作为初霜日，春季日最低地表温度大于或等于0℃的初日作为终霜日。一年中，终霜日至初霜日之间的天数即为无霜期，单位为天(d)。

4.4 灾害

4.4.1 干旱

出现气象干旱之后，通过测定土壤相对湿度确定草地干旱等级，见表1。

表1 草地干旱指标与等级

单位为百分率(%)

生长季	等级	类型	土壤相对湿度				
			温性草甸草原	典型草原	荒漠草原	高寒草原	高寒草甸
春季	1	无旱	>58	>50	>48	>55	>59
	2	轻旱	48～58	40～50	43～48	40～55	40～59
	3	中旱	38～47	35～39	35～42	30～39	30～39
	4	重旱	33～37	30～34	30～34	20～29	20～29
	5	特旱	≤32	≤29	≤29	≤19	≤19

表 1 草地干旱指标与等级(续)

单位为百分率(%)

生长季	等级	类型	土壤相对湿度				
			温性草甸草原	典型草原	荒漠草原	高寒草原	高寒草甸
夏季	1	无旱	>65	>60	>58	>59	>59
	2	轻旱	55～65	50～60	48～58	40～59	40～59
	3	中旱	45～54	40～49	40～47	30～39	30～39
	4	重旱	35～44	30～39	30～39	20～29	20～29
	5	特旱	≤34	≤29	≤29	≤19	≤19
秋季	1	无旱	>58	>50	>48	>50	>59
	2	轻旱	48～58	40～50	43～48	40～49	40～59
	3	中旱	38～47	35～39	35～42	30～39	30～39
	4	重旱	33～37	30～34	30～34	20～29	20～29
	5	特旱	≤32	≤29	≤29	≤19	≤19

4.4.2 牧区雪灾(或白灾)

出现积雪后,依据积雪掩埋牧草程度、积雪持续日数、积雪面积比三项要素来确定牧区雪灾等级,见表 2。

当积雪状态满足积雪掩埋牧草程度、积雪持续日数、积雪面积比中的任意一个条件时,相对应的等级即为雪灾等级。当上述三个条件对应的等级不一致时以偏重的雪灾等级为准。

表 2 牧区雪灾等级表

雪灾等级	积雪状态		
	积雪掩埋牧草程度	积雪持续日数 d	积雪面积比
轻灾	0.30～0.40	≥10	≥20%
	0.41～0.50	≥7	
中灾	0.41～0.50	≥10	≥20%
	0.51～0.70	≥7	
重灾	0.51～0.70	≥10	≥40%
	0.71～0.90	≥7	
特大灾	0.71～0.90	≥10	≥60%
	>0.90	≥7	

4.4.3 鼠害

当鼠害发生时,实地测量鼠土堆面积或进行调查估测鼠土堆面积,根据实测值或估测值计算鼠土堆面积占调查面积的百分比,确定鼠害等级,见表 3。

表3 草地鼠害等级

等级		受害征状
1	轻	草根被挖食，挖出的新土丘、洞口面积占调查面积的百分比小于10%。
2	中	草根明显被挖食，挖出的新土丘、洞口面积占调查面积的百分比为11%～25%。
3	重	草场严重破坏，挖出的新土丘、洞口面积占调查面积的百分比为26%～50%。
4	很重	草根裸露，植株大量死亡，挖出的新土丘、洞口面积占调查面积的百分比大于50%。

4.4.4 虫害

当虫害发生时，实地测量虫口密度，单位为头每平方米（头/m^2），调查受害面积，单位为万公顷（万hm^2）。一般不作病虫繁殖过程的追踪观测。对牧草危害观测项目和记载灾情方法如下：

a) 记载主要虫害的规定名称。
b) 受害期：记录虫害的发生期（发现牧草受危害时的日期），猖獗期（虫害发生率高时的日期），停止期（虫害不再发展时的日期）。
c) 受害症状：记载受害部位和受害器官的受害特征。以文字形式简要描述。
d) 植株受害程度：计算植株受害、死亡率。

计算公式见式(3)。

$$Q = (n_1/n_2) \times 100 \qquad (3)$$

式中：

Q ——植株受害、死亡率，单位为百分率(%)；
n_1 ——受害、死亡株(茎)数；
n_2 ——总株(茎)数。

4.4.5 草原火灾

当火灾发生后，实地测量过火面积或进行调查，计算出过火面积占该地草地面积的百分比。

4.4.6 黑灾

当黑灾发生后，记载连续无积雪（含有积雪但积雪连续日数不足3天）的起止日期。

附 录 A
(规范性附录)
土壤重量含水率、土壤容重测定方法

A.1 仪器及工具

土钻、盛土盒、刮土刀、提箱。托盘天平(载重量为 100 g,感应量为 0.1 g)、烘箱、高温表。

A.2 测定程序

A.2.1 下钻地点的确定

把观测地段分成 4 个小区,并作上标志。每次取土各小区取一个。取土下钻地点应距前次测点1 m～2 m,取土完毕后应作上标记。

A.2.2 钻土取样

垂直顺时针下钻,按所需深度,由浅入深,顺序取土。当钻杆上所刻深度达到所取土层下限并与地表平齐时,提出土钻,即为所取土层的土样,如取 40 cm～50 cm 的土样,当钻杆上的刻度 50 与地表平齐时即可。将钻头零刻度以下和土钻开口处的土壤及钻头口外表的浮土去掉,然后将钻杆平放,采用剖面取土的方法,迅速地用小刀刮取土样 40 g～60 g,放入盛土盒内,随即盖好盒盖,再将钻头内余土刮净并观测记录该土层的土壤质地。按上述步骤依次取出各个小区各个深度的土样。4 个小区的土样取完后,将剩余的土按原来土层顺序填入钻孔中。所有土样取完后将土钻擦干净,以备下次使用。

A.3 称盒与湿土共重

土样取完带回室内,擦净盛土盒外表泥土,然后校准天平逐个称量,单位为克(g),按四舍五入原则,均取一位小数,然后复称检查一遍。

A.4 烘烤土样

在核实 A.3 称重无误后,打开盒盖,盒盖套在盒底,放入烘箱内烘烤。烘烤温度应稳定在 100℃～105 ℃。烘土时间的长短以土样完全烘干,土样重量不再变化时为准。从烘箱内温度达到 100 ℃开始记时,一般沙土、沙壤土约 6 h～7 h,壤土 7 h～8 h,黏土 10 h～12 h。然后从烘箱内上、中、下不同深度层次取出 4 盒～6 盒土样称重,再放回烘箱烘烤 2 h,复称一次。如每盒土样前后两次重量差均不大于 0.2 g,即取后一次的称量值作为最后结果,否则,按上述方法继续烘烤,直到相邻两次各抽取样本的重量差均不大于 0.2 g 为止。

A.5 称盒与干土共重

烘烤完毕,断开电源,待烘箱稍冷却后取出土样并迅速盖好盒盖,进行称重,然后复称一遍,当全部计算完毕经检验确认无误时,倒掉土样,并将土盒擦洗干净,按号码顺序放入提箱内,以备下次使用。

A.6 计算土壤重量含水率

土壤保持的水量质量占干土重的百分比，公式按式(A.1)计算。

$$W=(G_2-G_3)/(G_3-G_1)\times 100 \qquad \cdots\cdots(A.1)$$

式中：

W ——土壤重量含水率，单位为百分率(%)；

G_2 ——盒与湿土共重，单位为克(g)；

G_3 ——盒与干土共重，单位为克(g)；

G_1 ——盒重，单位为克(g)。

先算出各个深度每个小区的土壤重量含水率，再求出各个深度4个小区平均值，按四舍五入原则，均取一位小数。

A.7 计算土壤容重

称取钻筒重量、量取钻筒容积；挖掘土壤剖面坑；登记土壤剖面状况；采取土样；称重及烘烤；按式(A.2)计算结果。

$$P=\{(M\times 100)/[V\times(100+W)]\} \qquad \cdots\cdots(A.2)$$

式中：

P ——土壤容重，单位为克每立方厘米(g/cm^3)；

M ——钻筒内湿土重，单位为克(g)；

V ——钻筒容积，单位为立方厘米(cm^3)；

W ——钻筒土壤重量含水率，单位为百分率(%)。

参考文献

[1] GB 3838—2002 地下水位 地表径流
[2] GB/T 20481—2006 气象干旱等级
[3] GB/T 20482—2006 牧区雪灾等级
[4] GB/T 20487—2006 城市火险气象等级
[5] NY/T 635—2002 天然草地合理载畜量的计算
[6] QX/T 75—2007 土壤湿度的微波炉测定
[7] QX/T 81—2007 小麦干旱灾害等级
[8] DB63/F 209—1994 青海省草地资源调查技术规程
[9] DB63/T 331—1999 草地旱鼠预测预报技术规程
[10] 北方草场资源调查办公室.全国重点牧区草场资源调查大纲和技术规程[M].北方草场资源调查办公室.1982
[11] 吕宪国等.湿地生态系统观测方法[M].北京:中国环境科学出版社.2005
[12]《气象手册》编委会.气象手册[M].郭殿福等,译.贵阳:贵州人民出版社.1985
[13] 中国气象局.生态气象观测规范(试行)[M].北京:气象出版社.2005
[14] 中国科学院南京土壤研究所.土壤理化分析[M].上海:上海科学技术出版社.1981
[15] 中国气象局.农业气象观测规范[M].北京:气象出版社.1993
[16] 朱炳海,王鹏飞,束家鑫等.气象学词典[M].上海:上海辞书技术出版社.1985
[17] 中国气象局.地面气象观测规范[M].北京:气象出版社.2003

ICS 07.060
A 47
备案号：45928—2014

QX

中华人民共和国气象行业标准

QX/T 213—2013

温室气体玻璃采样瓶预处理和后处理方法

Pre-processing and post-processing method of pyrex flask for greenhouse gases sampling

2013-12-22 发布　　2014-05-01 实施

中国气象局　发布

前　　言

本标准按照GB/T 1.1—2009给出的规则起草。

本标准由全国气候与气候变化标准化技术委员会大气成分观测预报预警服务分技术委员会(SAC/TC 540/SC1)提出并归口。

本标准起草单位:中国气象科学研究院。

本标准主要起草人:周凌晞、刘立新、夏玲君、方双喜、姚波。

引　　言

玻璃采样瓶的预处理和后处理是温室气体采样、观测和分析过程中重要的质量保证和质量控制措施之一。为了规范温室气体玻璃采样瓶预处理和后处理方法，特制定本标准。

温室气体玻璃采样瓶预处理和后处理方法

1 范围

本标准规定了温室气体玻璃采样瓶预处理和后处理的处理系统、处理方法、信息记录和安全注意事项等。

本标准适用于温室气体采样分析时对玻璃采样瓶进行预处理和后处理。

2 术语和定义

下列术语和定义适用于本文件。

2.1

温室气体 greenhouse gas;GHG

大气中能够吸收红外辐射的气体成分，主要包括水汽(H_2O)、二氧化碳(CO_2)、甲烷(CH_4)、氧化亚氮(N_2O)、六氟化硫(SF_6)、氢氟碳化物(HFCs)、全氟化碳(PFCs)和臭氧(O_3)等。

[QX/T 125—2011,定义 3.1]

2.2

瓶采样 flask sampling

以硬质玻璃瓶为容器，采集特定时间段的大气样品，并在一定储运和保存时间内，能保持样品中温室气体成分和浓度不变的采样技术。

[QX/T 125—2011,定义 5.1]

2.3

采样瓶 sampling flask

材质为耐热玻璃，经超声清洗和高温灼烧等预处理的玻璃瓶。有较好的化学稳定性及气密性。

[QX/T 125—2011,定义 7.3]

2.4

填充气 filling gas

用于充入采样瓶中的、以除去水汽及液态和固态颗粒的自然空气。

2.5

玻璃采样瓶预处理 flask pre-processing

玻璃采样瓶首次使用前或受到污染后，为使其达到备用要求所采取的恒温热脱附处理过程。

2.6

玻璃采样瓶后处理 flask post-processing

玻璃采样瓶完成每次采样分析后，为使其达到备用要求所采取的真空检测及充入填充气的处理过程。

3 处理系统

3.1 预处理系统

主要包括加热器、管路、机械泵、真空计等(参见附录 A 中图 A.1)。具体技术要求如下：

——加热器应保持 60 ℃±0.5 ℃恒温加热；
——管路应为不锈钢材质，经过内抛光和钝化处理；
——管路密闭时应抽真空至小于 10 Pa。

3.2 后处理系统

主要包括管路、阀门、机械泵、分子泵、真空计、填充气、减压阀等(参见附录 A 中图 A.2)。具体技术要求如下：

——机械泵的极限真空度应小于 0.13 Pa；
——管路应为不锈钢材质，经过内抛光和钝化处理；
——管路中应配备能去除粒径大于 7 μm 颗粒物的过滤网；
——管路密闭时应抽真空至小于 0.08 Pa。

4 处理方法

4.1 预处理

预处理方法基本包括以下几个顺次步骤：

a) 检查加热器、机械泵、真空计等是否工作正常，检查密闭管路是否达到小于 10 Pa 的真空度要求；
b) 将玻璃采样瓶连入管路接口；
c) 打开机械泵和真空计的电源开关，抽真空至管路真空度小于 10 Pa 后，打开采样瓶阀门；
d) 将加热器温度设置为 60 ℃，保持恒温 72 h；
e) 恒温加热时间结束后，顺次关闭采样瓶阀门、机械泵电源开关和真空计电源开关，待采样瓶降温至室温时，卸下并装入存储箱备用。

4.2 后处理

后处理方法基本包括以下几个顺次步骤：

a) 检查机械泵、分子泵、真空计、减压阀等是否工作正常，检查密闭管路是否达到 0.08 Pa 的真空度要求，检查填充气储备压力是否大于 3.5×10^6 Pa；
b) 将玻璃采样瓶接入管路接口；
c) 确认真空管路所有控制阀保持关闭状态，然后顺次打开采样瓶阀门，以及真空计、机械泵和分子泵的电源开关，如真空度小于 0.08 Pa，则关闭采样瓶阀门，关闭分子泵、机械泵和真空计电源开关，取下采样瓶，置于存储架上静置；如真空度不能降至小于 0.08 Pa，关闭全部采样瓶阀门，然后逐一打开采样瓶阀门并观察真空度情况，检出有故障采样瓶；
d) 经 24 h 静置后，将采样瓶再次连入管路，当真空度小于 0.08 Pa 时，关闭与机械泵和分子泵相连接的管路阀门，打开一个采样瓶的阀门并持续 60 s，若真空度小于 0.50 Pa，则该采样瓶通过检测，关闭瓶阀，顺次再检测其他采样瓶；若真空度大于 1.50 Pa，则该采样瓶气密性差，不能用于样品采集；若真空度介于 0.50 Pa～0.15 Pa，则重复 a)至 d)步骤；
e) 对于通过检测的采样瓶，在小于 0.13 Pa 真空度条件下，打开填充气瓶阀门，缓慢充入填充气至接近环境大气压力，关闭采样瓶阀门，再顺次关闭分子泵、机械泵和真空计的电源开关，卸下采样瓶，装入存储箱备用。

5 信息记录

5.1 预处理系统

记录采样瓶序号、处理时间、处理原因、设置温度、实际温度、设置时间、实际时间、操作人姓名、备注信息等(参见附录B中表B.1)。

5.2 后处理系统

记录采样瓶序号、处理时间、处理结果、填充气瓶号、填充气摩尔分数、填充气剩余压力、操作人姓名、备注信息等(参见附录B中表B.2)。

6 安全注意事项

操作预处理和后处理系统过程中,安全注意事项如下:

——玻璃采样瓶应轻拿轻放,并避免硬物撞击;

——每次操作后处理系统的填充气瓶时,应缓慢开启减压阀至预设压力,并保证操作者不直接面对减压阀表头;

——每次开启后处理系统的分子泵前,应先启动机械泵,使系统真空度降至小于1 Pa以下,方可开启分子泵;每次关闭分子泵后需等待20 min以上才能重启。

附 录 A
（资料性附录）
温室气体玻璃采样瓶预处理和后处理系统结构示意图

图 A.1 给出了温室气体玻璃采样瓶预处理系统结构示意图。

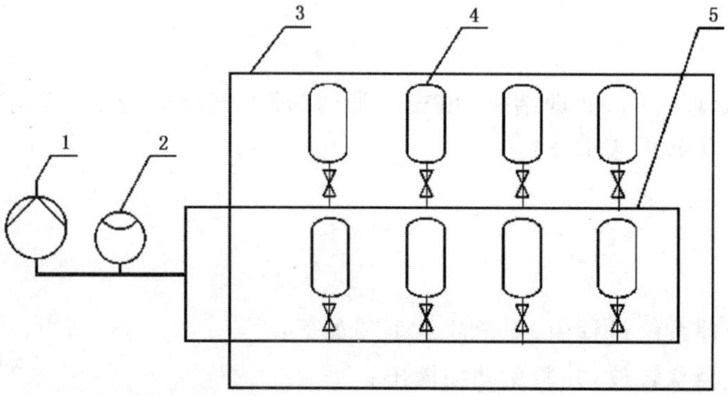

说明：
1——机械泵；
2——真空计；
3——加热器；
4——采样瓶；
5——管路。

图 A.1 温室气体玻璃采样瓶预处理系统结构示意图

图 A.2 给出了温室气体玻璃采样瓶后处理系统结构示意图。

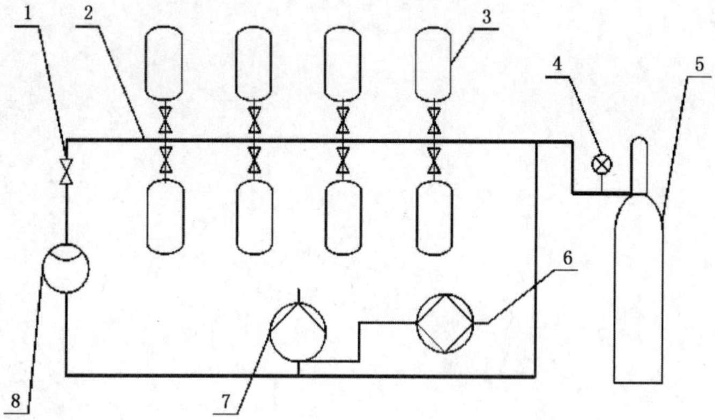

说明：
1——阀门；
2——管路；
3——采样瓶；
4——减压阀。
5——填充气瓶；
6——机械泵；
7——分子泵；
8——真空计；

图 A.2 温室气体玻璃采样瓶后处理系统结构示意图

附 录 B
（资料性附录）
温室气体玻璃采样瓶预处理和后处理系统信息记录表

表 B.1 给出了温室气体玻璃采样瓶预处理系统信息记录表样式。

表 B.1 温室气体玻璃采样瓶预处理信息记录表

采样瓶序号	处理时间（YYYY-MM-DD hh：mm）	处理原因（新瓶/污染/超时）	设置温度/实际温度 ℃	设置时间/实际时间（YYYY-MM-DD hh：mm）	操作人姓名	备注

表 B.2 给出了温室气体玻璃采样瓶后处理系统信息记录表样式。

表 B.2 温室气体玻璃采样瓶后处理信息记录表

采样瓶序号	处理时间（YYYY-MM-DD hh：mm）	处理结果（通过/未通过/重新处理）	填充气瓶号	填充气摩尔分数 10^{-6}	填充气剩余压力 Pa	操作人姓名	备注

参 考 文 献

[1] QX/T 125—2011 温室气体本底观测术语

ICS 07.060
A 47
备案号：45929—2014

QX

中华人民共和国气象行业标准

QX/T 214—2013

卤代温室气体不锈钢采样罐预处理和后处理方法

Pre-processing and post-processing method of stainless steel canister for halogenated greenhouse gases sampling

2013-12-22 发布　　2014-05-01 实施

中国气象局　发布

前　言

本标准按照 GB/T 1.1—2009 给出的规则起草。

本标准由全国气候与气候变化标准化技术委员会大气成分观测预报预警服务分技术委员会(SAC/TC 540/SC1)提出并归口。

本标准起草单位:中国气象科学研究院。

本标准主要起草人:周凌晞、姚波、李培昌、方双喜、刘立新。

引　　言

不锈钢采样罐的预处理和后处理是卤代温室气体采样、观测和分析过程中重要的质量保证和质量控制措施之一。为了规范卤代温室气体不锈钢采样罐预处理和后处理方法，特制定本标准。

卤代温室气体不锈钢采样罐预处理和后处理方法

1 范围

本标准规定了卤代温室气体不锈钢采样罐预处理和后处理所涉及的系统组成及技术要求、处理方法、信息记录等。

本标准适用于开展大气卤代温室气体采样观测所用的不锈钢采样罐的预处理和后处理。

2 术语和定义

下列术语和定义适用于本文件。

2.1

卤代温室气体 halogenated greenhouse gases

含卤素原子(氟、氯、溴等)的温室气体的总称,主要包括氯氟碳化物(CFCs)、氢氟碳化物(HFCs)、氢氯氟碳化物(HCFCs)、全氟化碳(PFCs)和溴代烃(Halons)等,几乎全部由人类活动产生,主要来源于制冷剂和溶剂等的使用。

[QX/T 125—2011,定义 4.6]

2.2

采样罐 sampling canister

内壁经惰性处理的专用于采集空气样品的不锈钢容器,有较好的化学稳定性及气密性。

[QXT 125—2011,定义 7.4]

2.3

填充气 filling gas

用于充入不锈钢采样罐中的已除去水汽及液态或固态微粒的自然空气。

2.4

预处理 pre-processing

不锈钢采样罐首次使用前或受到污染后,为使其达到备用要求所采取的恒温热脱附处理过程。

2.5

后处理 post-processing

不锈钢采样罐完成每次采样分析后,为使其达到备用要求所采取的真空检测及充入填充气的处理过程。

3 系统组成及技术要求

3.1 系统组成

系统一般由温度控制单元、压力控制单元、干燥部分、真空泵、填充气、采样罐及连接管路等组成。采样罐按照接口数量分为单口罐和双口罐,结构参见附录 A。

3.2 技术要求

系统最高温度不低于 100℃,真空度低于 4 Pa。填充气流量可控制且应进行干燥,干燥过程不应影响目标气体浓度。宜采用低温冷阱除水的方式干燥。

4 处理方法

4.1 一般要求

4.1.1 在预处理或者后处理之前，应对系统状态进行检测。即在不连接采样罐的情况下进行真空度检测，检测合格后才能进行预处理和后处理。

4.1.2 在预处理或者后处理之前，应检查填充气气瓶的压力，大于 1×10^6 Pa 方可开始下一步操作。

4.2 预处理

4.2.1 单口采样罐

4.2.1.1 将单口采样罐连接入系统，打开采样罐阀门。

4.2.1.2 系统升温至 100℃。

4.2.1.3 抽真空至 4 Pa，保持 2 min。

4.2.1.4 充入填充气至 1×10^5 Pa，保持 3 min。

4.2.1.5 重复 4.2.1.3 和 4.2.1.4 的步骤 2 次。

4.2.1.6 确认填充气压力为 1×10^5 Pa，保持 12 h。

4.2.1.7 系统降温至室温，关闭采样罐阀门，取下待用。

4.2.2 双口采样罐

4.2.2.1 将双口采样罐的进气口接入系统，确认出气口阀门关闭，打开进气口阀门。

4.2.2.2 系统升温至 100℃。

4.2.2.3 抽真空至 4 Pa，保持 2 min。

4.2.2.4 充填充气至 440 Pa，保持 3 min。

4.2.2.5 重复 4.2.2.3 和 4.2.2.4 步骤 3 次。

4.2.2.6 系统降温至室温，打开采样罐出气口，再升温至 100℃。

4.2.2.7 用 40 mL/min 流量的填充气冲洗采样罐 12 h。

4.2.2.8 冲洗结束后，系统降温至室温，关闭双口采样罐出气口，充入填充气至 1×10^5 Pa。

4.2.2.9 关闭采样罐入气口阀门，取下待用。

4.3 后处理

4.3.1 单口采样罐

4.3.1.1 将单口采样罐接入系统，打开采样罐阀门。

4.3.1.2 系统升温至 100℃。

4.3.1.3 抽真空至 4 Pa，保持 2 min。

4.3.1.4 充入填充气至 1×10^5 Pa，保持 3 min。

4.3.1.5 重复 4.3.1.3 和 4.3.1.4 步骤 2 次。

4.3.1.6 抽真空至 4 Pa，保持 3 min。

4.3.1.7 充气至 1×10^5 Pa。

4.3.1.8 系统降温至室温。

4.3.1.9 关闭采样罐阀门，取下待用。

4.3.2 双口采样罐

4.3.2.1 将双口采样罐的进气口连接入系统，确认出气口阀门关闭，打开入气口阀门。

4.3.2.2 系统升温至100℃。

4.3.2.3 抽真空至4 Pa，保持2 min。

4.3.2.4 充填充气至1×10^5 Pa，保持3 min。

4.3.2.5 重复4.3.2.3和4.3.2.4过程3次。

4.3.2.6 确认充入填充气至1×10^5 Pa。

4.3.2.7 系统降温至室温。

4.3.2.8 关闭采样罐入气口阀门，取下待用。

5 信息记录

在信息记录单(样式参见附录B)中应填写预处理或者后处理的采样罐号、处理时间、温度、真空度、充入填充气的压力等信息。

附 录 A
(资料性附录)
卤代温室气体不锈钢采样罐预处理和后处理系统结构示意图

图 A.1 给出了卤代温室气体不锈钢采样罐预处理和后处理系统结构示意图。

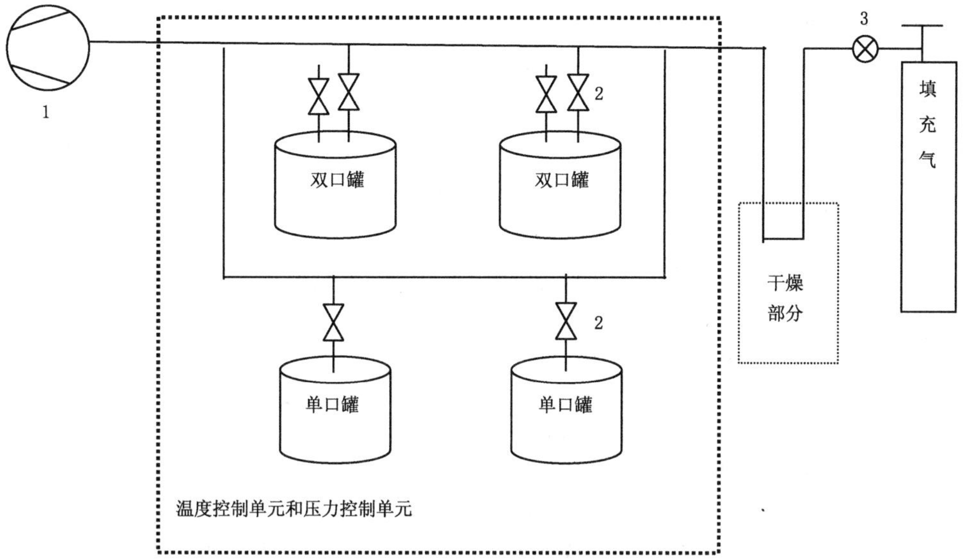

说明：

1——真空泵；

2——采样罐阀门；

3——减压阀。

图 A.1 卤代温室气体不锈钢采样罐预处理和后处理系统结构示意图

附　录　B
（资料性附录）
卤代温室气体不锈钢采样罐预处理和后处理信息记录表格

表 B.1 和表 B.2 分别给出了卤代温室气体不锈钢采样罐预处理和后处理信息记录表格。

表 B.1　卤代温室气体不锈钢采样罐预处理信息记录表格

采样罐序号		操作地点		操作人	
采样罐性质[a]					
处理开始时间[b]			系统温度		℃
真空度	Pa	保持时间	min	重复次数	次
充填充气压力	Pa	保持时间	min	重复次数	次
冲洗流量（双口罐）	mL/min	平衡压力（单口罐）	Pa	冲洗/平衡时间	h
处理结束压力	Pa		处理结束时间[b]		

[a] 采样罐性质为单口罐或双口罐。

[b] 时间格式为 YYYY-MM-DD hh：mm。

表 B.2　卤代温室气体不锈钢采样罐后处理信息记录表格

采样罐序号		操作地点		操作人	
采样罐性质[a]					
处理开始时间[b]			系统温度		℃
真空度	Pa	保持时间	min	重复次数	次
充填充气压力	Pa	保持时间	min	重复次数	次
处理结束压力	Pa		处理结束时间[b]		

[a] 采样罐性质为单口罐或双口罐。

[b] 时间格式为 YYYY-MM-DD hh：mm。

参 考 文 献

[1] QX/T 125—2011 温室气体本底观测术语

ICS 07.060
A 47
备案号：45930—2014

QX

中华人民共和国气象行业标准

QX/T 215—2013

一氧化碳、二氧化碳和甲烷标气制备方法

Preparation method of standard gases for Carbon Monoxide, Carbon Dioxide and Methane

2013-12-22 发布　　2014-05-01 实施

中 国 气 象 局　发 布

前　言

本标准按照 GB/T 1.1—2009 给出的规则起草。

本标准由全国气候与气候变化标准化技术委员会大气成分观测预报预警服务分技术委员会(SAC/TC 540/SC1)提出并归口。

本标准起草单位:中国气象科学研究院。

本标准主要起草人:周凌晞、姚波、方双喜、刘立新。

引　言

可靠、稳定、可溯源至国际标准的一氧化碳、二氧化碳和甲烷标气系列是观测分析系统稳定运行的保障，也是各国实验室和野外台站观测方法和资料具有可比性的前提。世界气象组织/全球大气观测网已建立了一氧化碳、二氧化碳和甲烷世界标定中心和中心标校实验室，并要求标气必须以干洁空气为底气。为规范大气本底站和同类野外台站开展一氧化碳、二氧化碳和甲烷标气制备方法，特制定本标准。

一氧化碳、二氧化碳和甲烷标气制备方法

1 范围

本标准规定了一氧化碳（CO）、二氧化碳（CO_2）和甲烷（CH_4）标气制备所涉及的系统组成、性能指标、工作条件、制备方法、预标定、信息记录、安全注意事项等。

本标准适用于开展本底大气 CO、CO_2 和 CH_4 浓度观测及实验室分析标校的多级标气序列的制备。

2 术语和定义

下列术语和定义适用于本文件。

2.1

一氧化碳 carbon monoxide

分子式为 CO，无色无味有毒，具有间接温室效应，在大气中的滞留时间只有数月。自然来源主要是大气甲烷和挥发性有机物氧化，人为来源主要是化石燃料和生物质不完全燃烧。

[QX/T 125—2011，定义 4.13]

2.2

二氧化碳 carbon dioxide

分子式为 CO_2，化学性质非常稳定，在大气中的滞留时间（寿命）可达几十年或上百年，是影响地球辐射平衡的主要温室气体。人为来源主要是化石燃料和生物质的燃烧、土地利用变化及工业过程排放，主要汇是陆地和海洋吸收。

[QX/T 125—2011，定义 4.2]

2.3

甲烷 methane

分子式为 CH_4，属于碳氢化合物，化学性质较稳定，在大气中的滞留时间约 12 年。以 100 年计，其单个分子对温室效应的贡献约为二氧化碳的 25 倍。主要来源是湿地、农业生产（主要是稻田排放）、反刍动物饲养、白蚁、海洋与天然气开采和使用等，主要汇是大气光化学过程。

[QX/T 125—2011，定义 4.3]

2.4

标气 standard gases

以干洁空气为底气、目标物种浓度已知的混合气体。标气序列的浓度跨度覆盖本底大气浓度变化范围。

[QX/T 125—2011，定义 10.2]

2.5

本底大气 background atmosphere

远离局地排放源、不受局地环境直接影响，基本混合均匀的大气。

[QX/T 125—2011，定义 3.3]

2.6

零气 zero gas

目标物种浓度低于分析系统检测限的气体。

3 系统组成

系统包括大气压入单元和高浓度气/零气充入单元。系统结构参见附录A。

大气压入单元包括进气管、空气压缩机、单向阀、压力表、水汽去除装置、拟制备物种的吸附装置、三通选择阀、开关阀、安全装置、颗粒物过滤膜、拟制备气瓶及连接组件等。其中水汽去除装置包括干燥管、油水分离阀。安全装置包括安全阀和压力开关。压力开关应安装在空气压缩机出气口处,在大气压入单元的压力达到设定阈值后空气压缩机自动关闭。安全阀在大气压入单元的压力大于设定阈值后自动打开泄气。

高浓度气/零气充入单元包括拟制备物种的高浓度气、零气、定量管、真空泵、开关阀、压力表、拟制备气瓶、减压阀及连接组件等。

4 性能指标

4.1 空气压缩机

在工作过程中应不产生对目标组分的污染物。额定输出压力应大于拟制备标气的压力。入气口应有颗粒物过滤膜。

4.2 拟制备气瓶

宜采用内表面经抛光、烘干等特殊处理的铝合金容器存储标气。耐压应大于拟制备标气的压力。

4.3 水汽去除装置

除空气压缩机自带的水汽分离装置外,宜加装油水分离阀以及填充干燥剂的干燥管。所用的干燥剂应不对拟制备物种的浓度造成影响。

4.4 拟制备物种的吸附装置

宜采用填装有吸附剂的吸附管。吸附管的工作压力应大于拟制备标气的压力。吸附剂应具有选择性。

4.5 其他装置

压力表、单向阀和连接组件的工作压力应大于拟制备标气的压力,零气内拟制备物种的浓度应低于检测限。

5 工作条件

5.1 气象条件

宜选择风向在拟制备物种的本底扇区且晴朗的气象条件下进行标气制备。应避免降水、沙尘、雾、霾、雷暴等不利天气过程。

5.2 工作环境

标气制备地点应位于排放源(如车辆、生活和业务用房及其他建筑设施等)的上风向。附近地形应开阔、平坦,上风方向应避开污染或存在可能影响气流性质(如强烈扰流或下拽力)的地形和建筑物。系统周围环境温度应低于 20℃。

6 制备方法

6.1 制备方法的选择

制备时间段内，若目标浓度与环境浓度相差小于 5%，则按照 6.2 的制备方法操作。若目标浓度低于环境浓度超过 5%时，则按照 6.3 的制备方法操作。若目标浓度高于环境浓度超过 5%时，则按照 6.4 的制备方法操作。

6.2 接近环境浓度的标气制备

6.2.1 安装和检查

将拟制备气瓶与大气压入单元连接，确认目标气体吸附装置关闭、水汽去除装置开启、系统无漏气。启动空气压缩机直至压力达到设定的安全装置阈值。若空气压缩机自动关闭，表示安全装置正常工作，否则应检查安全装置。

6.2.2 冲洗

开启拟制备气瓶阀门，启动空气压缩机，充入环境大气至压力不低于 3×10^6 Pa 后再将气瓶内的空气放出。重复充入和放空的过程应不少于 3 次。

6.2.3 充入环境大气

拧紧拟制备气瓶与大气压入单元的连接，开启空气压缩机，直至气瓶内压力达到设定值后空气压缩机自动关闭。工作过程中应及时排除水汽去除装置中累积的液态水。

6.2.4 卸下拟制备气瓶

关闭气瓶阀门，断开气瓶与大气压入单元的连接，将残留的高压气体排空后再将气瓶卸下。

6.3 低于环境浓度的标气制备

6.3.1 安装、检查和冲洗

安装和检查按 6.2.1 操作，冲洗按 6.2.2 操作。

6.3.2 计算经过吸附管向拟制备气瓶充入自然大气的压力或向拟制备气瓶充入零气的压力

若制备 CO 或 CO_2 标气，需计算经过吸附管向拟制备气瓶充入自然大气达到的压力；若制备 CH_4 标气，需计算充入拟制备气瓶的零气的压力。上述压力根据拟制备物种的环境浓度、目标浓度和拟制备标气的压力，利用理想气体状态方程和质量守恒关系计算获得，算法参见 B.1 和 B.2。

6.3.3 经过吸附管充入大气

制备 CO 或 CO_2 标气，将拟制备气瓶与大气压入单元连接。打开拟制备物种的吸附管，开启空气压缩机，直至达到 6.3.2 计算的压力，关闭吸附管。

6.3.4 充入零气

制备 CH_4 标气，向拟制备气瓶内充入零气至 6.3.2 计算的压力。

6.3.5 充入环境大气

将完成6.3.3或6.3.4操作的拟制备气瓶与大气压入单元连接，开启空气压缩机，继续充入环境大气，直至气瓶内压力达到设定值后空气压缩机自动关闭。工作过程中应及时排除水汽去除装置中累积的液态水。

6.3.6 卸下拟制备气瓶

按6.2.4操作。

6.4 高于环境浓度的标气制备

6.4.1 安装、检查和冲洗

安装和检查按6.2.1操作，冲洗按6.2.2操作。

6.4.2 计算向定量管充入高浓度气的压力

根据拟制备物种的环境浓度和目标浓度、高浓度气的浓度、高浓度气/零气充入单元中定量管的体积、拟制备气瓶的体积、拟制备标气的压力，利用理想气体状态方程和质量守恒关系，计算向定量管充入的高浓度气的压力，算法参见B.3。

6.4.3 充入高浓度气

使用零气冲洗高浓度气/零气充入单元不少于3 min。将拟制备气瓶与高浓度气/零气充入单元连接，确认气瓶阀门关闭。用真空泵抽真空至低于10 Pa，打开拟制备物种的高浓度气阀门，充入至定量管压力达到6.4.2计算值后关闭高浓度气阀门。打开拟制备气瓶阀门，待高浓度气进入拟制备气瓶并平衡后，关闭拟制备气瓶阀门，并将拟制备气瓶从高浓度气/零气充入单元卸下。

6.4.4 充入环境大气

将拟制备气瓶同大气压入单元连接，打开气瓶阀门，开启空气压缩机，直至气瓶内压力达到设定值后空气压缩机自动关闭。工作过程中应及时排除系统中累积的液态水。

6.4.5 卸下拟制备气瓶

按6.2.4操作。

7 预标定

7.1 制备好的标气应进行预标定，拟制备物种的预标定浓度与目标浓度相差应小于5%。

7.2 制备好的标气应进行水汽含量测量，水汽摩尔混合比应小于5×10^{-6}。

7.3 预标定和水汽含量测量结果不合格的标气应放空。

7.4 预标定和水汽含量测量合格的气瓶应水平放置不少于3周后再标定拟制备物种的浓度。

8 信息记录

应填写制备地点、拟制备气瓶号、拟制备物种的目标浓度和环境浓度、设定压力、制备日期和时间、制备过程中的天气现象、污染活动和其他相关信息等。充入环境大气过程中，隔一定时间应记录时间及对应的拟制备气瓶内压力。标气制备记录单样式参见附录C。

制备低于环境浓度的标气应记录经过吸附管充入拟制备气瓶的自然大气的压力或充入拟制备气瓶的零气的压力。制备高于环境浓度的标气应记录向定量管内充入的高浓度气的压力。

9 安全注意事项

标气制备过程为高压操作，制备过程应注意个人防护，佩戴护目镜。在系统发生异常声响时应首先关闭空气压缩机电源再对系统进行检查。应定期检查安全装置是否有效。

附　录　A
（资料性附录）
标气制备系统结构图

图 A.1 给出了大气压入单元的结构图。

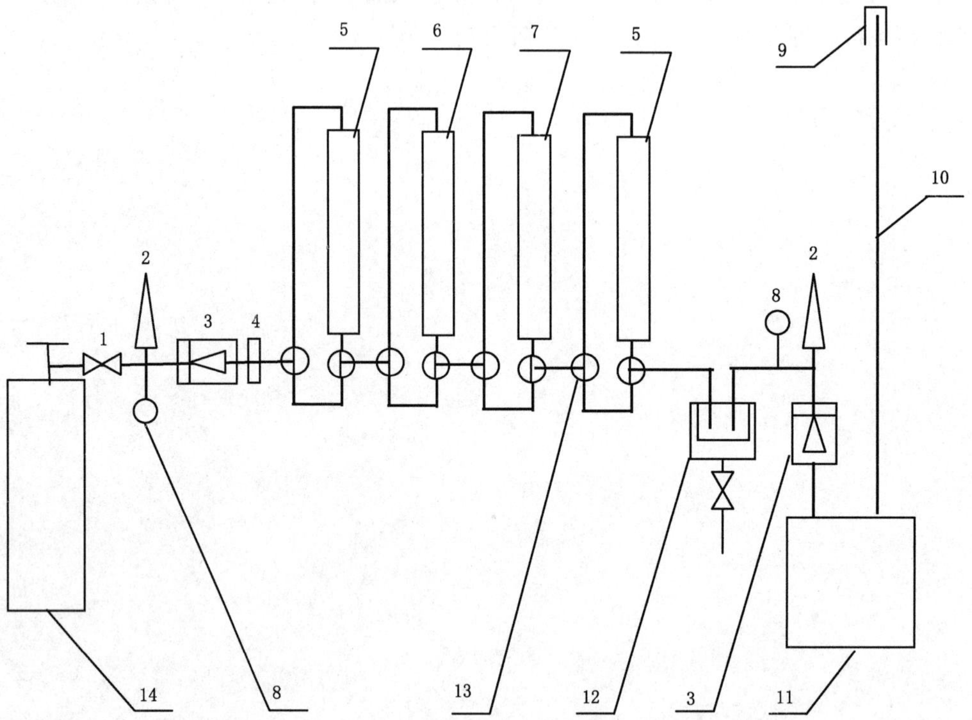

说明：
1——开关阀；
2——安全阀；
3——单向阀；
4——颗粒物过滤膜；
5——干燥管；
6——CO_2 吸附管；
7——CO 吸附管；
8——压力表；
9——带颗粒物过滤膜的进气口；
10——进气管；
11——带压力开关的空气压缩机；
12——油水分离阀；
13——三通选择阀；
14——拟制备气瓶。

图 A.1　大气压入单元结构图

图 A.2 给出了高浓度气/零气充入单元的结构图。

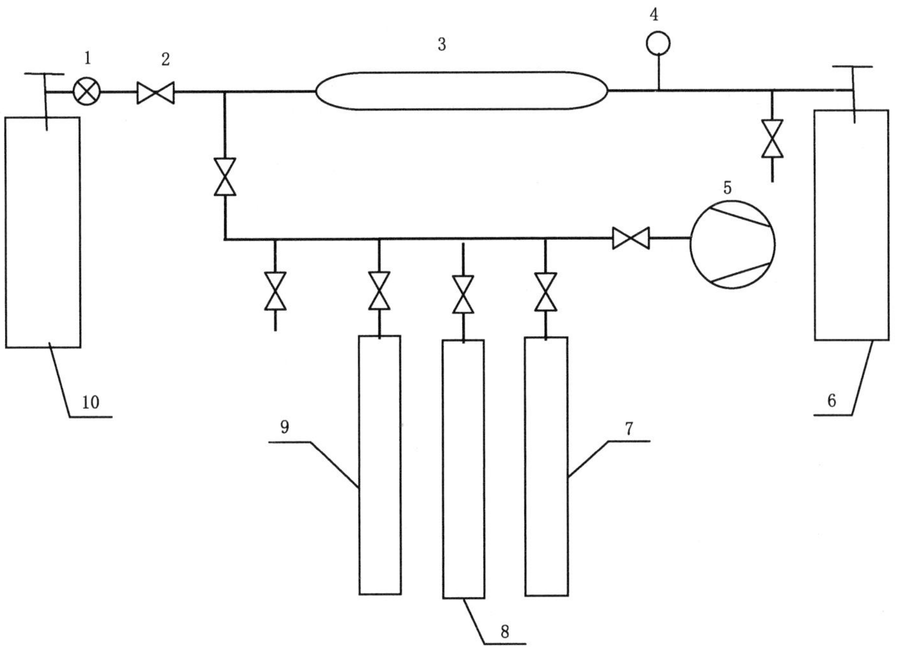

说明：

1——减压阀；

2——开关阀；

3——定量管；

4——压力表；

5——真空泵；

6——拟制备气瓶；

7——高浓度 CH_4 气瓶；

8——高浓度 CO_2 气瓶；

9——高浓度 CO 气瓶；

10——零气瓶。

图 A.2　高浓度气/零气充入单元结构图

附 录 B
（资料性附录）
经过吸附管向拟制备气瓶充入自然大气的压力或充入高浓度气/零气的压力的推荐算法

B.1 经过吸附管向拟制备气瓶充入自然大气的压力的计算

制备低于环境大气浓度的 CO_2 或 CO 标气，根据物质守恒及理想气体状态方程得出：

$$P_t \times V_c \times C_t = (P_t - P_x) \times V_c \times C_a \qquad \text{(B.1)}$$

式中：

P_t——拟制备的标气压力；

V_c——拟制备气瓶的体积；

C_t——拟制备物种的目标浓度；

P_x——经过 CO 和 CO_2 吸附管向拟制备气瓶充入自然大气的压力；

C_a——环境大气中拟制备物种的浓度。

则

$$P_x = P_t \times (1 - \frac{C_t}{C_a}) \qquad \text{(B.2)}$$

B.2 向拟制备气瓶充入零气的压力的计算

制备低于环境大气浓度的 CH_4 标气，根据物质守恒及理想气体状态方程得出：

$$P_t \times V_c \times C_t = (P_t - P_y) \times V_c \times C_a \qquad \text{(B.3)}$$

式中：

P_v——充入 CH_4 零气后拟制备气瓶内的压力；

P_t、V_c、C_t、C_a 的含义同 B.1。则

$$P_y = P_t \times (1 - \frac{C_t}{C_a}) \qquad \text{(B.4)}$$

B.3 向定量管充入高浓度气压力的计算

制备高于环境浓度的标气，当制备结束时，拟制备气瓶内的目标物种等于充入的高浓度气和压入的环境大气中该物质之和，近似认为制备过程中温度不变，根据物质守恒及理想气体状态方程得出：

$$P_t \times V_c \times C_t = P_v \times V_c \times C_m + (P_t - P_v) \times V_c \times C_a \qquad \text{(B.5)}$$

式中：

P_v——充入高浓度气后拟制备气瓶内的压力；

C_m——拟制备物种的高浓度气的浓度；

P_t、V_c、C_t、C_a 的含义同 B.1。

对于高浓度气从定量管扩散至拟制备气瓶的过程，有：

$$P_z \times V_p = P_v \times (V_p + V_c) \qquad \text{(B.6)}$$

式中：

P_z——充入定量管的高浓度气的压力；

V_p——定量管体积；

P_v、V_c 的含义分别同式(B.5)和式(B.1)

则联立式(B.5)和式(B.6)，即可求解出 P_z。

附　录　C
（资料性附录）
标气制备记录单

表 C.1 给出了标气制备记录单。

表 C.1　标气制备记录单

制备日期		制备地点		拟制备气瓶号		操作人	
物种名称	环境浓度	目标浓度	高浓度气浓度	充入高浓度气压力	吸附压力	充入零气压力	预标定浓度
CO	10^{-9}	10^{-9}	10^{-9}	Pa	Pa		10^{-9}
CO_2	10^{-6}	10^{-6}	10^{-6}	Pa	Pa		10^{-6}
CH_4	10^{-9}	10^{-9}	10^{-9}	Pa		Pa	10^{-9}
冲洗开始时间		冲洗结束时间		天气现象		充入大气过程	
制备开始时间		制备结束时间		水汽浓度	10^{-6}	时间	压力
水平放置开始日期		水平放置开始时间		水平放置地点			
水平放置结束日期		水平放置结束时间					
预标定日期		预标定时间		预标定地点			
备注（污染活动和其他信息）：							

注 1：日期格式为 YYYY-MM-DD。

注 2：时间格式为 hh：mm。

参考文献

[1] QX/T 125—2011 温室气体本底观测术语

ICS 07.060
A 47
备案号：45931—2014

QX

中华人民共和国气象行业标准

QX/T 216—2013

大气中甲醛测定　酚试剂分光光度法

Determination of formaldehyde in ambient air with MBTH spectrophotometry

2013-12-22 发布　　　　2014-05-01 实施

中　国　气　象　局　发布

前　　言

本标准按照 GB/T 1.1—2009 给出的规则起草。

本标准由全国气候与气候变化标准化技术委员会大气成分观测预报预警服务分技术委员会(SAC/TC 540/SC1)提出并归口。

本标准起草单位:上海市气象局。

本标准主要起草人:耿福海、李玉清、方晨、金亮。

引　言

甲醛为大气光化学反应的主要产物之一，是代表性的羰基化合物，又是羟基自由基(OH)和臭氧等大气氧化剂的前体物。甲醛是重要的大气污染物，被世界卫生组织列入致癌和致畸物质名单。为规范大气中甲醛观测，特制定本标准。

大气中甲醛测定　酚试剂分光光度法

1　范围

本标准规定了酚试剂分光光度法测定大气中甲醛的原理、试剂、仪器设备、采样、分析步骤、方法特性及质量保证与质量控制方法等内容。

本标准适用于大气中甲醛浓度的测定。

2　规范性引用文件

下列文件对于本文件的应用是必不可少的。凡是注日期的引用文件，仅注日期的版本适用于本文件。凡是不注日期的引用文件，其最新版本(包括所有的修改单)适用于本文件。

GB/T 18204.25—2000　公共场所空气中氨测定方法

GB/T 18204.26—2000　公共场所空气中甲醛测定方法

3　术语和定义

下列术语和定义适用于本文件。

3.1

试剂空白值　reagent blank value

配制的吸收液进行显色反应后的背景响应值。

3.2

现场空白值　field blank value

用于反映运输过程、现场环境等因素对吸收液造成影响的现场吸收液的背景响应值。

4　原理

甲醛与酚试剂反应生成嗪，嗪在酸性溶液中被高铁离子氧化成蓝绿色化合物。在波长 630 nm 下，以水作参比，用分光光度计进行比色定量。

5　试剂

5.1　基本要求

本法所用水均应为重蒸馏水或去离子水，所用试剂纯度应为分析纯。溶液配制温度一般为 15 ℃～25 ℃。

5.2　吸收液原液

称量 0.10 g 酚试剂[$C_6H_4SN(CH_3)C:NNH_2 \cdot HCl$，简称 MBTH]，加水溶解，转移至 100 mL 容量瓶中，定容至刻度，摇匀，浓度为 1.0 g/L。放入冰箱中保存，保存温度以 2 ℃～5 ℃为宜，保存期不应超过 3 天。

5.3 吸收液

量取吸收液原液 5 mL,转移至 100 mL 容量瓶中,加水定容至刻度,即为吸收液,浓度为 0.05 g/L。吸收液应在采样前现配,保存期不应超过 1 天。

5.4 硫酸铁铵溶液

称量 1.0 g 硫酸铁铵[$NH_4Fe(SO_4)_2 \cdot 12H_2O$],用 0.1 mol/L 盐酸溶解,并稀释至 100 mL,浓度为 1%。

5.5 硫代硫酸钠标准溶液

购买可溯源到国家级标准的硫代硫酸钠($Na_2S_2O_3$)标准溶液,也可按 GB/T 18204.26—2000 附录 A制备。浓度为 0.1000 mol/L。

5.6 甲醛标准贮备溶液

量取 2.8 mL 浓度为 36%~38%甲醛溶液,转移至 1 L 容量瓶中,加水稀释至刻度,得到甲醛贮备溶液。此溶液浓度约为 1.0 g/L,用碘量法标定其准确浓度,标定方法见附录 A 。此溶液在 2 ℃~5 ℃的冰箱中保存,保存期不应超过 3 个月。

5.7 甲醛标准工作溶液

临用时吸取甲醛标准贮备溶液 10 mL 于 100 mL 容量瓶中,加水定容至 100 mL 刻度,摇匀。此标准溶液浓度为 100 mg/L(或直接购买浓度为 100 mg/L 可溯源到国家级标准的甲醛标准溶液)。吸取上述标准溶液 2 mL 至 500 mL 容量瓶中,加入 25 mL 酚吸收液原液后用蒸馏水定容至刻度,配成浓度为 0.4 μg/mL 甲醛标准工作溶液。放置 30 min 后,用于配制标准色列管。此标准工作溶液须在 24 小时内使用。

5.8 氢氧化钠溶液

称量 40 g 氢氧化钠(NaOH),溶于水中,并稀释至 1000 mL,浓度为 1 mol/L。

6 仪器和设备

6.1 吸收管

选用 GB/T 18204.25—2000 中 4.1 规定的大型气泡吸收管,或棕色玻板吸收管(见图 1)。

6.2 空气采样器

空气采样器的流量范围为 0 L/min~1.5 L/min,流量稳定可调。采样前和采样后应用经计量检定合格的一级皂膜流量计校准空气采样器的流量,误差应小于 5%。

6.3 具塞比色管

具有 5 mL 刻线的具塞比色管。

6.4 分光光度计

选用的可见光分光光度计,应经计量检定合格。可见光分光光度计出光狭缝应小于 20 nm,并配有

单位为毫米

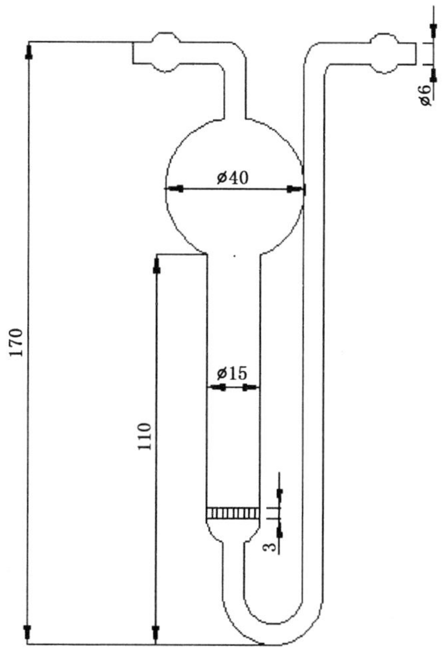

图 1　棕色玻板吸收管

1 cm 比色皿。选用 630 nm 作为甲醛的测量波长。

6.5　硫酸锰滤纸过滤器

用于排除二氧化硫(SO_2)的干扰,按 GB/T 18204.26—2000 附录 B 制备。

7　采样

7.1　采样方法

将吸收管内装 5 mL 吸收液,进气口串联一个硫酸锰滤纸过滤器,设定采样流量为 0.5 L/min～0.8 L/min,采样的时间 30 min～45 min,采集气体体积应为 15 L～36 L。记录采样时间和采样流量,以及采样开始和结束时的温度和大气压力。采集好的样品应立即密封,冷藏于冰箱中,冷藏温度以 2℃～5℃为宜。样品应在 24 小时内分析。

为获得小时平均浓度应连续进行采样,采样时间为 45 min。

7.2　现场空白检验

每个采样点每次进行采样时,应随机抽取三个采样管作为预留管不采样。并与样品在相同条件下进行保存和运输。实验室对预留管进行分析测定,得到的平均值为现场空白值。

8　分析步骤

8.1　标准工作曲线的绘制

8.1.1　按表 1 要求将甲醛标准工作溶液及吸收液移入具塞比色管中,制备甲醛标准系列溶液管。其中管1及管7各制备2个。

表1 甲醛标准系列溶液

管号	0	1	2	3	4	5	6	7
甲醛标准工作溶液 mL	0	0.20	0.40	0.60	0.80	1.00	1.50	2.00
吸收液 mL	5.00	4.80	4.60	4.40	4.20	4.00	3.50	3.00
各管中甲醛的含量 μg	0	0.08	0.16	0.24	0.32	0.40	0.60	0.80

8.1.2 分别在各管加入0.40 mL 1%硫酸铁铵溶液，摇匀。室温25 ℃或25 ℃水浴下放置15 min后，用1 cm比色皿，在波长630 nm下，以水作参比，用分光光度计比色，测定各管溶液的吸光度。管1及管7进行平行测定。

8.1.3 以甲醛含量为横坐标，以扣除试剂空白的吸光度为纵坐标，绘制标准工作曲线，并计算标准工作曲线的斜率、截距，得到回归方程(1)。

$$Y = bx + a \qquad \cdots\cdots(1)$$

式中：

Y ——标准溶液的吸光度；

x ——甲醛含量，单位为微克(μg)；

a ——方程截距；

b ——方程斜率。

8.2 样品测定

8.2.1 在每批样品测定同时，用5 mL保留在实验室的吸收液作试剂空白实验，测定试剂空白溶液的吸光度A_0。

8.2.2 每批样品应采用可溯源到国家级标准的甲醛标准样品进行单点校正。将此标准样品按5.7的要求配置成浓度为0.4 μg/mL标准校验溶液，吸取此溶液0.80 mL按8.1.2测定吸光度，计算此标准样品的浓度并记录。

8.2.3 采样后，将三个现场空白检验管及采样管中的样品溶液全部移入洗涤干净并晾干的具塞比色管中，用少量吸收液洗涤采样管，合并入具塞比色管中使总体积为5 mL。再按8.1.2测定样品的吸光度A。

8.2.4 如果样品溶液吸光度超过标准工作曲线线性范围，应用试剂空白溶液稀释样品显色液后再分析。

8.3 结果计算

8.3.1 将采样体积按式(2)换算成标准状态下采样体积：

$$V_0 = V_t \times \frac{T_0}{273 + t} \times \frac{P}{P_0} \qquad \cdots\cdots(2)$$

式中：

V_0 ——标准状态下的采样体积，单位为升(L)；

V_t——采样体积，为采样流量与采样时间的乘积，单位为升(L)；

T_0——标准状态下的绝对温度，为 273 K；

P_0——标准状态下的大气压力，为 101.3 kPa；

P ——采样时的大气压力，单位为千帕(kPa)，取采样开始和结束时的大气压力的平均值；

t ——采样点的气温，单位为摄氏度(℃)，取采样开始和结束时的空气温度的平均值。

8.3.2 大气中甲醛浓度按式(3)计算：

$$C = \frac{(A - A_0)B_s}{V_0} \quad \cdots\cdots(3)$$

式中：

C ——大气中甲醛浓度，单位为毫克每立方米(mg/m^3)；

A ——样品溶液的吸光度；

A_0——试剂空白溶液的吸光度；

B_s——计算因子，由标准工作曲线斜率的倒数($1/b$)计算得出，表示每吸光度含有的 μg 值；

V_0——标准状态下的采样体积，单位为升(L)。

9 方法特性

9.1 测量范围

采样体积为 30 L 时，可测大气甲醛浓度范围为 0.003 mg/m^3～0.03 mg/m^3。

9.2 灵敏度

5 mL 吸收液含有 1 μg 甲醛时，本方法灵敏度应为 2.2 μg/吸光度～3.0 μg/吸光度。

9.3 最低检出限

5 mL 吸收液可检出不少于 0.013 μg 的甲醛。

9.4 方法重现性

5 mL 吸收液含有 0.100 μg～0.615 μg 甲醛时，重复测定 7 次的相对标准偏差小于 1.8%。

10 质量保证与质量控制方法

10.1 样品采集的质量保证

10.1.1 气密性检查

采样前应对大气采样器的采样系统气密性进行检查，不得漏气。

10.1.2 流量校准

采样前和采样后要用经计量检定合格的一级皂膜流量计校准采样器的采样流量，取两次校准的平均值作为采样流量的实际值。两次校准的误差应小于 5%。

10.1.3 采样效率

现场用双管串联采样，甲醛含量范围在标准工作曲线线性范围内，采样效率应达到 90%以上。

10.2 实验室样品分析质量控制

10.2.1 标准溶液

10.2.1.1 配制标准溶液应采用基准试剂。用称量法称量基准试剂时，应准确称至0.1 mg，配制标准溶液应使用A级容量瓶定容。

10.2.1.2 甲醛标准溶液、硫代硫酸钠标准溶液应经过标定，取平行标定结果平均值作为标定值。平行标定结果相对偏差的绝对值应小于2%，否则需重新标定。

10.2.1.3 标准溶液需分装使用，以避免污染。

10.2.2 现场空白检验

进行现场采样时，应同时作现场空白检验。样品分析时测得的现场空白值与标准工作曲线的零浓度值即试剂空白值进行比较，相对偏差应不大于50%。若现场空白值超过此控制范围，则这批样品作废，重新进行现场采样。

10.2.3 加标回收率

当出现严重大气污染时应进行样品加标回收率的测定，以排除外界干扰。5 mL样品溶液中加入0.246 μg甲醛时，平均加标回收率应为95%～105%。

10.2.4 单点校正

进行单点校正时，标准样品测定值相对误差的绝对值应小于5%。

10.2.5 标准工作曲线

10.2.5.1 绘制校准工作曲线时，至少要六个浓度点（包括零浓度点）。标准工作曲线相关系数应大于0.999，且截距与斜率比值的绝对值应小于0.05，否则应重新绘制标准工作曲线。

10.2.5.2 标准工作曲线应一个月绘制一次。更换试剂时，应重新绘制标准工作曲线。

附 录 A
(规范性附录)
甲醛标准溶液标定方法

A.1 试剂

A.1.1 碘溶液

称量 40 g 碘化钾，溶于 25 mL 水中，加入 12.7 g 碘。待碘完全溶解后，用水定容至 1000 mL，浓度为 0.1000 mol/L。移入棕色瓶中，于暗处贮存。

A.1.2 氢氧化钠溶液

称量 40 g 氢氧化钠，溶于水中，并稀释至 1000 mL，此时溶液浓度为 1 mol/L。

A.1.3 硫酸溶液

取 28 mL 浓硫酸缓慢加入水中，冷却后，稀释至 1000 mL，此时溶液浓度为 0.5 mol/L。

A.1.4 淀粉溶液

将 0.5 g 可溶性淀粉，用少量水调成糊状后，再加入 100 mL 沸水，并煮沸 2 min～3 min 至溶液透明。冷却后，加入 0.1 g 水杨酸或 0.4 g 氯化锌保存，此时溶液浓度为 0.5%。

A.2 标定

精确量取 20.00 mL 待标定的甲醛标准贮备溶液，置于 250 mL 碘量瓶中。加入 20.00 mL 碘溶液 [$c(1/2I_2)=0.1000$ mol/L] 和 15 mL 1 mol/L 氢氧化钠溶液，放置 15 min。加入 20 mL 0.5 mol/L 硫酸溶液，再放置 15 min，用[$c(Na_2S_2O_3)=0.1000$ mol/L]硫代硫酸钠溶液滴定，至溶液呈现淡黄色时，加入 1 mL 0.5 % 淀粉溶液继续滴定至恰使蓝色褪去为止，记录所用硫代硫酸钠溶液体积 V_2。同时用水作试剂空白滴定，记录空白滴定所用硫代硫酸钠标准溶液的体积 V_1。两次平行滴定，误差应小于 0.05 mL，否则重新标定。甲醛溶液的浓度用公式(A.1)计算：

$$M=\frac{(V_1-V_2)\times C_1\times 15}{20} \qquad \text{(A.1)}$$

式中：

M ——甲醛溶液的浓度，单位为毫克每毫升 (mg/mL)；

V_1——试剂空白消耗[$c(Na_2S_2O_3)=0.1000$ mol/L]硫代硫酸钠溶液的体积，单位为毫升(mL)；

V_2——甲醛标准贮备溶液消耗[$c(Na_2S_2O_3)=0.1000$ mol/L]硫代硫酸钠溶液的体积，单位为毫升(mL)；

C_1——硫代硫酸钠溶液的准确物质的量浓度。

参 考 文 献

[1] GB 50325—2010 民用建筑工程室内环境污染控制规范

[2] 崔九思,王钦源,王汉平等. 大气污染监测方法(第2版)[M]. 北京:化学工业出版社,1997

[3] 国家环境保护总局,空气和废气监测分析方法编委会. 空气和废气监测分析方法(第4版)[M]. 北京:中国环境科学出版社,2003

[4] 王庚辰等. 气象和大气环境要素观测与分析[M]. 北京:中国标准出版社,2000

[5] 中国室内装饰协会室内环境监测中心,中国标准出版社第二编辑室. 室内环境质量及检测标准汇编[G]. 北京:中国标准出版社,2003

ICS 07.060
A 47
备案号：45932—2014

QX

中华人民共和国气象行业标准

QX/T 217—2013

大气中氨(铵)测定　靛酚蓝分光光度法

Determination of ammonia and ammonium in ambient air with indophenol blue spectrophotometry

2013-12-22 发布　　2014-05-01 实施

中 国 气 象 局　发 布

前　言

本标准按照 GB/T 1.1—2009 给出的规则起草。

本标准由全国气候与气候变化标准化技术委员会大气成分观测预报预警服务分技术委员会(SAC/TC 540/SC1)提出并归口。

本标准起草单位:上海市气象局。

本标准主要起草人:耿福海、李玉清、方晨、金亮。

引　言

氨(铵)以游离态氨气或颗粒态铵盐的形式存于大气中,是大气中重要的微量成分。为规范大气中氨(铵)的观测,特制定本标准。

大气中氨(铵)测定　靛酚蓝分光光度法

1　范围

本标准规定了靛酚蓝分光光度法测定大气中氨(铵)的方法原理、试剂和材料、采样、分析步骤、方法特性，以及质量保证与质量控制方法等内容。

本标准适用于大气中氨(铵)浓度的测定。

2　规范性引用文件

下列文件对于本文件的应用是必不可少的。凡是注日期的引用文件，仅注日期的版本适用于本文件。凡是不注日期的引用文件，其最新版本(包括所有的修改单)适用于本文件。

GB/T 18204.25—2000　公共场所空气中氨测定方法

3　术语和定义

下列术语和定义适用于本文件。

3.1

试剂空白值　reagent blank value

配制的吸收液进行显色反应后的背景响应值。

3.2

现场空白值　field blank value

用于反映运输过程、现场环境等因素对吸收液造成影响的现场吸收液的背景响应值。

4　方法原理

空气通入稀硫酸溶液时，大气中的氨(铵)会被稀硫酸吸收，在亚硝基铁氰化钠及次氯酸钠的作用下，与水杨酸生成蓝绿色靛酚蓝染料。在波长697.5 nm下，以水作参比，用分光光度计进行比色定量。

5　试剂和材料

5.1　基本要求

本法所用的试剂应为分析纯，水应为无氨蒸馏水，按GB/T 18204.25—2000附录A制备。溶液配制温度一般为15 ℃～25 ℃。

5.2　吸收原液

量取2.8 mL浓硫酸(98 %)加入水中，并稀释至1 L，浓度为0.05 mol/L。密封置阴凉处保存。

5.3　吸收液

采样前，将吸收原液稀释10倍使用，浓度为0.005 mol/L。

5.4 水杨酸溶液

称取 10.0 g 水杨酸[$C_6H_4(OH)COOH$]和 10.0 g 柠檬酸钠[$Na_3C_6O_7 \cdot 2H_2O$]，加水约 50 mL，再加 55 mL 氢氧化钠溶液[$c(NaOH)=2$ mol/L]，用水稀释至 200 mL，浓度为 50 g/L。此试剂稍有黄色，贮于冰箱中，冰箱温度以 2 ℃～5 ℃为宜，保存期不应超过 1 个月。

5.5 亚硝基铁氰化钠溶液

称取 1.0 g 亚硝基铁氰化钠[$Na_2Fe(CN)_5 \cdot NO \cdot 2H_2O$]，溶于 100 mL 水中，此时浓度为 10 g/L。将溶液置冰箱中保存，冰箱温度以 2 ℃～5 ℃为宜，保存期不应超过 1 个月。

5.6 次氯酸钠溶液

量取 1 mL 次氯酸钠试剂原液(有效氯不低于 5.2%)，按 GB/T 18204.25—2000 附录 B 标定方法标定其浓度，然后用氢氧化钠溶液[$c(NaOH)=2$ mol/L]稀释成浓度为 0.05 mol/L 的溶液。将此溶液用棕色瓶避光保存于冰箱中，冰箱温度以 2 ℃～5 ℃为宜，保存期不应超过 2 个月。

5.7 氨标准溶液

5.7.1 氨标准贮备液

称取 0.3142 g 经 105 ℃干燥 1 h 的氯化铵[NH_4Cl]，用少量水溶解，移入 100 mL 容量瓶中，用吸收液稀释至刻度，此溶液浓度为 1.00 g/L ；或购买可溯源到国家级标准的氨标准溶液。将此液在 2 ℃～5 ℃冰箱中保存，保存期不应超过 3 个月。

5.7.2 氨标准工作液

临用时，将氨标准贮备液用吸收液稀释 1000 倍。此溶液浓度为 1.00 mg/L。

6 仪器和设备

6.1 吸收管

选用 GB/T 18204.25—2000 中 4.1 规定的大型气泡吸收管或棕色玻板吸收管(见图 1)。

6.2 空气采样器

要求采样流量范围为 0 L/min～1.5 L/min，流量稳定可调。采样前和采样后应用经计量检定合格的一级皂膜流量计校准空气采样器流量，误差应小于 5%。

6.3 具塞比色管或容量瓶

具有 10 mL 刻线的具塞比色管或容量瓶。

6.4 分光光度计

选用的可见光分光光度计，应经计量检定合格。可见光分光光度计出光狭缝应小于 20 nm ，并配有 1 cm 比色皿。选用 697.5 nm 作为氨(铵)的测量波长。

单位为毫米

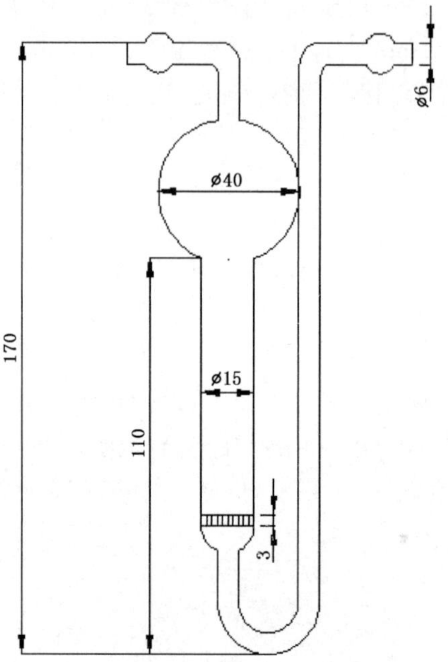

图1 棕色玻板吸收管

7 采样

7.1 采样方法

将吸收管内装 10 mL 吸收液，设定采样流量为 0.5 L/min～0.8 L/min，采样时间 30 min～45 min，采集气体体积应为 15 L～36 L。记录采样时间和采样流量，以及采样开始和结束时的温度和大气压力。采集好的样品应立即密封，冷藏于冰箱中，冷藏温度以 2 ℃～5 ℃为宜。样品应在 24 h 内分析。

为获取小时平均浓度应连续进行采样，采样时间为 45 min。

7.2 现场空白检验

每个采样点每次进行采样时，应随机抽取三个采样管作为预留管不采样，并与样品在相同条件下进行保存和运输。实验室对预留管进行分析测定，所得到的平均值为现场空白值。

8 分析步骤

8.1 标准工作曲线绘制

8.1.1 按表 1 要求将氨标准工作液及吸收液移入 10 mL 具塞比色管或容量瓶中，制备氨标准系列溶液管。其中管 1 及管 6 各制备 2 个。

8.1.2 各管中加入 0.50 mL 水杨酸溶液，再加入 0.10 mL 亚硝基铁氰化钠溶液和 0.10 mL 次氯酸钠溶液，混匀，在 25 ℃室温下放置 1 h。再用 1 cm 比色皿，在波长 697.5 nm 下，以水作参比，用分光光度计进行比色，测定各管溶液的吸光度。1 号管及 6 号管进行平行测定。

表1　氨标准系列溶液

管号	0	1	2	3	4	5	6
氨标准工作液 mL	0	0.40	0.60	1.00	2.00	5.00	7.00
吸收液 mL	10.00	9.60	9.40	9.00	8.00	5.00	3.00
各管中氨的含量 μg	0	0.40	0.60	1.00	2.00	5.00	7.00

8.1.3　以氨含量(μg)为横坐标,以扣除试剂空白的吸光度为纵坐标,绘制标准工作曲线,并计算标准工作曲线的斜率、截距,得出回归方程(1)。

$$Y = bx + a \qquad \cdots\cdots(1)$$

式中:

Y ——标准溶液的吸光度;

x ——氨含量,单位为微克(μg);

a ——方程截距;

b ——方程斜率。

8.2　样品的测定

8.2.1　在每批样品测定同时,用10 mL保留在实验室的吸收液作试剂空白实验,测定试剂空白的吸光度A_0。

8.2.2　每批样品应采用可溯源到国家级标准的氨标准样品进行单点校正。将此标准样品按5.7要求配置成浓度为1.00 mg/L的标准校验溶液,吸取该溶液2.00 mL按8.1.2测定吸光度,计算此标准样品浓度并记录。

8.2.3　采样后,将三个现场空白检验管及采样管中的样品溶液全部移入洗涤干净并晾干的具塞比色管中,用少量吸收液洗涤采样管,合并入具塞比色管中使总体积为10 mL,再按8.1.2测定样品的吸光度A。

8.2.4　如果样品溶液吸光度超过标准工作曲线线性范围,应用试剂空白溶液稀释样品显色液后再分析。

8.3　结果计算

8.3.1　将采样体积按式(2)换算成标准状态下的采样体积:

$$V_0 = V_t \times \frac{T_0}{273 + t} \times \frac{P}{P_0} \qquad \cdots\cdots(2)$$

式中:

V_0——标准状态下的采样体积,单位为升(L);

V_t——采样体积,为采样流量与采样时间的乘积,单位为升(L);

T_0——标准状态下的绝对温度,为273 K;

P_0——标准状态下的大气压力,为101.3 kPa;

P ——采样时的大气压力,单位为千帕(kPa),取采样开始和结束时的大气压力的平均值;

t ——采样时的空气温度,单位为摄氏度(℃),取采样开始和结束时的空气温度的平均值。

8.3.2 大气中氨的浓度按式(3)计算：

$$C=\frac{(A-A_0)B_s}{V_0} \quad \cdots\cdots(3)$$

式中：

C ——大气中氨浓度，单位为毫克每立方米(mg/m^3)；

A ——样品溶液的吸光度；

A_0——试剂空白溶液的吸光度；

B_s——计算因子，由斜率的倒数($1/b$)计算，表示每吸光度含有的 μg 值；

V_0——标准状态下的采样体积，单位为升(L)。

9 方法特性

9.1 灵敏度

10 mL 吸收液中含有 1 μg 氨时，本方法灵敏度应为 11.9048 μg/吸光度～12.8205 μg/吸光度。

9.2 最低检出限

10 mL 吸收液可检出不少于 0.034 μg 的氨。

9.3 测定范围

当采样体积为 30 L 时，可测浓度范围为 0.013 mg/m^3～0.233 mg/m^3。

9.4 方法重现性

10 mL 吸收液中含有 0.796 μg～5.572 μg 氨时，重复测定 7 次的相对标准偏差应小于 2.24 %。

10 质量保证与质量控制方法

10.1 样品采集的质量保证

10.1.1 气密性检查

采样前应对大气采样器的采样系统气密性进行检查，不得漏气。

10.1.2 流量校准

采样前和采样后要用经计量检定合格的一级皂膜流量计校准采样器采样流量，取两次校准的平均值作为采样流量的实际值。两次校准的误差应小于 5%。

10.1.3 采样效率

现场用双管串连采样，氨含量范围在标准工作曲线线性范围内，采样效率应达到 90 % 以上。

10.2 实验室样品分析质量控制

10.2.1 标准溶液

10.2.1.1 配制标准溶液应采用基准试剂。用称量法称量基准试剂时，应准确称至 0.1 mg，配制标准溶液应使用 A 级容量瓶定容。

10.2.1.2　次氯酸钠溶液必须经过标定，取平行标定结果平均值作为标定值。平行标定结果相对偏差的绝对值应小于2%，否则需重新标定。

10.2.1.3　标准溶液需分装使用，以避免污染。

10.2.2　现场空白检验

进行现场采样时，应同时作现场空白检验。样品分析时测得的现场空白值与标准工作曲线的零浓度值即试剂空白值进行比较，相对偏差应不大于50%。若现场空白值超过此控制范围，则这批样品作废，重新进行现场采样。

10.2.3　加标回收率

当出现严重大气污染时应进行样品加标回收率的测定，以排除外界干扰。10 mL 样品溶液中加入0.796 μg 氨时，平均加标回收率应为95%～105%。

10.2.4　单点校正

进行单点校正时，标准样品测定值相对误差的绝对值应小于5 %。

10.2.5　标准工作曲线

10.2.5.1　绘制校准工作曲线时，至少要六个浓度点（包括零浓度点）。标准工作曲线的相关系数应大于0.999，且截距与斜率比值的绝对值应小于0.05，否则应重新绘制标准工作曲线。

10.2.5.2　标准工作曲线须一个月绘制一次。更换试剂时，应重新绘制标准工作曲线。

参 考 文 献

[1] GB 50325—2010 民用建筑工程室内环境污染控制规范

[2] 崔九思,王钦源,王汉平等.大气污染监测方法(第2版)[M].北京:化学工业出版社,1997

[3] 国家环境保护总局,空气和废气监测分析方法编委会.空气和废气监测分析方法等(第4版)[M].北京:中国环境科学出版社,2003

[4] 王庚辰等.气象和大气环境要素观测与分析[M].北京:中国标准出版社,2000

[5] 中国室内装饰协会室内环境监测中心,中国标准出版社第二编辑室.室内环境质量及检测标准汇编[G].北京:中国标准出版社,2003

ICS 07.060
A 47
备案号：45933—2014

QX

中华人民共和国气象行业标准

QX/T 218—2013

大气中挥发性有机物测定 采样罐采样和气相色谱/质谱联用分析法

Determination of Volatile organic compounds (VOCs) in ambient air collected in canisters and analyzed by gas chromatograthy/mass spectrometry(GC/MS)

2013-12-22 发布　　2014-05-01 实施

中国气象局　发布

前　言

本标准按照 GB/T 1.1—2009 给出的规则起草。

本标准由全国气候与气候变化标准化技术委员会大气成分观测预报预警服务分技术委员会(SAC/TC 540/SC1)提出并归口。

本标准起草单位:上海市气象局。

本标准主要起草人:耿福海、俞琼、毛晓琴。

引　言

大气中挥发性有机物是形成臭氧及其他大气氧化剂和有机气溶胶的重要前体物，也是评价大气环境污染状况的重要指标之一。为进一步规范大气中挥发性有机物的观测，特制定本标准。

大气中挥发性有机物测定 采样罐采样和气相色谱/质谱联用分析法

1 范围

本标准规定了测定大气中挥发性有机物的采样方法和设备、分析方法和设备、数据处理、质量保证等内容。

本标准适用于采样罐采样和气相色谱/质谱联用法测定大气中的挥发性有机物。

2 术语和定义

下列术语和定义适用于本文件。

2.1

挥发性有机物 volatile organic compounds;VOCs

在温度 25 ℃、大气压 101.3 kPa 的环境条件下,饱和蒸汽压大于 133.3 Pa 的有机化合物。

2.2

标准物质 reference material

单一或混合的有机化合物,浓度经过确认并可溯源。

2.3

全扫描 scan

在指定的质量范围内对所有离子进行扫描的一种质谱仪扫描模式。

2.4

离子扫描 select ion monitoring;SIM

对指定离子进行重复扫描的一种质谱仪扫描模式。

2.5

响应因子 response factor

目标化合物的浓度与该目标化合物定量离子的峰面积的比值。

2.6

相对响应因子 relative response factor;RRF

内标化合物的响应因子与目标化合物响应因子的比值。

2.7

相对保留时间因子 relative retention times;RRT

目标化合物出峰保留时间与对应的内标化合物出峰保留时间的比值。

2.8

方法检出限 method detection limit;MDL

一个化合物能够以 99%置信度检测并报告的最小浓度。

3 试剂和材料

3.1 标准物质

一般选用气态混合标准物质，并可溯源到国家级标准，浓度通常为 10 nL/L～1000 nL/L。标准物质中常见的 VOCs 化合物及分析图参见附录 A。

3.2 气体

氦气或氢气为载气，其纯度应不低于 99.999 %。

氮气为辅助气，其纯度应不低于 99.999 %。

3.3 试剂水

用于清洗采样罐时加湿，使用三级以上的实验室用水，其电导率在 25 ℃时应不大于 0.5 ms/m。

4 仪器和设备

4.1 采样罐

密封的不锈钢压力容器，其开关阀和内表面经钝化处理。在进样 400 mL 的情况下，通常选择容积大于 2.7 L 的采样罐。

4.2 采样定时器

用于设定采样开始和结束时间，能自动控制样品采集过程，时间精确到分钟。可选用。

4.3 采样限流装置

采样时长内能将样品以恒定的流速采集到采样罐内。根据采样时长选择不同的采样限流装置，采样时长通常为 1 h、3 h、24 h。可选用。

4.4 自动进样装置

带有准确的流量控制系统和真空泵，能提供压力差，流量范围 0 mL/min～200 mL/min，并维持恒定的流速，将样品从采样罐内取出，传送到样品预浓缩系统。

4.5 样品预浓缩系统

用于对样品进行前处理。通常具有 1～3 个冷阱模块，可快速升温或降温，实现样品中目标化合物与水、氧气、氮气、二氧化碳等成分分离，提取并冷凝富集样品，将样品传送到气相色谱/质谱联用系统（GC/MS）。

4.6 气相色谱/质谱联用系统（GC/MS）

应有程序升温功能，配有低温模块，可将炉温箱冷却至－50 ℃，并保持色谱柱恒定流速。采用电子电离离子源，可选用四极杆质量分析器，在 1s 内可扫描 35 u～300 u 的质量范围。

4.7 色谱柱

固定相为 100％甲基聚硅氧烷或 5％苯基、95％的甲基聚硅氧烷的熔融硅毛细管柱，内径 0.25 mm

～0.53 mm，长 50 m～60 m。也可选用具有相同性能，并达到方法特性要求的毛细管柱。若要分析一些极性的挥发性有机化合物也可选用极性高的熔融硅毛细管柱。

4.8 数据采集系统

化学工作站操作系统，可控制 GC/MS 的运行、数据采集、贮存，并能够进行数据处理。

4.9 采样罐清洗系统

用于不锈钢采样罐的清洗、加湿、检漏及抽真空的装置，能将采样罐的最终压力抽至 20 Pa 以下。

4.10 动态稀释装置

可将贮存于压缩钢瓶的高浓度标准物质进一步稀释，其质量流量控制器可调节气体的流量，并保持恒定的流速，将标准物质与湿润的高纯氮气进行连续混合，得到低浓度的标准气体。

5 采样

5.1 采样前的准备工作

5.1.1 所有采样罐在采样前应进行清洗并抽真空至罐内压力 20 Pa 以下。

5.1.2 每批采样罐清洗后都应抽样做清洁测试。

5.1.3 采样罐在现场采样前应检查罐内压力。

5.2 采集样品

5.2.1 瞬时样的采集

采用人工或采样定时器的方法打开采样罐阀门。采样时，待采样罐内的压力达到外界大气压后，关闭采样罐阀门。通常采样时间为 30 s。

人工采集瞬时样时，采样人员应处于采样罐的下风方向，采样人员不得使用带有气味的化妆品。

5.2.2 平均样的采集

采样罐上加装采样限流装置，保证采样时长内以恒定的流速采集大气样品。采样前应校准采样限流装置的流量。在设定的采样时长内，可用人工的方法打开和关闭采样阀，也可用加装采样定时器的方法实现自动采样。

5.3 采样记录

采样时应记录时间、地点及现场气象条件等。

6 分析

6.1 仪器条件

6.1.1 预浓缩系统

按仪器提供的性能指标范围及待测化合物的性质，设定并优化预浓缩系统冷阱模块的参数及设备的其他参数。去除样品中的水、氧气、氮气、二氧化碳等，并冷凝富集样品，将样品瞬间升温解析。样品传输管线温度应不低于 80 ℃，防止样品冷凝。

6.1.2 气相色谱/质谱联用系统

6.1.2.1 色谱条件

载气流量 1 mL/min～3 mL/min，根据目标化合物设定升温速率。如选择非极性或弱极性毛细管柱，升温参考条件：初温 −50 ℃，保持 3 min，以 4 ℃/min 的升温速率到 170 ℃，再以 14 ℃/min 的升温速率到 220 ℃，至所有目标化合物流出。

6.1.2.2 质谱条件

70 eV 的电离模式，根据目标化合物的分子量设定质量范围，参考值为 35 u～300 u，根据需要可选择全扫描(SCAN)或 SIM 扫描方式，扫描频率在 10 Hz 次以上。

6.2 标准曲线绘制

6.2.1 工作标准气体的制备

将已知高浓度的钢瓶贮备标准物质稀释成所需浓度的工作标准气体。该工作标准气体在常温下(15 ℃～25 ℃)可保存 1 个月。

工作标准气体浓度按式(1)计算：

$$C=\frac{F_1\times C_1}{F_2+F_1}\times 1000 \qquad \cdots\cdots(1)$$

式中：

C ——稀释后标准气体的浓度，单位为纳升每升(nL/L)；

C_1——标准物质的浓度，单位为微升每升(μL/L)；

F_1——标准物质的流量，单位为毫升每分钟(mL/min)；

F_2——稀释气的流量，单位为毫升每分钟(mL/min)。

6.2.2 标准曲线绘制

选取覆盖监测范围的 4～5 个浓度点，用工作标准气体的不同进样体积确定各个标准样品的浓度，通常浓度范围为 2 nL/L ～30 nL/L，也可根据实际情况中目标化合物的浓度进行调整。标准曲线采用内标法绘制，每个浓度点加入相同的内标量。各个浓度点的标准样品通过预浓缩系统进入 GC/MS 系统分析，采用首峰离子积分面积定量。当有干扰时用次峰离子积分面积定量。根据目标化合物积分面积和浓度的关系，计算出每一个化合物的标准曲线。

6.2.3 标准曲线合格判据

标准曲线参数计算见附录 B，判断标准曲线是否合格应满足如下要求：

a) 每个化合物的各校正浓度点相对响应因子(RRF)的 RSD 通常不大于 30%；少数化合物，如醇、酮类，其 RSD 应不大于 40%；
b) 每个化合物各校正浓度点的相对保留时间因子(RRT)在其平均值的±0.03 范围内；
c) 标准曲线各个浓度点每个内标化合物积分面积的相对偏差在±30%以内；
d) 各个浓度点的每个内标化合物的保留时间与其平均保留时间的偏差不大于 10 s。

6.3 样品分析

6.3.1 样品分析步骤

样品分析示意图参见附录C中图C.1,步骤如下：

a) 将样品与预浓缩系统连接,设定取样量,并加入内标。
b) 设置预浓缩系统和GC/MS系统的分析条件,样品经预浓缩系统浓缩后进入GC/MS系统。分析条件应与标准曲线分析条件相同。
c) 样品经GC/MS系统分离、检测,得到质谱图。

6.3.2 结果计算

6.3.2.1 定性分析

根据工作标准气体及谱库中的质谱图检索确定目标化合物。

6.3.2.2 定量分析

样品分析结果按式(2)计算：

$$C = \frac{A_x \times C_{is}}{A_{is} \times \overline{RRF}} \quad \cdots\cdots(2)$$

式中：

C ——待测化合物浓度,单位为纳升每升(nL/L)；

A_x ——待测化合物定量离子积分面积值；

A_{is} ——内标定量离子积分面积值；

C_{is} ——内标浓度,单位为纳升每升(nL/L)；

$\overline{RRF}$ ——标准曲线中各个化合物的平均相对响应因子。

7 方法特性

7.1 方法检出限

将浓度约为10 nL/L标准气体进样50 mL,重复7次分析,7次结果的标准偏差乘以3.143(t值),MDL分析结果参见附录D中表D.1。

7.2 平行性

在同一地点,同一时间,相同条件下采集两个样品,在相同条件下分析,测得两个样品浓度的相对偏差小于25%。

7.3 准确度

将各个目标化合物浓度约为10 nL/L的工作标准气体进样200 mL,测量结果与真值的相对误差小于30%。

7.4 回收率

样品中加入标准气体进行分析,其回收率在90%～120%。

8 质量保证和控制

8.1 采样系统

8.1.1 采样罐的检漏测试

用氮气加压至 200 kPa 做检漏测试，24 h 后采样罐内压力变化应在±14 kPa 之内。否则此采样罐不应使用。

8.1.2 采样罐清洗确认

采样罐采样前，抽取 5% 且不少于 1 个的清洗后的采样罐，用加湿后的氮气填充至 200 kPa，经 GC/MS分析，所有目标化合物应未检出。

8.2 气相色谱/质谱联用系统

8.2.1 自动调谐

按质谱性能要求进行自动调谐，调谐结果报告应符合检测需要。

8.2.2 日常校准

在每批样品分析之前必须进行校准，确保仪器正常运行。校准样品应采用标准曲线中间浓度值。校准中每个目标化合物相对响应因子的相对偏差(D)必须在±30%以内。

日常校准中每个化合物的 RRF 与标准曲线的 $\overline{RRF}$ 相比较。计算每个目标化合物的 D。见下式：

$$D = \frac{RRF_C - \overline{RRF_i}}{\overline{RRF_i}} \times 100 \qquad \cdots\cdots(3)$$

式中：

D ——每个目标化合物相对响应因子的相对偏差，单位为百分率(%)；

RRF_c ——日常校准目标化合物的相对响应因子；

$\overline{RRF_i}$ ——最近标准曲线中目标化合物的平均相对响应因子。

8.2.3 空白分析

为了防止分析系统污染，在标准曲线绘制前或批次样品分析前，应进行空白分析。将采样罐清洗干净后填充加湿后的氮气至 200 kPa 进行分析，分析条件与样品分析条件相同。

若遇到一个样品的浓度超过标准曲线上限，该样品分析后应立即做空白分析，确保系统不被污染。

空白分析应满足以下要求：

a) 空白分析中每个内标积分面积与标准样品中内标的平均积分面积的相对偏差应在±30%范围之内。

b) 空白分析中每个内标保留时间漂移应在标准曲线中内标平均保留时间±10 s 范围内。

c) 目标化合物的浓度应不大于方法检出限。

附 录 A
(资料性附录)
大气中常见 VOCs 化合物列表及分析图

大气中常见的 VOCs 化合物见表 A.1,图 A.1 为表 A.1 中列出的化合物标准物质的出峰时间及响应的总离子流(TIC)图。

表 A.1 大气中常见 VOCs 化合物列表

英文名称	中文名称	英文名称	中文名称
Propene	丙烯	Cyclohexane	环己烷
Propane	丙烷	2-Methylhexane	2-甲基己烷
Freon-12	二氟二氯甲烷	2,3-Dimethylpentane	2,3-二甲基戊烷
Chloromethane	氯甲烷	3-Methylhexane	3-甲基己烷
Isobutane	异丁烷	2,2,4-Trimethylpentane	2,2,4-三甲基戊烷
Freon-114	1,2-二氯四氟乙烷	n-Heptane	正-庚烷
Vinyl Chloride	氯乙烯	Trichloroethylene	三氯乙烯
1-Butene	1-丁烯	1,2-Dichloropropane	1,2-二氯丙烷
Butane	丁烷	1,4-Dioxane	1,4-二氧杂环己烷
1,3-Butadiene	1,3-丁二烯	Bromodichloromethane	溴二氯甲烷
Trans-2-Butene	反-2-丁烯	Methylcyclohexane	甲基环己烷
Cis-2-Butene	顺-2-丁烯	Methyl Isobutyl Ketone	甲基异丁基酮
Bromomethane	溴甲烷	Cis-1,3-Dichloropropene	顺-1,3-二氯丙烯
Chloroethane	氯乙烷	2,3,4-Trimethylpentane	2,3,4-三甲基戊烷
Vinyl Bromide	溴乙烯	2-Methylheptane	2-甲基庚烷
Isopentane	异戊烷	Trans-1,3-Dichloropropene	反-1,3-二氯丙烯
Freon-11	三氯氟甲烷	Toluene	甲苯
1-Pentene	1-戊烯	3-Methylheptane	3-甲基庚烷
Acetone	丙酮	1,1,2-Trichloroethane	1,1,2-三氯乙烷
n-Pentane	正戊烷	2-Hexanone	2-已酮
Isoprene	异戊二烯	n-Octane	正辛烷
Isopropyl Alcohol	异丙醇	Dibromochloromethane	二溴氯甲烷
Cis-2-Pentene	顺-2-戊烯	Tetrachloroethylene	四氯乙烯
Trans-2-Pentene	反-2-戊烯	1,2-Dibromoethane	1,2-二溴乙烷
1,1-Dichloroethene	1,1-二氯乙烯	Chlorobenzene	氯苯
Freon-113	1,1,2-三氟-1,2,2-三氯乙烷	EthylBenzene	乙基苯
Carbon Disulfide	二硫化碳	m-Xylene	间二甲苯
2,2-Dimethylbutane	2,2-二甲基丁烷	p-Xylene	对二甲苯

表 A.1 大气中常见 VOCs 化合物列表(续)

英文名称	中文名称	英文名称	中文名称
Allyl Chloride	烯丙基氯	Styrene	苯乙烯
Methylene Chloride	二氯甲烷	o-Xylene	邻二甲苯
Cyclopentane	环戊烷	Nonane	壬烷
2,3-Dimethylbutane	2,3-二甲基丁烷	Bromoform	三溴甲烷
2-Methylpentane	2-甲基戊烷	1,1,2,2-Tetrachloroethane	1,1,2,2-四氯乙烷
Trans-1,2-Dichloroethylene	反-1,2-二氯乙烯	Isopropylbenzene	异丙苯
Methyl Tert-Butyl Ether	特丁基甲醚/甲基叔丁基醚	n-Propylbenzene	正丙苯
1,1-Dichloroethane	1,1-二氯乙烷	m-Ethyltoluene	间乙基甲苯
3-Methylpentane	3-甲基戊烷	p-Ethyltoluene	对乙基甲苯
Vinyl Acetate	醋酸乙烯酯	1,3,5-Trimethylbenzene	1,3,5-三甲苯
1-Hexene	1-己烯	o-Ethyltoluene	邻乙基甲苯
2-Butanone	2-丁酮	n-Decane	正癸烷
Hexane	己烷	1,2,4-Trimethylbenzene	1,2,4-三甲基苯
Cis-1,2-Dichloroethylene	顺-1,2-二氯乙烯	m-Dichlorobenzene	间二氯苯
Ethyl Acetate	乙酸乙酯	Benzyl Chloride	苄基氯
Chloroform	三氯甲烷	p-Dichlorobenzene	对二氯苯
Tetrahydrofuran	四氢呋喃	1,2,3-Trimethylbenzene	1,2,3-三甲苯
2,4-Dimethylpentane	2,4-二甲基戊烷	o-Dichlorobenzene	邻二氯苯
Methylcyclopentane	甲基环戊烷	m-Diethylbenzene	间二氯苯
1,1,1-Trichloroethane	1,1,1-三氯乙烷	p-Diethylbenzene	对二氯苯
1,1-Dichloroethane	1,1-二氯乙烷	n-Undecane	十一烷
Benzene	苯	1,2,4-Trichlorobenzene	1,2,4-三氯苯
Carbon Tetrachloride	四氯化碳	n-Dodecane	十二烷
Hexachloro-1,3-Butadiene	六氯-1,3-丁二烯		
注:表中为本方法检测出的部分大气中挥发性有机化合物。			

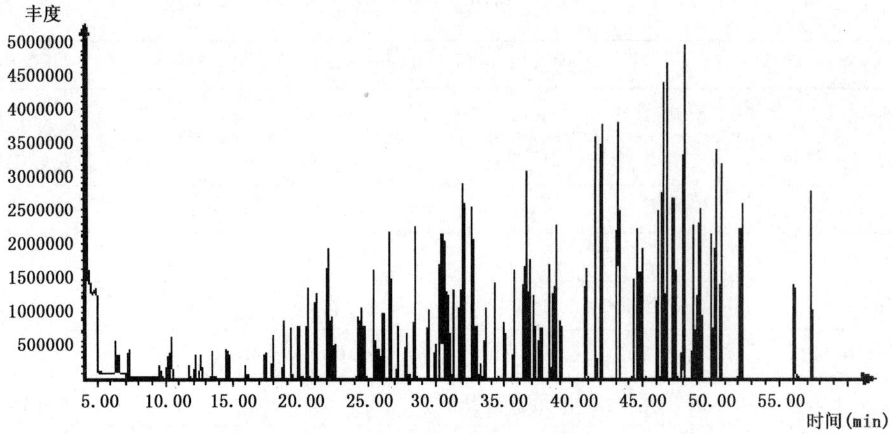

图 A.1 常见 VOCs 标准物质分析图

附　录　B
（规范性附录）
标准曲线参数计算

B.1　相对响应因子（RRF）

用合适的内标计算每个化合物各校正浓度点的相对响应因子，见式（B.1）。

$$RRF = \frac{A_x \times C_{is}}{A_{is} \times C_x} \qquad \cdots\cdots(B.1)$$

式中：

RRF——相对响应因子；

A_x——标准样品的定量离子积分面积值；

A_{is}——内标的定量离子积分面积值；

C_{is}——内标的浓度，单位为纳升每升（nL/L）；

C_x——标准样品的浓度，单位为纳升每升（nL/L）。

B.2　平均相对响应因子（$\overline{RRF}$）

标准曲线每个化合物各个浓度点相对响应因子的平均值，见式（B.2）。

$$\overline{RRF} = \sum_{i=1}^{n} \frac{RRF_i}{n} \qquad \cdots\cdots(B.2)$$

式中：

$\overline{RRF}$——平均相对响应因子；

RRF_i——浓度 i 点的相对响应因子；

n——校正浓度点数。

B.3　相对标准偏差（RSD）

计算标准曲线中每个化合物各校正浓度点 RRF 的 RSD，见式（B.3）、式（B.4）。

$$RSD = \frac{SD_{RRF}}{\overline{RRF}} \times 100 \qquad \cdots\cdots(B.3)$$

$$SD_{RRF} = \sqrt{\sum_{i=1}^{n} \frac{(RRF_i - \overline{RRF})^2}{n-1}} \qquad \cdots\cdots(B.4)$$

式中：

RSD——相对标准偏差，单位为百分率（%）；

SD_{RRF}——相对响应因子的标准偏差；

RRF_i——浓度 i 点的相对响应因子；

$\overline{RRF}$——平均相对响应因子；

n——校正浓度点数。

B.4　相对保留时间因子（RRT）

计算标准曲线中每个化合物各浓度点的 RRT，见式（B.5）。

$$RRT = \frac{RT_c}{RT_{is}} \quad \cdots\cdots (B.5)$$

式中：

RRT——相对保留时间因子；

RT_c——每个化合物的保留时间，单位为秒(s)；

RT_{is}——内标化合物的保留时间，单位为秒(s)。

B.5 平均相对保留时间因子($\overline{RRT}$)

计算标准曲线中的每个化合物各浓度点相对保留时间的平均值，见式(B.6)。

$$\overline{RRT} = \sum_{i=1}^{n} \frac{RRT_i}{n} \quad \cdots\cdots (B.6)$$

式中：

$\overline{RRT}$——平均相对保留时间因子；

RRT_i——浓度 i 点的相对保留时间因子；

n——校正浓度点数。

附　录　C
（资料性附录）
样品分析示意图

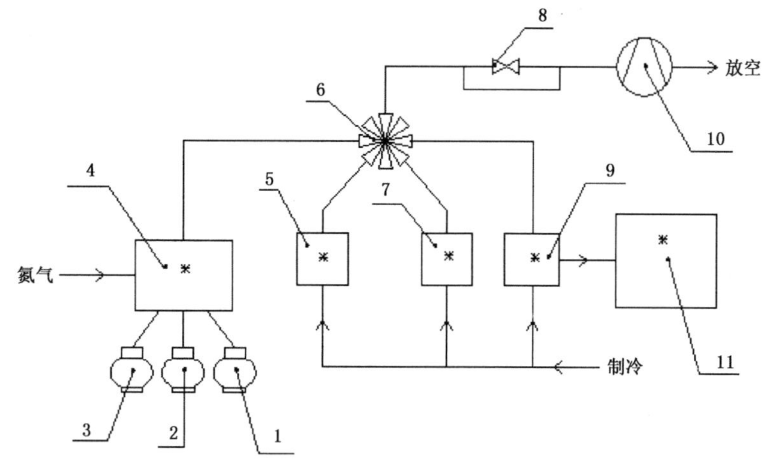

说明：

1——样品；

2——标准品；

3——内标；

4——自动进样装置；

5——预浓缩系统冷阱 1；

6——八通阀；

7——预浓缩系统冷阱 2；

8——质量流量控制器；

9——预浓缩系统冷阱 3；

10——真空泵；

11——气相色谱/质谱联用系统(GC/MS)。

图 C.1　样品分析示意图

附 录 D
(资料性附录)
VOCs的MDL分析结果

表D.1 VOCs的MDL分析结果

化合物(英文)	化合物(中文)	MDL(nL/L)
Propylene	丙烯	0.23
Freon-12	二氟二氯甲烷	0.11
Chloromethane	氯甲烷	0.25
Freon-114	1,2-二氯四氟乙烷	0.09
Vinyl Chloride	氯乙烯	0.25
1,3-Butadiene	1,3-丁二烯	0.16
Bromomethane	溴甲烷	0.17
Chloroethane	氯乙烷	0.11
2-Pentene	2-戊烯	0.19
Vinyl Bromide	溴乙烯	0.08
Freon-11	三氯氟甲烷	0.11
1,1-Dichloroethene	1,1-二氯乙烯	0.03
Freon-113	1,1,2-三氟-1,2,2-三氯乙烷	0.14
Allyl Chloride	烯丙基氯	0.02
Methylene Chloride	二氯甲烷	0.07
Trans-1,2-Dichloroethylene	反-1,2-二氯乙烯	0.15
Methyl Tert-Butyl Ether	特丁基甲醚/甲基叔丁基醚	0.09
Propane	丙烷	0.32
Isobutane	异丁烷	0.11
1-Butene	1-丁烯	0.17
Butane	丁烷	0.09
Trans-2-Butene	反-2-丁烯	0.11
Cis-2-Butene	顺-2-丁烯	0.15
Isopetane	异戊烷	0.10
1-Pentene	1-戊烯	0.10
n-Petane	正-戊烯	0.11
Isoprene	异戊二烯	0.12
2,2-Dimethylbutane	2,2-二甲基丁烷	0.08
Carbon Disulfide	二硫化碳	0.08
Cyclopentane	环戊烷	0.13
2,3-Dimethylbutane	2,3-二甲基丁烷	0.11

表 D.1　VOCs 的 MDL 分析结果(续)

化合物(英文)	化合物(中文)	MDL(nL/L)
2-Methylpentane	2-甲基戊烷	0.05
3-Methylpentane	3-甲基戊烷	0.11
1,1-Dichloroethane	1,1-二氯乙烷	0.11
1-Hexene	1-己烯	0.09
Vinyl Acetate	醋酸乙烯酯	0.13
n-Hexane	己烷	0.20
Cis-1,2-Dichloroethylene	顺-1,2-二氯乙烯	0.07
Ethyl Acetate	乙酸乙酯	0.18
Chloroform	三氯甲烷	0.15
Tetrahydrofuran	四氢呋喃	1.25
1,1,1-Trichloroethane	1,1,1-三氯乙烷	0.11
1,2-Dichloroethane	1,2-二氯乙烷	0.09
Benzene	苯	0.30
Carbon Tetrachloride	四氯化碳	0.14
Cyclohexane	环己烷	0.20
2,2,4-Trimethylpentane	2,2,4-三甲基戊烷	0.16
n-Heptane	正庚烷	0.24
Trichloroethylene	三氯乙烯	0.12
1,2-Dichloropropane	1,2-二氯丙烷	0.05
1,4-Dioxane	1,4-二氧杂环己烷	0.16
Bromodichloromethane	溴二氯甲烷	0.03
2,4-Dimethylpentane	2,4-二甲基戊烷	0.12
Metylcyclopentane	甲基环戊烷	0.12
2-Methylhexane	2-甲基己烷	0.07
2,3-Dimethylpentane	2,3-二甲基戊烷	0.09
3-Methylhexane	3-甲基己烷	0.06
Methylcyclohexane	甲基环己烷	0.06
2,3,4-Trimethylpentane	2,3,4-三甲基戊烷	0.10
2-Methylheptane	2-甲基庚烷	0.12
3-Methylheptane	3-甲基庚烷	0.14
n-Octane	正辛烷	0.09
Nonane	壬烷	0.11
Isopropylbenzene	异丙苯	0.06
n-Propylbenzene	正丙苯	0.06
m-Ethyltoluene	间乙基甲苯	0.06
1,3,5-Trimethylbenzene	1,3,5-三甲苯	0.10

表 D.1 VOCs 的 MDL 分析结果(续)

化合物(英文)	化合物(中文)	MDL(nL/L)
化合物(英文)	化合物(中文)	MDL(nL/L)
o-Ethyltoluene	邻乙基甲苯	0.10
n-Decane	正葵烷	0.29
1,2,3-Trimethylbenzene	1,2,3-三甲苯	0.21
Methyl Isobutyl Ketone	甲基异丁基酮	0.09
Cis-1,3-Dichloropropene	顺 1,3-二氯丙烯	0.03
Trans-1,3-dichloropropene	反 1,3-二氯丙烯	0.07
Toluene	甲苯	0.15
1,1,2-Trichloroethane	1,1,2-三氯乙烷	0.07
Methyl Butyl Ketone	甲基乙基酮	0.06
Dibromochloromethane	二溴氯甲烷	0.07
Tetrachloroethylene	四氯乙烯	0.09
1,2-Dibromoethane	1,2-二溴乙烷	0.06
Chlorobenzene	氯苯	0.11
Ethylbenzene	乙基苯	0.14
m. p-xylene	间/对二甲苯	0.38
Hexachloro-1,3-Butadiene	六氯-1,3-丁二烯	0.28
Styrene	苯乙烯	0.14
m-Diethylbenzene	间二乙苯	0.21
p-Diethylbenzene	对二乙苯	0.21
n-Undecane	十一烷	0.18
n-Dodecane	十二烷	0.51
1,1,2,2-Tertrachloroethane	1,1,2,2-四氯乙烷	0.07
P-Ethyltoluene	对乙基甲苯	0.12
1,2,4-Trichlorobenzene	1,2,4-三氯苯	0.24
1,2,4-Trimethylbenzene	1,2,4-三甲基苯	1.76
1,3-Dichlorobenzene	1,3-二氯苯	1.66
Benzyl Chloride	苄基氯	1.42
1,4-Dichlorobenzene	1,4-二氯苯	0.18
1,2-Dichlorobenzene	1,2-二氯苯	0.10
Bromoform	三溴甲烷	0.06
o-xylene	邻二甲苯	0.14
注:扫描方式为 SIM 和 SCAN 同时使用。		

参考文献

[1] HJ/T 168—2004 环境监测分析方法标准制订技术导则

[2] HJ/T 400—2007 车内挥发性有机物和醛酮类物质采样测定方法

[3] 崔九思,王钦源,王汉平等.大气污染监测方法(第二版)[M].北京:化学工业出版社,2001,5

[4] 国家环境保护总局,空气和废气监测分析方法编委会.空气和废气监测分析方法(第四版)[M].北京:中国环境科学出版社,2003,39-51,566-576

[5] 中国环境监测总站,《环境水质监测质量保证手册》编写组编.环境水质监测质量保证手册(第二版)[M].北京:化学工业出版社,2002

[6] U.S. Environmental Protection Agency. Compendium of Methods for the Determination of Toxic Organic Compounds in Ambient Air(second Edition) :Compendium Method To-15. Determination of Volatile Organic Compounds(VOCs) In Air Collected In Specially-Prepared Canisters And Analyzed By Gas Chromatographyl/Mass Spectrometry(GC/MS)[R]. Cincinnati: Center for Environmental Research Information Office of Research and Development U.S. Environmental Protection Agency, 1999.1

[7] U.S. Environmental Protection Agency. Compendium of Methods for the Determination of Toxic Organic Compounds in Ambient Air (second Edition): Compendium Method To-14A . Determination of Volatile Organic Compounds(VOCs) In Ambient Air Using Specially Prepared Canisters With Subsequent Analysis By Gas Chromatography[R]. Cincinnati: Center for Environmental Research Information Office of Research and Development U.S. Environmental Protection Agency,1999.1

ICS 07.060
A 47
备案号：45934—2014

QX

中华人民共和国气象行业标准

QX/T 219—2013

空气流速计量实验室技术要求

Technical requirements for metrology laboratory of air speed

2013-12-22 发布　　　　2014-05-01 实施

中 国 气 象 局　发布

前　言

本标准按照 GB/T 1.1—2009 给出的规则起草。

本标准由全国气象仪器与观测方法标准化技术委员会(SAC/TC 507)提出并归口。

本标准起草单位:中国气象局气象探测中心。

本标准主要起草人:畅世聪、李建英、贺晓雷、沙奕卓、苏锁群、高庆亭。

空气流速计量实验室技术要求

1 范围

本标准规定了空气流速计量实验室基础设施及环境条件、计量标准和环境测量仪器的技术要求。

本标准适用于空气流速计量实验室(以下简称“实验室”)的建设。

2 基础设施和环境条件

2.1 实验室面积与高度

2.1.1 根据气象风洞设计要求确定实验室面积与高度,回流式风洞洞体与四周墙壁的距离应不小于1 m;直流式风洞出气口与墙壁的距离应不小于进气口直径的2倍,进气口与墙壁的距离应不小于进气口直径,两侧与墙壁的距离应符合风洞设计要求。

2.1.2 实验室不能兼做它用,并与不相容活动的相邻区域进行有效隔离。直流式风洞的实验室应设独立的控制室。

2.2 供电

2.2.1 实验室应同时配备220 V与380 V交流电电源。环境设备、照明设备电源应与实验设备电源隔离。标准仪器及被检仪器电源应与大功率附属设备、感性设备和容性设备电源隔离。

2.2.2 实验室供电电压允许偏差为标称电压的±7%。

2.2.3 实验室供电电压频率允许变化范围在(50±1) Hz内。

2.2.4 实验室接地电阻应小于4 Ω。

2.2.5 标准仪器及被检仪器电源应配备在线式不间断电源设备,线路容量为线路上承载总功率的2倍以上。

2.3 消防设施

实验室应配备防火报警系统及灭火喷淋设备。灭火喷淋设备应使用泡沫喷剂。

2.4 光照

实验室照明照度应达到500 lx,避免阳光直射。

2.5 噪声

实验室内距风洞试验段1 m,距地面1.2 m～1.5 m的区域,噪声要求小于85 dB。

2.6 环境条件

工作环境温度在15℃～30℃;湿度不大于85%RH。

3 空气流速计量标准的主要技术指标

3.1 一等标准气象计量实验室

3.1.1 风速测量范围：0.2 m/s ～80 m/s。

3.1.2 扩展不确定度：风速在 1 m/s～12 m/s 范围时，为 0.08 m/s(k=2)；风速大于 12 m/s 时，为 0.62%(k=2)。

3.2 二等标准气象计量实验室

3.2.1 风速测量范围：0.2 m/s ～30 m/s。

3.2.2 扩展不确定度：风速在 1 m/s～12 m/s 范围时，为 0.15 m/s(k=2)；风速大于 12 m/s 时，为 1.24%(k=2)。

4 环境测量仪器

4.1 温度测量仪

技术指标为：

——测量范围：0℃～50℃；

——最大允许误差：±0.3℃。

4.2 湿度测量仪

技术指标为：

——测量范围：10%RH～90%RH；

——最大允许误差：±5%RH。

4.3 大气压力测量仪

——测量范围：500 hPa～1060 hPa；

——最大允许误差：±0.5 hPa。

参 考 文 献

［1］ GB 3096—2008 声环境质量标准
［2］ GB/T 12325—2008 电能质量 供电电压偏差
［3］ GB/T 18039.3—2003 电磁兼容 环境 公用低压供电系统低频传导骚扰及信号传输的兼容水平
［4］ GB 22337—2008 社会生活环境噪声排放标准
［5］ GB 50034—2004 建筑照明设计标准
［6］ GB 50169—2006 电气装置安装工程接地装置施工及验收规范
［7］ JJF 1001—2011 通用计量术语及定义
［8］ JJF 1059.1—2012 测量不确定度评定与表示
［9］ QX/T 84—2007 气象低速风洞性能测试规范

ICS 07.060
A 47
备案号：45935—2014

QX

中华人民共和国气象行业标准

QX/T 220—2013

大气压力计量实验室技术要求

Technical requirements for metrology laboratory of atmospheric pressure

2013-12-22 发布　　2014-05-01 实施

中国气象局　发布

前　言

本标准按照 GB/T 1.1—2009 给出的规则起草。

本标准由全国气象仪器与观测方法标准化技术委员会(SAC/TC 507)提出并归口。

本标准起草单位：中国气象局气象探测中心、浙江省大气探测技术保障中心、陕西省气象局、山东省大气探测技术保障中心。

本标准主要起草人：李建英、贺晓雷、沙奕卓、于贺军、罗昶、王建森、陈征、王有利、房岩松、杨茂水。

大气压力计量实验室技术要求

1 范围

本标准规定了大气压力计量实验室基础设施及环境条件、计量标准和环境测量仪器的技术要求。

本标准适用于大气压力计量实验室(以下简称“实验室”)的建设。

2 术语和定义

下列术语和定义适用于本文件。

2.1

湿度控制偏差 bias of humidity controlling

实验室内某一位置的实际相对湿度与相对湿度设定值之差。

3 基础设施和环境条件

3.1 面积

实验室使用面积应大于 50 m^2,并与不相容活动的相邻区域进行有效隔离。

3.2 光照

实验室照明照度应达到 500 lx,避免阳光直射。

3.3 供电

3.3.1 实验室应同时具备 220 V 与 380 V 交流电电源。环境设备、照明设备电源应与实验设备电源隔离。标准装置及被检设备电源应与大功率附属设备、感性设备和容性设备电源隔离。

3.3.2 实验室供电电压允许偏差为标称电压的±7%。

3.3.3 实验室供电电压频率应在(50±1) Hz 的范围内。

3.3.4 实验室接地电阻应小于 4 Ω。

3.3.5 实验室电源应配备在线式不间断电源设备。线路容量为线路上承载总功率的 2 倍以上。

3.4 振动

3.4.1 实验室应远离振动源。

3.4.2 一等标准气象计量实验室设备承载面应与具有振动特性的附属设备承载面隔离,隔离带深度不小于 0.5 m,宽度不小于 0.2 m。

3.4.3 一等标准气象计量实验室振动加速度级应不大于 20 dB。

3.4.4 二等标准气象计量实验室振动加速度级应不大于 40 dB。

3.5 环境温度

3.5.1 一般情况下,一等标准气象计量实验室温度应满足(20±2)℃要求。当选用绝压型气体活塞压力计作标准器检定 0.01 级数字气压计时,实验室温度应满足(20±1)℃要求。

3.5.2 一般情况下，二等标准气象计量实验室温度应满足(20±5)℃要求。当选用0.01级数字气压计作标准器检定0.1级及以上数字气压计时，实验室温度应满足(20±2)℃要求。

3.6 环境湿度

3.6.1 一等标准气象计量实验室湿度控制范围为40%RH～70%RH，试验区域内任意位置的湿度控制偏差优于±5%RH。

3.6.2 二等标准气象计量实验室湿度不大于85%RH。

4 大气压力计量标准的主要技术指标

4.1 国家级气象计量检定机构

4.1.1 测量范围：3 hPa～1700 hPa。

4.1.2 扩展不确定度：0.0050%($k=2$)。

4.2 省级气象计量检定机构

4.2.1 测量范围：500 hPa～1100 hPa。

4.2.2 最大允许误差：±0.10 hPa。

5 环境测量仪器

5.1 温度仪器

技术指标为：

——测量范围：0℃～50℃；

——最大允许误差：±0.5℃。

5.2 湿度仪器

技术指标为：

——测量范围：10%RH～90%RH；

——最大允许误差：±5%RH。

5.3 大气压力仪器

技术指标为：

——测量范围：500 hPa～1100 hPa；

——最大允许误差：±2.5 hPa。

参 考 文 献

［1］ GB 10070—1988 城市区域环境振动标准

［2］ GB/T 12325—2008 电能质量 供电电压偏差

［3］ GB/T 18039.3—2003 电磁兼容 环境 公用低压供电系统低频传导骚扰及信号传输的兼容水平

［4］ GB 50034—2004 建筑照明设计标准

［5］ GB 50169—2006 电气装置安装工程接地装置施工及验收规范

［6］ JJF 1001—2011 通用计量术语及定义

［7］ JJF 1059.1—2012 测量不确定度评定与表示

［8］ JJG 59—2007 活塞式压力计检定规程

［9］ JJG 1084—2013 数字式气压计检定规程

ICS 07.060
A 47
备案号：45936—2014

QX

中华人民共和国气象行业标准

QX/T 221—2013

气象计量实验室建设技术要求 二等标准实验室

Technical requirements for construction of meteorological metrological laboratory—Grade II standard laboratory

2013-12-22 发布 2014-05-01 实施

中 国 气 象 局 发 布

前　　言

本标准按照GB/T 1.1—2009给出的规则起草。

本标准由全国气象仪器与观测方法标准化技术委员会(SAC/TC 507)提出并归口。

本标准起草单位:山东省气象局大气探测技术保障中心。

本标准主要起草人:孙嫣、杨茂水、房岩松、任燕、韩广鲁。

气象计量实验室建设技术要求　二等标准实验室

1　范围

本标准规定了二等标准气象计量实验室(以下简称实验室)的选址和平面设计、建筑设计、室内环境、安全和防护、建筑设施及电气方面的建设技术要求。

本标准适用于实验室建筑环境及配套设施的建设。

2　规范性引用文件

下列文件对于本文件的应用是必不可少的。凡是注日期的引用文件,仅注日期的版本适用于本文件。凡是不注日期的引用文件,其最新版本(包括所有的修改单)适用于本文件。

GB 8978　污水综合排放标准

GB 50015　建筑给水排水设计规范

GB 50016　建筑设计防火规范

GB 50019　采暖通风与空气调节设计规范

GB 50045　高层民用建筑设计防火规范

GB 50057　建筑物防雷设计规范

GB 50222　建筑内部装修设计防火规范

GB 50311　综合布线系统工程设计规范

GB 50343　建筑物电子信息系统防雷技术规范

JGJ 91—1993　科学实验室建筑设计规范

3　术语和定义

下列术语和定义适用于本文件。

3.1

二等标准实验室　grade II standard laboratory

以二等标准装置或相应等级标准装置建立计量标准的实验室。

注:计量器具检定系统框图参见附录A。

4　选址和平面设计

4.1　选址

实验室选址应满足下列要求:

a)　符合当地城市规划和环境保护的要求;

b)　满足计量工作的要求,具备水源、能源和通信条件;

c)　满足建筑用地、绿化用地的需要,并留有发展用地;

d)　避开振动干扰和噪声、电磁辐射等污染源;

e)　有消防等安全保障条件及措施。

4.2 平面设计

4.2.1 应包括各类用房、道路的平面布置及竖向设计、公用设施管网的综合设计及绿化设计等。
4.2.2 应合理利用现有地形、地貌、地物及现有的公用设施等。
4.2.3 各类用房宜集中布置、分区明确、布局合理，且留有发展空间。
4.2.4 实验室不建在地面一层时应有货运电梯。
4.2.5 有大型装置（如风洞）的实验室宜建设在地面一层。
4.2.6 公用设施用房在平面中的位置应有利于节能和环境保护。
4.2.7 各类公用设施管网应结合室外环境设计综合布置，并留有发展余地。

5 建筑设计

5.1 一般要求

5.1.1 实验室组成

实验室由以下四部分组成：

a) 实验用房，包括：温度室、湿度室、气压（水银）室、气压（非水银类）室、风向风速室、降水室、酸雨室、土壤湿度室、能见度室、大气成分室、辐射室、电学室等；
b) 实验平台，包括：室外辐射检定平台等；
c) 辅助用房，包括：仪器收发室、仪器维修室、档案室、样品库、消耗品仓库、更衣间等；
d) 公用设施用房，包括：计算机网络机房、空调机房、配电总控室、消防控制室、安保（监控）值班室、厕所、卫生用具间等。

5.1.2 实验室适应性设计

实验室平面布局设计应采用标准单元组合形式，并根据实验室的设备、功能确定结构选型及荷载，使其具有使用适应性。

5.1.3 实验室门窗

5.1.3.1 实验室的门应符合下列规定：

a) 由1/2个标准单元组成的门洞宽度不小于1.00 m，高度不小于2.10 m；
b) 由一个及一个以上标准单元组成的门洞宽度不小于1.20 m，高度不小于2.10 m；
c) 有大型装置（如风洞）的实验室，应设供实验装置进出的隐蔽门。

5.1.3.2 实验室的窗在满足采光要求的前提下，应减少外窗面积；外窗应具有良好的密闭性及隔热性，且宜设不小于窗面积1/3的可开启窗扇。

5.1.4 实验室走廊

5.1.4.1 走廊净宽应满足表1的要求。
5.1.4.2 当走廊地面有高度差时应设坡道，其坡度不大于1∶8。

5.1.5 卫生用具间和更衣间

5.1.5.1 卫生用具间宜设拖布池、拖布吊挂设施和地漏。
5.1.5.2 更衣间应设更衣柜及换鞋柜，人均使用面积宜不小于0.60 m^2。

表 1 走廊净宽

单位为米

走廊形式	走廊净宽	
	单面布房	双面布房
单走廊	不小于1.30	不小于1.60
双走廊或多走廊	不小于1.30	不小于1.50

5.1.6 采光、隔声和防振

5.1.6.1 采光：采用自然光，避免直射，房间的窗地面积比应不小于1∶6。

5.1.6.2 隔声：检定区噪声（风向风速室除外）应不大于55 dB。

5.1.6.3 防振：产生振动的实验用房和公用设施用房应采取防振措施。

5.1.7 室内净高

室内净高应不小于2.60 m，使用直流式风洞的风向风速室净高应不小于3.00 m，走廊净高应不小于2.20 m。

5.2 空间布局

5.2.1 使用面积与室内功能分区应满足下列要求：

a) 温度室使用面积不小于80 m^2；

b) 湿度室使用面积不小于70 m^2；

c) 气压（水银）室使用面积不小于50 m^2，分为检定区、清洗区和暂存区，三者之间应隔离，宜设独立清洗室、更衣室；

d) 气压（非水银类）室使用面积不小于50 m^2；

e) 风向风速室使用面积根据风洞的安装使用要求确定，应设独立的控制室；

f) 降水室使用面积不小于50 m^2；

g) 酸雨室使用面积不小于40 m^2，划分为实验区和试剂制备储存区；

h) 其他实验用房的使用面积根据其检定装置体积和工作要求等确定；

i) 辅助用房和公用设施用房的面积根据业务工作情况确定。

5.2.2 实验装置布局的空间标准应满足下列要求：

a) 实验室标准单元面宽应由实验台宽度、布置方式及间距决定，一般为3.50 m～4.00 m；

b) 实验室标准单元进深应由实验台长度、通风柜及实验仪器设备布置决定，且不小于6.60 m；无通风柜时，不小于5.70 m；

c) 直流式风洞风向风速室的长度应按照风洞设备的安装使用要求确定；

d) 实验台之间的净距不小于1.60 m，通风柜或实验仪器装置与实验台之间的净距不小于1.50 m；

e) 中央实验台一般不与外窗平行布置，若与外窗平行布置时，其与外墙之间的净距不小于1.30 m；

f) 实验台端部与走道墙之间的净距不小于1.20 m；

g) 不贴靠有窗外墙布置边实验台，不贴靠有窗外墙布置需要公用设施供应的边实验台；

h) 设置空气调节的实验室布置在北向，并尽量利用非空调房间包围空调房间。

5.2.3 室外辐射检定平台应满足下列要求：

a) 建在周围无遮挡的露天空地；

b） 建立水平、防水、亚光的操作平台，面积不小于10 m^2；

c） 可在靠近平台处设置准备室。

5.3 室内装修

5.3.1 顶棚墙面地面

5.3.1.1 顶棚墙面地面的装修符合下列规定：

a） 室内、走廊、楼梯的地面应坚实耐磨、防水防滑、不起尘、不积尘；

b） 顶棚、墙面光洁、无眩光、防潮、不起尘、不积尘；

c） 顶棚、墙面、地面用环保防火保温材料覆盖，新建实验室在竣工验收时应符合6.2和7.1的要求；

d） 计算机网络机房做防尘、防潮、防霉、防静电等处理；

e） 气压（水银）室和温度室地面应做防渗基层和无缝处理，沿墙壁四周设置有一定倾角的导流槽，使水流自动汇集一处，在最低的墙角做水银沉淀池并设置溢流孔，最终汇集下水道；

f） 风向风速室墙面宜设消声设施，风洞支撑脚地面应做钢筋混凝土桩柱基础并做减振处理；

g） 风洞试验段下方到控制室宜设置布线地沟。

5.3.1.2 室内其他装修符合下列规定：

a） 温度室、气压（水银）室、降水室、酸雨室等及卫生用具间、厕所等公用设施用房室内设计给排水系统，设洗手池、地漏；

b） 温度室和气压（水银）室的地面、墙面和顶棚应做整体式防水饰面，墙面与墙面之间、墙面与地面之间、墙面与顶棚之间应做成半径不小于0.05 m的半圆角，室内应减少突出的建筑构配件及露明管道；

c） 空调机房应做防振、消声处理；

d） 使用直流式风洞的风向风速室内墙角做成导流角，灯具应嵌入顶棚并保持顶棚平整。

5.3.2 门窗

应做密封保温处理。外墙窗户宜为双层密封窗，玻璃宜采用中空玻璃。

5.3.3 缓冲间

实验室内宜设置与检定区隔离的缓冲间。

5.3.4 吊顶

宜采用铝合金吸音微孔、活动板块式吊顶，内衬吸音难燃材料。

5.4 公用设施用房

宜布置于靠近使用负荷中心的位置。布置于地下室时，应采取防潮、防水及通风等措施。

5.5 管道空间

管道技术层的尺寸及位置应按建筑标准单元组合设计、公用设施系统设计、安装及维护检修的要求确定，应设检修门。

5.6 实验台和物品柜（架）

5.6.1 宜采用标准设计产品，其选择和布置应与建筑标准单元组合设计相适应。各种公用设施管线、实验用水盆及龙头、电源插座及开关等配件宜与实验台体结合在一起。

5.6.2 实验台上方宜设置嵌墙式或挂墙式物品柜(架)，物品柜(架)底距地面应不小于1.20 m，应具有足够的承载能力，并应与墙体牢固连接，物品柜(架)横隔板可上下移动。

5.6.3 实验台及物品柜(架)的基材应符合环保要求，面材应具备耐磨、耐腐、耐火、耐高温、防水及易清洗等性能。

5.7 通风柜

通风柜设计符合下列规定：

a) 外壳、内衬板、工作台面及向柜内伸出的配件应耐腐、防水；
b) 柜内的公用设施管线应暗敷；
c) 公用设施的开闭阀、电源插座及开关等应设于通风柜外壳上或柜体外易操作处；
d) 柜口窗扇及其他玻璃配件，应采用透明安全玻璃；
e) 通风柜的选择及布置应与建筑标准单元组合设计紧密结合；
f) 应贴邻或靠近管道井或管道走廊布置，避开主要人流及出入口，不设置空气调节的实验用房，通风柜应远离外窗，设置空气调节的实验用房，通风柜应远离室内送风口；
g) 排风系统宜独立设置，一柜一管一风机。

6 室内环境

6.1 一般要求

6.1.1 冷热源、电磁辐射、静电、振动等干扰源根据相关规程要求采取隔离措施。

6.1.2 气压(水银)室应保证水银类仪器在实验过程中避免阳光直射。

6.2 温度和湿度控制要求

实验用房的工作温度调节范围宜为15 ℃～28 ℃，相对湿度调节范围宜为35%～80%。实验用房室内环境温度和湿度控制要求见表2。

表2 室内环境温度和湿度控制要求

实验室名称	温度	相对湿度
温度室	$T\pm2$℃	$H\pm10\%$
湿度室	$T\pm2$℃	$H\pm10\%$
气压(水银)室	$T\pm5$℃	$H\pm20\%$
气压(非水银类)室	$T\pm2$℃	$H\pm10\%$
风向风速室	$T\pm2$℃	$H\pm10\%$
降水室	$T\pm2$℃	$H\pm10\%$
酸雨室	$T\pm2$℃	$H\pm10\%$
辐射室	$T\pm5$℃	$H\pm20\%$
注：$T\pm2$℃或$T\pm5$℃为满足15 ℃～28 ℃范围内的温度，$H\pm10\%$或$H\pm20\%$为满足35%～80%范围内的相对湿度。表中未提及项目实验用房的控制要求待其检定规程发布后确定。		

6.3 环境监测

实时监测并记录各实验室环境温度和湿度值。

7 安全和防护

7.1 防火

7.1.1 一般要求

建筑防火要求应符合 GB 50016、GB 50045 和 GB 50222 的有关规定。

7.1.2 防火疏散

宜符合下列要求：

a) 由一个以上标准单元组成的实验室安全出口不少于两个；

b) 易发生火灾、化学品危害等事故的实验室门向疏散方向开启。

7.1.3 防火材料

建筑及设施用材符合下列要求：

a) 实验室隔墙应采用耐火极限不低于 1 h 的不燃烧体，实验室建筑耐火等级不低于二级；

b) 室内装修主材选用不燃性材料，所有的木质隐蔽部分均作防火处理。

7.1.4 消防系统

消防装置的配备宜符合下列要求：

a) 具备自动报警、灭火功能；

b) 具备自动、手动及机械应急启动等多种控制方式，可实现关闭新风、空调、防火卷帘门等设施的联动。

7.2 安防

7.2.1 视频监控

在实验室关键部位宜安装视频监控装置。

7.2.2 门禁系统

在实验室人员出入口宜安装控制器、读卡器和电锁等门禁装置。

7.2.3 防盗设施

实验室外墙门、窗宜安装防盗和报警设施。

7.3 防雷

防雷设计应符合 GB 50057 和 GB 50343 的规定。

8 建筑设施

8.1 采暖、通风和空气调节

8.1.1 一般要求

采暖、通风、空气调节和制冷设计应符合 GB 50019 的规定。

8.1.2 采暖

宜采用地暖方式，每个实验室可单独控制运行。

8.1.3 通风

8.1.3.1 应符合 JGJ 91—1993，6.3 的规定。

8.1.3.2 新鲜空气补充量不小于每人 30 m^3/h。

8.1.3.3 排风系统宜设置防鼠、防昆虫、阻挡绒毛等保护网，易于拆装。

8.1.3.4 缓冲间与检定区应单独设置空调送回风处理。

8.1.3.5 温度室和气压(水银)室宜分别采用独立送、回风与排风通风系统。气压(水银)室室内压力为微负压，排风系统设置汞蒸汽处理装置。

8.1.3.6 湿度室和风向风速室宜采用顶棚均流孔板均匀上送风、百叶风口下部回风的气流循环形式。室内空气从百叶风口回到空调机组，与室外新鲜空气混合，经过滤、冷却、除湿或加热、加湿后由风机通过风道送入室内。

8.1.4 空气调节

8.1.4.1 除应符合 JGJ 91—1993，6.4 的规定外，还应满足下列要求：

a) 温度和湿度控制满足表 2 的要求；

b) 除有负压规定外，其他实验室保持 10 Pa 左右的微正压；

c) 空调机房与实验室可分别控制。

8.1.4.2 停机小于 24 h，再次开机达到设定温度和湿度要求时间宜小于 30 min；停机大于 24 h，再次开机达到温度和湿度要求时间宜小于 60 min。

8.1.4.3 各实验用房空调系统可根据工作需求单独运行，配置温度湿度显示屏。

8.1.4.4 室内噪音在单开空调机组时不大于 48 dB。

8.2 给水排水和污水处理

8.2.1 一般要求

给水管道和排水管道的布置和敷设、流量设计和管道计算、管材和附件的选择等应符合 GB 50015 的规定，还应沿墙、柱、管道井、实验台夹腔、通风柜内衬板等部位布置，不应布置在遇水损坏的物品旁及贵重仪器设备的上方。

8.2.2 给水

除应符合 JGJ 91—1993，8.2 的规定外，还应符合下列规定：

a) 建筑高度超出城市给水管网水压范围的实验室，给水系统设置增压供水装置；

b) 用水采用本地净化水系统，给水管采用不锈钢管或耐腐蚀的无毒塑料管。

8.2.3 排水及污水处理

应符合下列规定：

a) 排水系统应根据污水的性质、流量、排放规律并结合室外排水条件确定；

b) 排水管道穿过的地方用不收缩、不燃烧、不起尘的材料封闭；

c) 温度室和气压(水银)室地面设水银冲洗收集装置和污水处理设施；

d) 含有毒和有害物质的污水，与其他污水分开，并进行必要的处理，符合 GB 8978 规定后排入城市污水管网。

9 电气

9.1 供配电

9.1.1 系统接地型式宜为 TN-S 或 TN-C-S。

9.1.2 供配电系统总负载量应包含环境设备、检定设备、照明和办公设施等的用电。

9.1.3 使用 380 V 三相交流供电的实验室电源线路应单独敷设。

9.1.4 各实验用房电源应设置独立的保护开关。电源插座回路应设有漏电保护装置。

9.1.5 潮湿和有火灾危险的场所，应选用具有防护性能的配电设备。

9.1.6 暗式安装电路应穿套聚氯乙烯管，穿越墙和楼板的电线管宜加套管，套管应使用不收缩、难燃材料密封。进入实验室内的电线管穿线后，管口采用无腐蚀、不起尘和难燃材料封闭。

9.1.7 配电总控室宜设不间断供电控制系统，每个实验室设一路不间断电源。

9.2 综合布线

弱电综合布线应符合 GB 50311 的规定。

9.3 接地

应符合 JGJ 91—1993，9.3 的规定。

9.4 照明

9.4.1 照度均匀度按最低照度与平均照度之比确定，其数值不小于 0.7。

9.4.2 采用一般照明加局部照明时，一般照明不小于工作面总照度的 1/3，不小于 50 lx。可不设局部照明，一般照明采用吸顶式节能冷光源，按 500 lx 设计。

9.4.3 应急故障照明采取不间断电源供电，平均照度为 5 lx。

9.4.4 温度室和气压(水银)室应采用防水灯照明。

附 录 A
(资料性附录)
计量器具检定系统框图

图 A.1 给出了计量器具检定系统框图。

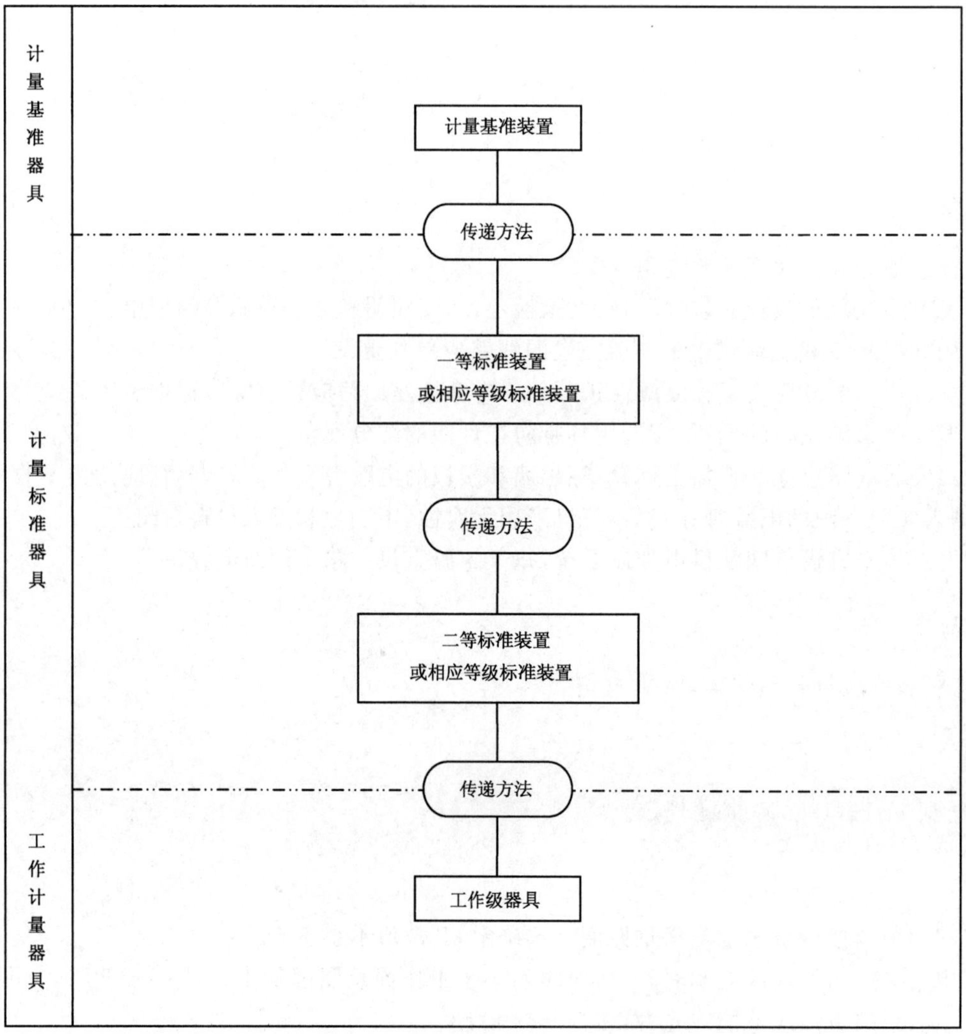

图 A.1 计量器具检定系统框图

参 考 文 献

[1] JGJ 67—2006 办公建筑设计规范
[2] JJG 205—2005 机械式温湿度计检定规程
[3] JJG 210—2004 水银气压表检定规程
[4] JJG 272—2007 空盒气压表和空盒气压计检定规程
[5] JJG 431—1986 DEM6 型轻便三杯风向风速表检定规程
[6] JJG 1033—2008 计量标准考核规范
[7] JJG 1069—2012 法定计量检定机构考核规范
[8] 黄家声.实验室建设与设计指南.北京:中国水利水电出版社,2011
[9] ISO/IEC 17025:2005 General requirements for the competence of testing and calibration laboratories
[10] ISA-RP 52.00.01-2006 Recommended Environments for Standards Laboratories

ICS 07.060
A 47
备案号：45937—2014

QX

中华人民共和国气象行业标准

QX/T 222—2013

气象气球　浸渍法天然胶乳气球

Meteorological balloons—
Natural rubber latex balloon manufactured by immersion method

2013-12-22 发布　　　　2014-05-01 实施

中　国　气　象　局　　发布

前　言

本标准按照 GB/T 1.1—2009 给出的规则起草。

本标准由全国气象仪器与观测方法标准化技术委员会(SAC/TC 507)提出并归口。

本标准起草单位:中国化工橡胶株洲研究设计院、中国气象局气象探测中心、广州市双一气象器材有限公司。

本标准主要起草人:郭平、范行东、梁志伟、邓一志。

气象气球　浸渍法天然胶乳气球

1　范围

本标准规定了气象用浸渍法天然胶乳气球(以下简称“气球”)的要求、试验方法、检验规则和包装、标志、运输及贮存要求。

本标准适用于气球的设计、生产和检验。

2　规范性引用文件

下列文件对于本文件的应用是必不可少的。凡是注日期的引用文件,仅注日期的版本适用于本文件。凡是不注日期的引用文件,其最新版本(包括所有的修改单)适用于本文件。

GB/T 191—2008　包装储运图示标志

GB 601—2006　标准溶液的配制

GB/T 2828.1—2012　计数抽样检验程序　第1部分:按接收质量限(AQL)检索的逐批检验抽样计划

GB/T 2941—2006　橡胶物理试验方法试样制备和调节通用程序

GB/T 7762　硫化橡胶或热塑性橡胶　耐臭氧龟裂静态拉伸试验

GB/T 17200—2008　橡胶塑料拉力、压力和弯曲试验机(恒速驱动)　技术规范

3　术语和定义

下列术语与定义适用于本文件。

3.1

球柄　balloon neck

气球进气口部,有一定厚度、长度,直径较均匀分布的管状部分。

3.2

球身　balloon body

气球除球柄外的球体部分。

3.3

球身长度　body length

球柄与球身交界处至气球顶部的最短距离。

3.4

气球中部　middle part of balloon

沿浸渍方向将球身横向分为四等分的中间两等分。

3.5

气球两端　two ends of balloon

沿浸渍方向将球身横向分为四等分的两端部分。

3.6

胶块　latex coagulum

球身内外面黏附的块状凝胶。

3.7

划痕　scratch

气球受异物擦划、摩擦等造成球身内外表面线性破损。

3.8

杂色　parti-colored

球身局部颜色出现明显色差。

3.9

杂质　impurity

球身黏附有不能随球皮伸张的非橡胶物质。

3.10

薄点　thin spot

球身上存在局部无清晰边缘相对较薄的部位。

3.11

流痕　flow mark

气球在生产过程中,胶乳迟缓胶凝而留下的痕迹。

3.12

胶条　strip coagulum

球身内表面不易均匀伸张的条形凝胶。

3.13

锈点　rust spot

生产过程中球身遗留的锈污。

3.14

局部变形　local deformation

球身局部起皱或凸凹不平。

3.15

爆破直径　bursting diameter

在室温下,以规定速率向气球内充入空气至爆破时的等效直径。

4　要求

4.1　一般要求

4.1.1　材料

制造气球的原料由天然胶乳和适当的配合剂组成,所用的各种原料应保证使气球产品符合本标准规定的所有要求。

4.1.2　颜色

300 g 以下气球颜色有红色、黑色、本色;300 g 及 300 g 以上气球颜色为本色。

4.1.3　外观

4.1.3.1　气球的外观要求见表 1。

4.1.3.2　外观检查中发现有轻缺陷,允许修补。修补规定如下:

a) 应使用同配方、同工艺条件生产的球皮进行修补，补丁应粘贴平整牢固，补丁厚度应不大于0.1 mm，补丁不应重叠；

b) 气球的补丁要求见表2。

4.1.4 规格尺寸

气球的规格尺寸见表3。

表1 外观要求

缺陷类别	缺陷名称	要求
严重缺陷	孔洞、裂口	不应有，也不应进行修补。
	油污、胶块	不应有存在，也不应进行修补。
	打不开的粘折	不应有，也不应进行修补。
	长划痕	不应存在长度超过补丁直径一半的划痕。
	杂色	不应有因过硫造成的杂色。
轻缺陷	杂质、锈点、短划痕	除中部外，允许有不影响球皮伸张的杂质、锈点、短划痕，可用补丁修补。
	气泡、薄点	允许有直径不大于2 mm、不集中、不明显的气泡、薄点存在。直径超过2 mm或虽不大于2 mm，但明显的气泡、薄点，允许用补丁修补。
	变色、染色、脱色	允许有不损害气球性能的染色、脱色及由防老剂引起的变色。
	流痕、胶条	允许有不影响球皮伸张的流痕、胶条。
	厚薄不均	不影响均匀膨胀的厚薄不均允许用补丁修补。
	局部变形	允许有不明显的局部变形。
	球偏	允许有下列情形的球偏：将气球自然平直摆放，球顶偏离球身中心轴线的距离不超过球身长的5%。
注：未规定的外观缺陷按表中类似的情况判断。		

表2 补丁要求

气球规格	项目			
	补丁直径 mm	补丁总数 个	气球中部补丁数 个	补丁边缘间距 mm
30 g	≤20	≤2	≤1	不重叠
300 g	≤30	≤3	≤1	≥10
750 g	≤30	≤4	≤2	≥20
800 g	≤30	≤5	≤2	≥20
1600 g	≤30	≤7	≤2	≥30
2000 g	≤30	≤7	≤2	≥30

表 3　规格尺寸

气球规格	项目			
	质 量 g	长 度 mm	球柄宽度 mm	球柄长度 mm
30 g	30±5	380±50	≤52	≥60
300 g	300±30	1400±100	≤100	≥100
750 g	750±50	2300±200	≤100	≥110
800 g	800±50	2300±200	≤100	≥110
1600 g	1600^{+120}_{-50}	3150±250	≤130	≥120
2000 g	2000^{+150}_{-50}	3150±250	≤130	≥120

4.2　理化性能

4.2.1　气球的拉伸性能规定为：拉伸强度应不小于 17.5 MPa，拉断伸长率应不小于 590%。

4.2.2　气球的热空气老化性能规定为：拉伸强度应不小于 17.0 MPa，拉断伸长率应不小于 590%。

4.2.3　气球的爆破性能见表 4。

4.2.4　气球的残余氯化钙含量应不大于 0.10%。

4.2.5　气球的臭氧老化性能见表 5。

表 4　爆破性能

单位为米

气球规格	30 g	300 g	750 g	800 g	1600 g	2000 g
爆破直径	≥1.00	≥4.10	≥6.30	≥6.50	≥10.00	≥10.50

表 5　臭氧老化性能

单位为小时

气球规格	300 g	750 g	800 g	1600 g	2000 g
时间	≥2			≥3	
要求	试样在规定时间内不发生龟裂、断裂或穿孔。				

5　试验方法

5.1　颜色

采用目视检查。

5.2　外观

在球皮不伸张的情况下，采用目视法和量具对气球外观进行检查。

5.3　规格尺寸的测定

气球规格尺寸的测定按附录 A、附录 B 进行。

5.4 理化性能的测定

5.4.1 气球拉伸性能的测定按附录C进行。

5.4.2 气球热空气老化试验按附录D进行。

5.4.3 气球爆破性能的测定按附录E进行。

5.4.4 气球残余氯化钙含量的测定按附录F进行。

5.4.5 气球臭氧老化试验按附录G进行。

5.5 包装检测

目视检查实际包装。

6 检验规则

6.1 总则

以不合格品百分数表示产品的不合格程度即质量水平。除包装检验外,检验产品的单位为个。

6.2 检验分类

气球检验分类如下:

a) 鉴定检验;

b) 质量一致性检验;

c) 包装检验;

d) 贮存检验。

6.3 检验条件

除另有规定外,应在下列条件下进行检验:

a) 试验方法中规定的条件;

b) 检验场地应避免有对被检产品造成损害或性能下降的电磁干扰源;

c) 检验中所用的量具、仪器、仪表、装置应经过计量检定并处于有效期内。

6.4 检验中断处理

出现下列情况之一时,应中断检验:

a) 检验现场出现了不符合规定的检验条件;

b) 检验中发现受检产品有不符合规定的检验条件;

c) 受检产品的任一项主要性能不符合技术指标要求,且在规定的时间内不能恢复正常;

d) 发生意外情况影响继续检验。

在确定影响检验中断的原因已排除后,检验可继续进行。

6.5 鉴定检验

6.5.1 检验时机

有下列情况之一时，应进行鉴定检验：

a) 新研制的产品定型鉴定时；

b) 产品转厂生产试制定型时；

c) 正式生产后，当产品的主要设计、工艺、材料有较大改变，可能影响产品质量时；

d) 正常生产时，应每年进行一次检验；

e) 产品停产超过半年后，恢复生产时；

f) 质量一致性检验结果与上次鉴定检验结果有较大差异时；

g) 业务主管部门要求检验时。

6.5.2 检验项目和顺序

鉴定检验项目和顺序见表 6。

表 6 检验项目表

检验顺序	检验项目	鉴定检验	质量一致性检验				要求章条号	试验方法章条号
			A 组	B 组	C 组	D 组		
1	颜色	●	●	—	—	—	4.1.2	5.1
2	外观	●	●	—	—	—	4.1.3	5.2
3	规格尺寸	●	—	●	—	—	4.1.4	5.3
4	拉伸性能	●	—	—	—	●	4.2.1	5.4.1
5	热空气老化性能	●	—	—	—	●	4.2.2	5.4.2
6	爆破性能	●	—	—	●	—	4.2.3	5.4.3
7	残余氯化钙含量	●	—	—	—	●	4.2.4	5.4.4
8	臭氧老化性能	●	—	—	—	○	4.2.5	5.4.5
其中，“●”为必检项目；“○”为订购方和生产方协商检验项目；“—”为不检项目。								

6.5.3 受检样品数

受检样品数规定如下：

a) 颜色、外观和规格尺寸项目检验的样品分别为 20 个；

b) 理化性能项目检验的样品分别为 5 个。

6.5.4 合格判据

每一项目检验结果都符合第 4 章要求，即判鉴定检验合格，否则为不合格。对检验中出现的不合格项目应及时查明原因，提出改进措施，并重新进行鉴定检验，直至合格。

6.6 质量一致性检验

6.6.1 总则

每批气球应由生产方质量检验部门进行逐批检验，检验合格后方可入库、出厂。

6.6.2 检验分组

气球质量一致性检验分为：

a) A组检验。在生产方生产过程中进行了A组所列项目或严于所列项目全数检验的情况下，进行抽样检验，否则进行全数检验。

b) B组检验。是对已通过A组检验的批进行检验。

c) C组检验。是对已通过B组检验的批进行检验。

d) D组检验。是对已通过A、B组检验的批进行检验，可以与C组检验同步。热空气老化性能每三批进行一批检验。

6.6.3 检验项目和顺序

检验项目见表6，按A组检验、B组检验后，再进行C组、D组检验的顺序执行。

6.6.4 批的构成

每次提交的检验批应由同规格、同配方和同工艺，在基本相同的时段生产的产品组成。除另有规定，每批产品批量应不大于表7的规定。

表7 气球批量规定

单位为个

规格	30 g	300 g	750 g	800 g	1600 g	2000 g
数量	6000	3000	2000	2000	500	500

6.6.5 抽样方案

6.6.5.1 A组检验

根据GB/T 2828.1—2012，用正常检验二次抽样方案、特殊检验水平S-3及本标准中表7的规定进行检验。可接收质量限(AQL)为2.5。

注：按本标准中表7规定的批量及特殊检验水平S-3，从GB/T 2828.1—2012中表1和表3-A检索应抽取的样品数，再根据AQL为2.5和已检索的样品数，从GB/T 2828.1—2012中表3-A中确定合格判据。

6.6.5.2 B组检验

根据GB/T 2828.1—2012，用正常检验二次抽样方案、特殊检验水平S-2及本标准中表7的规定进行检验。AQL为4.0。

6.6.5.3 C组检验

300 g以下的球每批抽取五个样品，五个样品应全部合格；300 g～800 g的球每批抽取两个样品，应全部合格；1600 g及1600 g以上的球每批抽取一个样品，应合格。如有一个样品不合格，可以复试，复试样本量为两个，复试应全部合格。

6.6.5.4 D组检验

每一项试验的样品数为3个气球。对于拉伸性能和热空气老化性能检验，每一样品每一项的中值应全部合格，且其中有一个样品的三个试样应全部合格。残余氯化钙含量三个样品应全部合格。如果进行臭氧老化，每个样品应均合格。任一检验项目不合格，应按该项目原样品数进行复试，但复试样品应全部合格。

6.6.6 合格判据

受检样品均通过A组、B组、C组及D组检验，则判定该批合格，否则为不合格。

6.7 包装检验

检验包装以箱为单位，检验批量根据实际情况确定，按GB/T 2828.1—2012中第10章规定的正常检验一次抽验方案和本标准中表8规定的检验水平及5.5规定的方法进行。符合本标准表8规定的AQL时，则该批包装为合格。

表8 包装检验

检验顺序	检验项目	要求章条号	检验水平	AQL
1	包装盒内气球数量	7.1.2	S-1	2.5
2	包装箱	7.1.3及7.1.4		
3	包装箱内包装盒数量	7.1.5		
4	合格证及说明书	7.1.6及7.2 f)		
5	包装盒标志内容	7.2 b)		
6	包装箱标志内容	7.2 c)、d)、e)		

6.8 贮存检验

应对已通过质量一致性检验的产品进行贮存检验。从当年第一批合格产品中随机抽取20个样品，并在7.3规定的条件下贮存。每隔一年抽取10个贮存样品进行检验，检验顺序、检验项目、受检样品数和要求见表9，每一项目检验均符合相应章节规定的要求，则贮存检验合格，若不合格，由生产方与订购方协商解决。

表9 贮存检验

检验顺序	检验项目	受检样品数	要求章条号
1	外观	10	4.1.3
2	爆破性能	2	4.2.3
3	拉伸性能	3	4.2.1
4	臭氧老化性能	3	4.2.5
注：外观全数检验合格后，再从中抽取其余项目检验样品。			

7 包装、标志、运输及贮存

7.1 包装

7.1.1 包装时应排出球内空气，气球内外保持适量隔离剂。

7.1.2 300 g以下气球可直接平整地放入内衬有防潮材料的纸盒内。300 g及300 g以上气球用塑料袋单个包装，再装入内衬有防潮材料的纸盒内。每盒内装气球数量宜符合表10的规定。

表 10 气球每盒内装数量

单位为个

规格	30 g	300 g	750 g	800 g	1600 g	2000 g
内装数量	50	5	2	2	1	1

7.1.3 包装箱应结实牢固，能经受搬运中的碰撞、颠簸等，不使气球受到损伤及散落。

7.1.4 包装箱应为有足够强度的硬纸板箱，且内衬有防潮材料。

7.1.5 每个包装箱内装五个纸盒。

7.1.6 每个包装箱内应放入产品检验合格证及产品使用说明书各一份。

7.2 标志

除另有规定外，标志内容规定如下：

a) 应在 300 g 及 300 g 以上气球球柄中部标明规格和生产日期；

b) 包装盒上应标明产品名称、规格、数量、生产日期和生产方名称；

c) 包装箱上应标明产品名称、产品标准号、类别、色别、规格、数量、批号、生产方名称、包装日期和保质期；

d) 在包装箱一侧窄面左上角空白处粘贴订购方验收合格标识；

e) 包装储运图示标识应符合 GB/T 191—2008 的规定；

f) 产品检验合格证应标明产品标准号、产品名称、类别、规格、数量、批号、生产日期、生产方名称和检查员、包装员代号及生产方的产品检验合格章。

7.3 运输及贮存

7.3.1 总则

在任何情形下，产品不应与酸、碱、油脂、有机溶剂及其他对橡胶性能有危害的物质接触，远离热源，避免日晒、雨淋、雪浸。

7.3.2 运输

装箱后的气球可航空、铁路、公路和水路运输，在装卸、运输时，不应重压、剧烈撞击和抛摔。

7.3.3 贮存

贮存产品的库房应通风良好，阴凉干燥。室内温度保持在 0℃～35℃，相对湿度不大于 70%。产品应放置在离地面至少 0.2 m 高的支架上，堆垛高度不超过 12 箱，堆垛间距离适当，每三个月至少倒垛一次。产品贮存期为 24 个月。

附 录 A
(规范性附录)
气球质量的测定

A.1 测量器具

A.1.1 分度值不大于 0.5g 的称量器具,适用于 300 g 以下气球的称量。

A.1.2 分度值不大于 2g 的称量器具,适用于 300 g～1000 g 气球的称量。

A.1.3 分度值不大于 5g 的称量器具,适用于 1000 g 以上气球的称量。

A.2 试样

气球成品。

A.3 试验步骤

A.3.1 将气球内多余的滑石粉倒掉,并排出空气。

A.3.2 在室温条件下将气球放在称量器具上称量,记下测得的数值。

A.4 试验结果

每个气球应称取三次,结果为三次测量值的中值。300g 以下气球的结果应精确到 0.5g;300g～1000g 气球的结果应精确到 2g;1000g 以上气球的结果应精确到 5g。

A.5 试验报告

试验报告应包括下列内容:

a) 试样名称、数量、规格和批号;

b) 与本文件差异的说明;

c) 试验结果;

d) 试验者、审核者;

e) 试验日期。

附 录 B
（规范性附录）
气球外形尺寸的测定

B.1 测量器具

采用分度值不超过 1 cm 或不超过 1 mm 的量尺。量尺表面应光滑平整、无缺口、不损害气球。

B.2 试样

气球成品。

B.3 试验步骤

B.3.1 球柄长度的测定

将球柄平放在测量台上，用分度值不超过 1 mm 的量尺测量由球柄根部至开口端的最短距离。

B.3.2 球柄宽度的测定

将球柄平放在测量台上，用分度值不超过 1 mm 的量尺，将球柄压平，测量球柄中部的宽度。

B.3.3 球身长度的测定

排出气球内部空气后，伸直平放在测量台上，在不受外力状态下测量气球球柄根部至气球顶部的最短距离。球身长度大于 1 m 时，用分度值不超过 1 cm 的量尺测量；球身长度不大于 1 m 时，用分度值不超过为 1 mm 的量尺测量。

B.4 试验结果

每个气球的球柄长度、球柄宽度、球身长度各测量三次，结果为三次测量值的中值。

B.5 试验报告

试验报告应包括下列内容：

a） 试样名称、数量、规格和批号；

b） 与本文件差异的说明；

c） 试验结果；

d） 试验者、审核者；

e） 试验日期。

附 录 C
(规范性附录)
气球拉伸性能的测定

C.1 原理

在上夹持器恒速移动的拉力试验机上,将哑铃状标准试样进行拉伸。按要求在不断拉伸试样过程中或在其断裂时记录所用的拉力及伸长率。

C.2 试样

哑铃状试样的形状如图 C.1 所示。试样试验长度为(25.0±0.5) mm。试样的其他尺寸由裁刀给出(见表 C.1)。

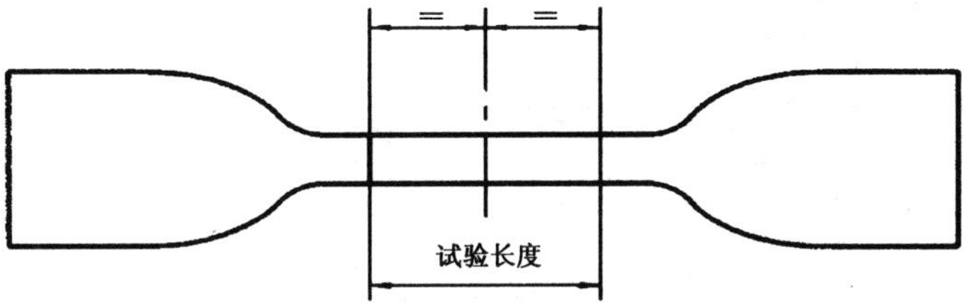

图 C.1 哑铃状试样的形状

C.3 试验仪器

C.3.1 裁刀和裁片机

裁刀和裁片机应符合 GB/T 2941—2006 的规定。试验用的裁刀尺寸、规格应符合表 C.1 和图 C.2 的要求,裁刀狭窄平行部分任一点宽度偏差应不大于 0.05 mm。

表 C.1 裁刀尺寸

单位为毫米

裁刀类型	A 总长度(最短)[a]	B 端部宽度	C 狭窄部分长度	D 狭窄部分宽度	E 外侧过渡边半径	F 内侧过渡边半径
1 型	115	25.0±1.0	33.0±2.0	$6.0_{0}^{+0.4}$	14.0±1.0	25.0±2.0
[a] 为确保只有两端宽大部分与机器夹持器接触,增加总长度从而避免"肩部断裂"。						

C.3.2 测厚计

测厚计由放置试样或制品的平整坚硬的基座平台和一个可在试样上施加 (22±2) kPa 压力、直径为 2 mm～10 mm 的扁平圆形压足组成,其分度值不大于 0.002 mm。

C.3.3 拉力试验机

拉力试验机应符合 GB/T 17200—2008 的规定，具有 2 级测力精度，试验机中使用的伸长计的精度为 D 级，上夹持器位移速度应为 500 mm/min 的装置。

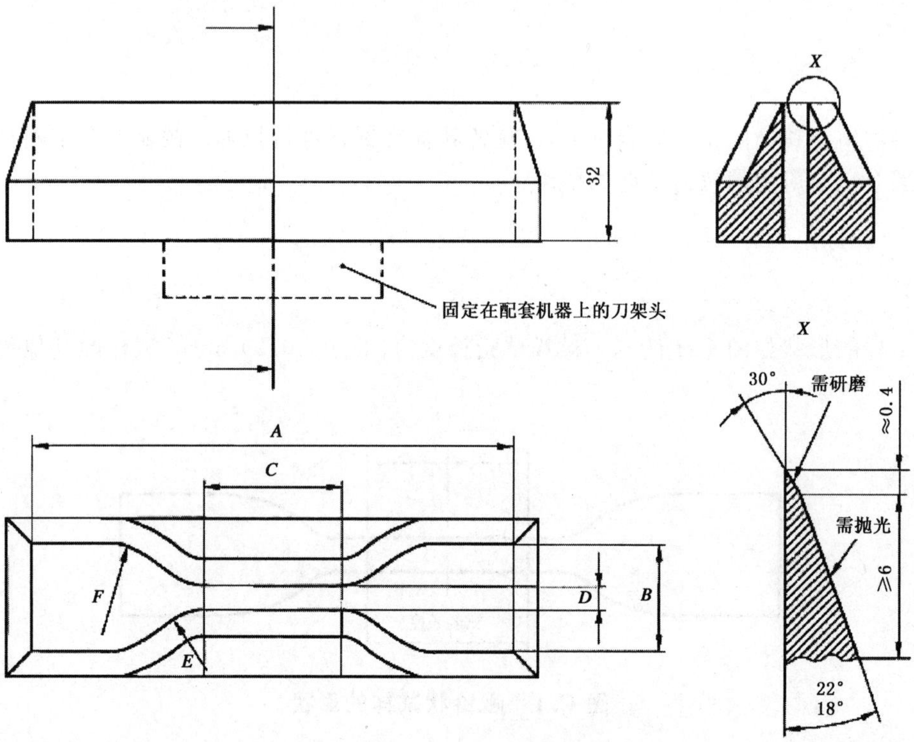

其中，A 到 F 各尺寸见表 C.1。

图 C.2 哑铃状试样用裁刀

C.4 试样的数量

每个样品的试样数量应不少于 3 片。

C.5 试样制备

应从气球中部，使用 C.3.1 规定的裁刀沿浸渍方向裁切，试样应平整，边缘光滑，裁取试样应在球身周长上等距离分布。

C.6 样品和试样的调节与标记

C.6.1 硫化和试验之间的时间间隔

硫化和试验之间的时间间隔应不少于 16 h。在硫化与试验之间的时间间隔内，样品和试样应尽可能完全地加以防护，使其不受可能导致其损坏的外来影响，例如，应避光、隔热。

C.6.2 样品的调节

在裁取试样前，气球样品应在 C.9 规定条件下调节至少 8 h。

C.6.3 试样的调节

试样应按 GB/T 2941—2006 中 6.1 的规定进行调节。

C.6.4 试样的标记

应用适当的标记器按表 C.1 的要求，在试样的狭窄平行部分，打上两条平行的标线。每条标线（如图 C.2 所示）应与试样中心等距且与试样长轴方向垂直。在进行标记时，试样不应发生变形。

C.7 试样的测量

在试样标记的长度范围内，用测厚计测量其中部和两端的厚度。取三个测量值的中值计算横截面积。在任何一个试样中，狭窄部分的三个厚度测量值都不应大于厚度中位数的 2%。若两组试样进行对比，每组厚度中值不应超出两组的厚度总中值的 7.5%。取裁刀狭窄部分刀刃间的距离作为试样的宽度，该距离应按 GB/T 2941—2006 的规定进行测量，精确到 0.05 mm。

C.8 试验步骤

将试样匀称地置于上、下夹持器上，使拉力均匀分布在横截面上。根据需要，可安装一个伸长测量装置，开启试验机，在整个试验过程中，连续监测试验长度和力的变化，按试验项目的要求进行记录，并精确到±2%。

如果试样在狭窄部分之外发生断裂（见图 C.2），则舍弃该试验结果，并另取一试样重复试验。

注：采取目测时，尽量避免视觉误差。

C.9 试验温度和湿度

试验室温度应为（23±2）℃，相对湿度为（50±10）%。

C.10 试验结果计算

C.10.1 拉伸强度按式（C.1）计算：

$$TS = F_m/(Wt) \qquad \cdots\cdots(C.1)$$

式中：

TS ——拉伸强度，单位为兆帕斯卡（MPa）；

F_m ——记录的最大力，单位为牛顿（N）；

W ——裁刀狭窄部分的宽度，单位为毫米（mm）；

t ——试验长度部分的厚度，单位为毫米（mm）。

C.10.2 拉断伸长率

拉断伸长率按式（C.2）计算：

$$E_b = [100 \times (L_b - L_0)/L_0] \qquad \cdots\cdots(C.2)$$

式中：

E_b——拉断伸长率，单位为百分率（%）；

L_b——试样断裂时的标距，单位为毫米（mm）；

L_0——试样的初始标距，单位为毫米（mm）。

C.11 试验结果的表示

以三个试样的中值表示试验结果。

C.12 试验报告

试验报告应包括下列内容：

a） 试验室温度、湿度；

b） 试样名称、数量、规格和批号；

c） 与本文件差异的说明；

d） 每个试样的试验结果和每个样品的试验结果；

e） 试验者、审核者；

f） 试验日期。

附 录 D
（规范性附录）
气球热空气老化试验方法

D.1 原理

试样在常压下置于规定温度的热空气老化箱内一定时间后，测定试样的拉伸性能。

D.2 试验仪器

D.2.1 热空气老化箱应符合以下要求：

a） 具有强制空气循环装置，空气流速 0.5 m/s～1.5 m/s，试样的最小表面积正对气流；

b） 箱内应装有可转动的试验架，试验架可自由装取；

c） 应有温度控制装置，保证试样的温度在±1℃的范围内；

d） 加热室内有测温装置记录实际加热温度；

e） 老化箱应具有连续鼓风装置，箱内空气置换率为每小时 3 次～10 次；

f） 空气进入老化箱前，老化箱应加热到（100±1）℃；

g） 在加热室结构中，不得使用铜或铜合金。

D.2.2 裁刀和裁片机应符合 C.3.1 的规定。

D.2.3 测厚计应符合 C.3.2 的规定。

D.2.4 拉力试验机应符合 C.3.3 的规定。

D.3 试样

试样为哑铃状标准试样，应符合 C.2 的规定。

应从气球中部，用 D.2.2 规定的裁刀沿浸渍方向裁取。试样应平整，边缘光滑，裁取试样应在球身周长上等距离分布。每个样品的试验数量不应少于三片。

D.4 试验条件

D.4.1 老化条件为温度（100±1）℃，时间 8 h。

D.4.2 试样从老化箱取出后，应在室内自然温度环境下调节 16 h。

D.4.3 不同配方的试样，不应同时热空气老化箱中进行试验。

D.5 试验步骤

D.5.1 按 D.3 的规定裁样并编号，测量试样厚度。

D.5.2 试样在热空气老化试验箱内的间距不小于 10 mm，试样与箱内壁的距离不小于 50 mm。

D.5.3 调节热空气老化试验箱至规定温度后，把装有试样的试验架放入箱内转轴上，关闭箱门。启动按钮，使试验架转动，使箱内温度 5 min 内达到规定温度并稳定时，开始计时。到规定时间，取出试样，在 C.9 规定的环境下调节 16 h。

D.5.4 试样热空气老化后的拉伸性能测定按附录C进行。

D.6 试验结果的计算

D.6.1 拉伸强度按式(C.1)计算。

D.6.2 拉断伸长率按式(C.2)计算。

D.7 试验结果的表示

试验结果为三个试样的中值。

D.8 试验报告

试验报告应包括下列内容：

a) 老化箱型号；

b) 老化试验温度、时间；

c) 试样名称、数量、规格和批号；

d) 与本文件差异的说明；

e) 每个试样的试验结果和每个样品的试验结果；

f) 试验者、审核者；

g) 试验日期。

附　录　E
（规范性附录）
气球爆破性能的测定

E.1　原理

在室温条件下通过测定充入气球至破裂时的空气体积，再计算气球的爆破直径。

E.2　仪器

E.2.1　爆破体积测定仪的不确定度不大于2.0％。
E.2.2　小球爆破体积测定仪。本仪器由控制显示装置、节流装置和缓冲罐等组成。缓冲罐应能稳定气压并能承受0.12 MPa的气压。
E.2.3　探空气球爆破体积测定仪。本仪器由节流装置和差压、压力、温度变送器及控制显示装置等组成。

E.3　试样

气球成品。

E.4　试验步骤

E.4.1　将气球球柄套在爆破装置的球柄套上并扎紧，应不漏气。气球悬挂于空中，悬挂高度应大于气球爆破时的直径。
E.4.2　300 g以下规格气球用小球爆破体积测定仪测定。
E.4.3　300 g及300 g以上规格气球用探空气球爆破体积测定仪测定。
E.4.4　充气直至气球破裂。整个充气过程中，充气速率为90 m^3/h～150 m^3/h、压差值0.2 MPa～0.45 MPa。

E.5　试验结果

从仪器上读取或仪器打印出来。爆破直径按式(E.1)计算：

$$D=\sqrt[3]{\frac{6V}{\pi}} \qquad \cdots\cdots(E.1)$$

式中：

D ——气球爆破直径，单位为米(m)；
V ——气球爆破时的体积，单位为立方米(m^3)；
π ——圆周率。

E.6　试验报告

试验报告应包括下列内容：

a） 试验室温度、湿度；
b） 试样名称、数量、规格和批号；
c） 试验结果；
d） 与本文件差异的说明；
e） 试验者、审核者；
f） 试验日期。

附　录　F
（规范性附录）
气球残余氯化钙含量的测定

F.1　原理

用一定量的水煮沸试样，使其残存的氯化钙溶解于水中。在碱性条件下（pH≥12）钙离子与钙指示剂形成酒红色的络合物，其稳定常数小于钙离子与乙二胺四乙酸二钠（EDTA）所形成的络合物稳定常数。在此溶液中滴加EDTA，原与钙离子络合的钙指示剂被全部释放出来，并呈现出游离钙指示剂的颜色。由EDTA的用量即可计算出试样中氯化钙的含量。

其反应如下：

$$\underset{}{Ca^{2+}} + \underset{\text{纯蓝}}{In} \longrightarrow \underset{\text{酒红}}{CaIn}$$

$$CaIn + Y \longrightarrow CaY + In$$

式中：

In —— 钙指示剂；

Y —— EDTA。

F.2　试剂

所有试剂应具有确认的分析纯的质量，在测定过程中所使用的水应为蒸馏水或纯度相当的水。试剂有：

a)　氢氧化钠：2 mol/L；

b)　氯化钠；

c)　钙指示剂：称取1 g钙指示剂和100 g氯化钠在研钵中充分研磨均匀；

d)　EDTA标准溶液：0.01 mol/L，按GB 601—2006配制；

e)　三乙醇胺：质量分数为30%。

F.3　试样

F.3.1　试样应从气球中部裁取。

F.3.2　将试样抖去隔离剂并剪碎成2 cm×2 cm左右大小。

F.4　步骤

用感量为0.01 g的天平秤取剪碎后的试样20 g放于300 mL的烧杯中，加入150 mL水。在电炉上加热煮沸5 min，并随时搅拌，冷却后过滤于300 mL锥形瓶中。再用20 mL～30 mL水洗涤试样3次（用玻璃棒挤压试样），洗涤液过滤后并入锥形瓶的原滤液中，在全部滤液中加入5 mL的三乙醇胺及0.1 g钙指示剂，用氢氧化钠溶液调节呈酒红色后，再加入5 mL氢氧化钠溶液，使滤液的pH值不小于12。用EDTA标准溶液滴定至滤液由酒红色变为纯蓝色即为终点。

F.5 试验结果

气象气球胶膜中氯化钙含量以质量百分数计，可由式(F.1)计算。

$$M = (cV \times 0.111/m) \times 100 \quad \cdots\cdots (F.1)$$

式中：

M ——氯化钙含量，单位为百分率(%)；

c ——EDTA标准溶液的摩尔浓度，单位为摩尔每升(mol/L)；

V ——滴定时消耗EDTA标准溶液的体积，单位为毫升(mL)；

m ——试样质量，单位为克(g)；

0.111 ——氯化钙的相对分子质量，单位为克每毫摩尔(g/mmol)。

试验结果取两次测定结果的算术平均值，精确到小数后第二位。两次测定结果的绝对差值不大于0.005%。

F.6 试验报告

试验报告应包括下列内容：

a) 试验室温度、湿度；

b) 试样名称、数量、规格和批号；

c) 与本文件差异的说明；

d) 试验结果；

e) 试验者、审核者；

f) 试验日期。

附 录 G
（规范性附录）
气球臭氧老化试验方法

G.1 原理

试样在静态拉伸变形下置于臭氧环境中，与臭氧发生作用而使其表面产生龟裂，最后导致试样断裂、穿孔。利用人工模拟或强化大气中的臭氧等条件对试样进行试验。可评价试样的耐臭氧性能。

G.2 试验装置

臭氧老化试验装置应符合 GB/T 7762 的有关规定。

G.3 试样

G.3.1 按附录 C 中规定的裁刀裁取试样。

G.3.2 应在气球球身中部，沿浸渍方向裁取试样，试样应平整，边缘光滑，裁取试样应在球身上等距离分布。

G.3.3 每个气球的试样数量应不少于 5 片。

G.4 试验条件

G.4.1 臭氧浓度为：$(30\pm5)\times10^{-8}$（体积分数）。

G.4.2 试验箱内温度为(40±2)℃。

G.4.3 臭氧化空气的相对湿度不超过 65%。

G.4.4 试验箱内含臭氧空气的平均流速不小于 8 mm/s，最适宜流速为 12 mm/s ～16 mm/s。

G.4.5 试样在拉伸 500%的条件下进行臭氧老化。

G.5 试样调节

G.5.1 未拉伸试样的调节

试样硫化后到进行试验之间的最短时间间隔不少于 16 h。

G.5.2 拉伸试样的调节

试样在拉伸后应在无光、无臭氧试验室中调节至少 48 h，试验室温度应符合 C.9 的规定。

G.6 试验步骤

G.6.1 试样按 G.5.1 的规定调节。

G.6.2 标好试样的标距线，在试样夹持器上将试样拉伸至要求的伸长率，再按 G.5.2 的规定进行调节。

G.6.3 开启臭氧试验机，设定试验温度和臭氧浓度。

G.6.4 当试验温度和臭氧浓度达到设定值时，将试样放入试验箱内，开始计时。

G.6.5 观察试样的表面变化，并记录试样出现龟裂、断裂或穿孔的时间。

G.7 试验结果

以试样在规定时间内出现有无龟裂、断裂或穿孔表示试验结果。

G.8 试验报告

试验报告应包括下列内容：

a) 臭氧浓度；

b) 试验温度和相对湿度；

c) 试样名称、数量、规格和批号；

d) 与本文件差异的说明；

e) 每个试样的试验结果；

f) 试验者、审核者；

g) 试验日期。

ICS 07.060
A 47
备案号：45938—2014

QX

中华人民共和国气象行业标准

QX/T 223—2013

气象档案分类与编码

Meteorological archives classifying and coding

2013-12-22 发布　　2014-05-01 实施

中国气象局　发布

前　　言

本标准按照 GB/T 1.1—2009 和 GB/T 20001.3—2001 给出的规则起草。

本标准由全国气象基本信息标准化技术委员会(SAC/TC 346)提出并归口。

本标准起草单位:国家气象信息中心、河北省气象档案馆、大连市气象局、新疆维吾尔自治区气象档案馆。

本标准主要起草人:臧海佳、刘莉、李星玉、李元华、张静、田国强、宋军。

引　　言

气象档案分类与编码是气象档案管理的基础性工作，它对气象档案的组织管理、检索服务和资源开发起着重要的作用。近年来我国气象事业飞速发展，产生了诸多新的档案形式，为规范各级气象档案的分类与编码，特制定本标准。

气象档案分类与编码

1 范围

本标准规定了气象档案分类与编码的原则、方法并给出了代码表。

本标准适用于气象档案的分类标引、管理和检索。

2 规范性引用文件

下列文件对于本文件的应用是必不可少的。凡是注日期的引用文件,仅注日期的版本适用于本文件。凡是不注日期的引用文件,其最新版本(包括所有的修改单)适用于本文件。

GB/T 2659 世界各国和地区名称代码(GB/T 2659—2000,eqv ISO 3166-1:1997)

3 术语和定义

GB/T 10113—2003 界定的以及下列术语和定义适用于本文件。为了便于使用,以下重复列出了GB/T 10113—2003 中的一些术语和定义。

3.1

气象档案 meteorological archives

气象行业在党务、行政管理、气象业务技术和科学研究等活动中形成的,具有保存价值的各种文字、图表、数据、声像等不同形式的记录。

3.2

线分类法 method of linear classification

将分类对象按选定的若干属性(或特征),逐次地分为若干层级,每个层级又分为若干类目。同一分支的同层级类目之间构成并列关系,不同层级类目之间构成隶属关系。

[GB/T 10113—2003,定义 2.1.5]

3.3

层次码 layer code

能反映编码对象为隶属关系的代码。

[GB/T 10113—2003,定义 2.2.22]

3.4

台站档案号 station archives index number

按国家行政区划分方法,对气象台站进行的编号。用五位数字组成,其中前两位为台站所在的省、自治区、直辖市代码,后三位为台站的代码。

[QX/T 37—2005,定义 2.1]

3.5

区站号 station identity number

按照世界气象组织(WMO)和国务院气象主管机构规定,为各种气象观测站确定的编号。用五位数字或字母组成,其中前两位为区号,后三位为站号。

[QX/T 37—2005,定义 2.2]

3.6

复分　secondary classification

在基本分类基础上，对某些具有共性区分的类目进行再分类。

3.7

档案全宗号　archival fonds number

档案馆给立档单位编制的代号。

4　基本原则

4.1　分类遵循科学、系统、可扩延、兼容和综合实用的原则。各个类目之间不应存在交叉和重复。

4.2　编码遵循唯一、合理、可扩充、简明、适用和规范的原则。

4.3　在适应现代气象事业发展需要的前提下，分类与编码应尽量与《中国档案分类法》保持一致，采用从总到分、从一般到具体的逻辑体系。

5　方法和代码结构

5.1　采用线分类法和层次码编码方法，将气象档案划分为大类、中类和小类三级，使用阿拉伯数字编码。

5.2　气象档案的代码结构见图1。

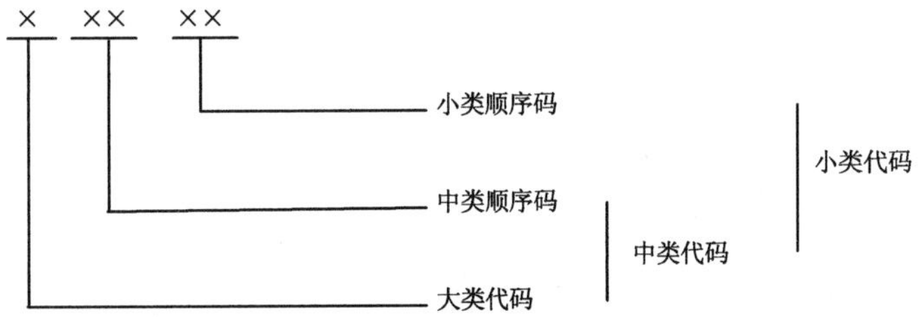

图1　气象档案的代码结构

6　分类与代码表

气象档案分成8个基本类目，包括党务、气象事业管理、气象观测记录、气象业务技术、气象科学研究、气象基本建设、气象仪器装备和气象标准计量，具体分类及代码表见附录A。

7　扩充和复分

7.1　附录A规定的档案分类不能满足实际需要时，可在不破坏分类结构的前提下合理地扩充其分类及代码。

7.2　根据实际需要，可按照表1中的一种或几种方式进行复分。复分的连接符号均为半角（占一个字符）。采用两种及两种以上方式进行组合复分时，宜按档案代码、正副本代码、载体代码、形成年份和全宗代码（或台站档案号、区站号、地理位置代码）的顺序排列，参见示例1、示例2。

示例1：

张北国家基准气候站2011年《地面气象观测记录簿》副本、纸质档案复分代码　31013F-A01.2011(53399)

示例 2：

气象出版社 1995 年出版《中国近代气象史资料》正本、纸质档案的复分代码　20544Z-A01.1995〈156〉

表 1　气象档案复分表

方式	使用方法	示例
按正、副本复分	正本代码“Z”或副本代码“F”直接连接在相关档案代码之后。	《中国气象年鉴》档案的正本复分代码　20541Z
按档案载体复分	使用符号“_”(下划线)将《气象档案载体名称与代码表》规定的气象档案载体代码连接在相关档案代码之后。《气象档案载体名称与代码表》见附录 B。	党组会议纸质档案的复分代码　11010-A01
按气象资料观测的时间或统计时段复分	使用符号“＝”(等号)将《气象资料观测时间和统计时段分类与代码表》规定的气象资料观测时间和统计时段代码连接在相关档案代码之后。《气象资料观测时间和统计时段分类与代码表》见附录 C。	高空风记录月报表档案的复分代码　31501＝107
按档案形成年份复分	使用符号“.”(英文句号)将用阿拉伯数字表示的档案形成年份连接在相关档案代码之后。	2011 年形成的党组织制度档案复分代码　12010.2011
按地面气象观测资料的要素复分	使用符号“/”(斜杠)将《地面气象观测要素名称与代码表》规定的气象要素代码连接在相关档案代码之后。《地面气象观测要素名称与代码表》见附录 D。	日记气压计自记纸档案的复分代码　30503/P
按档案全宗复分	使用符号“[]”(方括号)将档案全宗号连接在相关档案代码之后。	中国气象局南区 10 号楼竣工档案的复分代码 63007[62]
按台站档案号或台站区站号复分	使用符号“()”(圆括号)将有关台站档案号或区站号连接在相关档案代码之后。	邢台气象站的《地面气象记录月报表》按台站档案号复分代码　31511(10040) 张北国家基准气候站的《地面气象观测记录簿》按区站号复分代码　31013(53399)
按地理位置复分	使用符号“〈〉”(尖括号)将 GB/T 2659 规定的《世界各国和地区名称代码》中的阿拉伯数字代码和本标准“部分地区名称与代码表”规定的代码连接在相关档案代码之后。部分地区名称与代码表见附录 E。	中国高空风资料整编出版物档案复分代码　33002〈156〉

附　录　A
(规范性附录)
气象档案分类与代码表

表 A.1　气象档案分类与代码表

表 A.1 给出了气象档案分类与代码。

代码	类　目　名　称	说　　明
1	党务	
110	会议	
11010	党组会议	
11020	党的基层组织会议	代表大会、党员大会、党委委员会、支部委员会会议入此
120	组织	
12010	组织制度	
12020	组织管理	
12030	党员管理	党员名册(党员登记表)、党籍处理(劝退、不予登记、退党、除名)、党员奖惩(授予先进称号、纪律处分)入此
12040	党员教育	
12050	整党建党	整党含组织整顿、党员重新登记、思想整顿、作风整顿;建党含党员培养吸收与转正或延长、取消预备期
12060	党员干部管理	党内职务变动入此
12070	党费管理	
12080	统计	党组织、党员统计入此
130	纪律检查	
13010	党风	
13020	党纪检查	
13030	案件审理	
13040	来信来访	
140	宣传	
14010	理论宣传	
14020	政策宣传	
14030	时事宣传	
14040	纪念活动	
14050	政策思想工作	
14060	精神文明建设	
150	统战	
15010	民主党派工作	
15020	无党派人士工作	

表 A.1 气象档案分类与代码表(续)

代码	类目名称	说明
15030	港澳工作	
15040	对台工作	
160	群团工作	
16010	工会组织	
16020	共青团组织	
16030	妇女组织	
199	其他	
2	气象事业管理	
205	气象综合管理	
20501	气象工作会议	气象局长会议、局长工作研讨会入此
20502	气象办公会议	局长办公会、协调会、局务会等日常工作会议入此
20503	气象专题会议	专题或专业会议入此
20511	气象长远规划	十年及十年以上气象工作发展规划、纲要入此
20512	气象中期计划	
20513	气象年度计划	
20521	气象文秘工作	
20522	气象保密工作	
20523	气象政务信息	政务公开、电子政务管理入此
20524	气象信访工作	
20525	气象档案工作	
20526	气象后勤保障工作	
20527	气象安全生产、保卫工作	
20531	气象宣传管理	
20532	气象报	
20533	气象期刊	
20534	气象出版	正式出版的气象学术专著、译著、气象专业教材、气象专业工具书、气象科普图书等入此
20535	气象宣传影视、录音、录像	
20536	气象宣传照片、图片	
20537	气象展览	
20538	气象网站	
20541	中国气象年鉴	
20542	气象统计年鉴	
20543	气象大事记	

表 A.1　气象档案分类与代码表(续)

代码	类目名称	说明
20544	气象史	
20545	气象名人传记、纪念专刊	回忆录入此
20551	气象办公自动化管理	
20561	气象学术团体	气象学会及有关科技委员会入此
20571	气象工作综合考评、督察督办	考核指标、考核结果、评优表彰入此
20599	其他	
210	气象业务管理	
21001	高空气象观测台站网组织管理	台站历史沿革、区站号表入此
21002	高空气象观测管理规范、规定、制度	
21003	高空气象观测查算、检索工具	
21006	地面气象观测台站网组织管理	台站历史沿革、区站号表入此
21007	地面气象观测管理规范、规定、制度	
21008	地面气象观测查算、检索工具	
21011	气象辐射观测台站网组织管理	台站历史沿革、区站号表入此
21012	气象辐射观测管理规范、规定、制度	
21013	气象辐射观测查算、检索工具	
21016	农业气象、生态气象观测台站网组织管理	台站历史沿革、区站号表入此
21017	农业气象、生态气象观测管理规范、规定、制度	
21018	农业气象、生态气象观测查算、检索工具	
21021	专业气象观测台站网组织管理	专业气象观测主要包括海洋气象、水文气象、航空气象、军事气象、应用气象等,台站历史沿革、区站号表入此
21022	专业气象观测管理规范、规定、制度	
21023	专业气象观测查算、检索工具	
21026	特种气象观测台站网组织管理	特种气象观测主要包括大气本底、酸雨、大气成分、冰雪圈、大气现象等,台站历史沿革、区站号表入此
21027	特种气象观测管理规范、规定、制度	
21028	特种气象观测查算、检索工具	
21031	气象卫星、空间天气观测台站网组织管理	台站历史沿革、区站号表入此
21032	气象卫星、空间天气观测管理规范、规定、制度	
21033	气象卫星、空间天气观测查算、检索工具	
21036	气象雷达观测台站网组织管理	台站历史沿革、区站号表入此
21037	气象雷达观测管理规范、规定、制度	

表 A.1 气象档案分类与代码表(续)

代码	类目名称	说明
21038	气象雷达观测查算、检索工具	
21041	天气预报台站网组织管理	气象台站历史沿革入此
21042	天气预报管理规范、规定、制度	
21043	天气预报查算、检索工具	
21046	气象通信网络组织管理	
21047	气象通信管理规范、规定、制度	
21051	气象资料管理规范、规定、制度	
21052	气象资料检索工具	
21056	气候监测台站网组织管理	台站历史沿革、区站号表入此
21057	气候监测管理规范、规定、制度	
21058	气候监测查算、检索工具	
21059	气候、气候变化、气候资源开发利用	气候数值分析预报,国家气候变化专家委员会、国家应对气候变化领导小组和 IPCC 中国办公室工作入此
21061	农业气象、生态气象	农业气象和生态气象观测宜入 21016、21017、21018
21066	专业气象	专业气象观测宜入 21021、21022、21023
21071	特种气象	特种气象观测宜入 21026、21027、21028
21076	卫星气象、空间天气	气象卫星、空间天气观测宜入 21031、21032、21033
21081	雷达气象	气象雷达观测宜入 21036、21037、21038
21086	人工影响天气组织管理	
21087	人工影响天气管理规范、规定、制度	
21091	气象应急管理	
21099	其他	
215	气象科研管理	
21510	气象科技发展规划管理	
21520	气象科研项目管理	
21530	气象科技成果管理	知识产权、专利入此
21540	气象科研院所管理	
21550	气象实验室管理	
21560	气象科技创新体系建设	
21599	其他	
220	气象教育管理	
22010	气象普通教育管理	气象专业高等、中专教育管理入此
22020	气象成人教育管理	在职教育、培训、访问学者管理入此

表 A.1 气象档案分类与代码表(续)

代码	类目名称	说明
22099	其他	
225	气象外事管理	
22510	气象国际组织	WMO有关会议、活动及出版物入此
22520	气象双边合作	
22599	其他	
230	气象机构、人事管理	
23010	气象机构人员编制管理	
23020	人员录用调配管理	
23030	气象干部任免管理	
23040	劳动工资管理	
23050	科技干部管理	职称评审、"323"人才工程、百千万、863计划专家、特殊津贴人选入此
23060	老干部管理	
23099	其他	
235	气象计划财务管理	
23510	计划管理	财务计划、基建计划入此
23520	财务管理	
23530	财务会计	会计档案入此
23540	资产管理	房地产入此
23550	统计管理	
23599	其他	
240	气象产业管理	
24010	产业开发管理	
24020	综合经营管理	
24099	其他	
245	气象装备管理	
24510	仪器设备管理	
24520	物资管理	
24599	其他	
250	气象服务管理	
25010	决策气象服务	
25020	公众气象服务	
25030	专业气象服务	专业有偿服务入此
25040	农业气象服务	

表 A.1 气象档案分类与代码表(续)

代码	类目名称	说明
25099	其他	
255	气象政策法规管理	
25501	国家气象政策法规	
25502	气象行业政策法规	
25503	地方气象政策法规	
25504	其他相关行业政策法规	
25511	气象立法	
25512	气象普法	
25513	气象执法	
25521	气象工作调研管理	
25522	气象综合工作调研	
25523	气象专题工作调研	
25524	气象软科学管理	
25531	气象行业管理	
25532	雷电灾害防御管理	
25533	施放气球管理	
25541	气象标准化管理	
25599	其他	
260	气象行政监察管理	
26010	气象行政监察管理	
26020	气象廉政建设	
26030	气象执法监察	
26040	气象行政案件调查处理	
26050	来信来访	
26099	其他	
265	气象审计管理	
26510	气象内部审计管理	
26520	财务收支审计	
26530	经济效益审计	
26540	经济责任审计	
26550	工程建设项目审计	
26599	其他	
299	其他	
3	气象观测记录	

表 A.1 气象档案分类与代码表(续)

代码	类目名称	说明
305	气象观测记录纸	
30501	高空测风观测记录纸	
30502	高空探空观测记录纸	
30503	地面气象观测记录纸	单气象要素按表 D.1 复分
30599	其他	
310	气象观测表(簿)、原始记录数据文件	
31001	高空测风记录表	
31002	高空探空记录表	
31003	地基自动探空系统原始记录	
31004	飞机高空观测原始记录	
31005	地基 GPS 水汽观测原始记录	
31006	风廓线仪观测原始记录	
31007	雷电观测数据	
31008	高空天气报	通过气象通信系统实时接收获得的高空天气报及衍生资料(含公报、报告和解码后的要素资料)
31013	地面气象观测记录簿	单气象要素按表 D.1 复分
31014	天气报告观测记录簿	
31015	航空危险天气报观测记录簿	
31016	地面自动观测系统原始记录	
31017	近地面垂直观测原始记录	特指通过近地面边界层气象观测塔进行的近地面边界层气温、湿度、风等廓线观测
31018	地面天气报	通过气象通信系统实时接收获得的地面天气报及衍生资料(含公报、报告和解码后的要素资料)
31021	气象辐射日射观测记录簿	
31022	气象辐射热量平衡观测记录簿	
31023	气象辐射地基辐射自动观测原始记录	
31026	作物生育状况观测记录簿	含作物生长量测定记录簿
31027	土壤水分测定记录簿	含土壤水文/物理特性测定及中子仪田间标定记录簿
31028	自然物候观测记录簿	
31029	牧草、牲畜生育状况观测记录簿	
31030	生态气象原始观测记录簿	原始记录数据文件入此
31034	海洋气象观测记录簿	各种观测手段获得的海洋大气资料观测原始记录数据文件入此(不含单独用卫星、模式分析、科考等方式获得的海洋资料)

表 A.1 气象档案分类与代码表(续)

代码	类目名称	说明
31035	水文气象观测记录簿	水文站点的水文、雨量观测原始记录数据文件入此
31036	航空气象观测记录簿	原始记录数据文件入此
31037	日地、水文观测记录簿	原始记录数据文件入此
31038	林业、渔业观测记录簿	原始记录数据文件入此
31041	大气本底观测记录簿	原始记录数据文件入此
31042	酸雨观测记录簿	原始记录数据文件入此
31043	大气成分观测记录簿	原始记录数据文件入此
31044	冰雪圈监测记录簿	原始记录数据文件入此
31045	大气现象观测记录簿	原始记录数据文件入此
31049	气象科学试验和考察高空观测记录簿	原始记录数据文件入此
31050	气象科学试验和考察地面观测记录簿	原始记录数据文件入此
31051	气象科学试验和考察辐射观测记录簿	原始记录数据文件入此
31052	科学试验和考察农业气象和生态气象观测记录簿	原始记录数据文件入此
31053	气象科学试验和考察水文观测记录簿	原始记录数据文件入此
31054	科学试验和考察特种气象观测记录簿	原始记录数据文件入此
31055	气象科学试验和考察卫星观测原始数据	L0 级和 L1 级的原始分辨率数据文件入此
31056	气象科学试验和考察雷达观测原始数据	L1 级雷达信号和 L2 级基本数据入此
31062	卫星气象观测 L0 级原始数据	以遥感器为分类标识的源包数据，是各类仪器的原始分辨数据
31063	卫星气象观测 L1A 级原始数据	由 L0 级数据经质量检验、定标、定位和格式变换、投影变换等处理后，生成的原始分辨率数据文件
31064	卫星气象观测 L1B 级原始数据	对 L1A 级数据进行处理，生成各仪器通道的反射率和辐射率原分辨率数据
31067	天气雷达观测原始信号	未经过任何处理的雷达观测原始数据，即 L1 级数据
31068	天气雷达观测基本数据	经过初加工的原始资料，即 L2 级数据
31099	其他	
315	气象月观测记录	
31501	高空风记录月报表	
31502	高空压温湿记录月报表	
31503	高空气象观测全月记录数据文件	
31504	飞机高空月观测记录	

表 A.1 气象档案分类与代码表(续)

代 码	类 目 名 称	说 明
31505	地基 GPS 水汽月观测记录	
31506	风廓线仪月观测记录	
31507	闪电定位仪月观测记录	
31511	地面气象记录月报表	含记录月总簿,单气象要素按表 D.1 复分
31512	地面气象记录月简表	国际月简表、地机 001 入此,单气象要素按表 D.1 复分
31513	地面气象观测月记录数据文件	单气象要素按表 D.1 复分
31514	近地层垂直气象月观测记录	含观测记录报表和记录数据文件
31515	地面气候月报	指通过气象通信系统实时接收获得的地面气候月报告资料(含公报、报告和解码后要素资料)
31519	气象辐射日射记录月报表	
31520	气象辐射热量平衡记录月报表	
31521	气象辐射地基辐射月记录数据文件	
31524	农作物生育状况月观测记录	
31525	土壤湿度月观测记录	
31526	物候月观测记录	
31527	牧草、牲畜生育状况月观测记录	
31528	生态气象月观测记录	
31529	农业气象报告(AB 报)	指通过气象通信系统实时接收获得的地面气候月报告资料(含公报、报告和解码后要素资料)
31533	海洋气象月观测记录	含观测记录报表和记录数据文件
31534	水文气象月观测记录	含观测记录报表和记录数据文件
31535	航空气象月观测记录	含观测记录报表和记录数据文件
31536	日地、水文月观测记录	含观测记录报表和记录数据文件
31537	林业、渔业气象月观测记录	含观测记录报表和记录数据文件
31538	军事气象月观测记录	含观测记录报表和记录数据文件
31539	应用气象月观测记录	含观测记录报表和记录数据文件。工业、能源、环保、医疗、旅游等应用气象观测入此
31543	大气本底气象月观测记录	含观测记录报表和记录数据文件
31544	酸雨月观测记录	含观测记录报表和记录数据文件
31545	大气成分月观测记录	含观测记录报表和记录数据文件
31546	冰雪圈月监测记录	含观测记录报表和记录数据文件
31547	大气现象月观测记录	含观测记录报表和记录数据文件
31551	气象科学试验和考察高空月观测记录	含观测记录报表和记录数据文件

表 A.1　气象档案分类与代码表(续)

代码	类目名称	说明
31552	气象科学试验和考察地面月观测记录	含观测记录报表和记录数据文件
31553	气象科学试验和考察辐射月观测记录	含观测记录报表和记录数据文件
31554	科学试验和考察农业气象、生态气象月观测记录	含观测记录报表和记录数据文件
31555	科学试验和考察水文月观测记录	含观测记录报表和记录数据文件
31556	科学试验和考察特种气象月观测记录	含观测记录报表和记录数据文件
31599	其他	
320	气象年观测记录	
32001	地面气象观测记录年报表	含记录年总簿,单气象要素按表 D.1 复分
32002	地面气象观测记录年简表	单气象要素按表 D.1 复分
32003	地面观测年记录数据文件	单气象要素按表 D.1 复分
32004	近地层垂直气象观测	含观测记录年报表和年记录数据文件
32007	农作物生育状况年观测记录	含观测记录年报表和年记录数据文件
32008	土壤湿度年观测记录	含观测记录年报表和年记录数据文件
32009	物候年观测记录	含观测记录年报表和年记录数据文件
32010	牧草、牲畜生育状况年观测记录	含观测记录年报表和年记录数据文件
32011	生态气象年观测记录	含观测记录年报表和年记录数据文件
32015	海洋气象年观测记录	含观测记录年报表和年记录数据文件
32016	水文气象年观测记录	含观测记录年报表和年记录数据文件
32017	航空气象年观测记录	含观测记录年报表和年记录数据文件
32018	日地、水文年观测记录	含观测记录年报表和年记录数据文件
32019	林业、渔业气象年观测记录	含观测记录年报表和年记录数据文件
32020	军事气象年观测记录	含观测记录年报表和年记录数据文件
32021	应用气象年观测记录	含观测记录年报表和年记录数据文件。工业、能源、环保、医疗、旅游等应用气象观测入此
32025	大气本底气象年观测记录	含观测记录年报表和年记录数据文件
32026	酸雨年观测记录	含观测记录年报表和年记录数据文件
32027	大气成分年观测记录	含观测记录年报表和年记录数据文件
32028	冰雪圈年监测记录	含观测记录年报表和年记录数据文件
32029	大气现象年观测记录	含观测记录年报表和年记录数据文件
32033	气象科学试验和考察高空年观测记录	含观测记录年报表和年记录数据文件
32034	气象科学试验和考察地面年观测记录	含观测记录年报表和年记录数据文件
32035	气象科学试验和考察辐射年观测记录	含观测记录年报表和年记录数据文件
32036	科学试验和考察农业气象、生态气象年观测记录	含观测记录年报表和年记录数据文件
32037	科学试验和考察水文年观测记录	含观测记录年报表和年记录数据文件

表 A.1 气象档案分类与代码表(续)

代 码	类 目 名 称	说 明
32038	科学试验和考察特种气象年观测记录	含观测记录年报表和年记录数据文件
32099	其他	
325	气象科学数据集和加工数据产品	
32501	高空测风站点资料数据集	数据源为气球携带高空气象探测仪的高空观测方法获得的高空各层风资料入此
32502	高空探空站点资料数据集	数据源为气球携带高空气象探测仪的高空观测方法获得的高空压、温、湿、风等探空资料入此
32503	高空气象网格点资料	以地基高空气象观测资料为主的融合数据产品入此
32504	飞机高空观测资料数据集	
32505	地基 GPS 水汽观测资料数据集	
32506	风廓线仪观测资料数据集	
32507	雷电观测资料数据集	
32511	地面气候资料数据集	
32512	地面天气资料数据集	由气象通信系统实时接收获得的地面天气报资料及衍生资料加工而得的观测资料数据集入此
32513	地面气象网格点资料	以地面气象资料为主的融合数据产品入此
32514	近地层垂直观测资料数据集	
32517	地基辐射观测资料数据集	
32518	太阳辐射资料数据集	
32519	地面辐射资料数据集	
32520	大气辐射资料数据集	
32521	云辐射资料数据集	
32522	辐射平衡资料数据集	
32523	热量平衡资料数据集	
32524	气象辐射网格点资料数据集	以地基气象辐射资料为主的融合数据产品入此
32529	作物生育状况资料数据集	
32530	土壤湿度资料数据集	
32531	自然物候资料数据集	
32532	牧草、牲畜生育状况资料数据集	
32533	农业气候资料数据集	
32534	农业气象灾害资料数据集	
32535	生态气象资料数据集	
32539	海洋气象资料数据集	

表 A.1 气象档案分类与代码表(续)

代码	类目名称	说明
32540	水文气象资料数据集	
32541	航空气象资料数据集	
32542	日地、天文资料数据集	
32543	林业、渔业气象资料数据集	
32544	军事气象资料数据集	
32545	应用气象资料数据集	
32549	气象灾害资料数据集	各种天气气候灾害的气象实况及其影响资料数据集,不含农业及生态气象灾情
32550	大气本底观测资料数据集	
32551	酸雨观测资料数据集	
32552	大气成分观测资料数据集	
32553	冰雪圈监测资料数据集	
32554	大气现象观测资料数据集	
32558	科学试验和考察资料数据集	
32568	卫星气象资料 L2 级数据产品	对 L1B 数据进行处理生成的能反映大气、陆地、海洋和空间天气变化特征的各种地球物理参数、基本图像产品、环境监测产品、灾情监测产品等
32569	卫星气象资料 L3 级数据产品	在低等级数据的基础上生成的候、旬、月格点产品和其他分析产品等
32570	卫星气象资料 L4 级数据产品	通过低等级资料分析得出的结果或模式计算结果,属于直接面向应用的增值产品
32571	卫星气象资料综合数据产品	
32574	天气雷达观测定量数据产品	在 L1 级资料基础上加工获得的雷达定量反演产品,属 L3 级产品
32575	天气雷达观测图像数据产品	在 L1 级资料基础上加工获得的雷达图像反演产品,属 L3 级产品
32576	天气雷达观测综合数据产品	
32579	数值天气预报初始场资料	模式初始场所用的观测资料
32580	数值天气预报分析产品	模式客观分析或同化分析产品
32581	数值天气预报产品	模式预报产品
32582	数值天气预报再分析产品	由模式获得的全球或区域再分析产品
32585	历史气候文献记载	
32586	历史气候树木年轮资料	
32587	历史气候冰芯资料	
32588	历史气候花粉化石资料	

表 A.1　气象档案分类与代码表(续)

代码	类目名称	说明
32589	历史气候海洋与湖泊沉积物资料	
32590	历史气候珊瑚资料	
32591	历史气候黄土资料	
32599	其他	
330	气象记录整编出版物	
33001	高空气象记录月报出版物	
33002	高空风资料整编出版物	
33003	高空压、温、湿资料整编出版物	
33004	高空气象网格点资料整编出版物	
33005	高空气候资料整编出版物	累年值资料入此
33009	地面气候记录月报出版物	单气象要素按表 D.1 复分
33010	地面气候记录年报出版物	单气象要素按表 D.1 复分
33011	历、累年地面气候资料整编出版物	综合气象要素资料入此
33012	一般天气气候资料整编出版物	
33013	灾害性天气气候资料整编出版物	
33014	异常气候资料整编出版物	
33015	台风年鉴	
33016	寒潮年鉴	
33021	太阳辐射资料整编出版物	
33022	地面辐射资料整编出版物	
33023	大气辐射资料整编出版物	
33024	云辐射资料整编出版物	
33025	辐射平衡资料整编出版物	
33026	热量平衡资料整编出版物	
33030	农作物生育状况资料整编出版物	
33031	土壤湿度资料整编出版物	
33032	物候资料整编出版物	
33033	牧草、牲畜生育状况资料整编出版物	
33034	农业气候资料整编出版物	
33035	农业气象灾害资料整编出版物	
33036	农业气象年报出版物	
33040	海洋气象资料资料整编出版物	
33041	水文气象资料资料整编出版物	
33042	航空气象资料资料整编出版物	

表 A.1　气象档案分类与代码表(续)

代码	类目名称	说明
33043	日地、天文资料整编出版物	
33044	林业、渔业气象资料整编出版物	
33045	军事气象资料整编出版物	
33046	应用气象资料整编出版物	
33050	特种气象灾害资料整编出版物	
33051	大气本底观测资料整编出版物	
33052	酸雨观测资料整编出版物	
33053	大气成分观测资料整编出版物	
33054	冰雪圈监测资料整编出版物	
33055	大气现象观测资料整编出版物	
33059	气象科学试验和考察资料整编出版物	
33067	卫星气象要素垂直分布资料整编出版物	气压、气温、风、水汽含量垂直分布入此
33068	卫星气象辐射资料整编出版物	太阳辐射、地一气系统热辐射资料入此
33069	卫星气象云资料整编出版物	云顶温度、云中液态水含量入此,云图入 34048
33070	卫星气象海温、海冰资料整编出版物	
33071	卫星气象冰雪资料整编出版物	
33072	卫星气象臭氧及其他微量成分资料整编出版物	
33073	卫星气象污染物质及气溶胶资料整编出版物	
33077	天气雷达定量数据产品资料整编出版物	
33078	天气雷达图像数据产品资料整编出版物	
33079	天气雷达综合数据产品资料整编出版物	
33082	数值天气预报初始场资料整编出版物	
33083	数值天气预报分析产品资料整编出版物	
33084	数值天气预报预报产品资料整编出版物	
33085	数值天气预报再分析产品资料整编出版物	
33088	历史气候文献记载整编出版物	
33089	历史气候树木年轮资料整编出版物	
33090	历史气候冰芯资料整编出版物	
33091	历史气候花粉化石资料整编出版物	
33092	历史气候海洋与湖泊沉积物资料整编出版物	
33093	历史气候珊瑚资料整编出版物	
33094	历史气候黄土资料整编出版物	
33099	其他	
335	原始气象分析图、照片	

表 A.1 气象档案分类与代码表(续)

代码	类目名称	说明
33501	100 hPa 高空天气分析图	
33502	200 hPa 高空天气分析图	
33503	300 hPa 高空天气分析图	
33504	500 hPa 高空天气分析图	
33505	700 hPa 高空天气分析图	
33506	850 hPa 高空天气分析图	
33507	1000 hPa 高空天气分析图	
33508	500 hPa～1000 hPa 厚度分析图	
33513	基本地面天气分析图	单气象要素按表 D.1 复分
33514	辅助地面天气分析图	单气象要素按表 D.1 复分
33515	洋面天气分析图	热带图入此,单气象要素按表 D.1 复分
33518	高空气候分析图	
33519	地面气候分析图	单气象要素按表 D.1 复分
33520	辐射分布分析图	
33521	灾害性天气气候分析图	单气象要素按表 D.1 复分
33524	作物生育状况分析图	
33525	土壤湿度分析图	
33526	自然物候分析图	
33527	牧草、牲畜生育状况分析图	
33528	农业气候分析图	
33529	农业气象灾害分析图	
33530	生态气象分析图	
33535	海洋气象分析图	
33536	水文气象分析图	
33537	航空气象分析图	
33558	林业、渔业气象分析图	
33559	军事气象分析图	
33540	应用气象分析图	
33544	特种气象灾害资料分析图	灾害天气照片、录像入此
33545	大气本底观测资料分析图	
33546	酸雨资料分析图	
33547	大气成分观测资料分析图	
33548	冰雪圈监测资料分析图	
33549	大气现象观测资料分析图	

表 A.1 气象档案分类与代码表(续)

代码	类目名称	说明
33553	气象科学试验和考察分析图	
33561	卫星气象云分析图	
33562	卫星气象辐射分析图	
33563	卫星气象云量分布分析图	
33564	卫星气象海温、海冰分布分析图	
33565	卫星气象冰雪分布分析图	
33566	卫星气象臭氧及其他微量成分分布分析图	
33567	卫星气象污染物质及气溶胶分布分析图	
33568	卫星气象植被分布分析图	
33573	单部天气雷达图像	
33574	多部天气雷达组网拼图	
33577	数值天气预报模式分析图	
33580	历史气候文献资料分析图	
33581	历史气候树木年轮资料分析图	
33582	历史气候冰芯资料分析图	
33583	历史气候花粉化石资料分析图	
33584	历史气候海洋与湖泊沉积物资料分析图	
33585	历史气候珊瑚气候代用资料分析图	
33586	历史气候黄土资料分析图	
33599	其他	
340	气象图、图集出版物	
34001	历史天气图、图集出版物	
34002	天气演变图、图集出版物	
34003	大气环流图、图集出版物	
34006	高空气候图、图集出版物	
34007	地面气候图、图集出版物	
34008	辐射分布图、图集出版物	
34009	灾害性天气气候图、图集出版物	
34012	作物生育状况气象图、图集出版物	含气候图
34013	土壤湿度气象图、图集出版物	含气候图
34014	自然物候气象图、图集出版物	含气候图
34015	牧草、牲畜生育状况气象图、图集出版物	含气候图
34016	农业气候图、图集出版物	
34017	农业气象灾害图、图集出版物	含气候图

表 A.1 气象档案分类与代码表(续)

代码	类目名称	说明
34018	生态气象图、图集出版物	含气候图
34022	海洋气象图、图集出版物	含气候图
34023	水文气象图、图集出版物	含气候图
34024	航空气象图、图集出版物	含气候图
34025	林业、渔业气象图、图集出版物	含气候图
34026	军事气象图、图集出版物	含气候图
34027	应用气象图、图集出版物	含气候图
34031	特种气象灾害资料分析图、图集出版物	
34032	大气本底观测资料分析图、图集出版物	
34033	酸雨资料分析图、图集出版物	
34034	大气成分观测资料分析图、图集出版物	
34035	冰雪圈监测资料分析图、图集出版物	
34036	大气现象观测资料分析图、图集出版物	
34040	气象科学试验和考察气象图、图集出版物	
34048	卫星气象云图、图集出版物	
34049	卫星气象辐射图、图集出版物	
34050	卫星气象云量分布图、图集出版物	
34051	卫星气象海温、海冰分布图、图集出版物	
34052	卫星气象冰雪分布图、图集出版物	
34053	卫星气象臭氧及其他微量成分分布图、图集出版物	
34054	卫星气象污染物质及气溶胶分布图、图集出版物	
34055	卫星气象植被分布图、图集出版物	
34060	单部天气雷达图像、图集出版物	
34061	多部天气雷达组网拼图、图集出版物	
34064	数值天气预报模式分析图、图集出版物	
34067	历史气候文献资料分析图、图集出版物	
34068	历史气候树木年轮资料分析图、图集出版物	
34069	历史气候冰芯资料分析图、图集出版物	
34070	历史气候花粉化石资料分析图、图集出版物	
34071	历史气候海洋与湖泊沉积物资料分析图、图集出版物	
34072	历史气候珊瑚资料分析图、图集出版物	
34073	历史气候黄土资料分析图、图集出版物	
34099	其他	
399	其他	

表 A.1 气象档案分类与代码表(续)

代码	类目名称	说明
4	气象业务技术	
405	综合气象观测业务技术	
40501	高空气象观测业务运行手册、技术规程等	
40502	高空气象观测业务技术报告、调查报告、技术总结等	
40503	高空气象观测业务技术产品、业务技术服务成果	
40504	高空气象观测业务运行软件	
40505	高空气象观测业务技术会议材料	
40509	地面气象观测业务运行手册、技术规程等	
40510	地面气象观测业务技术报告、调查报告、技术总结等	
40511	地面气象观测业务技术产品、业务技术服务成果	
40512	地面气象观测业务运行软件	
40513	地面气象观测业务技术会议材料	
40517	气象辐射观测业务运行手册、技术规程等	
40518	气象辐射观测业务技术报告、调查报告、技术总结等	
40519	气象辐射观测业务技术产品、业务技术服务成果	
40520	气象辐射观测业务运行软件	
40521	气象辐射观测业务技术会议材料	
40525	农业气象和生态气象观测业务运行手册、技术规程等	
40526	农业气象和生态气象观测业务技术报告、技术总结等	含调查报告
40527	农业气象和生态气象观测业务技术产品	含业务技术服务成果
40528	农业气象和生态气象观测业务运行软件	
40529	农业气象和生态气象观测业务技术会议材料	
40533	专业气象观测业务运行手册、技术规程等	
40534	专业气象观测业务技术报告、调查报告、技术总结等	
40535	专业气象观测业务技术产品、业务技术服务成果	
40536	专业气象观测业务运行软件	
40537	专业气象观测业务技术会议材料	
40541	特种气象观测业务运行手册、技术规程等	
40542	特种气象观测业务技术报告、调查报告、技术总结等	
40543	特种气象观测业务技术产品、业务技术服务成果	
40544	特种气象观测业务运行软件	
40545	特种气象观测业务技术会议材料	
40549	卫星气象、空间天气观测业务运行手册、技术规程等	
40550	卫星气象、空间天气观测业务技术报告、技术总结等	含调查报告

表 A.1　气象档案分类与代码表(续)

代码	类目名称	说明
40551	卫星气象、空间天气观测业务技术产品	含业务技术服务成果
40552	卫星气象、空间天气观测业务运行软件	
40553	卫星气象、空间天气观测业务技术会议材料	
40557	雷达气象观测业务运行手册、技术规程等	
40558	雷达气象观测业务技术报告、调查报告、技术总结等	
40559	雷达气象观测业务技术产品、业务技术服务成果	
40560	雷达气象观测业务运行软件	
40561	雷达气象观测业务技术会议材料	
40565	气象仪器计量检定业务运行手册、技术规程等	
40566	气象仪器计量检定业务技术报告、技术总结等	含调查报告
40567	气象仪器计量检定业务技术产品、业务技术服务成果	
40568	气象仪器计量检定业务运行软件	
40569	气象仪器计量检定业务技术会议材料	
40599	其他	
410	天气预报业务技术	
41001	常规天气分析、预报、服务业务运行手册、技术规程等	
41002	常规天气分析、预报、服务业务技术报告、技术总结等	含调查报告
41003	常规天气分析、预报、服务业务技术产品	含业务技术服务成果
41004	常规天气分析、预报、服务业务运行软件	
41005	常规天气分析、预报、服务业务技术会议材料	
41009	数值天气预报、服务业务运行手册、技术规程等	
41010	数值天气预报、服务业务技术报告、技术总结等	含调查报告
41011	数值天气预报、服务业务技术产品、业务技术服务成果	
41012	数值天气预报、服务业务运行软件	
41013	数值天气预报、服务业务技术会议材料	
41017	重要天气及灾害性天气分析、预报、服务业务运行手册	含技术规程等
41018	重要天气及灾害性天气分析、预报、服务业务技术报告	含调查报告、技术总结等
41019	重要天气及灾害性天气分析、预报、服务业务技术产品	含业务技术服务成果
41020	重要天气及灾害性天气分析、预报、服务业务运行软件	
41021	重要天气及灾害性天气分析、预报、服务业务技术会议材料	
41025	专项天气分析、预报、服务业务运行手册、技术规程等	
41026	专项天气分析、预报、服务业务技术报告、技术总结等	含调查报告
41027	专项天气分析、预报、服务业务技术产品	含业务技术服务成果
41028	专项天气分析、预报、服务业务运行软件	

表 A.1 气象档案分类与代码表(续)

代码	类目名称	说明
41029	专项天气分析、预报、服务业务技术会议材料	
41099	其他	
415	气象信息系统业务技术	
41501	国际气象通信业务运行手册、技术规程等	
41502	国际气象通信业务技术报告、调查报告、技术总结等	
41503	国际气象通信业务技术产品、业务技术服务成果	
41504	国际气象通信业务运行软件	
41505	国际气象通信业务技术会议材料	
41509	国家气象通信业务运行手册、技术规程等	
41510	国家气象通信业务技术报告、调查报告、技术总结等	
41511	国家气象通信业务技术产品、业务技术服务成果	
41512	国家气象通信业务运行软件	
41513	国家气象通信业务技术会议材料	
41517	区域气象通信业务运行手册、技术规程等	含区域中心及省、地、县气象通信
41518	区域气象通信业务技术报告、调查报告、技术总结等	含区域中心及省、地、县气象通信
41519	区域气象通信业务技术产品、业务技术服务成果	含区域中心及省、地、县气象通信
41520	区域气象通信业务运行软件	含区域中心及省、地、县气象通信
41521	区域气象通信业务技术会议材料	含区域中心及省、地、县气象通信
41525	办公网业务运行手册、技术规程等	
41526	办公网业务技术报告、调查报告、技术总结等	
41527	办公网业务技术产品、业务技术服务成果	
41528	办公网业务运行软件	
41529	办公网业务技术会议材料	
41533	存储系统业务运行手册、技术规程等	
41534	存储系统业务技术报告、调查报告、技术总结等	
41535	存储系统业务技术产品、业务技术服务成果	
41536	存储系统业务运行软件	
41537	存储系统业务技术会议材料	
41541	高性能计算机业务运行手册、技术规程等	
41542	高性能计算机业务技术报告、调查报告、技术总结等	
41543	高性能计算机业务技术产品、业务技术服务成果	
41544	高性能计算机业务运行软件	
41545	高性能计算机业务技术会议材料	
41599	其他	

表 A.1 气象档案分类与代码表(续)

代码	类目名称	说明
420	气象资料业务技术	
42001	气象资料预处理业务运行手册、技术规程等	含审核、数字化工作
42002	气象资料预处理业务技术报告、调查报告、技术总结等	含审核、数字化工作
42003	气象资料预处理业务技术产品、业务技术服务成果	含审核、数字化工作
42004	气象资料预处理业务运行软件	含审核、数字化工作
42005	气象资料预处理业务技术会议材料	含审核、数字化工作
42009	气象资料加工整编业务运行手册、技术规程等	含气象资料数据集研发
42010	气象资料加工整编业务技术报告、技术总结等	含调查报告、气象资料数据集研发
42011	气象资料加工整编业务技术产品、业务技术服务成果	含气象资料数据集研发
42012	气象资料加工整编业务运行软件	含气象资料数据集研发
42013	气象资料加工整编业务技术会议材料	含气象资料数据集研发
42017	气象资料存储管理业务运行手册、技术规程等	
42018	气象资料存储管理业务技术报告、技术总结等	含调查报告
42019	气象资料存储管理业务技术产品、业务技术服务成果	
42020	气象资料存储管理业务运行软件	
42021	气象资料存储管理业务技术会议材料	
42024	气象资料提供利用业务运行手册、技术规程等	
42025	气象资料提供利用业务技术报告、技术总结等	含调查报告
42026	气象资料提供利用业务技术产品、业务技术服务成果	
42027	气象资料提供利用业务运行软件	
42028	气象资料提供利用业务技术会议材料	
42099	其他	
425	气候、气候变化、气候资源开发利用业务技术	
42501	基本气候分析业务运行手册、技术规程等	含区域气候、高原气候、极地气候、城市气候
42502	基本气候分析业务技术报告、调查报告、技术总结等	含区域气候、高原气候、极地气候、城市气候
42503	基本气候分析业务技术产品、业务技术服务成果	含区域气候、高原气候、极地气候、城市气候
42504	基本气候分析业务运行软件	含区域气候、高原气候、极地气候、城市气候
42505	基本气候分析业务技术会议材料	含区域气候、高原气候、极地气候、城市气候
42509	气候预测业务运行手册、技术规程等	
42510	气候预测业务技术报告、调查报告、技术总结等	
42511	气候预测业务技术产品、业务技术服务成果	
42512	气候预测业务运行软件	
42513	气候预测业务技术会议材料	
42517	天气气候分析业务运行手册、技术规程等	

表 A.1 气象档案分类与代码表(续)

代码	类目名称	说明
42518	天气气候分析业务技术报告、调查报告、技术总结等	
42519	天气气候分析业务技术产品、业务技术服务成果	灾害年鉴入此
42520	天气气候分析业务运行软件	
42521	天气气候分析业务技术会议材料	
42525	气候影响评价业务运行手册、技术规程等	
42526	气候影响评价业务技术报告、调查报告、技术总结等	
42527	气候影响评价业务技术产品、业务技术服务成果	
42528	气候影响评价业务运行软件	
42529	气候影响评价业务技术会议材料	
42533	气候监测、诊断业务运行手册、技术规程等	
42534	气候监测、诊断业务技术报告、调查报告、技术总结等	
42535	气候监测、诊断业务技术产品、业务技术服务成果	
42536	气候监测、诊断业务运行软件	
42537	气候监测、诊断业务技术会议材料	
42541	气候资源管理业务运行手册、技术规程等	含气候资源调查、开发、应用和气候区划
42542	气候资源管理业务技术报告、调查报告、技术总结等	含气候资源调查、开发、应用和气候区划
42543	气候资源管理业务技术产品、业务技术服务成果	含气候资源调查、开发、应用和气候区划
42544	气候资源管理业务运行软件	含气候资源调查、开发、应用和气候区划
42545	气候资源管理业务技术会议材料	含气候资源调查、开发、应用和气候区划
42549	气候史料业务运行手册、技术规程等	
42550	气候史料业务技术报告、调查报告、技术总结等	
42551	气候史料业务技术产品、业务技术服务成果	
42552	气候史料业务运行软件	
42553	气候史料业务技术会议材料	
42557	气候变化业务运行手册、技术规程等	
42558	气候变化业务技术报告、调查报告、技术总结等	
42559	气候变化业务技术产品、业务技术服务成果	
42560	气候变化业务运行软件	
42561	气候变化业务技术会议材料	
42599	其他	
430	农业与生态气象业务技术	农业气象和生态气象观测入 40525、40526、40527、40528、40529
43001	农业与生态气象试验业务运行手册、技术规程等	
43002	农业与生态气象试验业务技术报告、技术总结等	含调查报告
43003	农业与生态气象试验业务技术产品、业务技术服务成果	

表 A.1　气象档案分类与代码表(续)

代码	类目名称	说明
43004	农业与生态气象试验业务运行软件	
43005	农业与生态气象试验业务技术会议材料	
43009	农业与生态气象预报、服务业务运行手册、技术规程等	
43010	农业与生态气象预报、服务业务技术报告、技术总结等	含调查报告
43011	农业与生态气象预报、服务业务技术产品	含业务技术服务成果,农业产量预报入此
43012	农业与生态气象预报、服务业务运行软件	
43013	农业与生态气象预报、服务业务技术会议材料	
43017	农业与生态气候分析业务运行手册、技术规程等	
43018	农业与生态气候分析业务技术报告、技术总结等	含调查报告
43019	农业与生态气候分析业务技术产品、业务技术服务成果	农作物气象条件、农业气候资源分析利用、农业气候区划入此
43020	农业与生态气候分析业务运行软件	
43021	农业与生态气候分析业务技术会议材料	
43025	农业气象灾害分析业务运行手册、技术规程等	
43026	农业气象灾害分析业务技术报告、技术总结等	含调查报告
43027	农业气象灾害分析业务技术产品、业务技术服务成果	
43028	农业气象灾害分析业务运行软件	
43029	农业气象灾害分析业务技术会议材料	
43033	农业与生态气象情报服务业务运行手册、技术规程等	
43034	农业与生态气象情报服务业务技术报告、技术总结等	含调查报告
43035	农业与生态气象情报服务业务技术产品	含业务技术服务成果,农业气象影响评价入此
43036	农业与生态气象情报服务业务运行软件	
43037	农业与生态气象情报服务业务技术会议材料	
43099	其他	
435	专业气象业务技术	专业气象观测入40533、40534、40535、40536、40537
43501	海洋气象业务运行手册、技术规程等	航海气象入此
43502	海洋气象业务技术报告、调查报告、技术总结等	航海气象入此
43503	海洋气象业务技术产品、业务技术服务成果	航海气象入此
43504	海洋气象业务运行软件	航海气象入此
43505	海洋气象业务技术会议材料	航海气象入此
43509	水文气象业务运行手册、技术规程等	
43510	水文气象业务技术报告、调查报告、技术总结等	

表 A.1　气象档案分类与代码表(续)

代码	类 目 名 称	说　明
43511	水文气象业务技术产品、业务技术服务成果	
43512	水文气象业务运行软件	
43513	水文气象业务技术会议材料	
43517	航空气象业务运行手册、技术规程等	
43518	航空气象业务技术报告、调查报告、技术总结等	
43519	航空气象业务技术产品、业务技术服务成果	
43520	航空气象业务运行软件	
43521	航空气象业务技术会议材料	
43525	日地、天文气象业务运行手册、技术规程等	
43526	日地、天文气象业务技术报告、调查报告、技术总结等	
43527	日地、天文气象业务技术产品、业务技术服务成果	
43528	日地、天文气象业务运行软件	
43529	日地、天文气象业务技术会议材料	
43533	林业、渔业气象业务运行手册、技术规程等	
43534	林业、渔业气象业务技术报告、调查报告、技术总结等	
43535	林业、渔业气象业务技术产品、业务技术服务成果	
43536	林业、渔业气象业务运行软件	
43537	林业、渔业气象业务技术会议材料	
43541	军事气象业务运行手册、技术规程等	含军事气候
43542	军事气象业务技术报告、调查报告、技术总结等	含军事气候
43543	军事气象业务技术产品、业务技术服务成果	含军事气候
43544	军事气象业务运行软件	含军事气候
43545	军事气象业务技术会议材料	含军事气候
43549	应用气象(应用气候)服务业务运行手册、技术规程等	工业、能源、环保、建筑、医疗、旅游等应用气象服务入此
43550	应用气象(应用气候)服务业务技术报告、技术总结等	含调查报告,工业、能源、环保、建筑、医疗、旅游等应用气象服务入此
43551	应用气象(应用气候)服务业务技术产品	含业务技术服务成果,工业、能源、环保、建筑、医疗、旅游等应用气象服务入此
43552	应用气象(应用气候)服务业务运行软件	工业、能源、环保、建筑、医疗、旅游等应用气象服务入此
43553	应用气象(应用气候)服务业务技术会议材料	工业、能源、环保、建筑、医疗、旅游等应用气象服务入此
43599	其他	

表 A.1　气象档案分类与代码表(续)

代码	类目名称	说明
440	卫星气象业务技术	卫星气象观测入 40549、40550、40551、40552、40553
44001	卫星气象资料传输接收及处理业务运行手册	含技术规程等
44002	卫星气象资料传输接收及处理业务技术报告等	含调查报告、技术总结
44003	卫星气象资料传输接收及处理业务技术产品	含业务技术服务成果
44004	卫星气象资料传输接收及处理业务运行软件	
44005	卫星气象资料传输接收及处理业务技术会议材料	
44009	卫星气象资料、云图分析与应用业务运行手册等	含技术规程
44010	卫星气象资料、云图分析与应用业务技术报告等	含调查报告、技术总结
44011	卫星气象资料、云图分析与应用业务技术产品	含业务技术服务成果
44012	卫星气象资料、云图分析与应用业务运行软件	
44013	卫星气象资料、云图分析与应用业务技术会议材料	
44017	卫星气象服务业务运行手册、技术规程等	
44018	卫星气象服务业务技术报告、调查报告、技术总结等	
44019	卫星气象服务业务技术产品、业务技术服务成果	
44020	卫星气象服务业务运行软件	
44021	卫星气象服务业务技术会议材料	
44025	空间天气业务运行手册、技术规程等	
44026	空间天气业务技术报告、调查报告、技术总结等	
44027	空间天气业务技术产品、业务技术服务成果	
44028	空间天气业务运行软件	
44029	空间天气业务技术会议材料	
44099	其他	
445	雷达气象业务技术	雷达气象观测入 40557、40558、40559、40560、40561
44501	雷达气象资料处理业务运行手册、技术规程等	
44502	雷达气象资料处理业务技术报告、技术总结等	含调查报告
44503	雷达气象资料处理业务技术产品、业务技术服务成果	
44504	雷达气象资料处理业务运行软件	
44505	雷达气象资料处理业务技术会议材料	
44509	雷达气象资料分析与应用业务运行手册、技术规程等	
44510	雷达气象资料分析与应用业务技术报告、技术总结等	含调查报告
44511	雷达气象资料分析与应用业务技术产品	含业务技术服务成果
44512	雷达气象资料分析与应用业务运行软件	

表 A.1 气象档案分类与代码表(续)

代码	类目名称	说明
44513	雷达气象资料分析与应用业务技术会议材料	
44517	雷达气象服务业务运行手册、技术规程等	
44518	雷达气象服务业务技术报告、调查报告、技术总结等	
44519	雷达气象服务业务技术产品、业务技术服务成果	
44520	雷达气象服务业务运行软件	
44521	雷达气象服务业务技术会议材料	
44599	其他	
450	大气成分与大气环境业务技术	大气成分与大气环境观测入 40541、40542、40543、40544、40545
45001	大气成分与大气环境业务运行手册、技术规程等	
45002	大气成分与大气环境业务技术报告、技术总结等	含调查报告
45003	大气成分与大气环境业务技术产品、业务技术服务成果	
45004	大气成分与大气环境业务运行软件	
45005	大气成分与大气环境业务技术会议材料	
45099	其他	
455	人工影响天气业务技术	
45501	人工影响天气业务运行手册、技术规程等	
45502	人工影响天气业务技术报告、调查报告、技术总结等	
45503	人工影响天气业务技术产品、业务技术服务成果	
45504	人工影响天气业务运行软件	
45505	人工影响天气业务技术会议材料	
45599	其他	
460	雷电灾害防御业务技术	
46001	雷电灾害防御业务运行手册、技术规程等	
46002	雷电灾害防御业务技术报告、调查报告、技术总结等	
46003	雷电灾害防御业务技术产品、业务技术服务成果	
46004	雷电灾害防御业务运行软件	
46005	雷电灾害防御业务技术会议材料	
46099	其他	
465	气象灾害防御应急业务技术	
46501	气象灾害防御应急业务运行手册、技术规程等	
46502	气象灾害防御应急业务技术报告、技术总结等	含调查报告
46503	气象灾害防御应急业务技术产品、业务技术服务成果	
46504	气象灾害防御应急业务运行软件	

表 A.1 气象档案分类与代码表(续)

代码	类目名称	说明
46505	气象灾害防御应急业务技术会议材料	
46599	其他	
470	气象档案、图书、情报管理业务技术	缩微技术入此
47001	气象档案管理业务运行手册、技术规程等	
47002	气象档案管理业务技术报告、调查报告、技术总结等	
47003	气象档案管理业务技术产品、业务技术服务成果	
47004	气象档案管理业务运行软件	
47005	气象档案管理业务技术会议材料	
47009	气象图书管理业务运行手册、技术规程等	
47010	气象图书管理业务技术报告、调查报告、技术总结等	
47011	气象图书管理业务技术产品、业务技术服务成果	
47012	气象图书管理业务运行软件	
47013	气象图书管理业务技术会议材料	
47017	气象情报管理业务运行手册、技术规程等	
47018	气象情报管理业务技术报告、调查报告、技术总结等	
47019	气象情报管理业务技术产品、业务技术服务成果	
47020	气象情报管理业务运行软件	
47021	气象情报管理业务技术会议材料	
47099	其他	
499	其他	
5	气象科学研究	
505	综合气象观测技术科学研究	
50501	气象观测技术方法科学研究准备阶段文件材料	
50502	气象观测技术方法科学研究试验阶段文件材料	
50503	气象观测技术方法科学研究总结鉴定验收文件材料	
50504	气象观测技术方法科学研究成果奖励申报文件材料	
50505	气象观测技术方法科学研究成果推广应用阶段材料	
50506	气象观测技术方法科学研究会议文件材料	
50507	气象观测技术方法科学研究论文、论著及汇编	
50511	观测仪器设备科学研究准备阶段文件材料	
50512	观测仪器设备科学研究试验阶段文件材料	
50513	观测仪器设备科学研究总结鉴定验收文件材料	
50514	观测仪器设备科学研究成果奖励申报文件材料	
50515	观测仪器设备科学研究成果推广应用阶段文件材料	

表 A.1 气象档案分类与代码表(续)

代码	类目名称	说明
50516	观测仪器设备科学研究会议文件材料	
50517	观测仪器设备科学研究论文、论著及汇编	
50521	气象仪器计量检定技术科学研究准备阶段文件材料	
50522	气象仪器计量检定技术科学研究试验阶段文件材料	
50523	气象仪器计量检定技术科学研究总结鉴定验收材料	
50524	气象仪器计量检定技术科学研究成果奖励申报材料	
50525	气象仪器计量检定技术科研成果推广应用阶段材料	
50526	气象仪器计量检定技术科学研究会议文件材料	
50527	气象仪器计量检定技术科学研究论文、论著及汇编	
50599	其他	
510	天气动力科学研究	
51001	天气分析预报科学研究准备阶段文件材料	天气系统科学研究入此
51002	天气分析预报科学研究试验阶段文件材料	天气系统科学研究入此
51003	天气分析预报科学研究总结鉴定验收文件材料	天气系统科学研究入此
51004	天气分析预报科学研究成果奖励申报材料	天气系统科学研究入此
51005	天气分析预报科学研究成果推广应用阶段文件材料	天气系统科学研究入此
51006	天气分析预报科学研究会议文件材料	天气系统科学研究入此
51007	天气分析预报科学研究论文、论著及汇编	天气系统科学研究入此
51011	数值天气预报科学研究准备阶段文件材料	
51012	数值天气预报科学研究试验阶段文件材料	
51013	数值天气预报科学研究总结鉴定验收文件材料	
51014	数值天气预报科学研究成果奖励申报材料	
51015	数值天气预报科学研究成果推广应用阶段文件材料	
51016	数值天气预报科学研究会议文件材料	
51017	数值天气预报科学研究论文、论著及汇编	
51021	灾害性天气分析预报科学研究准备阶段文件材料	
51022	灾害性天气分析预报科学研究试验阶段文件材料	
51023	灾害性天气分析预报科学研究总结鉴定验收文件材料	
51024	灾害性天气分析预报科学研究成果奖励申报材料	
51025	灾害性天气分析预报科学研究成果推广应用阶段材料	
51026	灾害性天气分析预报科学研究会议文件材料	
51027	灾害性天气分析预报科学研究论文、论著及汇编	
51031	天气动力学科学研究准备阶段文件材料	
51032	天气动力学科学研究试验阶段文件材料	

表 A.1　气象档案分类与代码表(续)

代码	类目名称	说明
51033	天气动力学科学研究总结鉴定验收文件材料	
51034	天气动力学科学研究成果奖励申报材料	
51035	天气动力学科学研究成果推广应用阶段文件材料	
51036	天气动力学科学研究会议文件材料	
51037	天气动力学科学研究论文、论著及汇编	
51041	热带气象科学研究准备阶段文件材料	
51042	热带气象科学研究试验阶段文件材料	
51043	热带气象科学研究总结鉴定验收文件材料	
51044	热带气象科学研究成果奖励申报材料	
51045	热带气象科学研究成果推广应用阶段文件材料	
51046	热带气象科学研究会议文件材料	
51047	热带气象科学研究论文、论著及汇编	
51051	极地气象科学研究准备阶段文件材料	
51052	极地气象科学研究试验阶段文件材料	
51053	极地气象科学研究总结鉴定验收文件材料	
51054	极地气象科学研究成果奖励申报材料	
51055	极地气象科学研究成果推广应用阶段文件材料	
51056	极地气象科学研究会议文件材料	
51057	极地气象科学研究论文、论著及汇编	
51061	高原气象科学研究准备阶段文件材料	
51062	高原气象科学研究试验阶段文件材料	
51063	高原气象科学研究总结鉴定验收文件材料	
51064	高原气象科学研究成果奖励申报材料	
51065	高原气象科学研究成果推广应用阶段文件材料	
51066	高原气象科学研究会议文件材料	
51067	高原气象科学研究论文、论著及汇编	
51099	其他	
515	气候科学研究	
51501	气候学科学研究准备阶段文件材料	气候统计方法科学研究入此
51502	气候学科学研究试验阶段文件材料	气候统计方法科学研究入此
51503	气候学科学研究总结鉴定验收文件材料	气候统计方法科学研究入此
51504	气候学科学研究成果奖励申报材料	气候统计方法科学研究入此
51505	气候学科学研究成果推广应用阶段文件材料	气候统计方法科学研究入此
51506	气候学科学研究会议文件材料	气候统计方法科学研究入此

表 A.1 气象档案分类与代码表(续)

代码	类目名称	说明
51507	气候学科学研究论文、论著及汇编	气候统计方法科学研究入此
51511	物理动力气候学科学研究准备阶段文件材料	
51512	物理动力气候学科学研究试验阶段文件材料	
51513	物理动力气候学科学研究总结鉴定验收文件材料	
51514	物理动力气候学科学研究成果奖励申报材料	
51515	物理动力气候学科学研究成果推广应用阶段文件材料	
51516	物理动力气候学科学研究会议文件材料	
51517	物理动力气候学科学研究论文、论著及汇编	
51521	区域气候科学研究准备阶段文件材料	气候分类、气候带、城市气候及中、小气候科学研究入此
51522	区域气候科学研究试验阶段文件材料	气候分类、气候带、城市气候及中、小气候科学研究入此
51523	区域气候科学研究总结鉴定验收文件材料	气候分类、气候带、城市气候及中、小气候科学研究入此
51524	区域气候科学研究成果奖励申报材料	气候分类、气候带、城市气候及中、小气候科学研究入此
51525	区域气候科学研究成果推广应用阶段文件材料	气候分类、气候带、城市气候及中、小气候科学研究入此
51526	区域气候科学研究会议文件材料	气候分类、气候带、城市气候及中、小气候科学研究入此
51527	区域气候科学研究论文、论著及汇编	气候分类、气候带、城市气候及中、小气候科学研究入此
51531	气候监测、诊断、气候影响评价科学研究准备阶段材料	
51532	气候监测、诊断、气候影响评价科学研究试验阶段材料	
51533	气候监测、诊断、气候影响评价科研总结鉴定验收材料	
51534	气候监测、诊断、气候影响评价科研成果奖励申报材料	
51535	气候监测、诊断、气候影响评价科研成果推广应用材料	
51536	气候监测、诊断、气候影响评价科学研究会议文件材料	
51537	气候监测、诊断、气候影响评价科研论文、论著及汇编	
51541	气候变化、预测科学研究准备阶段文件材料	历史气候科学研究入此
51542	气候变化、预测科学研究试验阶段文件材料	历史气候科学研究入此
51543	气候变化、预测科学研究总结鉴定验收文件材料	历史气候科学研究入此
51544	气候变化、预测科学研究成果奖励申报材料	历史气候科学研究入此
51545	气候变化、预测科学研究成果推广应用阶段文件材料	历史气候科学研究入此

表 A.1 气象档案分类与代码表(续)

代码	类目名称	说明
51546	气候变化、预测科学研究会议文件材料	历史气候科学研究入此
51547	气候变化、预测科学研究论文、论著及汇编	历史气候科学研究入此
51551	应用气候学科学研究准备阶段文件材料	气候资源利用、环境保护科学研究入此
51552	应用气候学科学研究试验阶段文件材料	气候资源利用、环境保护科学研究入此
51553	应用气候学科学研究总结鉴定验收文件材料	气候资源利用、环境保护科学研究入此
51554	应用气候学科学研究成果奖励申报材料	气候资源利用、环境保护科学研究入此
51555	应用气候学科学研究成果推广应用阶段文件材料	气候资源利用、环境保护科学研究入此
51556	应用气候学科学研究会议文件材料	气候资源利用、环境保护科学研究入此
51557	应用气候学科学研究论文、论著及汇编	气候资源利用、环境保护科学研究入此
51561	天气气候科学研究准备阶段文件材料	灾害性天气气候科学研究入此
51562	天气气候科学研究试验阶段文件材料	灾害性天气气候科学研究入此
51563	天气气候科学研究总结鉴定验收文件材料	灾害性天气气候科学研究入此
51564	天气气候科学研究成果奖励申报材料	灾害性天气气候科学研究入此
51565	天气气候科学研究成果推广应用阶段文件材料	灾害性天气气候科学研究入此
51566	天气气候科学研究会议文件材料	灾害性天气气候科学研究入此
51567	天气气候科学研究论文、论著及汇编	灾害性天气气候科学研究入此
51599	其他	
520	农业气象与生态气象科学研究	
52001	作物气象科学研究准备阶段文件材料	
52002	作物气象科学研究试验阶段文件材料	
52003	作物气象科学研究总结鉴定验收文件材料	
52004	作物气象科学研究成果奖励申报材料	
52005	作物气象科学研究成果推广应用阶段文件材料	
52006	作物气象科学研究会议文件材料	
52007	作物气象科学研究论文、论著及汇编	
52011	农田小气候科学研究准备阶段文件材料	
52012	农田小气候科学研究试验阶段文件材料	
52013	农田小气候科学研究总结鉴定验收文件材料	
52014	农田小气候科学研究成果奖励申报材料	
52015	农田小气候科学研究成果推广应用阶段文件材料	
52016	农田小气候科学研究会议文件材料	
52017	农田小气候科学研究论文、论著及汇编	
52021	畜牧气象科学研究准备阶段文件材料	
52022	畜牧气象科学研究试验阶段文件材料	

表 A.1 气象档案分类与代码表(续)

代码	类目名称	说明
52023	畜牧气象科学研究总结鉴定验收文件材料	
52024	畜牧气象科学研究成果奖励申报材料	
52025	畜牧气象科学研究成果推广应用阶段文件材料	
52026	畜牧气象科学研究会议文件材料	
52027	畜牧气象科学研究论文、论著及汇编	
52031	农业气象预报科学研究准备阶段文件材料	
52032	农业气象预报科学研究试验阶段文件材料	
52033	农业气象预报科学研究总结鉴定验收文件材料	
52034	农业气象预报科学研究成果奖励申报材料	
52035	农业气象预报科学研究成果推广应用阶段文件材料	
52036	农业气象预报科学研究会议文件材料	
52037	农业气象预报科学研究论文、论著及汇编	
52041	农业气候科学研究准备阶段文件材料	农业气候资源及农业气候区划科学研究入此
52042	农业气候科学研究试验阶段文件材料	农业气候资源及农业气候区划科学研究入此
52043	农业气候科学研究总结鉴定验收文件材料	农业气候资源及农业气候区划科学研究入此
52044	农业气候科学研究成果奖励申报材料	农业气候资源及农业气候区划科学研究入此
52045	农业气候科学研究成果推广应用阶段文件材料	农业气候资源及农业气候区划科学研究入此
52046	农业气候科学研究会议文件材料	农业气候资源及农业气候区划科学研究入此
52047	农业气候科学研究论文、论著及汇编	农业气候资源及农业气候区划科学研究入此
52051	农业气象灾害科学研究准备阶段文件材料	作物病虫害科学研究入此
52052	农业气象灾害科学研究试验阶段文件材料	作物病虫害科学研究入此
52053	农业气象灾害科学研究总结鉴定验收文件材料	作物病虫害科学研究入此
52054	农业气象灾害科学研究成果奖励申报材料	作物病虫害科学研究入此
52055	农业气象灾害科学研究成果推广应用阶段文件材料	作物病虫害科学研究入此
52056	农业气象灾害科学研究会议文件材料	作物病虫害科学研究入此
52057	农业气象灾害科学研究论文、论著及汇编	作物病虫害科学研究入此
52061	生态气象科学研究准备阶段文件材料	
52062	生态气象科学研究试验阶段文件材料	
52063	生态气象科学研究总结鉴定验收文件材料	
52064	生态气象科学研究成果奖励申报材料	
52065	生态气象科学研究成果推广应用阶段文件材料	
52066	生态气象科学研究会议文件材料	
52067	生态气象科学研究论文、论著及汇编	
52071	自然物候科学研究准备阶段文件材料	

表 A.1 气象档案分类与代码表(续)

代码	类 目 名 称	说 明
52072	自然物候科学研究试验阶段文件材料	
52073	自然物候科学研究总结鉴定验收文件材料	
52074	自然物候科学研究成果奖励申报材料	
52075	自然物候科学研究成果推广应用阶段文件材料	
52076	自然物候科学研究会议文件材料	
52077	自然物候科学研究论文、论著及汇编	
52099	其他	
525	大气物理、大气化学科学研究	
52501	大气物理科学研究准备阶段文件材料	云雾和降水物理科学研究等入此
52502	大气物理科学研究试验阶段文件材料	云雾和降水物理科学研究等入此
52503	大气物理科学研究总结鉴定验收文件材料	云雾和降水物理科学研究等入此
52504	大气物理科学研究成果奖励申报材料	云雾和降水物理科学研究等入此
52505	大气物理科学研究成果推广应用阶段文件材料	云雾和降水物理科学研究等入此
52506	大气物理科学研究会议文件材料	云雾和降水物理科学研究等入此
52507	大气物理科学研究论文、论著及汇编	云雾和降水物理科学研究等入此
52511	大气化学科学研究准备阶段文件材料	大气本底污染、降水化学科学研究入此
52512	大气化学科学研究试验阶段文件材料	大气本底污染、降水化学科学研究入此
52513	大气化学科学研究总结鉴定验收文件材料	大气本底污染、降水化学科学研究入此
52514	大气化学科学研究成果奖励申报材料	大气本底污染、降水化学科学研究入此
52515	大气化学科学研究成果推广应用阶段文件材料	大气本底污染、降水化学科学研究入此
52516	大气化学科学研究会议文件材料	大气本底污染、降水化学科学研究入此
52517	大气化学科学研究论文、论著及汇编	大气本底污染、降水化学科学研究入此
52521	大气结构科学研究准备阶段文件材料	
52522	大气结构科学研究试验阶段文件材料	
52523	大气结构科学研究总结鉴定验收文件材料	
52524	大气结构科学研究成果奖励申报材料	
52525	大气结构科学研究成果推广应用阶段文件材料	
52526	大气结构科学研究会议文件材料	
52527	大气结构科学研究论文、论著及汇编	
52531	大气现象科学研究准备阶段文件材料	
52532	大气现象科学研究试验阶段文件材料	
52533	大气现象科学研究总结鉴定验收文件材料	
52534	大气现象科学研究成果奖励申报材料	
52535	大气现象科学研究成果推广应用阶段文件材料	

表 A.1 气象档案分类与代码表(续)

代码	类目名称	说明
52536	大气现象科学研究会议文件材料	
52537	大气现象科学研究论文、论著及汇编	
52599	其他	
530	人工影响天气科学研究	
53001	人工降水科学研究准备阶段文件材料	
53002	人工降水科学研究试验阶段文件材料	
53003	人工降水科学研究总结鉴定验收文件材料	
53004	人工降水科学研究成果奖励申报材料	
53005	人工降水科学研究成果推广应用阶段文件材料	
53006	人工降水科学研究会议文件材料	
53007	人工降水科学研究论文、论著及汇编	
53011	人工消雾科学研究准备阶段文件材料	
53012	人工消雾科学研究试验阶段文件材料	
53013	人工消雾科学研究总结鉴定验收文件材料	
53014	人工消雾科学研究成果奖励申报材料	
53015	人工消雾科学研究成果推广应用阶段文件材料	
53016	人工消雾科学研究会议文件材料	
53017	人工消雾科学研究论文、论著及汇编	
53021	人工消云科学研究准备阶段文件材料	
53022	人工消云科学研究试验阶段文件材料	
53023	人工消云科学研究总结鉴定验收文件材料	
53024	人工消云科学研究成果奖励申报材料	
53025	人工消云科学研究成果推广应用阶段文件材料	
53026	人工消云科学研究会议文件材料	
53027	人工消云科学研究论文、论著及汇编	
53031	人工防雹科学研究准备阶段文件材料	
53032	人工防雹科学研究试验阶段文件材料	
53033	人工防雹科学研究总结鉴定验收文件材料	
53034	人工防雹科学研究成果奖励申报材料	
53035	人工防雹科学研究成果推广应用阶段文件材料	
53036	人工防雹科学研究会议文件材料	
53037	人工防雹科学研究论文、论著及汇编	
53041	人工防霜冻科学研究准备阶段文件材料	
53042	人工防霜冻科学研究试验阶段文件材料	

表 A.1　气象档案分类与代码表(续)

代码	类目名称	说明
53043	人工防霜冻科学研究总结鉴定验收文件材料	
53044	人工防霜冻科学研究成果奖励申报材料	
53045	人工防霜冻科学研究成果推广应用阶段文件材料	
53046	人工防霜冻科学研究会议文件材料	
53047	人工防霜冻科学研究论文、论著及汇编	
53099	其他	
535	雷电灾害防御科学研究	
53501	雷电灾害防御科学研究准备阶段文件材料	
53502	雷电灾害防御科学研究试验阶段文件材料	
53503	雷电灾害防御科学研究总结鉴定验收文件材料	
53504	雷电灾害防御科学研究成果奖励申报材料	
53505	雷电灾害防御科学研究成果推广应用阶段文件材料	
53506	雷电灾害防御科学研究会议文件材料	
53507	雷电灾害防御科学研究论文、论著及汇编	
53599	其他	
540	气象灾害监测预警科学研究	
54001	气象灾害监测预警科学研究准备阶段文件材料	
54002	气象灾害监测预警科学研究试验阶段文件材料	
54003	气象灾害监测预警科学研究总结鉴定验收文件材料	
54004	气象灾害监测预警科学研究成果奖励申报材料	
54005	气象灾害监测预警科学研究成果推广应用阶段材料	
54006	气象灾害监测预警科学研究会议文件材料	
54007	气象灾害监测预警科学研究论文、论著及汇编	
54099	其他	
545	气象科学考察实验	
54501	国际综合科学考察试验准备阶段文件材料	
54502	国际综合科学考察试验试验阶段文件材料	
54503	国际综合科学考察试验总结鉴定验收文件材料	
54504	国际综合科学考察试验成果奖励申报材料	
54505	国际综合科学考察试验成果推广应用阶段文件材料	
54506	国际综合科学考察试验会议文件材料	
54507	国际综合科学考察试验论文、论著及汇编	
54511	国际气象科学考察试验准备阶段文件材料	
54512	国际气象科学考察试验试验阶段文件材料	

表 A.1 气象档案分类与代码表(续)

代码	类目名称	说明
54513	国际气象科学考察试验总结鉴定验收文件材料	
54514	国际气象科学考察试验成果奖励申报材料	
54515	国际气象科学考察试验成果推广应用阶段文件材料	
54516	国际气象科学考察试验会议文件材料	
54517	国际气象科学考察试验论文、论著及汇编	
54521	国内综合科学考察试验准备阶段文件材料	
54522	国内综合科学考察试验试验阶段文件材料	
54523	国内综合科学考察试验总结鉴定验收文件材料	
54524	国内综合科学考察试验成果奖励申报材料	
54525	国内综合科学考察试验成果推广应用阶段文件材料	
54526	国内综合科学考察试验会议文件材料	
54527	国内综合科学考察试验论文、论著及汇编	
54531	国内气象科学考察试验准备阶段文件材料	
54532	国内气象科学考察试验试验阶段文件材料	
54533	国内气象科学考察试验科研总结鉴定验收文件材料	
54534	国内气象科学考察试验科研成果奖励申报材料	
54535	国内气象科学考察试验成果推广应用阶段文件材料	
54536	国内气象科学考察试验会议文件材料	
54537	国内气象科学考察试验论文、论著及汇编	
54599	其他	
550	卫星气象科学研究	
55001	卫星气象观测原理和方法科学研究准备阶段文件材料	
55002	卫星气象观测原理和方法科学研究试验阶段文件材料	
55003	卫星气象观测原理和方法科学研究总结鉴定验收材料	
55004	卫星气象观测原理和方法科研成果奖励申报材料	
55005	卫星气象观测原理和方法科研成果推广应用阶段材料	
55006	卫星气象观测原理和方法科学研究会议文件材料	
55007	卫星气象观测原理和方法科学研究论文、论著及汇编	
55011	卫星气象资料接收方法、设备科学研究准备阶段材料	
55012	卫星气象资料接收方法、设备科学研究试验阶段材料	
55013	卫星气象资料接收方法、设备科研总结鉴定验收材料	
55014	卫星气象资料接收方法、设备科研成果奖励申报材料	
55015	卫星气象资料接收方法、设备科学研究成果推广应用阶段文件材料	

表 A.1 气象档案分类与代码表(续)

代码	类目名称	说明
55016	卫星气象资料接收方法、设备科学研究会议文件材料	
55017	卫星气象资料接收方法、设备科研论文、论著及汇编	
55021	卫星气象资料处理方法科学研究准备阶段文件材料	
55022	卫星气象资料处理方法科学研究试验阶段文件材料	
55023	卫星气象资料处理方法科学研究总结鉴定验收材料	
55024	卫星气象资料处理方法科学研究成果奖励申报材料	
55025	卫星气象资料处理方法科研成果推广应用阶段材料	
55026	卫星气象资料处理方法科学研究会议文件材料	
55027	卫星气象资料处理方法科学研究论文、论著及汇编	
55031	卫星气象资料分析与应用科学研究准备阶段文件材料	
55032	卫星气象资料分析与应用科学研究试验阶段文件材料	
55033	卫星气象资料分析与应用科学研究总结鉴定验收材料	
55034	卫星气象资料分析与应用科学研究成果奖励申报材料	
55035	卫星气象资料分析与应用科研成果推广应用阶段材料	
55036	卫星气象资料分析与应用科学研究会议文件材料	
55037	卫星气象资料分析与应用科学研究论文、论著及汇编	
55041	行星大气科学研究准备阶段文件材料	
55042	行星大气科学研究试验阶段文件材料	
55043	行星大气科学研究总结鉴定验收文件材料	
55044	行星大气科学研究成果奖励申报材料	
55045	行星大气科学研究成果推广应用阶段文件材料	
55046	行星大气科学研究会议文件材料	
55047	行星大气科学研究论文、论著及汇编	
55099	其他	
555	雷达气象科学研究	
55501	雷达气象观测原理和方法科学研究准备阶段文件材料	
55502	雷达气象观测原理和方法科学研究试验阶段文件材料	
55503	雷达气象观测原理和方法科学研究总结鉴定验收材料	
55504	雷达气象观测原理和方法科学研究成果奖励申报材料	
55505	雷达气象观测原理和方法科研成果推广应用阶段材料	
55506	雷达气象观测原理和方法科学研究会议文件材料	
55507	雷达气象观测原理和方法科学研究论文、论著及汇编	
55511	雷达气象资料处理技术科学研究准备阶段文件材料	
55512	雷达气象资料处理技术科学研究试验阶段文件材料	

表 A.1 气象档案分类与代码表(续)

代码	类目名称	说明
55513	雷达气象资料处理技术科学研究总结鉴定验收材料	
55514	雷达气象资料处理技术科学研究成果奖励申报材料	
55515	雷达气象资料处理技术科研成果推广应用阶段材料	
55516	雷达气象资料处理技术科学研究会议文件材料	
55517	雷达气象资料处理技术科学研究论文、论著及汇编	
55521	雷达气象资料分析与应用科学研究准备阶段文件材料	
55522	雷达气象资料分析与应用科学研究试验阶段文件材料	
55523	雷达气象资料分析与应用科学研究总结鉴定验收材料	
55524	雷达气象资料分析与应用科学研究成果奖励申报材料	
55525	雷达气象资料分析与应用科研成果推广应用阶段材料	
55526	雷达气象资料分析与应用科学研究会议文件材料	
55527	雷达气象资料分析与应用科学研究论文、论著及汇编	
55599	其他	
560	气象信息系统科学研究	
56001	气象信息通信技术科学研究准备阶段文件材料	
56002	气象信息通信技术科学研究试验阶段文件材料	
56003	气象信息通信技术科学研究总结鉴定验收文件材料	
56004	气象信息通信技术科学研究成果奖励申报材料	
56005	气象信息通信技术科学研究成果推广应用阶段材料	
56006	气象信息通信技术科学研究会议文件材料	
56007	气象信息通信技术科学研究论文、论著及汇编	
56011	气象信息网络技术科学研究准备阶段文件材料	
56012	气象信息网络技术科学研究试验阶段文件材料	
56013	气象信息网络技术科学研究总结鉴定验收文件材料	
56014	气象信息网络技术科学研究成果奖励申报材料	
56015	气象信息网络技术科学研究成果推广应用阶段材料	
56016	气象信息网络技术科学研究会议文件材料	
56017	气象信息网络技术科学研究论文、论著及汇编	
56021	气象资料处理技术科学研究准备阶段文件材料	资料质量控制方法科学研究入此
56022	气象资料处理技术科学研究试验阶段文件材料	资料质量控制方法科学研究入此
56023	气象资料处理技术科学研究总结鉴定验收文件材料	资料质量控制方法科学研究入此
56024	气象资料处理技术科学研究成果奖励申报材料	资料质量控制方法科学研究入此
56025	气象资料处理技术科学研究成果推广应用阶段材料	资料质量控制方法科学研究入此
56026	气象资料处理技术科学研究会议文件材料	资料质量控制方法科学研究入此

表 A.1 气象档案分类与代码表(续)

代码	类目名称	说明
56027	气象资料处理技术科学研究论文、论著及汇编	资料质量控制方法科学研究入此
56031	气象信息存储技术科学研究准备阶段文件材料	数据库技术科学研究入此
56032	气象信息存储技术科学研究试验阶段文件材料	数据库技术科学研究入此
56033	气象信息存储技术科学研究总结鉴定验收文件材料	数据库技术科学研究入此
56034	气象信息存储技术科学研究成果奖励申报材料	数据库技术科学研究入此
56035	气象信息存储技术科学研究成果推广应用阶段材料	数据库技术科学研究入此
56036	气象信息存储技术科学研究会议文件材料	数据库技术科学研究入此
56037	气象信息存储技术科学研究论文、论著及汇编	数据库技术科学研究入此
56041	气象用高性能计算机技术科学研究准备阶段文件材料	
56042	气象用高性能计算机技术科学研究试验阶段文件材料	
56043	气象用高性能计算机技术科学研究总结鉴定验收材料	
56044	气象用高性能计算机技术科学研究成果奖励申报材料	
56045	气象用高性能计算机技术科研成果推广应用阶段材料	
56046	气象用高性能计算机技术科学研究会议文件材料	
56047	气象用高性能计算机技术科学研究论文、论著及汇编	
56051	气象信息业务系统软件开发科学研究准备阶段材料	
56052	气象信息业务系统软件开发科学研究试验阶段材料	
56053	气象信息业务系统软件开发科研总结鉴定验收材料	
56054	气象信息业务系统软件开发科研成果奖励申报材料	
56055	气象信息业务系统软件开发科研成果推广应用材料	
56056	气象信息业务系统软件开发科学研究会议文件材料	
56057	气象信息业务系统软件开发科学研究论文、论著及汇编	
56099	其他	
565	气象软科学研究	
56501	气象软科学研究准备阶段文件材料	
56502	气象软科学研究试验阶段文件材料	
56503	气象软科学研究总结鉴定验收文件材料	
56504	气象软科学研究成果奖励申报材料	
56505	气象软科学研究成果推广应用阶段文件材料	
56506	气象软科学研究会议文件材料	
56507	气象软科学研究论文、论著及汇编	
56599	其他	
570	气象档案、图书情报管理科学研究	
57001	气象档案、图书情报管理科学研究准备阶段文件材料	缩微技术科学研究入此

表 A.1 气象档案分类与代码表(续)

代码	类目名称	说明
57002	气象档案、图书情报管理科学研究试验阶段文件材料	缩微技术科学研究入此
57003	气象档案、图书情报管理科学研究总结鉴定验收材料	缩微技术科学研究入此
57004	气象档案、图书情报管理科学研究成果奖励申报材料	缩微技术科学研究入此
57005	气象档案、图书情报管理科学研究成果推广应用材料	缩微技术科学研究入此
57006	气象档案、图书情报管理科学研究会议文件材料	缩微技术科学研究入此
57007	气象档案、图书情报管理科学研究论文、论著及汇编	缩微技术科学研究入此
57099	其他	
575	专业气象科学研究	
57501	海洋气象科学研究准备阶段文件材料	
57502	海洋气象科学研究试验阶段文件材料	
57503	海洋气象科学研究总结鉴定验收文件材料	
57504	海洋气象科学研究成果奖励申报材料	
57505	海洋气象科学研究成果推广应用阶段文件材料	
57506	海洋气象科学研究会议文件材料	
57507	海洋气象科学研究论文、论著及汇编	
57511	水文气象科学研究准备阶段文件材料	
57512	水文气象科学研究试验阶段文件材料	
57513	水文气象科学研究总结鉴定验收文件材料	
57514	水文气象科学研究成果奖励申报材料	
57515	水文气象科学研究成果推广应用阶段文件材料	
57516	水文气象科学研究会议文件材料	
57517	水文气象科学研究论文、论著及汇编	
57521	航空气象科学研究准备阶段文件材料	
57522	航空气象科学研究试验阶段文件材料	
57523	航空气象科学研究总结鉴定验收文件材料	
57524	航空气象科学研究成果奖励申报材料	
57525	航空气象科学研究成果推广应用阶段文件材料	
57526	航空气象科学研究会议文件材料	
57527	航空气象科学研究论文、论著及汇编	
57531	日地、天文气象科学研究准备阶段文件材料	
57532	日地、天文气象科学研究试验阶段文件材料	
57533	日地、天文气象科学研究总结鉴定验收文件材料	
57534	日地、天文气象科学研究成果奖励申报材料	
57535	日地、天文气象科学研究成果推广应用阶段文件材料	

表 A.1　气象档案分类与代码表(续)

代码	类目名称	说明
57536	日地、天文气象科学研究会议文件材料	
57537	日地、天文气象科学研究论文、论著及汇编	
57541	林业、草原气象科学研究准备阶段文件材料	
57542	林业、草原气象科学研究试验阶段文件材料	
57543	林业、草原气象科学研究总结鉴定验收文件材料	
57544	林业、草原气象科学研究成果奖励申报材料	
57545	林业、草原气象科学研究成果推广应用阶段文件材料	
57546	林业、草原气象科学研究会议文件材料	
57547	林业、草原气象科学研究论文、论著及汇编	
57551	军事气象科学研究准备阶段文件材料	
57552	军事气象科学研究试验阶段文件材料	
57553	军事气象科学研究总结鉴定验收文件材料	
57554	军事气象科学研究成果奖励申报材料	
57555	军事气象科学研究成果推广应用阶段文件材料	
57556	军事气象科学研究会议文件材料	
57557	军事气象科学研究论文、论著及汇编	
57599	其他	
599	其他	
6	气象基本建设	
610	重点工程建设	
61001	重点工程建设立项阶段文件	项目建议书、可行性研究报告、初步设计方案、投资概算报告、项目调整申请及审批入此
61002	重点工程建设项目管理文件	项目建设综合管理、招投标和合同文件入此
61003	重点工程建设项目勘测文件	
61004	重点工程建设项目设计文件	含需求分析、总体设计、概要设计和详细设计
61005	重点工程建设项目施工文件	含施工管理文件、施工图、工程质量控制资料、工程安全和检验核查资料等
61006	重点工程建设项目监理文件	含监理规划文件、进度控制文件、质量控制文件、造价控制文件等
61007	重点工程建设项目竣工验收文件	含竣工验收报告、竣工验收记录、竣工图等
61099	其他	
620	业务设施建设	含办公楼、业务楼、科研楼等基本建设
62001	业务设施建设立项阶段文件	项目建议书、可行性研究报告、初步设计方案、投资概算报告、项目调整申请及审批入此

表 A.1 气象档案分类与代码表(续)

代码	类目名称	说明
62002	业务设施建设项目管理文件	项目建设综合管理、招投标和合同文件入此
62003	业务设施建设项目勘测文件	
62004	业务设施建设项目设计文件	含需求分析、总体设计、概要设计和详细设计
62005	业务设施建设项目施工文件	含施工管理文件、施工图、工程质量控制资料、工程安全和检验核查资料等
62006	业务设施建设项目监理文件	含监理规划文件、进度控制文件、质量控制文件、造价控制文件等
62007	业务设施建设项目竣工验收文件	含竣工验收报告、竣工验收记录、竣工图等
62099	其他	
630	住宅建设	
63001	住宅建设立项阶段文件	项目建议书、可行性研究报告、初步设计方案、投资概算报告、项目调整申请及审批入此
63002	住宅建设项目管理文件	项目建设综合管理、招投标和合同文件入此
63003	住宅建设项目勘测文件	
63004	住宅建设项目设计文件	含需求分析、总体设计、概要设计和详细设计
63005	住宅建设项目施工文件	含施工管理文件、施工图、工程质量控制资料、工程安全和检验核查资料等
63006	住宅建设项目监理文件	含监理规划文件、进度控制文件、质量控制文件、造价控制文件等
63007	住宅建设项目竣工验收文件	含竣工验收报告、竣工验收记录、竣工图等
63099	其他	
640	生活服务设施建设	商店、招待所、门诊部、疗养院等建设入此
64001	生活服务设施建设立项阶段文件	项目建议书、可行性研究报告、初步设计方案、投资概算报告、项目调整申请及审批入此
64002	生活服务设施建设项目管理文件	项目建设综合管理、招投标和合同文件入此
64003	生活服务设施建设项目勘测文件	
64004	生活服务设施建设项目设计文件	含需求分析、总体设计、概要设计和详细设计
64005	生活服务设施建设项目施工文件	含施工管理文件、施工图、工程质量控制资料、工程安全和检验核查资料等
64006	生活服务设施建设项目监理文件	含监理规划文件、进度控制文件、质量控制文件、造价控制文件等
64007	生活服务设施建设项目竣工验收文件	含竣工验收报告、竣工验收记录、竣工图等
64099	其他	

表 A.1 气象档案分类与代码表(续)

代码	类目名称	说明
650	公共设施建设	水、电、气、通信、动力系统、人防、绿化等入此
65001	公共设施建设立项阶段文件	项目建议书、可行性研究报告、初步设计方案、投资概算报告、项目调整申请及审批入此
65002	公共设施建设项目管理文件	项目建设综合管理、招投标和合同文件入此
65003	公共设施建设项目勘测文件	
65004	公共设施建设项目设计文件	含需求分析、总体设计、概要设计和详细设计
65005	公共设施建设项目施工文件	含施工管理文件、施工图、工程质量控制资料、工程安全和检验核查资料等
65006	公共设施建设项目监理文件	含监理规划文件、进度控制文件、质量控制文件、造价控制文件等
65007	公共设施建设项目竣工验收文件	含竣工验收报告、竣工验收记录、竣工图等
65099	其他	
660	台站基本设施建设	
66001	台站基本设施建设立项阶段文件	项目建议书、可行性研究报告、初步设计方案、投资概算报告、项目调整申请及审批入此
66002	台站基本设施建设项目管理文件	项目建设综合管理、招投标和合同文件入此
66003	台站基本设施建设项目勘测文件	
66004	台站基本设施建设项目设计文件	含需求分析、总体设计、概要设计和详细设计
66005	台站基本设施建设项目施工文件	含施工管理文件、施工图、工程质量控制资料、工程安全和检验核查资料等
66006	台站基本设施建设项目监理文件	含监理规划文件、进度控制文件、质量控制文件、造价控制文件等
66007	台站基本设施建设项目竣工验收文件	含竣工验收报告、竣工验收记录、竣工图等
66099	其他	
699	其他	
7	气象仪器设备	
710	气象观测仪器	
71001	常规高空气象观测仪器	人工气象观测仪器和自记仪器入此,探空雷达入 71022
71002	常规地面气象观测仪器	人工气象观测仪器和自记仪器入此
71003	常规气象辐射观测仪器	人工气象观测仪器和自记仪器入此
71004	常规农业气象观测仪器	人工气象观测仪器和自记仪器入此
71007	高空气象自动观测仪器	
71008	地面气象自动观测仪器	

表 A.1　气象档案分类与代码表(续)

代码	类目名称	说明
71009	气象辐射自动观测仪器	
71010	农业气象自动观测仪器	
71013	海洋气象观测仪器	
71014	水文气象观测仪器	
71015	航空气象观测仪器	
71018	大气物理和大气化学观测仪器	含大气本底、大气成分与大气环境观测
71019	高层大气观测仪器	
71020	近地层垂直观测仪器	边界层气象观测塔、气象风塔入此
71021	卫星气象观测仪器	
71022	雷达气象观测仪器	探空雷达入此
71023	历史气候代用资料采集仪器	
71099	其他	
720	专用设备	
72001	气象观测仪器检定设备	
72002	气象通信设备	
72003	气象卫星接收设备	
72004	计算机及其辅助设备	高性能计算机、存储设备入此
72005	气象影视和声像设备	远程视频设备入此
72006	气象档案管理专用设备	缩微设备入此
72007	印刷出版设备	复印设备入此
72008	人工影响天气设备	
72009	防雷装置检测设备	
72010	气象专用车	
72099	其他	
799	其他	
8	气象标准、计量	
810	气象标准	
81001	气象国际标准	
81002	国外气象标准	非国际标准入此
81003	气象国家标准	
81004	气象行业标准	
81005	气象地方标准	
81006	气象企业标准	
81099	其他	

表 A.1　气象档案分类与代码表(续)

代码	类目名称	说明
820	气象计量	
82001	气象国际计量规程规范	
82002	气象国家计量规程规范	
82099	其他	
899	其他	

附 录 B
(规范性附录)
气象档案载体名称与代码表

表 B.1 给出了气象档案载体名称与代码。

表 B.1 气象档案载体名称与代码表

代 码	气象档案载体名称	代 码	气象档案载体名称
A01	纸质	H13	8 mm 磁带
B01	缩微胶片	H21	DLT 磁带
C01	照片(含底片)	H22	SDLT 磁带
D01	录音带	H31	LTO1 磁带
E01	录像带	H32	LTO2 磁带
F01	CD-ROM	H33	LTO3 磁带
F02	DVD-ROM	H34	LTO4 磁带
F03	MO 光盘(磁光盘)	H35	LTO5 磁带
F04	蓝光光盘(BD)	H41	AIT 磁带
H01	9840 磁带	L01	磁盘(软盘)
H02	9940 磁带	L02	磁盘(硬盘)
H11	6.35 mm 磁带	M01	U 盘(USB 闪存盘)
H12	4 mm 磁带		

附 录 C
（规范性附录）
气象资料观测时间和统计时段分类与代码表

表C.1给出了气象资料观测时间和统计时段分类与代码。

表C.1 气象资料观测时间和统计时段分类与代码表

代码	时间属性名称	说明
000	多个时段	包含多个观测和统计时段
001	定时	定时观测值（代表某一时刻的瞬时值）
010	秒	秒级的观测数据和（或）统计数据（不包括单项3秒钟的平均或滑动平均）
013	3秒钟	3秒钟的平均或滑动平均
020	分钟	分钟级的观测数据和（或）统计数据（不包括单项1分钟、2分钟的平均和5分钟、6分钟、10分钟的平均、极端或累积）
021	1分钟	1分钟的平均
022	2分钟	2分钟的平均
023	5分钟	5分钟的平均、极端或累积
024	6分钟	6分钟的平均、极端或累积
025	10分钟	10分钟的平均、极端或累积
030	小时	1小时的平均、极端或累积
103	日	日的平均、极端或累积
104	候	候的平均、极端或累积
105	周	周的平均、极端或累积
106	旬	旬的平均、极端或累积
107	月	月的平均、极端或累积
108	季	季的平均、极端或累积
109	年	年的平均、极端或累积
201	累年（多个时段）	累年值中包含多个观测和统计时段
202	累年定时	多年定时平均、极端或累积
203	累年日	多年日平均、极端或累积
204	累年候	多年候平均、极端或累积
205	累年周	多年周平均、极端或累积
206	累年旬	多年旬平均、极端或累积
207	累年月	多年月平均、极端或累积
208	累年季	多年季平均、极端或累积
209	累年年	多年年平均、极端或累积

附 录 D
(规范性附录)
地面气象观测要素名称与代码表

表D.1给出了地面气象观测要素名称与代码。

表D.1 地面气象观测要素名称与代码表

代码	气象要素名称	代码	气象要素名称
A	冻土	P	气压
B	露点	R	降水
C	云	S	日照
D	地温	T	气温
E	水汽压	U	相对湿度
F	风向风速	V	能见度
G	电线积冰	W	天气现象
H	大气含尘量	Y	草温
L	蒸发	Z	积雪

附 录 E
(规范性附录)
部分地区名称与代码表

表 E.1 给出了部分地区名称与代码。

表 E.1 部分地区名称与代码表

代码	地区名称	说明	代码	地区名称	说明
941	全球		966	中国东北	
942	南半球		967	中国西北	
943	北半球		968	中国华北	
944	南极地区		969	中国华中	
945	北极地区		970	中国华东	
946	太平洋		971	中国华南	
947	大西洋		972	中国西南	
948	印度洋		973	青藏高原	
949	欧亚地区		974	长江中上游	
950	中国及西太平洋地区		975	长江中下游	
951	非确定区域	不能划分到941～950各类的从全球区域中分割出的非固定的一个块状或条状区域,如全球卫星气象资料中的单轨资料(granule)	976	长江三峡地区	
			977	黑龙江水系	含绥芬河、图们江
			978	辽河、海河水系	含辽东半岛、辽西沿海及河北诸河流
			979	黄河水系	
			980	淮河水系	含苏北、山东诸河流
			981	长江水系	
952	亚洲		982	东南沿海水系	含浙、闽、台地区诸河流
953	欧洲				含两广诸河流
954	非洲		983	珠江水系	含藏、滇地区诸河流
955	大洋洲		984	西南水系	含新疆额尔齐斯河
956	北美洲		985	内陆及北冰洋水系	
957	南美洲		986	南中国海(南海)	
958	南极洲		987	东中国海(东海)	
			988	黄海	
			989	渤海	

参 考 文 献

［1］ GB/T 7027—2002 信息分类和编码的基本原则与方法
［2］ QX/T 37—2005 气象台站历史沿革数据文件格式
［3］ QX/T 102—2009 气象资料分类与编码
［4］《中国档案分类法》编委会.中国档案分类法(第二版)[M].北京:中国档案出版社,1997

索　引

B

C

D

F

G

H

J

K

L

M

N

Q

R

S

T

W

X

Y

Z

ICS 07.060
A 47
备案号：45939—2014

QX

中华人民共和国气象行业标准

QX/T 224—2013

龙眼暖害等级

Grade of warm damage to *Dimocarpus longan* trees

2013-12-22 发布　　2014-05-01 实施

中 国 气 象 局　发 布

前　言

本标准按照 GB/T 1.1—2009 给出的规则起草。

本标准由全国农业气象标准化技术委员会(SAC/TC 539)提出并归口。

本标准起草单位：广西壮族自治区气象减灾研究所。

本标准主要起草人：匡昭敏、李莉、何燕、欧钊荣、李玉红、韦玉洁、夏小曼、王政锋。

龙眼暖害等级

1 范围

本标准规定了龙眼暖害指数计算方法及暖害等级划分。

本标准适用于龙眼暖害的调查、监测和评估。

2 术语和定义

下列术语和定义适用于本文件。

2.1

龙眼暖害 warm damage of *Dimocarpus longan* trees

龙眼在花芽分化期间(11月至翌年2月)要求一定的低温诱导,当温度偏高、空气湿度偏大时所引起的树体营养生长旺盛、抽生冬梢,导致花芽分化受阻致使减产的一种农业气象灾害。

3 暖害指数计算方法

3.1 致灾因子

3.1.1 致灾因子的选择时段

11月至翌年2月。

3.1.2 高温日数

日最高气温大于或等于25.0℃的累计日数。

3.1.3 平均最高气温

日最高气温的算术平均值。

3.1.4 极端最低气温

逐日最低气温的最小值。

3.1.5 降水日数

日降水量大于或等于5 mm的累计日数。

3.2 暖害指数计算

3.2.1 致灾因子的标准化处理

对4个致灾因子的原始值进行数据的标准化处理,计算公式见式(1)。

$$X_i = \frac{x_i - \bar{x}}{\sqrt{\sum_{k=1}^{n}(x_k - \bar{x})^2 / n}} \quad \cdots\cdots(1)$$

式中：

X_i ——某一致灾因子第 i 年的标准化值；

x_i ——某一致灾因子第 i 年的原始值；

$\bar{x}$ ——相应致灾因子的 n 年平均值；

i ——年份；

n ——总年数(一般不少于 30 年)。

3.2.2 暖害指数计算公式

将 4 个致灾因子的标准化值分别乘以影响系数后求和，作为暖害指数，计算见式(2)。

$$WI = \sum_{j=1}^{4} a_j X_j \qquad \cdots\cdots(2)$$

式中：

WI ——龙眼暖害指数；

a_j ——相应因子的影响系数，参考值见表 1。

X_j ——致灾因子；其中 j =1,2,3,4 时分别代表：

X_1——高温日数；

X_2——平均最高气温；

X_3——极端最低气温；

X_4——降水日数。

表 1 我国主要龙眼产区致灾因子的影响系数 a_j 参考取值

区域	致灾因子	a_j 的取值区间	a_j 的平均值
福建	X_1	0.247～0.456	0.382
	X_2	0.411～0.581	0.487
	X_3	0.228～0.492	0.369
	X_4	−0.405～0.373	−0.104
广东	X_1	0.377～0.513	0.445
	X_2	0.410～0.587	0.457
	X_3	0.080～0.382	0.236
	X_4	−0.375～0.052	−0.169
广西	X_1	0.371～0.966	0.479
	X_2	0.013～0.543	0.418
	X_3	0.013～0.377	0.252
	X_4	−0.384～−0.016	−0.196

注：本表数据由主成分分析法得到。

4 等级划分

选择龙眼暖害指数作为暖害等级的划分指标，依据指数的大小划分为轻度、中度、重度和极重四个等级，见表 2。

表 2　龙眼暖害等级

暖害等级	暖害指数(WI)	减产率(y_w)参考值
轻度	$0.2 \leqslant WI < 0.5$	$y_w < 10\%$
中度	$0.5 \leqslant WI < 0.9$	$10\% \leqslant y_w < 20\%$
重度	$0.9 \leqslant WI < 1.4$	$20\% \leqslant y_w < 30\%$
极重	$WI \geqslant 1.4$	$y_w \geqslant 30\%$

参考文献

[1] QX/T 50—2007 地面气象观测规范 第6部分:空气温度和湿度观测

[2] 陈尚谟,黄寿波,温福光等.果树气象学[M].北京:气象出版社,1998,434-436

[3] 匡昭敏,李强.龙眼气象灾害指标及发生规律研究综述[J].中国南方果树,2003,**32**(6):35-38

[4] 匡昭敏,欧钊荣,梁棉勇.广西荔枝龙眼冬季暖害气象指标及其时空分布研究[J].中国农业气象,2004,**25**(2):59-61

[5] 匡昭敏,杨鑫,李强.龙眼暖春"冲梢"气象指标及其发生规律研究[J].广西科学院学报,2004,**20**(3):1195-197

[6] 温克刚等.中国气象灾害大典——福建卷[M].北京:气象出版社,2007:187-220

[7] 温克刚等.中国气象灾害大典——广东卷[M].北京:气象出版社,2006:238-250

[8] 温克刚等.中国气象灾害大典——广西卷[M].北京:气象出版社,2007:345-348

ICS 07.060
A 47
备案号：45940—2014

中华人民共和国气象行业标准

QX/T 225—2013

索道工程防雷技术规范

Technical specifications for lightning protection of ropeway system

2013-12-22 发布 2014-05-01 实施

中 国 气 象 局 发 布

前　言

本标准按照 GB/T 1.1—2009 给出的规则起草。

本标准由全国雷电灾害防御行业标准化技术委员会提出并归口。

本标准起草单位：河南省防雷中心、河南省质量技术监督局。

本标准主要起草人：卢广建、苗连杰、杨渤海、李鹏、王玮、张永刚、郭红晨、李中有、李武强、程丽丹。

索道工程防雷技术规范

1 范围

本标准规定了索道工程防雷的类别划分、措施、验收规定、管理与维护等。

本标准适用于新建、改建的架空索道,其他地轨缆车和架空缆车等运输工具可参照执行。

2 规范性引用文件

下列文件对于本文件的应用是必不可少的。凡是注日期的引用文件,仅注日期的版本适用于本文件。凡是不注日期的引用文件,其最新版本(包括所有的修改单)适用于本文件。

GB/T 21431 建筑物防雷装置检测技术规范

GB 50057—2010 建筑物防雷设计规范

GB 50601—2010 建筑物防雷工程施工与质量验收规范

3 术语和定义

下列术语和定义适用于本文件。

3.1

索道 ropeway

由动力驱动,利用柔性绳索牵引运载工具运送人员或物料的运输系统。

注1:包括架空索道、缆车和拖牵索道等。

注2:改写 GB/T 12738—2006,定义 2.1。

3.2

索道工程 ropeway system

由站房和附属建筑物、索道、支架、连接站房之间的电力和信号线路及动力和控制设备组成。

3.3

运载索 carrying-hauling rope

在单线架空索道中既承载又牵引运载工具的运动索。

[GB/T 12738—2006,定义 3.2.1]

3.4

站房 station

线路起至站和分段相衔接的设施。

[GB/T 12738—2006,定义 6.1]

3.5

支架 trestle

在索道线路上用以支承绳索的构筑物。

[GB/T 12738—2006,定义 6.3.1]

3.6

运载工具 carrier

在架空索道或缆车上用于承载人员或物料的部件。包括封闭式和非封闭式。

注:改写 GB/T 12738—2006,定义 5.1。

3.7

外部防雷装置　external lightning protection system

由接闪器、引下线和接地装置组成。

[GB 50057—2010,定义 2.0.6]

3.8

防雷装置　lightning protection system; LPS

用于减少闪击击于建(构)筑物上或建(构)筑物附近造成的物质性损害和人身伤亡,由外部防雷装置和内部雷电防护装置组成。

[GB 50057—2010,定义 2.0.5]

3.9

直击雷　direct lightning flash

闪击直接击于建(构)筑物、其他物体、大地或外部防雷装置上,产生电效应、热效应和机械力者。

[GB 50057—2010,定义 2.0.13]

3.10

闪电感应　lightning induction

闪电放电时,在附近导体上产生的雷电静电感应和雷电电磁感应,它可能使金属部件之间产生火花放电。

[GB 50057—2010,定义 2.0.16]

3.11

雷击电磁脉冲　lightning electromagnetic impulse; LEMP

雷电流经电阻、电感、电容耦合产生的电磁效应,包含闪电电涌和辐射电磁场。

[GB 50057—2010,定义 2.0.25]

3.12

接闪器　air-termination system

由拦截闪击的接闪杆、接闪带、接闪线、接闪网及金属屋面、金属构件等组成。

[GB 50057—2010,定义 2.0.8]

3.13

引下线　down-conductor system

用于将雷电流从接闪器传导至接地装置的导体。

[GB 50057—2010,定义 2.0.9]

3.14

接地装置　earth-termination system

接地体和接地线的总和,用于传导雷电流并将其流散入大地。

[GB 50057—2010,定义 2.0.10]

3.15

接地体　earth electrode

埋入土壤中或混凝土基础中作散流用的导体。

[GB 50057—2010,定义 2.0.11]

3.16

接地线　earthing conductor

从引下线断接卡或换线处至接地体的连接导体;或从接地端子、等电位连接带至接地体的连接导体。

[GB 50057—2010,定义 2.0.12]

3.17

防雷区 lightning protection zone; LPZ

划分雷击电磁环境的区,一个防雷区的区界面不一定要有实物界面,如不一定要有墙壁、地板或天花板作为区界面。

[GB 50057—2010,定义 2.0.24]

3.18

等电位连接带 bonding bar

将金属装置、外来导电物、电力线路、电信线路及其他线路连于其上以能与防雷装置做等电位连接的金属带。

[GB 50057—2010,定义 2.0.20]

3.19

共用接地系统 common earthing system

将防雷装置、建筑物基础金属构件、低压配电保护线、设备保护地、等电位连接带、屏蔽体接地、防静电接地和信息技术设备逻辑地等相互连接在一起的接地系统。

[GB 50601—2010,定义 2.0.6]

3.20

等电位连接网络 bonding network

将建(构)筑物和建(构)筑物内系统(带电导体除外)的所有导电性物体互相连接组成的一个网。包含总等电位和局部等电位连结。

注:改写 GB 50057—2010,定义 2.0.22。

3.21

电涌保护器 surge protective device;SPD

用于限制暂态过电压和分流电涌电流的器件。它至少含有一个非线性元件。

[GB 50057—2010,定义 2.0.29]

4 防雷类别划分

在可能发生对地闪击的地区,根据索道年预计雷击次数,索道工程划分为以下三类防雷索道工程:

a) 索道预计年雷击次数大于 1.0 次时,应划为第一类防雷索道工程;

b) 索道预计年雷击次数大于 0.5 且不大于 1.0 次时,应划为第二类防雷索道工程;

c) 索道预计年雷击次数不大于 0.5 次时,应划为第三类防雷索道工程。

其中,索道预计雷击次数应按附录 A 计算。

5 防雷措施

5.1 一般规定

5.1.1 索道工程应设防直击雷装置,并应采取防闪电感应和防雷击电磁脉冲的措施。

5.1.2 防雷装置冲击接地电阻值应符合表 1 的规定。

表 1　索道防雷装置冲击接地阻值

单位为欧姆

防雷类别	站房	支架
第一类防雷索道工程	≤4	≤30
第二类防雷索道工程	≤4	≤30
第三类防雷索道工程	≤5	≤30

5.2　站房

5.2.1　接闪器

5.2.1.1　站房接闪器应选择接闪杆、接闪带、接闪网等或由其中一种或多种形式组合的接闪措施；站房易受雷击的部位宜敷设接闪带(杆)，安装方法参照图 B.1，接闪网网格尺寸应符合表 2 的规定，易受雷击部位见 GB 50057—2010 附录 B。

表 2　站房接闪网格尺寸

单位为米

建筑物防雷类别	滚球半径 h_r	避雷网网格尺寸
第一类防雷索道工程	30	≤5×5 或≤6×4
第二类防雷索道工程	45	≤10×10 或≤12×8
第三类防雷索道工程	60	≤20×20 或≤24×16

5.2.1.2　接闪网和接闪带宜采用热镀锌圆钢或扁钢。圆钢直径不应小于 8 mm，扁钢截面积不应小于 50 mm^2、其厚度不应小于 2.5 mm。

5.2.1.3　接闪杆宜采用圆钢或钢管制成，其直径不应小于下列数值：

a)　杆长 1 m 以下：圆钢不应小于 12 mm；钢管不应小于 20 mm；

b)　杆长 1 m～2 m：圆钢不应小于 16 mm；钢管不应小于 25 mm。

5.2.1.4　接闪杆的接闪端宜做成半球状，其最小弯曲半径宜为 4.8 mm，最大宜为 12.7 mm。

5.2.1.5　接闪杆应能承受 0.7 kN/m^2 的基本风压，在可能出现大于 11 级风的地区，应增大其尺寸。

5.2.1.6　屋顶上的旗杆、栏杆、装饰物等金属物宜作为接闪器，其截面积应符合附录 C 的规定，其壁厚应符合 5.2.1.10 的规定。

5.2.1.7　外露接闪器处于腐蚀性较强的场所，尚应采取加大其截面积和防腐措施。

5.2.1.8　明敷接闪导体的固定支架应能承受 49 N 的垂直拉力，其高度不宜小于 150 mm，间距应符合表 4 的规定。

5.2.1.9　接闪器上不应附着其他电气、通信或信号线路。

5.2.1.10　金属屋面的站房宜利用其屋面作为接闪器，并应符合下列规定：

a)　板间的连接应是持久的电气贯通，可采用铜锌合金焊、熔焊、卷边压接、缝接、螺钉或螺栓连接；

b)　金属板下面无易燃物品时，铅板的厚度不应小于 2 mm，不锈钢、热镀锌钢、钛和铜板的厚度不应小于 0.5 mm，铝板的厚度不应小于 0.65 mm，锌板的厚度不应小于 0.7 mm；

c)　金属板下面有易燃物品时，不锈钢、热镀锌钢和钛板的厚度不应小于 4 mm，铜板的厚度不应小于 5 mm，铝板的厚度不应小于 7 mm；

d） 金属板无绝缘被覆层。

注：薄的油漆保护层或 1 mm 厚沥青层或 0.5 mm 厚聚氯乙烯层均不属于绝缘被覆层。

5.2.1.11 利用屋顶建筑构件内钢筋做接闪器应符合 GB 50057—2010 中 4.3.5 和 4.4.5 的规定。

5.2.2 引下线

5.2.2.1 站房引下线不应少于两根，应沿站房四周均匀布置，易受雷击部位宜优先布置。引下线平均间距应符合表 3 的规定。

表 3 站房引下线平均间距

单位为米

	第一类防雷索道	第二类防雷索道	第三类防雷索道
引下线间距	≤12	≤18	≤25

5.2.2.2 引下线应以最短路径接地，两端应分别与接闪器和接地装置可靠的电气连接。

5.2.2.3 站房引下线在人员可能停留或经过的区域敷设时，应采用如下措施之一防止接触电压和旁侧闪络电压对人体造成的伤害：

a） 外露引下线在距地面 2.7 m 以下部分应穿不小于 3 mm 厚的交联聚乙烯管，交联聚乙烯管应能耐受 100 kV 冲击电压（1.2/50 μs 波形）；

b） 应设立阻止人员进入的护栏或警告牌。护栏和警告牌与引下线水平距离不应小于 3 m。

5.2.2.4 站房为框架结构时，应利用钢筋混凝土屋面、梁、柱、基础内的钢筋作为防雷装置，引下线应符合下列规定：

a） 圆钢直径不应小于 10 mm，扁钢截面积不应小于 80 mm^2；

b） 结构柱内用作引下线的钢筋，直径不小于 16 mm 时利用柱内对角的两根钢筋，直径在 10 mm～16 mm 时利用柱内四根钢筋。用作引下线的钢筋应焊接良好，敷设应平正顺直，各焊接点应做好标记，并经检查确认隐蔽工程验收记录后方可浇灌，连接工艺应符合 GB 50601—2010 第 5 章的规定；

c） 引下线两端应分别与接地装置和接闪器做可靠的电气连接。

5.2.2.5 站房为非框架结构时：

a） 引下线宜按表 3 平均间距要求设置在站房周边，沿外墙表面明敷，并应经最短路径接地，敷设应平正顺直、无急弯，避免形成环路；

b） 引下线宜采用热镀锌圆钢或扁钢，宜优先采用圆钢。引下线的材料、结构和最小截面积应符合附录 C 的规定，其中圆钢直径不应小于 8 mm；扁钢截面积不应小于 50 mm^2，其厚度不应小于 2.5 mm；

c） 采用多根引下线时，应在各引下线上距地面 0.3 m～1.8 m 处装设断接卡；

d） 在易受机械损伤和人员可能接触的地方，地面上 1.7 m 至地面下 0.3 m 的接地线，应采用镀锌角钢、改性塑料管或橡胶管等加以保护；

e） 引下线不应敷设在下水管道和排水槽沟内；

f） 引下线不应附着其他电气线缆；

g） 引下线应分段固定，每个固定支架能承受 49 N 的垂直拉力，均匀布设且符合表 4 的规定。

表 4　明敷接闪导体和引下线固定支架的间距

单位为毫米

布置方式	扁形导体和绞线固定支架的间距	单根圆形导体固定支架的间距
水平面上的水平导体	≤500	≤1000
垂直面上的水平导体	≤500	≤1000
地面至 20 m 的垂直导体	≤1000	≤1000
距地面 20 m 以上的垂直导体	≤500	≤1000

5.2.2.6　钢结构站房的金属支柱应作为自然引下线，分别与接闪器和接地装置电气贯通。

5.2.3　接地装置

5.2.3.1　站房应优先利用建(构)筑物的基础钢筋作为自然接地体，当接地体不符合相应的技术要求时，应增设人工接地体。

5.2.3.2　站房及内部系统应采用共用接地装置。共用接地装置的接地电阻值应按 50 Hz 电气装置的接地电阻值确定，但应不大于按人身安全所确定的接地电阻值。

5.2.3.3　站房四角的引下线距地面上方 0.3 m～0.8 m 处设置接地测试端子。

5.2.3.4　进出站房或与站房防雷接地装置地下土壤中距离小于 3 m 的金属管道、导体应与接地装置相互连接。

5.2.3.5　当站房与毗邻建(构)筑物的距离小于 20 m 时，各自接地装置之间应进行至少两处连接。

5.2.3.6　第一类防雷索道工程站房环形接地体所包围面积的等效圆半径符合要求时，每根引下线的冲击接地电阻可不作规定。当等效圆半径或接地电阻不符合要求时，应增设人工接地体，其最小长度应符合表 5 的规定。

表 5　第一类防雷索道站房接地装置要求

土壤电阻率 Ω·m	包围面积的等效圆半径 m	人工接地体的最小长度 m
$\rho \leqslant 500$	$\sqrt{\frac{A}{\pi}} < 5$	$l_r = 5 - \sqrt{\frac{A}{\pi}}$
$500 < \rho \leqslant 3000$	$\sqrt{\frac{A}{\pi}} < \frac{11\rho - 3600}{380}$	$l_r = \left(\frac{11\rho - 3600}{380}\right) - \sqrt{\frac{A}{\pi}}$ $l_v = \frac{1}{2}\left[\left(\frac{11\rho - 3600}{380}\right) - \sqrt{\frac{A}{\pi}}\right]$
ρ ——土壤电阻率，单位为欧姆米(Ω·m)； A ——环形接地体所包围的面积，单位为米^2(m^2)； l_r ——水平接地体长度，单位为米(m)； l_v ——垂直接地体长度，单位为米(m)。		

5.2.3.7　第二类、第三类防雷索道站房宜利用建筑物基础内钢筋网作为自然接地体，在站房周围地面以下距地面不应小于 0.5 m，每根引下线所连接的钢筋表面积总和应符合表 6 的规定。

表6 站房基础接地体的钢筋面积

站房防雷类别	土壤电阻率 Ω·m	环形接地体所包围的面积 m^2	钢筋表面积总和 m^2
第二类防雷索道	$\rho \leqslant 800$	$A \geqslant 79$	$S \geqslant 4.24 k_c^2$
	$800 < \rho \leqslant 3000$	$A \geqslant \pi \left(\frac{\rho - 550}{50} \right)^2$	
第三类防雷索道	——	$A \geqslant 79$	$S \geqslant 1.89 k_c^2$

ρ —— 土壤电阻率，单位为欧姆米(Ω·m)；
A —— 环形接地体所包围的面积，单位为米^2(m^2)；
S —— 钢筋表面积总和，单位为米^2(m^2)；
k_c —— 分流系数。

5.2.3.8 独立接闪杆和架空接闪线或网的支柱及其接地装置至被保护建筑物及与其有联系的管道、电缆等金属物之间的距离，应符合 GB 50057—2010 中 4.2.1 的规定。

5.2.3.9 当站房自然接地装置冲击接地电阻值无法满足要求时，按下列要求增设人工接地体：

a) 人工接地体的材料、结构和最小尺寸应符合附录 C 的规定；
b) 人工钢质垂直接地体长度宜为 2.5 m，水平接地体的间距宜为 5 m；
c) 人工接地体应埋于土质和水分较稳定的土壤中；埋设深度不应小于 0.5 m，并宜敷设在当地冻土层以下，与基础间距不宜小于 1 m；
d) 人工接地体宜敷设成闭合状，在接地装置的各条引下线处可靠连接。环形接地体所包围的面积依据土壤电阻率和防雷类别确定，应符合 GB 50057 的规定。

5.2.3.10 人工接地体的连接应采用焊接，并宜采用放热焊接。当采用通常焊接方法时，应在焊接处做防腐处理。导体为钢材、铜材时的焊接应符合 GB 50601—2010 表 4.1.2 的规定。

5.2.3.11 在高土壤电阻率的场地，宜采用下列方法降低接地装置的冲击接地电阻值：

a) 采用多支线外引接地装置，外引长度不应大于有效长度；
b) 接地体埋于较深的低电阻率土壤中或扩大接地体与土壤的接触面积；
c) 采用降阻剂或采用新型接地材料；
d) 置换成低电阻率的土壤；
e) 在永冻地区采用深孔技术的降阻方法。

5.2.3.12 防直击雷的人工接地装置距建筑物出入口或人行道应不小于 3 m，否则应采取下列一种或多种措施：

a) 将接地体敷设成水平网格；
b) 设立阻止人员进入的护栏或警示牌；
c) 铺设 50 mm 厚的沥青层或 150 mm 厚的砾石层，使地面电阻率不小于 50 kΩ·m。

5.2.3.13 站房共用接地网应由站房的桩基、承台、地梁或筏板主筋和钢结构支撑柱共同组成。基础闭合网格、等电位或预留接地端子、室外测试点等位置等连接做法参照图 B.2。

5.2.3.14 站房利用承台及桩体纵向主钢筋作为垂直接地体时，应至少有两条与桩台钢筋网连接。

5.2.3.15 站房接地装置连接毗邻建(构)筑物的接地装置时，等电位连接线应至少采用两条直径 10 mm的热镀锌圆钢或 30 mm×3 mm 的热镀锌扁钢，埋深不应小于 0.5 m。

5.2.4 屏蔽与等电位连接

5.2.4.1 站房防雷区划分原则：

a) 本区内的各物体都可能遭到直接雷击并导走全部雷电流，以及本区内的雷击电磁场强度没有衰减时，应划分为 $LPZ0_A$ 区；

b) 本区内的各物体不可能遭到大于所选滚球半径对应的雷电流直接雷击，以及本区内的雷击电磁场强度仍没有衰减时，应划分为 $LPZ0_B$ 区；

c) 本区内的各物体不可能遭到直接雷击，且由于在界面处的分流，流经各导体的电涌电流比 $LPZ0_B$ 区内的更小，以及本区内的雷击电磁场强度可能衰减，衰减程度取决于屏蔽措施时，应划分为 LPZ1 区；

d) 需要进一步减小流入的电涌电流和雷击电磁场强度时，增设的后续防雷区应划分为 LPZ2…n 后续防雷区。

5.2.4.2 控制机房应设在站房的低层中心部位，其设备应远离外墙结构柱；当机房屏蔽未达到设备电磁环境要求时，应设金属屏蔽网或金属屏蔽室。金属屏蔽网(室)应就近与等电位接地端子板连接。

5.2.4.3 为减少闪电电磁干扰，各类站房宜采取以下屏蔽措施：

a) 当屏蔽是由屋顶金属表面、金属(门窗)框架或钢筋混凝土的钢筋等自然构件组成时，穿过这类屏蔽的导电金属物应就近与其做等电位连接；

b) 当采用屏蔽电缆时，应在屏蔽层两端及防雷区交界处做等电位连接并接地；

c) 当采用非屏蔽电缆和屏蔽电缆只能在一端做等电位连接时，应采用两层屏蔽或穿金属管敷设，外层屏蔽或金属管的等电位连接和接地应符合本条 b)的规定。

5.2.4.4 进入站房的导电物应在 $LPZ0_A$ 或 $LPZ0_B$ 与 LPZ1 区的交界处进行等电位连接；当外来导电物从不同位置进入站房时，宜设若干条等电位连接带，并就近与环形接地体、内部环形导体或在电气上贯通并连通到接地体或基础接地体的钢筋上。环形接地体和内部环形导体应连到钢筋或金属立面等其他屏蔽构件上，宜每隔 5 m 连接一次。连接导体的截面积应符合附录 C 的规定。

5.2.4.5 当站房与邻近的建筑物之间有线缆或金属管道连通时，宜将其接地体互相连接，可通过接地线、PE 线、屏蔽层、穿线钢管、电缆沟的钢筋、金属管道等连接。

低压供电线路和金属管道宜埋地敷设。因条件限制而架空敷设时，应在进出建筑物前采用埋地、钢管屏蔽措施，埋地长度按式(1)计算且不应小于 15 m。

$$\{l\} \geqslant 2\sqrt{\{\rho\}} \qquad \cdots\cdots(1)$$

式中：

l ——电缆铠装或穿电缆的钢管埋地直接与土壤接触的长度，单位为米(m)；

ρ ——埋电缆处的土壤电阻率，单位为欧姆米(Ω·m)。

注：{}表示物理量的数值。

5.2.4.6 站房设置的等电位连接带(网络)应符合下列要求：

a) 应设在方便安装和检查的位置，宜采用金属板，连接点应满足机械强度和电气连通性的要求，并与钢筋或其他屏蔽构件作多点连接；

b) 等电位连接带与建筑物共用接地系统，不宜设单独的接地装置；

c) 设备金属外壳、机柜、机架、金属管、槽、屏蔽线缆外层、防静电接地、安全保护接地、SPD、接地端等均应以最短距离与等电位连接网络的接地端子连接。

5.2.4.7 等电位连接应符合下列要求：

a) 连接导体与接地端子板之间应采用螺栓连接，紧固螺帽、防松零件齐全，连接处应进行热搪锡处理。等电位连接网格的连接宜采用焊接、熔接或压接。

b) 连接导线应使用具有黄绿相间色标的铜质绝缘导线。暗敷的等电位连接线及其连接处，应做隐蔽记录，并在竣工图上注明其实际部位走向。

c) 连接带表面应无毛刺、明显伤痕、残余焊渣，安装应平整端正、连接牢固，绝缘导线的绝缘层无老化龟裂现象。

5.2.5 防电涌措施

5.2.5.1 站房电源系统应采取以下措施防御闪电电涌：

a) 电源采用 TN 系统时，从站房内总配电盘(箱)开始引出的配电线路和分支线路应采用 TN－S 系统；

b) 等电位连接宜在各防雷区的交界处，当线路能承受所发生的电涌电压时，SPD 可安装在被保护设备处，而线路的金属保护层或屏蔽层宜首先于界面处做一次等电位连接；

c) SPD 的选择和安装应符合 GB 50057—2010 中附录 J 的规定；

d) 连接 SPD 的导体截面积应符合附录 C 的规定。

5.2.5.2 总配电箱应采取以下措施：

a) 在进入站房的总配电箱内应装设Ⅰ级试验的 SPD；

b) 在电缆与架空线连接处，应装设户外型 SPD。SPD、电缆金属外皮、钢管和绝缘子铁脚、金具等应连在一起接地，其冲击接地电阻值不宜大于 10 Ω。SPD 应选用Ⅰ级试验产品，其电压保护水平 U_p 应小于或等于 4.0 kV，每台 SPD 应选冲击电流 I_{imp} 等于或大于 12.5 kA；

c) 若无户外型 SPD，可选用户内型 SPD，其使用温度应满足安装处的环境温度，并应安装在防护等级 IP54 型箱内。

5.2.5.3 分配电箱、终端配电盘安装宜选择限压型 SPD，分级配合参见图 B.3。

5.2.5.4 使用直流电源的信息设备，视其需要选用适配的直流电源 SPD。

5.2.5.5 当电压开关型 SPD 至限压型 SPD 之间的线路长度小于 10 m、限压型 SPD 之间的线路长度小于 5 m 时，在两级 SPD 之间应加装退耦装置。当 SPD 具有能量自动配合功能时，SPD 之间的线路长度不受限制。SPD 应有过电流保护装置，外封装应为阻燃型材料，并宜有劣化显示、报警等功能。

5.2.5.6 电源 SPD 的接地应就近接到等电位电气预留端子上。

5.2.5.7 信号 SPD 应根据线路的工作频率、传输介质、传输速率、传输带宽、工作电压、接口形式、特性阻抗等参数选用电压驻波比和插入损耗小的信号 SPD。

5.3 支架与运载索

5.3.1 接闪器

5.3.1.1 第二类及以上防雷索道宜在全段架设接闪线作为接闪器。接闪线终端不宜与站房防雷装置连接，安装位置参见图 B.4。

5.3.1.2 第三类防雷索道宜在容易雷击地带架设接闪线或利用运载索作为接闪器。

5.3.1.3 金属支架自身可作为接闪器，或在支架顶部安装接闪短杆。

5.3.1.4 接闪器的材料、结构和最小截面积应符合附录 C 的规定。

5.3.2 引下线

5.3.2.1 金属支架可作为引下线；非金属支架或条件限制时，需专设引下线，并分别与接闪器、接地轮、接地装置形成电气连接，过渡电阻不应大于 0.03 Ω。

5.3.2.2 引下线明敷时，固定卡子的间距应符合表 4 的规定。

5.3.2.3 引下线位于人员经常活动区域时，应悬挂警示标志，并设置半径不小于 3 m 的隔离区。

5.3.2.4 引下线的材料、结构和最小截面积应符合附录 C 的规定。

5.3.3 接地装置

5.3.3.1 应利用支架自然基础钢筋作为接地体,接地电阻值和钢筋表面积应符合表1和表6的规定,不符合时应增设人工接地体。
5.3.3.2 人工接地体应按照5.2.3.9和5.2.3.10的要求,与基础接地的连接点不应少于2个且间距不应大于3 m,安装位置参见图B.5。

5.3.4 屏蔽与等电位连接

5.3.4.1 支架与运载索之间的等电位连接,应采用安装接地轮等方法。
5.3.4.2 信号线缆宜使用铠装或屏蔽线缆,宜采取埋地敷设方式和接地保护措施。在支架上安装时,应处于接闪线(器)保护区内。
5.3.4.3 信号电缆屏蔽(保护)层和承载金属线应与支架进行等电位连接,其过渡电阻不应大于0.03 Ω。

5.4 其他防护措施

5.4.1 站房与附近建筑物之间不应架空外露敷设任何电气、通信线路和金属线缆。
5.4.2 安装在站房外部的监控摄像、广播、景观照明、射灯等外露电器设备和信号线路,均应安装在接闪器的保护范围内,户外配电和信息线路应采取屏蔽、等电位连接等措施。
5.4.3 信号线路不应敷设在女儿墙顶面上,如只能在屋面或外墙上外露敷设时,应采用屏蔽和穿钢管接地保护,并至少在两端及防雷区交界处做接地连接。
5.4.4 站房周围的路灯、旗杆等金属物,应采取防直击雷接地措施,且宜采取安全隔离措施或安装醒目的"雷雨天气请勿靠近"危险警示牌。
5.4.5 站房与外部连接的栏杆宜采用非金属材料。站房周围5 m范围内的树木均不能超过站房高度。

6 验收规定

6.1 各工序应按本标准和GB 50601—2010进行质量控制,每道工序完成后应由具有检测资质的单位进行检测。未经质量验收确认或经验收不合格时,不应进行下道工序施工。
6.2 施工质量监督人员应依照工程进度,及时到现场跟踪服务,逐项填写检测验收报告并签字,并注意保存隐蔽部位的拍照资料和测量数据。
6.3 主要防雷装置的材料、规格和质量验收记录应符合附录C和GB 50601—2010附录E的规定。

7 管理与维护

7.1 索道防雷装置的设计、安装、隐蔽工程图纸、测试记录等资料,均应及时归档,妥善保管。
7.2 索道投入使用后,应指定专人负责落实防雷装置运行和检测维护等安全管理事项。
7.3 应按照GB/T 21431规定的周期、程序,由具有防雷装置检测资质的机构对防雷装置进行检测。
7.4 当遇到强对流、大风等恶劣天气后,应及时巡视检查防雷装置的安装牢固状况、运行是否异常。
7.5 雷雨季节,应注意收听天气预报和雷电预警信息,必要时采取相应的停运、电气隔离、引导游客等防护措施。
7.6 索道上的游客遇到雷电活动时,应关闭轿厢窗户,双足并拢下蹲,以降低人身遭受雷击的风险。

附 录 A
（规范性附录）
索道年预计雷击次数

A.1 索道年预计雷击次数计算方法

索道年预计雷击次数计算方法见式(A.1)。

$$N=K\times N_g\times A_e \quad\cdots\cdots(A.1)$$

式中：

N ——索道年预计雷击次数，单位为次/年；

K ——环境校正系数，K 值应参照表 A.1 选取；

N_g——索道所处地区雷击大地的年平均密度，单位为次/(千米^2·年)；

A_e——与索道截收相同雷击次数的等效面积，单位为千米^2(km^2)。

表 A.1 校正系数 K 的参考值

特征描述	K
山谷、峡谷或凹陷地带；设计运力每小时小于 200 人	0.8
平坦地带且地质结构无变化地带；设计运力为每小时 200 人～400 人	1.0
山坡下、背风山坡；设计运力为每小时 400 人～600 人	1.2
土壤电阻率突变地带；设计运力为每小时 600 人～800 人	1.5
土山顶部、山谷风口、迎风山坡；设计运力为每小时 800 人～1000 人	1.7
山顶、孤立的旷野、金属矿藏等极易雷击地带；设计运力每小时大于 1000 人	2.0
注：按就高原则选取 K 值。	

A.2 雷击大地年平均密度计算方法

雷击大地年平均密度 N_g 的计算方法见式(A.2)。

$$N_g=0.1\times T_d \quad\cdots\cdots(A.2)$$

式中：

T_d——年平均雷暴日，根据当地气象台、站资料确定，单位为天/年(d/a)。

A.3 索道等效截收面积计算方法

与索道截收相同雷击次数的等效面积(图 A.1 中虚线包围的面积)应为其实际面积向外扩大后的面积，由于索道长度远远大于宽度，其长度方向扩大的面积可忽略不计。

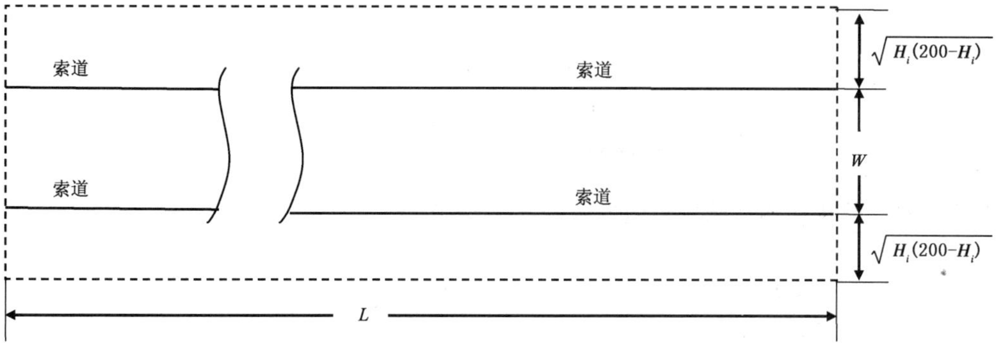

A.1 索道的等效面积

索道等效截收面积计算方法见式(A.3)。

$$A_e = \sum_{i=1}^{n}\left[L_i w + 2L_i \sqrt{H_i(200-H_i)}\right]\times 10^{-6} \qquad \text{(A.3)}$$

式中：

L_i、W、H_i——分别为索道分段计算中的长、宽、高，单位均为米(m)。

当索道安装在山洞时，长度 L 应减去相应地段长度。

宜按实际数据分段计算 A_e 后累计，如无数据或简单估算时，也可按安装平均高度计算。

附 录 B
（资料性附录）
索道防雷装置安装示意图

图 B.1 至图 B.5 给出了索道防雷装置安装要求示意图。

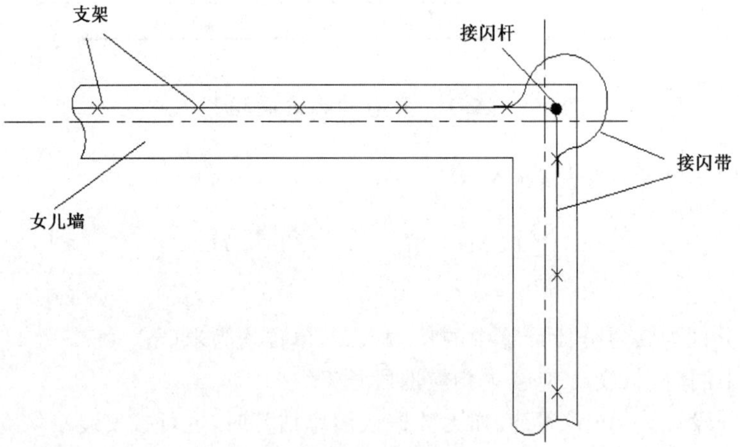

图 B.1 站房屋面接闪平面图

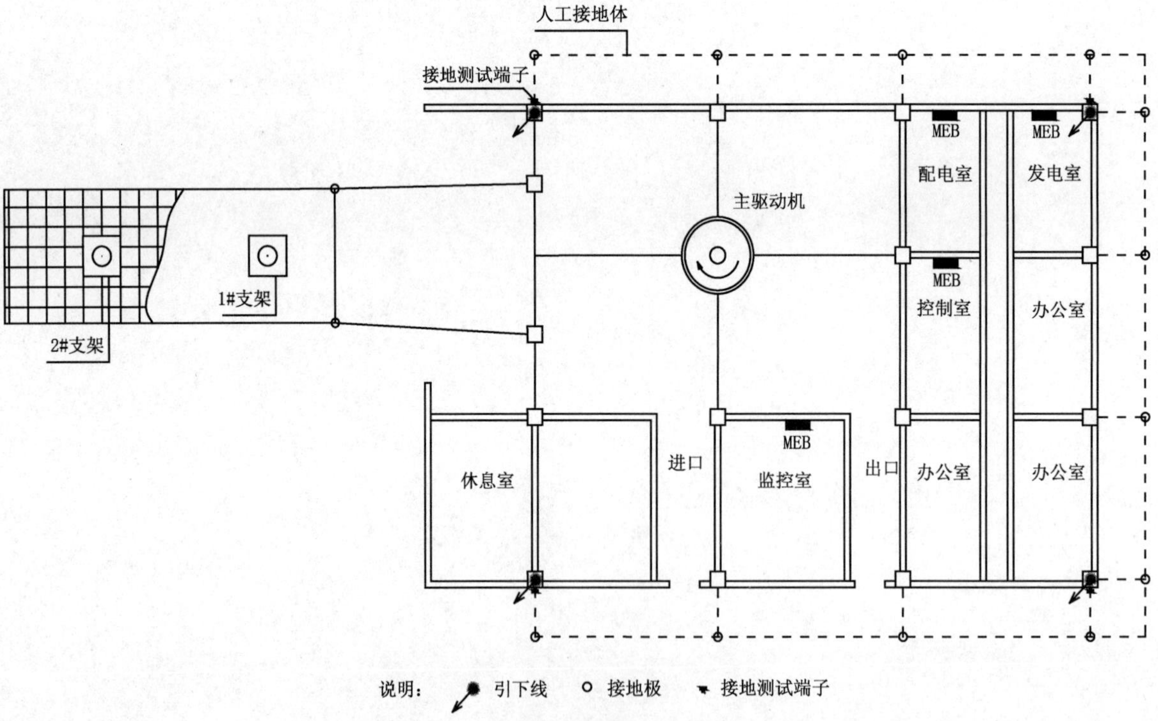

图 B.2 站房防雷接地平面图

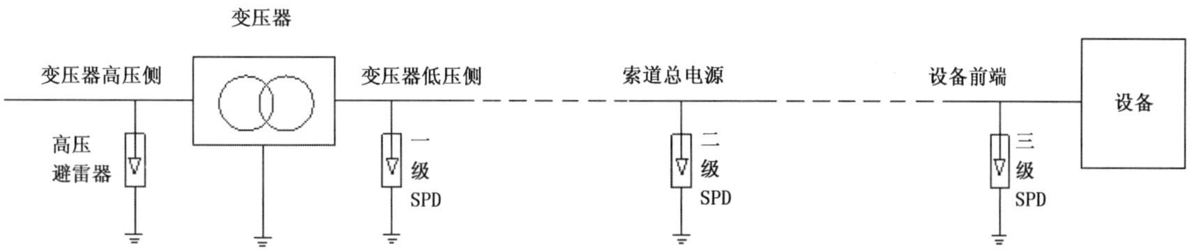

图 B.3　索道供电线路多级 SPD 保护示意图

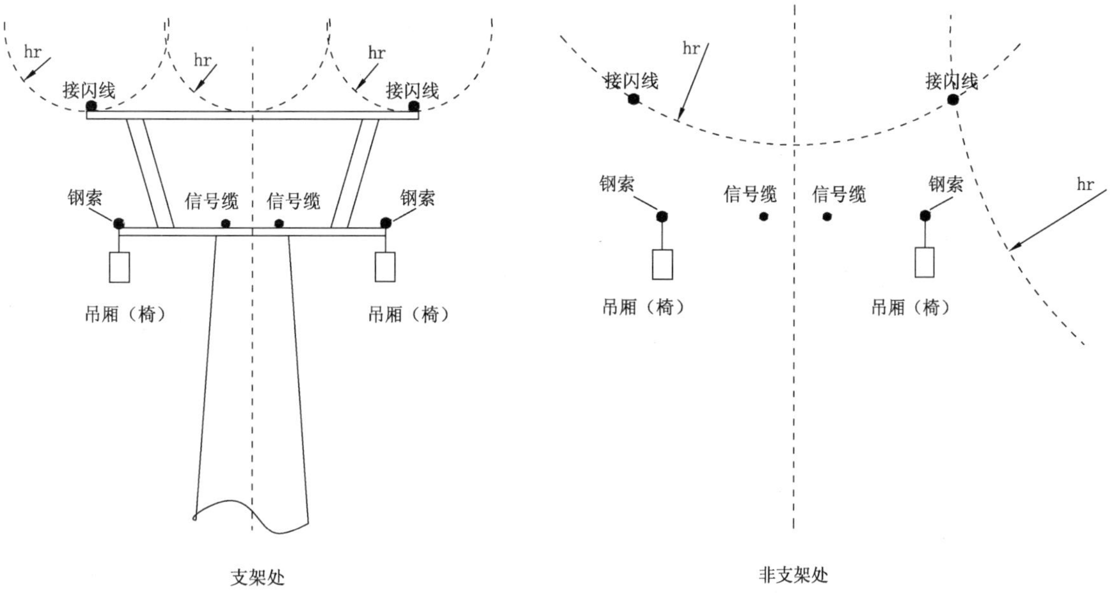

图 B.4　接闪线安装位置示意图

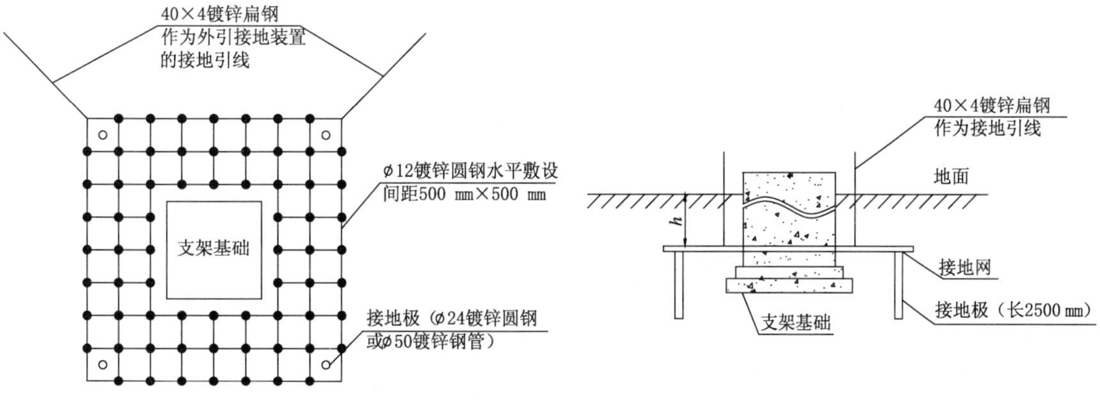

其中：

1——接地网离地面距离 h 为 600 mm～800 mm，与支架基础距离不应小于 200 mm，如受到地形限制，接地网可沿地势倾斜敷设，网格交错处应焊接。

2——在接地网四角的边缘敷设垂直接地极，两者之间应用 40×4 镀锌扁钢弯成 U 型焊接。

图 B.5　索道支架防雷接地平面图

附 录 C
（规范性附录）
外部防雷装置和等电位连接导体的材料规格

C.1 接闪杆(线、带)和引下线的材料、规格

C.1.1 接闪杆(线、带)和引下线的材料结构和最小截面积应符合表 C.1。

表 C.1 接闪线(带)、接闪杆和引下线的材料、结构与最小截面积

材料	结构	最小截面(mm^2)	备注[j]
铜,镀锡铜[a]	单根扁铜	50	厚度 2 mm
	单根圆铜[g]	50	直径 8 mm
	铜绞线	50	每股线直径 1.7 mm
	单根圆铜[c,d]	176	直径 15 mm
铝	单根扁铝	70	厚度 3 mm
	单根圆铝	50	直径 8 mm
	铝绞线	50	每股线直径 1.7 mm
铝合金	单根扁形导体	50	厚度 2.5 mm
	单根圆形导体	50	直径 8 mm
	绞线	50	每股线直径 1.7 mm
	单根圆形导体[c]	176	直径 15 mm
	外表面镀铜的单根圆形导体	50	直径 8 mm,径向镀铜厚度至少 70 μm,铜纯度 99.9%
热浸镀锌钢[b]	单根扁钢	50	厚度 2.5 mm
	单根圆钢[i]	50	直径 8 mm
	绞线	50	每股线直径 1.7 mm
	单根圆钢[c,d]	176	直径 15 mm
不锈钢[e]	单根扁钢[f]	50[h]	厚度 2 mm
	单根圆钢[f]	50[h]	直径 8 mm
	绞线	70	每股线直径 1.7 mm
	单根圆钢[c,d]	176	直径 15 mm
外表面镀铜的钢	单根圆钢(直径 8 mm)	50	镀铜厚度至少 70 μm,铜纯度 99.9%
	单根扁钢(厚 2.5 mm)		

[a] 热浸或电镀锡的锡层最小厚度为 1 μm。
[b] 镀锌层宜光滑连贯、无焊剂斑点,镀锌层圆钢至少 22.7 g/m^2、扁钢至少 32.4 g/m^2。
[c] 仅应用于接闪杆。当应用于机械应力没达到临界值之处,可采用直径 10 mm、最长 1 m 的接闪杆,并增加固定。
[d] 仅应用于入地之处。
[e] 不锈钢中,铬的含量等于或大于 16%,镍的含量等于或大于 8%,碳的含量等于或小于 0.08%。
[f] 对埋于混凝土中以及与可燃材料直接接触的不锈钢,其最小尺寸宜增大至直径 10 mm 的 78 mm^2(单根圆钢)和最小厚度 3 mm 的 75 mm^2(单根扁钢)。
[g] 在机械强度没有重要要求之处,50 mm^2(直径 8 mm)可减为 28 mm^2(直径 6 mm)。并应减小固定支架间的间距。
[h] 当温升和机械受力是重点考虑之处,50 mm^2 加大至 75 mm^2。
[i] 避免在单位能量 10 MJ/Ω 下熔化的最小截面是铜为 16 mm^2、铝为 25 mm^2、钢为 50 mm^2、不锈钢为 50 mm^2。
[j] 截面积允许误差为−3%。

C.1.2 利用金属屋面做站房的接闪器时，接闪的金属屋面的材料和规格应符合下列规定：

a) 金属板下无易燃物品时：

1) 铅板厚度大于或等于 2 mm；

2) 钢、钛、铜板厚度大于或等于 0.5 mm；

3) 铝板厚度大于或等于 0.65 mm；

4) 锌板大于或等于 0.7 mm。

b) 金属板下有易燃物品时：

1) 钢、钛板厚度大于或等于 4 mm；

2) 铜板厚度大于或等于 5 mm；

3) 铝板厚度大于或等于 7 mm。

c) 使用单层彩钢板为屋面接闪器时，其厚度分别满足本条中 a)和 b)的规定；使用双层夹保温材料的彩钢板，且保温材料为非阻燃材料和(或)彩钢板下无阻隔材料，不宜在有易燃物品的场所使用。

C.2 接地体和等电位连接导体的材料、规格

C.2.1 接地体的材料、结构和最小尺寸规定应符合表 C.2。

表 C.2 接地体的材料、结构和最小尺寸

材料	结构	最小尺寸			备注
		垂直接地体直径 mm	水平接地体最小截面积或直径 mm^2	接地板 mm	
铜	铜绞线	—	50	—	每股直径 1.7 mm
	单根圆铜	—	50	—	直径 8 mm
	单根扁铜	—	50	—	厚度 2 mm
	单根圆铜	15	—	—	—
	铜管	20	—	—	壁厚 2 mm
	整块铜板	—	—	500×500	厚度 2 mm
	网络铜板	—	—	600×600	各网格边截面 25 mm×2 mm，网格网边总长度不少于 4.8 m
钢	热镀锌圆钢	14	78	—	—
	热镀锌钢管	20	—	—	壁厚 2 mm
	热镀锌扁钢	—	90	—	厚度 3 mm
	热镀锌钢板	—	—	500×500	厚度 3 mm
	热镀锌网络钢板	—	—	600×600	各网络边截面 30 mm×3 mm，网格网边总长度不少于 4.8 m
	镀铜圆钢	14	—	—	径向镀铜层至少 250 μm，铜纯度 99.9 %
	裸圆钢	—	78	—	—

表 C.2 接地体的材料、结构和最小尺寸(续)

材料	结构	最小尺寸 垂直接地体直径 mm	 水平接地体最小截面积或直径 mm²	 接地板 (mm)	备注
钢	裸或热镀锌扁钢	—	90	—	厚度 3 mm
	热镀锌钢绞线	—	70	—	每股直径 1.7 mm
	热镀锌角钢	50 mm×50 mm×3 mm	—	—	—
	镀铜圆钢	—	50	—	径向镀铜层至少 250 μm，铜纯度 99.9%
不锈钢	圆形导体	16	78	—	—
	扁形导体	—	100	—	厚度 2 mm

镀锌层应光滑连贯、无焊剂斑点，镀锌层至少圆钢厚度 22.7 g/m²、扁钢镀层厚度 32.4 g/m²。
热镀锌之前螺纹应先加工好。
铜绞线、单根圆钢、单根扁铜也可采用镀锡。
铜应与钢结合良好。
裸圆钢、裸扁钢和钢绞线作为接地体时，只有完全埋在混凝土中时才允许采用。
裸扁钢或热镀锌扁钢、热镀锌钢绞线，只适用于与建筑物内的钢筋或钢结构每隔 5 m 的连接。
不锈钢中铬大于或等于 16%，镍大于或等于 5%，钼大于或等于 2%，碳小于或等于 0.08%。
截面积允许误差为−3%。
不同截面的型钢，其截面不小于 90 mm²，最小厚度为 3 mm。如可用 50 mm×50 mm×3 mm 的角钢作垂直接地体。

C.2.2 防雷装置各连接部件的最小截面积应符合表 C.3 的规定。

表 C.3 防雷装置各连接部件的最小截面积

等电位连接部件			材料	截面积 mm²
等电位连接带(铜或热镀锌钢)			铜、铁	50
从等电位连接带至接地装置或至其他等电位连接带的连接导体			铜	16
			铝	25
			铁	50
从屋内金属装置至等电位连接带的连接导体			铜	6
			铝	10
			铁	16
连接 SPD 的导体	电气系统	Ⅰ级试验的 SPD	铜	6
		Ⅱ级试验的 SPD		2.5
		Ⅲ级试验的 SPD		1.5
	电子系统	电涌保护器		1.2

C.2.3 连接单台或多台Ⅰ级分类试验或D1类SPD的单根导体的最小截面积的计算方法,应符合GB 50057—2010中5.1.2的规定。

参 考 文 献

［1］ GB 12352—2007 客运架空索道安全规范

［2］ GB/T 12738—2006 索道 术语

［3］ GB 18802.1—2002 低压配电系统的电涌保护器(SPD) 第一部分:性能要求和试验方法

［4］ GB/T 18802.21—2004 电信和信号网络系统的电涌保护器SPD 第一部分:性能要求和试验方法

［5］ GB/T 21714.2—2008 雷电防护 第2部分:风险管理

［6］ GB 50127—2007 架空索道工程技术规范

［7］ GB 50343—2012 建筑物电子信息系统防雷技术规范

ICS 07.060
A 47
备案号：45941—2014

QX

中华人民共和国气象行业标准

QX/T 226—2013

人工影响天气作业点防雷技术规范

Technical specifications for lightning protection of weather modification operating spot

2013-12-22 发布 2014-05-01 实施

中 国 气 象 局 发 布

前　言

本标准按照 GB/T 1.1—2009 给出的规则起草。

本标准由全国雷电灾害防御行业标准化技术委员会提出并归口。

本标准起草单位：贵州省防雷减灾中心、贵州省人工影响天气办公室、湖南省防雷中心。

本标准主要起草人：甘文强、周道刚、丁旻、任达盛、沈克鑫、田楠、李玮、刘凤娇、邵莉丽。

人工影响天气作业点防雷技术规范

1 范围

本标准规定了人工影响天气作业点营房、人影弹药库房、作业平台、监控系统的雷电防护措施及防雷装置的管理与维护要求。

本标准适用于新建、改建、扩建的人工影响天气作业点防雷装置的设计、施工、验收和定期维护。

2 规范性引用文件

下列文件对于本文件的应用是必不可少的。凡是注日期的引用文件，仅注日期的版本适用于本文件。凡是不注日期的引用文件，其最新版本（包括所有的修改单）适用于本文件。

GB 50057—2010 建筑物防雷设计规范

GB 50601—2010 建筑物防雷工程施工与质量验收规范

3 术语和定义

下列术语和定义适用于本文件。

3.1

作业点 operating spot

用于地面实施人工影响天气作业的地点。

[QX/T 151—2012，定义 8.13]

3.2

人影弹药库房 ammunition warehouse for weather modification

存放人工影响天气作业弹药的建筑。

3.3

营房 barrack

作业人员值班、生活的建筑。

3.4

作业平台 platform of operation

实施人工影响天气作业的场所及设施。

3.5

防雷装置 lightning protection system；LPS

用于减少闪击击于建（构）筑物上或建（构）筑物附近造成的物质性损害和人身伤亡，由外部防雷装置和内部防雷装置组成。

[GB 50057—2010，定义 2.0.5]

3.6

外部防雷装置 external lightning protection system

由接闪器、引下线和接地装置组成。

[GB 50057—2010，定义 2.0.6]

3.7

防雷等电位连接　lightning equipotential bonding;LEB

将分开的诸金属物体直接用连接导体或经电涌保护器连接到防雷装置上以减小雷电流引发的电位差。

[GB 50057—2010,定义 2.0.19]

3.8

内部防雷装置　internal lightning protection system

由防雷等电位连接和与外部防雷装置的间隔距离组成。

[GB 50057—2010,定义 2.0.7]

3.9

接闪器　air-termination system

由拦截闪击的接闪杆、接闪带、接闪线、接闪网及金属屋面、金属构件等组成。

[GB 50057—2010,定义 2.0.8]

3.10

引下线　down-conductor system

用于将雷电流从接闪器传导至接地装置的导体。

[GB 50057—2010,定义 2.0.9]

3.11

接地装置　earth-termination system

接地体和接地线的总合,用于传导雷电流并将其流散入大地。

[GB 50057—2010,定义 2.0.10]

3.12

电涌保护器　surge protective device;SPD

用于限制瞬态过电压和分泄电涌电流的器件。它至少含有一个非线性元件。

[GB 50057—2010,定义 2.0.29]

4　基本规定

4.1　作业点的防雷设计、施工、验收应与作业点的建设、改造同步进行。

4.2　作业点建(构)筑物应划为第二类防雷建筑物,防雷区的划分应符合 GB 50057—2010 中 6.2.1 的规定。

4.3　共用接地装置的工频接地电阻不应大于 4 Ω。

5　营房

5.1　直击雷防护

5.1.1　屋面接闪带应采用直径不小于 10 mm 的热镀锌圆钢或截面积不小于 50 mm^2、厚度不小于 4 mm的热镀锌扁钢,并按 GB 50057—2010 中 4.3.1 规定沿屋角、屋脊、屋檐和檐角等易受雷击的部位明敷。

5.1.2　突出屋面的设施,应设直径不小于 12 mm 的热镀锌圆钢接闪杆进行保护,并采用直径不小于 8 mm的热镀锌圆钢或截面积不小于 48 mm^2 的热镀锌扁钢与屋面接地预留端子连接。接闪杆至被保护设施的距离不应小于 3 m,并与屋面接闪带可靠电气连接。

5.1.3 营房宜利用钢筋混凝土屋顶、梁、柱、基础内的钢筋作为引下线，引下线截面积符合 GB 50057—2010 中 5.3.3 和 5.3.4 的要求，且钢筋自身上、下连接点应采用搭接焊，上端与屋面防雷装置、下端与地网焊接，并宜在各引下线上距地面 0.3 m 至 1.8 m 之间装设测试端子。

5.1.4 明敷引下线应不少于两根，并沿营房四周均匀或对称布置，平均间距沿周长计算不宜大于 18 m。当营房某立面不能敷设引下线时，其余立面应增设引下线。

5.1.5 明敷引下线应采用热镀锌圆钢或扁钢。采用圆钢时，其直径不应小于 10 mm；采用扁钢时，截面积不应小于 50 mm^2，厚度不应小于 4 mm。

5.1.6 防接触电压和跨步电压措施应符合 GB 50057—2010 中 4.5.6 的规定。

5.1.7 应利用营房钢筋混凝土基础内钢筋作为外部防雷装置、内部防雷装置、防闪电感应、电气和电子系统等接地的共用接地装置。当营房无钢筋混凝土基础接地体时，应沿营房四周敷设闭合环型人工接地体，人工接地体与建筑物外墙或基础之间的水平距离不宜小于 1 m，并在需要接地的位置预留室内接地线，接地线应与水平接地体截面相同。

5.1.8 人工接地体宜采用垂直接地体与水平接地体结合的方式，接地体顶面埋设深度不应小于 0.5 m，并宜敷设在当地冻土层以下；人工垂直接地体长度宜为 2.5 m，间距不宜小于 5 m。

5.1.9 人工接地体宜采用热镀锌扁钢和角钢，其规格应符合如下要求：

——扁钢截面积不应小于 90 mm^2，厚度不应小于 4 mm；

——角钢厚度不应小于 4 mm。

5.1.10 接地体的搭接长度及焊接方法应符合 GB 50601—2010 中表 4.1.2 的规定。

5.2 雷电电磁脉冲防护

5.2.1 架空引入营房的电力、信号线路，应从线路的终端杆处采用铠装电缆或穿金属管埋地引入，埋地引入长度可按公式(1)计算，且不应小于 15 m。

$$\{l\} \geqslant 2\sqrt{\{\rho\}} \qquad \cdots\cdots(1)$$

式中：

l——埋地引入长度，单位为米(m)；

ρ——埋地电缆处的土壤电阻率，单位为欧姆米(Ω·m)。

注：{ }表示物理量的数值。

在电缆与架空线连接处，应装设户外型电涌保护器。电涌保护器、电缆金属外皮、钢管和绝缘子铁脚、金具等应连在一起接地，其冲击接地电阻不宜大于 30 Ω。电涌保护器的安装和选择应符合 GB 50057—2010 中 4.2.3 的规定。

5.2.2 营房内的电源、信号线路宜采用金属线槽、穿金属管敷设或使用带屏蔽层的缆线，金属线槽、金属管两端、缆线的屏蔽层两端应就近与等电位连接端子或接地装置连接。

5.2.3 各个房间均应设置等电位连接带(EBB)。进入室内的金属管线和电缆宜从 EBB 处附近进入室内，并与 EBB 做等电位连接。

5.2.4 等电位连接部件的最小截面积应符合表 1 的要求。

5.2.5 电气系统宜安装 2 级电涌保护器，电涌保护器的选择和安装应符合 GB 50057—2010 中 6.4 的规定，接线形式应符合 GB 50057—2010 中附录 J.1.2 规定。

5.2.6 电子系统电涌保护器的选择和安装应符合 GB 50057—2010 中 6.4 和附录 J.2 的规定。

表1 防雷装置各连接部件的最小截面积

单位为平方毫米

<table>
<tr><th colspan="3">等电位连接部件</th><th>材料</th><th>截面面积</th></tr>
<tr><td colspan="3">等电位连接带(铜或热镀锌钢)</td><td>铜、铁</td><td>50</td></tr>
<tr><td colspan="3" rowspan="2">从等电位连接带至接地装置或至其他等电位连接带的连接导体</td><td>铜</td><td>16</td></tr>
<tr><td>铁</td><td>50</td></tr>
<tr><td colspan="3">室内金属装置或设备接地端至等电位连接带的连接导体</td><td>铜</td><td>6</td></tr>
<tr><td rowspan="4">连接电涌保护器的导体</td><td rowspan="3">电气系统</td><td>Ⅰ级试验的电涌保护器</td><td rowspan="4">铜</td><td>6</td></tr>
<tr><td>Ⅱ级试验的电涌保护器</td><td>2.5</td></tr>
<tr><td>Ⅲ级试验的电涌保护器</td><td>1.5</td></tr>
<tr><td>电子系统</td><td>电涌保护器</td><td>1.2</td></tr>
</table>

6 人影弹药库房

6.1 屋面应按 5.1.1 的规定装设接闪带。

6.2 库房应按 5.1.3、5.1.4 的规定装设引下线。

6.3 宜在库房进门处设置人体消静电装置,消静电装置宜与库房共用接地装置。

6.4 库房的金属门窗应做等电位连接。

6.5 人工接地体的规格、施工应符合 5.1.9、5.1.10 的规定。

6.6 存放火箭弹的库房应采取符合 5.2 规定的雷电电磁脉冲防护措施。

7 作业平台

7.1 应在距离作业平台中心点 6 m 外的适当位置设置独立接闪杆,使高炮(或火箭)处于 $LPZ0_B$ 区内。接闪杆距地面 2.7 m 以下用耐 1.2/50 μs 冲击电压 100 kV 的绝缘层隔离,或用至少 3 mm 厚的交联聚乙烯层隔离。

7.2 作业平台应采取防跨步电压措施及防接触电压措施,并在适当位置预留接地端子供设施接地使用,高炮、火箭发射架应可靠接地。

7.3 作业平台控制线路应穿金属管或使用屏蔽电缆埋地敷设,金属管两端、缆线的屏蔽层两端应就近与等电位连接端子或接地装置连接。

7.4 独立接地装置的冲击接地电阻不应大于 10 Ω。接地体的规格、施工应符合 5.1.9 和 5.1.10 的规定。

8 监控系统

8.1 监控系统摄像头应置于 $LPZ0_B$ 区,摄像头组件及金属支架应可靠接地。

8.2 监控系统线路宜使用屏蔽线缆或全线穿金属管埋地敷设,线缆屏蔽层或金属管在进入室内时应做等电位连接处理。

8.3 信号线路两端应设置电涌保护器,电涌保护器的选择和安装应符合 5.2 的规定。

9 防雷装置的管理与维护

9.1 作业点的防雷装置设计、施工、检测报告等相关资料应及时归档保存。

9.2 每年雷雨季节前，应对防雷装置进行安全性能检测及维护，发现隐患应及时整改，确保其正常运行。

参 考 文 献

［1］ GB/T 18802.21—2008 低压电涌保护器 第21部分：电信和信号网络的电涌保护器(SPD)——性能要求和试验方法

［2］ GB/T 18802.22—2008 低压电涌保护器 第22部分：电信和信号网络的电涌保护器(SPD)选择和使用导则

［3］ GB 50343—2012 建筑物电子信息系统防雷技术规范

［4］ GB 50601—2010 建筑物防雷工程施工与质量验收规范

［5］ GJB 2269—1996 后方弹药仓库防雷技术要求

［6］ GJB 2269A—2002 后方军械仓库防雷技术要求

［7］ QX 3—2000 气象信息系统雷击电磁脉冲防护规范

［8］ QX/T 17—2003 37 mm 高炮防雹增雨作业安全技术规范

［9］ QX/T 99—2008 增雨防雹火箭作业系统安全操作规范

［10］ QX/T 151—2012 人工影响天气作业术语